RUDOLF STEINER GESAMTAUSGABE

RUDOLF STEINER GESAMTAUSGABE

Abteilung B: Vorträge

III. Vorträge und Kurse zu einzelnen Lebensgebieten
Naturwissenschaft

Herausgegeben von der
Rudolf Steiner Nachlassverwaltung

Band GA 324a

RUDOLF STEINER

# Die vierte Dimension

## Mathematik und Wirklichkeit

Sechs zusammenhängende Vorträge,
gehalten in Berlin vom 24. März bis 7. Juni 1905,
ein Einzelvortrag in Berlin vom 7. November 1905,
vier zusammenhängende Ausarbeitungen
von Mathilde Scholl in Landin vom 21. bis 27. August 1906
und ein Einzelvortrag vom 22. Oktober 1908,
Fragenbeantwortungen von 1904 bis 1922

*Hörernotizen von Vorträgen über den
mehrdimensionalen Raum und von
Fragenbeantwortungen zu mathematischen Themen*

RUDOLF STEINER VERLAG

Nach vom Vortragenden nicht durchgesehenen Mitschriften und Hörernotizen, herausgegeben von der Rudolf Steiner Nachlassverwaltung

Die Herausgabe besorgte Renatus Ziegler unter Mitarbeit von Ulla Trapp

Bibliografischer Nachweis früherer Ausgaben siehe Seite 349

Band GA 324a

2., korrigierte und erweiterte Auflage 2025



Satz: Klementz Publishing Services, Freiburg
Druck und Bindung: Beltz, Bad Langensalza

Bevollmächtigter in der EU im Sinne des Artikels 16 Absatz 1 der Verordnung zur allgemeinen Produktsicherheit GPSR: ATHENA Verlag e.K., Mellinghofer Straße 126, 46047 Oberhausen, info@athena-verlag.de

ISBN 978-3-7274-3246-0

Rudolf Steiner Verlag AG
St. Johanns-Vorstadt 19/21
CH-4056 Basel

verlag@steinerverlag.com
www.steinerverlag.com

## *Zu den Veröffentlichungen aus dem Vortragswerk von Rudolf Steiner*

Rudolf Steiner hat seine Vorträge stets frei, also ohne Manuskript, gehalten. Viele seiner Vorüberlegungen hielt er lediglich in Stichworten, manchmal auch in kurzen Sätzen, Schemata oder Skizzen in seinen Notizbüchern fest, ohne dass er sie weiter schriftlich ausgearbeitet hätte. Nur in ganz wenigen Fällen liegen vorbereitete schriftliche Zusammenfassungen vor, die für Übersetzer bestimmt waren. Er hat jedoch der Veröffentlichung seiner Vorträge zugestimmt, auch wenn er selbst nur einige wenige für den Druck vorbereiten konnte.

Die in der Rudolf Steiner Gesamtausgabe veröffentlichten Vorträge basieren in der Regel auf Übertragungen stenografischer Aufzeichnungen, die während des Vortrags von Zuhörern oder hinzugezogenen Fachstenografen angefertigt wurden. Verschiedentlich – und dies gilt für die Anfangsjahre seiner Vortragstätigkeit, etwa bis 1905 – dienen auch schriftliche Ausarbeitungen durch Zuhörer als Textgrundlage. Für die Drucklegung werden die Übertragungen in Langschrift oder Zuhörernotizen von den Bearbeitern (Herausgebern) einer eingehenden Prüfung unterzogen, insbesondere hinsichtlich Sinn, Satzbau und Genauigkeit der Wiedergabe von Zitaten, Eigennamen oder Fachbegriffen. Bei auftretenden Komplikationen wie zum Beispiel nicht entschlüsselbaren Satz- und Wortgebilden oder Lücken im Text werden, soweit vorhanden, die Originalstenogramme zur Abklärung hinzugezogen.

Spezifisches zur Textgestalt und Textredaktion sowie zur Entstehungsgeschichte findet sich am Schluss des Bandes.

*Die Herausgeber*

## INHALT

### I

### VORTRÄGE ÜBER DIE VIERTE DIMENSION 1905–1908

## VIER VORTRAGSAUSARBEITUNGEN ÜBER DIE VIERTE DIMENSION

## ÜBER DEN MEHRDIMENSIONALEN RAUM



## II

## FRAGENBEANTWORTUNGEN 1904–1922

allmählich zu einer konkreten und wirklichkeitsgemäßen Behandlung des Raumes.

Die Einstein'sche Relativitätstheorie ist für den dreidimensionalen Anschauungsraum absolut richtig und dort nicht widerlegbar. Erst beim Übergang in das ätherische Gebiet sieht die Sache anders aus. Der Ätherleib lebt im Totalraum. Beim inneren Anschauen kommt man zu Absolutitäten. Bei der Relativitätstheorie wird alles vom Zuschauerstandpunkt aus beurteilt. Hier ist sie nicht zu widerlegen. Erst wenn man ins Geistige kommt, hört die Gültigkeit der Relativitätstheorie auf, denn dort hört auch die Grenze zwischen Objekt und Subjekt auf.

Für die Erkenntnis des physischen Leibes als Raumleib und des Bildekräfteleibes als Zeitleib muss man die Begriffe von Raum und Zeit auseinanderhalten. Meist wird die Zeit nur in Raumgrößen gemessen. Das ist nicht der Fall beim wirklichen Zeiterleben, das beim imaginativen Schauen auftritt. In einem bestimmten Zeitpunkt des Menschenlebens hat das Seelenleben einen zeitlichen Querschnitt; darin liegt die ganze irdische Vergangenheit des Menschen. Perspektive, die vom Seelenleben abhängt. Später und Früher hängen in organischer Weise, nicht in äußerlicher Weise wie beim Raumesverhältnis, zusammen. Gefaltete Hände in der Jugend werden zu segnenden Händen im Alter. Der Zeitorganismus erschließt sich erst vollständig in der Imagination; man kann aber eine Vorstellung davon gewinnen, wenn man im Seelenleben zeitliche Abläufe studiert. – Ostwald sagt: organische Prozesse sind nicht umkehrbar wie die mechanischen. Beim Menschen ist das Zeitliche tatsächlich ein Reales, während beim Mechanismus das Zeitliche nur eine Funktion des Raumes ist.

Die reale Zeit ist nicht eine vierte Dimension wie beim Einstein'schen Kontinuum. Die Zeitwelt ist eigentlich eine Zeitebenenwelt, ist zweidimensional. Analogon in der projektiven Geometrie: Grenzebene des dreidimensionalen Raumes. Diese spielt in das hinüber, was in der imaginativen Welt Anschauung wird. Anderes Analogon für die imaginative Welt: Farbperspektive. – Zwei Dimensionen werden real in der imaginativen Welt, eine in der inspirierten; die intuitive ist punktual. Dies kann aber nicht zurück auf den euklidischen Raum bezogen werden.



Mathematik als Erzeugnis des menschlichen Geistes. Es ist schwierig, mit ihr die Wirklichkeit abzufangen. Übergang einer Kugel in eine projektive Ebene. Konkrete Aufgabenstellung für Mathematiker, um aus mathematischen Vorstellungen heraus die Wirklichkeit abzufangen: Mathematische Erfassung des Tast- und Sehraumes durch die Aufstellung von Differentialgleichungen, die nach der Lagrange'schen Methode integriert werden müssen. Für Tast- und Sehraum erhalten die Variablen positive bzw. negative Vorzeichen. Die Differenz der Integrale ist nahezu null. Durch weitere Berechnungen ergeben sich die akustischen Gleichungen. Man muss lernen, mit dem Rechnen in der konkreten Wirklichkeit zu bleiben.

# I

# VORTRÄGE ÜBER DIE VIERTE DIMENSION
1905–1908

# DIE VIERTE DIMENSION I

*Berlin, 24. März 1905*

Wenn Sie enttäuscht sein sollten über das, was Sie jetzt hören werden, will ich vorausschicken, dass ich heute ganz elementare Dinge [über die vierte Dimension] besprechen will. Wer tiefer eindringen will in diese Frage, müsste mit den höheren Begriffen der Mathematik genau bekannt sein. Ich möchte Ihnen einige ganz elementare und allgemeine Begriffe geben. Man muss unterscheiden zwischen der Möglichkeit zu denken in einem vierdimensionalen Raum und der Wirklichkeit. Wer imstande ist, dort Beobachtungen zu machen, hat es mit einer Wirklichkeit zu tun, die weit hinausreicht über das, was wir als das Sinnlich-Wirkliche kennen. Man muss Gedankenumformungen machen, wenn man sich hierher begibt. Sie müssen die Dinge ein wenig in die Mathematik hineinspielen lassen, sich hineinfinden in die Denkweise des Mathematikers.

Man muss sich klar werden, dass der Mathematiker keinen Schritt tut, ohne sich Rechenschaft zu geben von dem, was in seinen Schlussfolgerungen eintrifft. Wir müssen aber auch gewahr werden, wenn wir uns mit Mathematik beschäftigen, dass selbst der Mathematiker keinen Schritt [in die Wirklichkeit] vordringen kann, dass er keine Schlussfolgerungen machen kann, [die über das bloß Denkmögliche hinausreichen]. Zunächst handelt es sich um einfache Dinge, die aber schon komplizierter werden, wenn man zum Begriff der vierten Dimension kommen will. Wir müssen uns klar darüber werden, was wir unter Dimensionen verstehen. Am besten macht man es sich klar, wenn man die verschiedenen Raumgebilde auf ihre Dimensionalität hin prüft. Sie führen zu Betrachtungen, welche erst im 19. Jahrhundert von großen Mathematikern wie Bólyai, Gauß und Riemann in Angriff genommen worden sind.[1]

Die einfachste Raumgröße ist der Punkt. Er hat gar keine Ausdehnung; er muss gedacht werden. Er ist die Fixierung einer Ausdehnung im Raume. Er hat keine Dimension. Die erste Dimension ist die Linie. Die gerade Linie hat eine Dimension, die Länge. Wenn wir die Linie, die keine Dicke hat, selbst bewegen, treten wir aus der einen Dimension heraus, und die Linie wird zur Fläche. Diese hat zwei Dimensionen, eine Länge und eine Breite. Wenn wir die Fläche bewegen, so treten wir aus diesen zwei Dimensionen heraus, und wir erhalten den Körper. Er hat drei Dimensionen: Höhe, Breite, Tiefe [Figur 1].

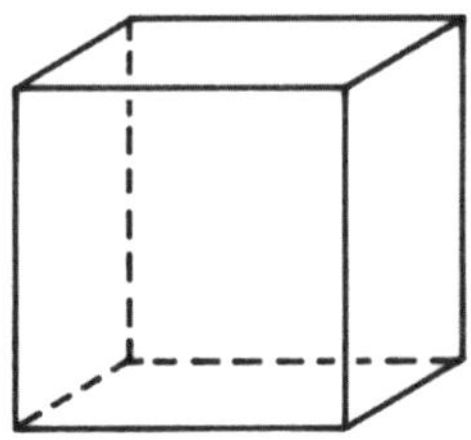

Figur 1

Wenn Sie den Körper selbst bewegen, wenn man [zum Beispiel] einen Würfel im Raume herumführt, werden Sie wiederum nur einen Raumkörper bekommen. Sie können den [dreidimensionalen] Raum nicht aus sich heraus bewegen.

Figur 2

Wir müssen uns noch ein paar anderen Begriffen zuwenden. Wenn Sie eine gerade Linie betrachten, hat sie zwei Grenzen, zwei Endpunkte *A* und *B* [Figur 2].

Stellen wir uns vor, dass *A* und *B* sich berühren sollen. Wenn sie sich berühren sollen, müssen wir aber die Gerade krümmen. Was geschieht? Sie können unmöglich in der [eindimensionalen] Geraden drinnen bleiben, wenn Sie *A* und *B* zusammenfallen lassen wollen. Um die Punkte *A* und *B* zu verbinden, müssen wir aus der Geraden selbst heraustreten, müssen wir also aus der ersten Dimension heraus und übergehen in die zweite Dimension, die Fläche. Auf diese Weise entsteht aus der Geraden [eine geschlossene Kurve, das heißt im einfachsten Falle] ein Kreis, indem ihre Endpunkte zur Deckung gebracht werden [Figur 3].

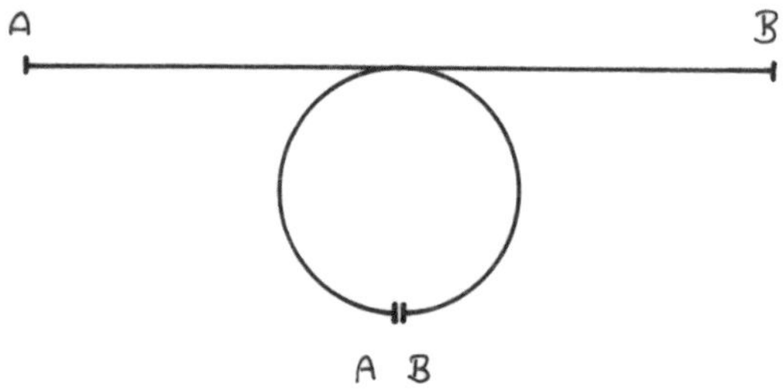


Figur 3

Es ist also notwendig, aus der ersten Dimension herauszugehen, man kann nicht in ihr drinnen bleiben. Nur so entsteht der Kreis. Sie können dieselbe Operation mit einer [rechteckig begrenzten] Fläche machen. Dies geht aber nur, wenn Sie nicht in den zwei Dimensionen drinnen bleiben. Sie müssen in die dritte Dimension hineingehen und bekommen dann aus der Fläche eine Röhre, einen Zylinder. Diese Operation geschieht auf ganz entsprechende Weise wie vorher, wo wir zwei Punkte zur Deckung brachten und dabei aus der ersten Dimension herausgegangen sind. Wir müssen hier [bei der Fläche], um zwei Grenzen [*a*, *b*] der Fläche zur Deckung zu bringen, in die dritte Dimension hinübergehen [Figur 4].

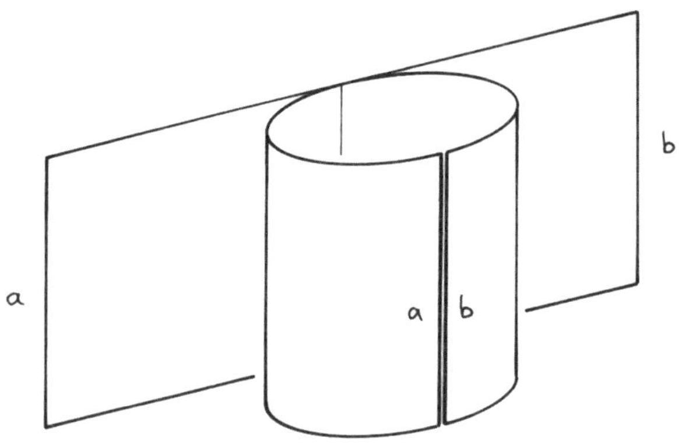


Figur 4

Ist es denkbar, dass mit einem Raumgebilde, das schon selbst drei Dimensionen hat, eine ähnliche Operation ausgeführt werden könnte? Wenn Sie zwei kongruente Würfel haben, können Sie den einen in den anderen schieben. [Denken Sie sich nun zwei kongruente Würfel als Begrenzungen eines dreidimensionalen prismatischen Körpers.] Wenn Sie versuchen, den einen Würfel, der auf einer Seite rot [und auf der gegenüberliegenden Seite blau] gefärbt ist, zur Deckung zu bringen mit dem anderen Würfel, der sonst [geometrisch] ganz gleich ist, aber bei dem die rote und blaue Farbe vertauscht sind, dann können Sie die Deckung nicht anders herbeiführen, als indem Sie den Würfel drehen [Figur 5].

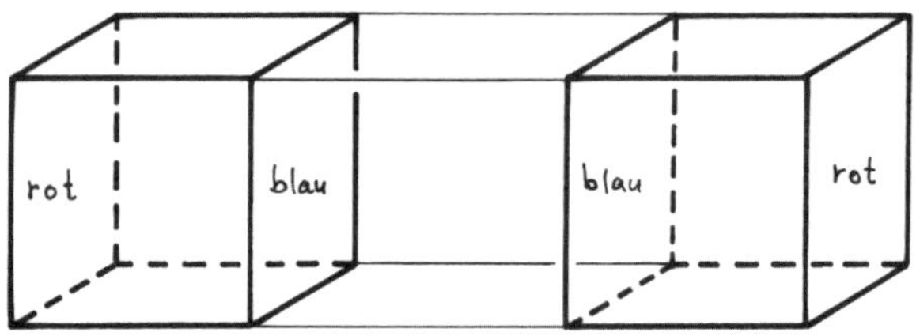

Figur 5

Betrachten wir ein anderes Raumgebilde. Nehmen Sie den Handschuh der linken Hand, so ist es Ihnen unmöglich, den Handschuh der linken Hand über die rechte Hand zu ziehen. Wenn Sie aber die beiden [spiegelsymmetrischen] Handschuhe zusammengehend betrachten wie die gerade Linie mit den Endpunkten *A* und *B*, so haben Sie etwas Zusammengehöriges. Es handelt sich dann um ein einziges Gebilde, mit einer Grenze [das heißt mit einer Spiegelebene] in der Mitte. Ganz ähnlich ist es auch mit den zwei symmetrischen Hälften der menschlichen Außenhaut.[2]

Wie können wir nun zwei [spiegel]symmetrische dreidimensionale Gebilde zur Deckung bringen? Nur wenn wir über die dritte Dimension hinausgehen, wie früher über die erste und zweite. Wir können den rechten oder linken Handschuh auch über die linke beziehungsweise rechte Hand stülpen, wenn wir durch den vierdimensionalen Raum gehen.[3]

[Beim Aufbau der dritten Dimension (Tiefendimension) des Anschauungsraumes] bringen wir das Bild des rechten Auges zur Deckung mit dem des linken, stülpen es darüber.[4]

Wir betrachten nun ein Beispiel von Zöllner.[5] Wir haben hier einen Kreis und außerhalb desselben einen Punkt *P*. Wie können wir den Punkt *P* [in den Kreis] hineinbringen, ohne den Kreis zu durchkreuzen? Dies geht nicht, wenn wir innerhalb der Ebene bleiben. So wie man aus der zweiten Dimension in die dritte hinübergehen muss beim Übergang vom Quadrat zum Würfel, so müssen wir auch hier aus der zweiten Dimension hinausgehen. Bei einer Kugel gibt es ebenfalls keine Möglichkeit [in das Innere] hineinzugehen, ohne [die Kugeloberfläche zu durchstoßen oder] über die dritte Dimension hinauszugehen.[6]

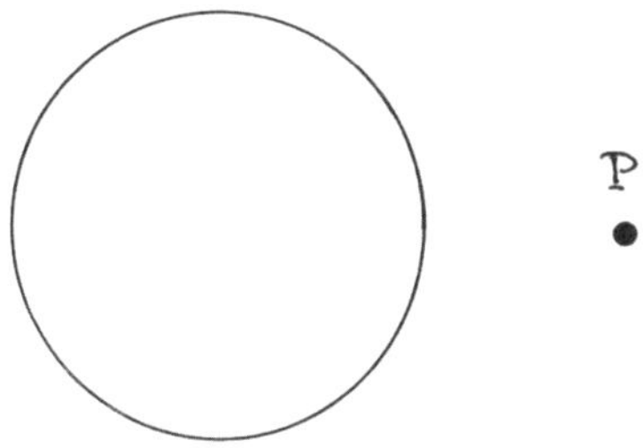


Figur 6

Das sind Denkmöglichkeiten, die aber eine praktische Bedeutung haben für die Erkenntnislehre, [insbesondere für das Problem der Objektivität des Wahrnehmungsinhaltes]. Wenn wir uns klarmachen, wie man eigentlich wahrnimmt, werden wir zu folgender Anschauung kommen. Fragen wir uns zunächst: Wie erlangen wir durch die Sinne Kenntnisse von den Körpern? Wir sehen eine Farbe. Ohne Augen würden wir sie nicht wahrnehmen. Der Physiker sagt dann: Da draußen im Raum ist nicht das, was man Farbe nennt, sondern rein räumliche Bewegungsformen; die dringen durch unser Auge, werden vom Sehnerv aufgefangen, zum Gehirn fortgesetzt, und dort entsteht zum Beispiel das Rot. Man kann sich nun fragen: Ist das Rot auch vorhanden, wenn keine Empfindung da ist?

Das Rot könnte ohne Auge nicht wahrgenommen werden. Glockenläuten könnte ohne Ohr nicht wahrgenommen werden. Alle unsere Empfindungen hängen davon ab, dass Bewegungsformen umgewandelt werden durch unseren physisch-seelischen Apparat. Die Sache wird aber noch komplizierter, wenn wir uns fragen: Wo ist denn nun eigentlich das Rot, diese eigentümliche Qualität? Ist es am Körper? Ist es ein Schwingungsvorgang? Draußen ist ein Bewegungsvorgang, und der setzt sich fort bis ins Auge hinein, bis ins Gehirn selbst. Überall sind Schwingungs- [und Nerven]vorgänge, nirgends ist Rot. Auch wenn Sie das Auge untersuchen, Sie würden nirgends Rot finden. Draußen ist es nicht, aber auch nicht im Gehirn. Nur dann haben wir Rot, wenn wir uns selbst als Subjekt diesen Bewegungsvorgängen entgegenstellen. Haben wir also überhaupt keine Möglichkeit, davon zu reden, wie das Rot dem Auge, wie Cis dem Ohr entgegenkommt?

Die Frage ist, was ist diese innere [Vorstellung], wo entsteht sie? In der philosophischen Literatur des 19. Jahrhunderts werden Sie finden, dass diese Frage alles durchzieht. Vor allem Schopenhauer[7] hat die folgende Definition aufgestellt: Die Welt ist unsere Vorstellung. – Was bleibt dann aber noch für den äußeren Körper? [So wie eine Farbvorstellung durch Bewegungen «erzeugt» werden kann, so kann auch] Bewegung in unserem Innern entstehen durch etwas, was im Grunde nicht bewegt ist. Betrachten wir dazu zwölf Momentaufnahmen einer [sich bewegenden] Pferdefigur auf [der Innenseite] einer [Zylinder-]Fläche, [die mit zwölf feinen Schlitzen in den Zwischenräumen versehen ist. Wenn wir seitlich auf den sich drehenden Zylinder blicken,] dann werden wir den Eindruck haben, dass es immer dasselbe Pferd bleibt, und dass es nur die Füße bewegt.[8] Also kann auch [der Eindruck von] Bewegung durch unsere [Leibes-Organisation] entstehen, wenn etwas sich [in Wirklichkeit] überhaupt nicht bewegt. So kommen wir zu einer vollständigen Auflösung von dem, was wir Bewegung nennen.

Was ist dann aber Materie? Ziehen Sie von der Materie ab Farbenglanz, Bewegung [Gestalt und so weiter, also das durch die sinnliche Wahrnehmung Vermittelte], dann bleibt nichts übrig. Wenn wir schon die [durch Außenweltvorgänge im individuellen Bewusstsein hervorgerufenen sekundären, das heißt «subjektiven»] Empfindungen [Farbe, Ton, Wärme, Geschmack, Geruch] in unserem Innern zu suchen haben, so müssen wir auch [die primären, das heißt «objektiven» Empfindungen, Gestalt und Bewegung,] in unser Inneres versetzen, und damit verschwindet die Außenwelt vollständig. Daraus ergeben sich aber große Schwierigkeiten [für die Erkenntnislehre].[9]

Nehmen wir an, alles wäre draußen, wie kommen dann die Eigenschaften des Gegenstandes draußen in uns hinein? Wo ist nun der Punkt [wo das Äußere in das Innere übergeht]? Wenn wir alle [sinnlichen Wahrnehmungsinhalte] abziehen, so gibt es kein Draußen mehr. Auf diese Weise versetzt sich die Erkenntnistheorie in die Lage von Münchhausen, der sich am eigenen Haarschopf frei in die Höhe ziehen will.[10] Nur dann aber, wenn wir annehmen, dass es ein Draußen gibt, nur dann können wir zu [einer Erklärung der] Empfindungen drinnen kommen. Wie kann etwas von außen in unser Inneres hereinkommen und als unsere Vorstellung auftreten?

Wir müssen die Frage noch anders aufwerfen. Wir betrachten zuerst einige Analogien. Sie werden keine Möglichkeit haben, eine Beziehung [zwischen Außenwelt und Innenempfindung] zu finden, wenn Sie nicht zu Folgendem greifen. Wir kehren zurück zur Betrachtung der geraden Linie mit den Endpunkten *A* und *B*. Wir müssen über die erste Dimension hinausgehen, die Linie krümmen, um die Endpunkte zur Deckung zu bringen [Figur 7].

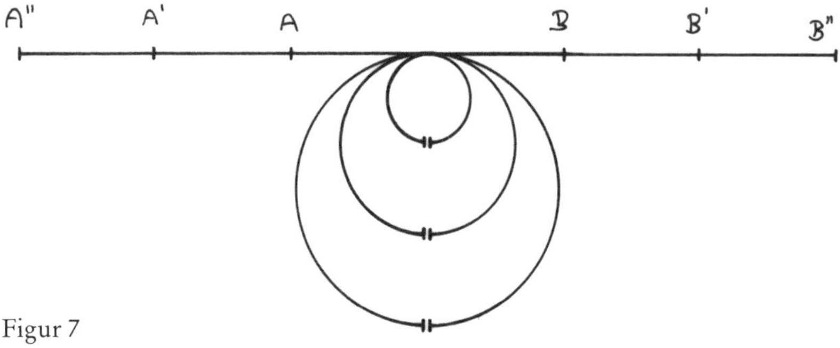


Figur 7

Denken Sie sich nun den linken Endpunkt *A* [dieser geraden Linie] mit dem rechten Endpunkt *B* so zusammengebracht, dass sie sich unten berühren, sodass wir imstande sind, [über die zusammenfallenden Endpunkte hinweg] zum Ausgangspunkt zurückzukehren. Wenn die Linie klein ist, ist auch der entsprechende Kreis klein. Wenn ich die [zunächst gegebene] Linie zum Kreise mache und dann immer größere Linien zu Kreisen mache, dann rückt der Punkt, in welchem sich die Endpunkte treffen, immer weiter von der [ursprünglichen] Linie ab und geht in unendliche Entfernung. Erst in der unendlichen Entfernung haben [die größer werdenden] Kreislinien ihren Endpunkt. Die Krümmung wird dabei eine immer schwächere, und schließlich werden wir unmöglich mit dem gewöhnlichen Auge die Kreislinie von der Geraden unterscheiden können [Figur 8].

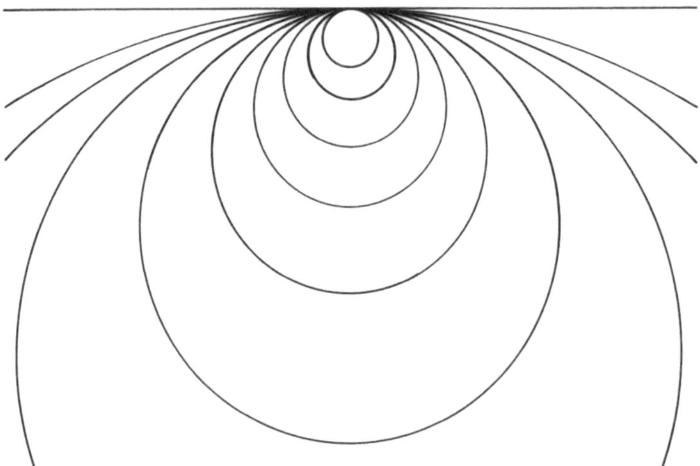

Figur 8

Ganz entsprechend erscheint uns auch die Erde als ein gerades [flaches] Stück, wenn wir auf ihr gehen, obgleich sie rund ist. Wenn wir uns denken, dass die beiden Hälften der geraden Linie bis in die Unendlichkeit ausgedehnt werden, fällt der Kreis wirklich mit der

Geraden zusammen.[11] Dabei kann die gerade Linie als Kreis aufgefasst werden, dessen Durchmesser unendlich ist. Jetzt können wir uns allerdings vorstellen, dass, wenn wir [die gerade Linie durchlaufen und dabei] in der Linie drinbleiben, wir von der anderen Seite aus der Unendlichkeit [wieder] zurückkommen. Dabei müssen wir aber durch die Unendlichkeit hindurchgehen.

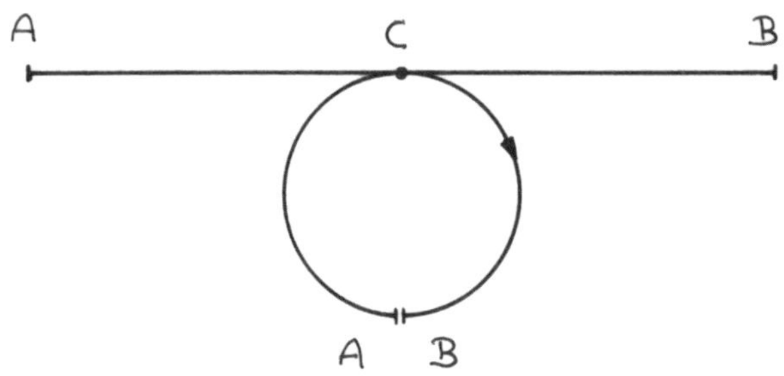


Figur 9

Denken Sie sich nun statt einer [geometrischen] Linie etwas, was eine Wirklichkeit ist, was sich verbindet mit einer Wirklichkeit. Stellen wir uns vor, dass mit dem Fortschreiten des Punktes *C* [auf der Kreisperipherie] eine Abkühlung eintritt, dass der Punkt immer kälter und kälter wird, je mehr er sich [von seinem Ausgangsort] entfernt [Figur 9]. Lassen wir den Punkt zunächst innerhalb der Kreislinie, und, indem er immer kälter wird, die untere Grenze *A*, *B* erreichen. Wenn er auf der anderen Seite zurückkehrt, nimmt die Temperatur wieder zu. Es tritt also auf dem Rückweg der zu dem Hinweg entgegengesetzte Zustand ein. Die Erwärmung nimmt zu, bis die Temperatur bei *C* wieder erreicht ist, von welcher wir ausgegangen sind. Wie ausgedehnt auch der Kreis sei, es ist immer derselbe Vorgang: ein Abfließen der Wärme und ein Heranfließen derselben. Denken wir uns das auch bei der [unendlich ausgedehnten geraden] Linie: Indem sich die Temperatur [auf der einen Seite immer mehr] verliert, kann sie auf der anderen Seite steigen. Wir haben hier einen Zustand, der sich auf einer Seite verliert, während er sich auf der anderen Seite wieder aufbaut.

So bringen wir Leben und Bewegung hinein in die Welt und nähern uns dem, was wir in einem höheren Sinne «Begreifen der Welt» nennen können. Wir haben hier zwei Zustände, die sich bedingen, die voneinander abhängig sind. Für alles aber, was Sie [sinnlich] beobachten können, hat der Vorgang, der, sagen wir, nach rechts verläuft, nichts zu tun mit dem, der von links zurückkommt, und doch bedingen sie sich gegenseitig.[12]

Wir vergleichen nun den Körper der Außenwelt mit dem Abkühlungszustand und im Gegensatz dazu unsere Innenempfindung mit dem Erwärmungszustand. [Obwohl Außenwelt und Innenempfindung nichts unmittelbar sinnlich Wahrnehmbares gemeinsam haben,] stehen sie in einem Verhältnis zueinander, bedingen sich gegenseitig [in analoger Weise, wie sich die oben geschilderten Prozesse bedingen]. Daraus ergibt sich ein Zusammenhang der Außenwelt [mit unserer Innenwelt], den wir unterstützen können durch ein Bild: [durch das Verhältnis von] Petschaft und Siegellack. Das Petschaft lässt einen genauen Abdruck, eine genaue Wiedergabe des Siegels im Siegellack zurück, ohne dass das Petschaft im Siegellack zurückbleibt [und ohne dass etwas Materielles vom Petschaft in den Siegellack übergeht]. Im Siegellack bleibt also eine getreue Wiedergabe des Siegels zurück. Ganz entsprechend ist es auch beim Zusammenhang von Außenwelt und Innenempfindungen. Nur das Wesentliche [überträgt sich]. Die eine Zustand[sform] bedingt die andere, wobei aber nichts [Materielles] übergeht.[13]

Wenn wir uns vorstellen, dass es sich so verhält mit [dem Zusammenhang zwischen der] Außenwelt und unseren Eindrücken, kommen wir zu Folgendem. [Geometrische] Spiegelbilder im Raume verhalten sich so wie Handschuhe von der linken und der rechten Hand. [Um diese unmittelbar und kontinuierlich miteinander in Beziehung zu setzen,] müssen wir eine neue Dimension des Raumes zu Hilfe nehmen. [Nun verhalten sich Außenwelt und Inneneindruck analog wie geometrische Spiegelbilder, können folglich ebenso nur durch eine weitere Dimension unmittelbar miteinander in Verbindung gebracht werden.] Um nun eine Beziehung herzustellen zwischen Außenwelt und Inneneindrücken, müssen wir also durch eine vierte Dimension gehen, müssen wir in einem dritten Element sein. Nur dort können wir das Gemeinschaftliche [von Außenwelt und Inneneindrücken] suchen, wo wir [mit ihnen] eins sind. [Man kann sich diese Spiegelbilder wie] schwimmend in einem Meere [vorstellen], innerhalb welchem wir die Spiegelbilder zur Deckung bringen können. Und so kommen wir [zunächst rein gedanklich] zu etwas, was über den dreidimensionalen Raum hinweggeht und doch eine Wirklichkeit hat. Wir müssen also unsere Raumvorstellungen ins Leben bringen, sie beleben.

Oskar Simony[14] hat versucht, diese belebten Raumgebilde mit Modellen darzustellen. [Wie wir gesehen haben, kommt man] von der Betrachtung des Nulldimensionalen [schrittweise] zur Möglichkeit, sich den vierdimensionalen Raum vorzustellen. [Anhand der Betrachtung spiegelsymmetrischer Körper, das heißt mit Hilfe der] Symmetrieverhältnisse, können wir diesen Raum zuerst [am leichtesten] erkennen. [Ein anderes Mittel, die Besonderheiten des empirischen dreidimensionalen Raumes im Verhältnis zum vierdimensionalen Raum zu studieren, bieten die Verknotungen von Kurven und Bändern.] Was versteht man unter Symmetrieverhältnissen? Dadurch, dass wir Raumgebilde miteinander verschlingen, rufen wir bestimmte Komplikationen herbei. [Diese Komplikationen sind Besonderheiten des dreidimensionalen Raumes; sie kommen in vierdimensionalen Räumen nicht vor.[15]]

Lassen Sie uns ein paar praktische Denkübungen machen. Wenn wir einen Bandring in der Mitte durchschneiden, erhalten wir zwei solche Ringe. Zerschneiden wir nun entsprechend ein Band, dessen Enden um 180 Grad verdreht und dann verklebt worden sind, so erhalten wir einen einzigen verdrehten Ring, der nicht zerfällt. Verdrehen wir die Band-Enden um 360 Grad vor dem Zusammenkleben, so ergeben sich beim Zerschneiden zwei ineinander verschlungene Ringe. Verdrehen wir schließlich die Band-Enden um 720 Grad, so ergibt sich durch denselben Prozess ein Knoten.[16]

Wer nachdenkt über Naturvorgänge, weiß, dass solche Windungen in der Natur vorkommen; [in der Wirklichkeit sind] solche verschlungenen Raumgebilde mit Kräften versehen. Nehmen Sie etwa die Bewegung der Erde um die Sonne, und dann die Bewegung des Mondes um die Erde. Man sagt, der Mond beschreibe um die Erde einen Kreis, doch [wenn man genauer hinsieht] ist es eine Linie, die wieder [um einen Kreis, den Bahnkreis der Erde,] herumgeschlungen ist, also eine Schraubenlinie um eine Kreislinie. Und dann haben wir die Sonne, die so schnell durch den Weltenraum eilt, dass der Mond noch um sie eine [zusätzliche] Schraubenbewegung macht. Es sind also sehr komplizierte Kräftelinien, die sich im Raume erstrecken. Wir müssen uns vergegenwärtigen, dass wir es mit komplizierten Raumbegriffen zu tun haben, die wir nur dann begreifen, wenn wir sie nicht starr werden lassen, wenn wir sie flüssig haben.

Vergegenwärtigen wir uns das Gesagte noch einmal: Das Nulldimensionale ist der Punkt, das Eindimensionale ist die Linie, das Zweidimensionale die Fläche und das Dreidimensionale der Körper. Wie verhalten sich diese Raumbegriffe zueinander?

Denken Sie sich, Sie wären ein Wesen, welches überhaupt nur längs einer geraden Linie sich bewegen kann. Wie müssten die Raumvorstellungen von solchen Wesen geartet sein, die selber nur eindimensional sind? Sie würden die Eindimensionalität bei sich nicht wahrnehmen, sondern nur Punkte sich vorstellen. Denn es gibt in der geraden Linie, wenn wir in ihr etwas zeichnen wollen, nur Punkte. Ein zweidimensionales Wesen könnte Linien antreffen, also eindimensionale Wesen unterscheiden. Ein dreidimensionales Wesen, etwa der Würfel, würde die zweidimensionalen Wesen wahrnehmen. Der Mensch nun kann drei Dimensionen wahrnehmen. Wenn wir richtig folgern, müssen wir uns sagen: Wie ein eindimensionales Wesen nur Punkte wahrnehmen kann, wie ein zweidimensionales Wesen nur eine Dimension, und ein dreidimensionales Wesen nur zwei Dimensionen wahrnehmen kann, so kann ein Wesen, das drei Dimensionen wahrnimmt, nur ein vierdimensionales Wesen sein. Dadurch, dass ein Mensch äußere Wesen nach drei Dimensionen abgrenzen kann, mit Räumen aus drei Dimensionen [umgehen kann], muss er vierdimensional sein.[17] Und ebenso wie ein Würfel nur zwei Dimensionen wahrnehmen kann und nicht seine dritte, so ist es wahr, dass der Mensch die vierte Dimension, in der er lebt, nicht wahrnehmen kann.

# DIE VIERTE DIMENSION II

*Berlin, 31. März 1905*

Heute will ich einiges Elementare über die Vorstellung des mehrdimensionalen Raumes besprechen [unter anderem in Anschluss an den] geistvollen Hinton.[18]

Sie erinnern sich, wie wir [das letzte Mal] von der Betrachtung der nullten Dimension bis zur Vorstellung des mehrdimensionalen Raumes kamen. Ich will die Vorstellungen, wie wir vom zwei- zum dreidimensionalen Raum kommen können, kurz noch einmal wiederholen.

Was haben wir unter einem Symmetrie-Verhalten zu verstehen? Wie bringe ich eine rote und eine blaue [ebene Figur, die Spiegelbilder voneinander sind,] zur Deckung?

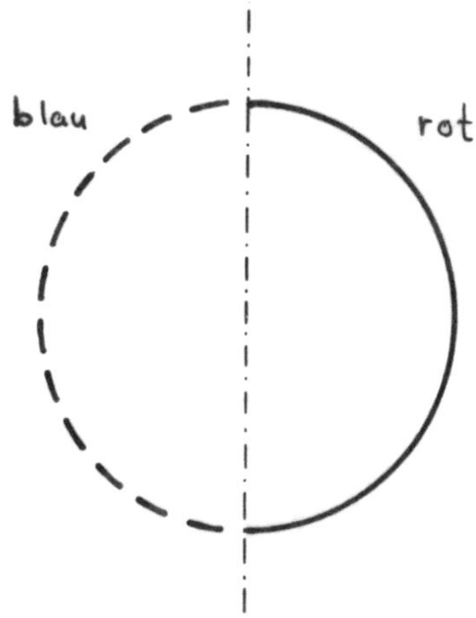


Figur 10

Das kann ich bei zwei Kreishälften relativ leicht, indem ich den roten [Halb-]Kreis in den blauen hineinschiebe [Figur 10].

Bei der folgenden [spiegel]symmetrischen Figur gelingt dies nicht so leicht [Figur 11]. Ich kann den roten und den blauen Teil [inner-

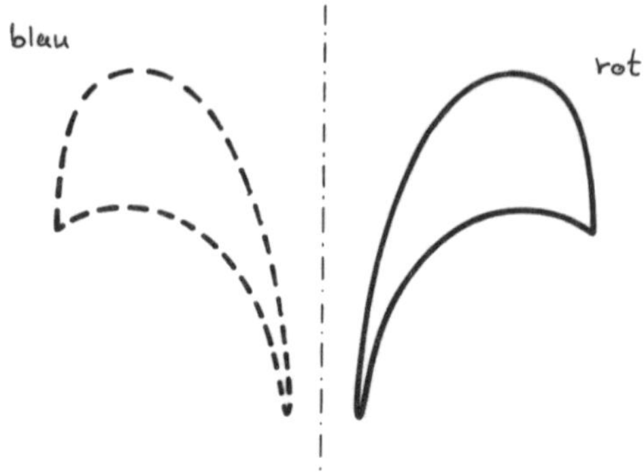


Figur 11

halb der Ebene] nicht zur Deckung bringen, auf welche Weise auch immer ich das Rote in das Blaue hineinzuschieben versuche.

Aber es gibt ein Mittel [dies trotzdem zu erreichen]: Wenn man aus der Tafel, das heißt aus der zweiten Dimension heraustritt [und die dritte Dimension zu Hilfe nimmt, mit anderen Worten, wenn man] die blaue Figur auf die rote legt [indem man sie durch den Raum um die Spiegelachse dreht].

Genauso verhält es sich mit einem Paar Handschuhe: Ich kann den einen mit dem anderen nicht zur Deckung bringen, ohne dass ich aus dem [dreidimensionalen] Raum heraustrete. Man muss durch die vierte Dimension gehen.

Ich habe das letzte Mal gesagt, dass man [die Beziehungen im] Raum flüssig machen muss [wenn man sich eine Vorstellung von der vierten Dimension erarbeiten will], um dadurch ähnliche Verhältnisse zuwege zu bringen, wie man sie hat, wenn man von der zweiten in die dritte Dimension übergeht. In der letzten Stunde haben wir aus Papierstreifen Raumgebilde erzeugt, die sich ineinander verschlingen. Solche Verschlingungen rufen bestimmte Komplikationen herbei. Das ist keine Spielerei, sondern in der Natur kommen fortwährend solche Verschlingungen vor. Wer nachdenkt über Naturprozesse, weiß, dass solche Verschlingungen wirklich in der Natur vorkommen. Materielle Körper bewegen sich in solchen verschlungenen Raumgebilden. Diese Bewegungen sind mit Kräften ausgestattet, so dass die Kräfte sich ebenfalls gegeneinander verschlingen. Nehmen

Sie die Bewegung der Erde um die Sonne und dann die Bewegung des Mondes um die Erde. Der Mond durchläuft einen Kreis, der um den Bahnkreis der Erde um die Sonne herumgeschlungen ist. Er beschreibt also eine Schraubenlinie um eine Kreislinie. Wegen der [Apex-]Bewegung der Sonne macht der Mond um diese eine weitere Schraubenlinie. Es ergeben sich also sehr komplizierte Kräftelinien, die sich durch den ganzen Raum erstrecken.

Die Himmelskörper verhalten sich so zueinander wie die verschlungenen Papierstreifen [von Simony, die wir das letzte Mal betrachtet haben]. Wir müssen uns vergegenwärtigen, dass wir es mit komplizierten Raumbegriffen zu tun haben, die wir nur dann begreifen, wenn wir sie nicht starr werden lassen. Wenn wir den Raum [in seinem Wesen] begreifen wollen, [müssen wir ihn zwar zunächst starr auffassen, ihn dann aber] wieder vollständig flüssig machen. [Man muss wie] bis zur Null [gehen]; darinnen ist der [lebendige] Punkt [zu finden].

Wir vergegenwärtigen uns noch einmal [den Aufbau der Dimensionen]. Der Punkt ist nulldimensional, die Linie eindimensional, die Fläche zweidimensional und der Körper dreidimensional. So hat der Würfel die drei Dimensionen: Höhe, Breite und Tiefe. Wie verhalten sich nun die Raumgebilde [verschiedener Dimensionen] zueinander? Denken Sie sich, Sie seien eine gerade Linie, Sie hätten nur eine Dimension, Sie könnten sich nur längs einer geraden Linie bewegen. Falls es solche Wesen gäbe, wie müsste die Raumvorstellung solcher Wesen geartet sein? Solche Wesen würden die Eindimensionalität bei sich nicht wahrnehmen, sondern sie würden sich nur Punkte vorstellen können überall, wo sie auch hinkämen. Denn es gibt in der geraden Linie, wenn wir etwas in ihr zeichnen wollen, nur Punkte. Ein zweidimensionales Wesen würde nur Linien antreffen, würde also nur eindimensionale Wesen wahrnehmen. [Ein dreidimensionales Wesen wie] der Würfel würde zweidimensionale Wesen wahrnehmen, könnte aber nicht seine [eigenen] drei Dimensionen wahrnehmen.

Der Mensch nun kann seine drei Dimensionen wahrnehmen. Wenn wir richtig folgern, müssen wir uns sagen: Wie ein eindimensionales

Wesen nur Punkte wahrnehmen kann, ein zweidimensionales Wesen nur Geraden und ein dreidimensionales Wesen nur Flächen, so muss ein Wesen, das drei Dimensionen wahrnimmt, selbst ein vierdimensionales Wesen sein. Dadurch, dass der Mensch äußere Wesen nach drei Dimensionen abgrenzen kann, mit Räumen aus drei Dimensionen [umgehen kann], muss er vierdimensional sein. Und ebenso, wie ein Würfel nur zwei Dimensionen wahrnehmen kann und nicht seine dritte, so ist klar, dass der Mensch die vierte Dimension, in der er lebt, nicht wahrnehmen kann. Damit haben wir gezeigt, [dass der Mensch ein vierdimensionales Wesen sein muss]. Wir schwimmen im Meere [der vierten Dimension wie Eis in Wasser].

Wir kehren noch einmal zur Betrachtung der Spiegelbilder zurück [Figur 11]. Diese senkrechte Linie stellt den Querschnitt eines Spiegels dar. Der Spiegel wirft ein Spiegelbild [der Figur auf der linken Seite] zurück. Der Spiegelungsprozess weist über die zwei Dimensionen hinaus in die dritte Dimension. [Um den unmittelbaren und kontinuierlichen Zusammenhang des Spiegelbildes mit dem Original zu verstehen, müssen wir zu] den zwei Dimensionen eine dritte hinzunehmen.

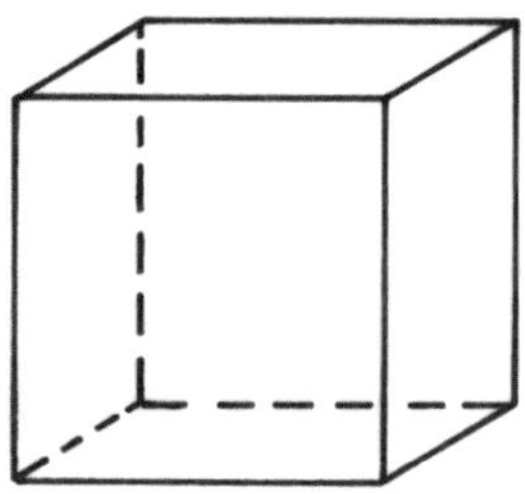

Figur 12

[Nun betrachten wir das Verhältnis von Außenraum und Innenvorstellung.] Der Würfel hier außer mir [erscheint als] eine Vorstellung in mir [Figur 12]. Die Vorstellung [des Würfels] verhält sich zum Würfel wie ein Spiegelbild zum Original. Unser Sinnesapparat [entwirft vom Würfel ein Vorstellungsbild. Will man dieses mit dem Originalwürfel] zur Deckung bringen, so muss man durch die vierte Dimension hindurchgehen. Genauso wie [beim kontinuierlichen Vollzug des zweidimensionalen] Spiegelprozesses zur dritten Dimension übergegangen werden muss, muss unser Sinnesapparat, wenn er imstande sein soll, einen [direkten] Zusammenhang [zwischen Vorstellungsbild und äußerem Gegenstand] herzustellen, vierdimensional sein.[19]

Wenn Sie nur [zweidimensional] vorstellen würden, so würden Sie [nur] ein Traumbild vor sich haben, aber keine Ahnung davon haben, dass draußen ein Gegenstand ist. Unser Vorstellen ist ein direktes Stülpen unseres Vorstellungsvermögens über [die äußeren Gegenstände vermittels des] vierdimensionalen Raumes.

Der Mensch war im Astralzustand [während früherer Stadien der Menschheitsevolution] nur ein Träumer, er hatte nur solche aufsteigenden Traumbilder.[20] Er ist dann übergegangen vom Astralreich zum physischen Raum. Damit haben wir den Übergang vom astralen zum [physisch-]materiellen Wesen mathematisch definiert. Bevor dieser Übergang geschah, war der astrale Mensch ein dreidimensionales Wesen und konnte deshalb nicht seine [zweidimensionalen] Vorstellungen auf die objektive [dreidimensionale physisch-materielle] Welt ausdehnen. Aber als er [selbst] physisch[-materiell] geworden ist, hat er noch die vierte Dimension hinzubekommen [und konnte demzufolge auch dreidimensional erleben].

Durch die eigentümliche Einrichtung unseres Sinnesapparates sind wir imstande, unsere Vorstellungen mit den äußeren Gegenständen zur Deckung zu bringen. Indem wir unsere Vorstellungen auf äußere Dinge beziehen, gehen wir durch den vierdimensionalen Raum durch, stülpen die Vorstellung über den äußeren Gegenstand.

Wie würden sich die Dinge ausnehmen, wenn wir von der anderen Seite aus schauen könnten, wenn wir in die Dinge hineintreten und sie von dort aus sehen könnten? Um das zu können, müssten wir durch die vierte Dimension hindurch.

Die Astralwelt selbst ist nicht eine Welt von vier Dimensionen. Aber die astrale Welt zusammen mit ihrer Spiegelung in der physischen Welt ist vierdimensional. Wer imstande ist, die astrale Welt und die physische Welt zugleich zu überschauen, der lebt im vierdimensionalen Raum. Das Verhältnis unserer physischen Welt zur astralen ist ein vierdimensionales.

Man muss begreifen lernen den Unterschied zwischen Punkt und Sphäre. [In der Wirklichkeit] wäre dieser Punkt nicht passiv, sondern ein nach allen Seiten Licht ausstrahlender Punkt [Figur 13].

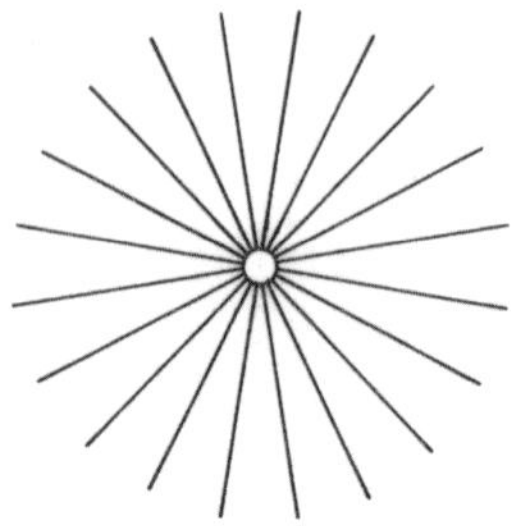

Figur 13

Welches wäre nun das Gegenteil eines solchen Punktes? Genauso wie es einen Gegensatz zu einer Linie gibt, die von links nach rechts geht, nämlich eine Linie, die von rechts nach links geht, so gibt es auch einen Gegensatz zum [Licht ausstrahlenden] Punkt. Wir stellen uns eine riesige, in Wirklichkeit unendlich große Kugel vor, die von allen Seiten, aber jetzt nach innen, Dunkelheit verbreitet, Dunkelheit hereinschickt [Figur 14]. Diese Kugel ist das Gegenteil des [Licht ausstrahlenden] Punktes.

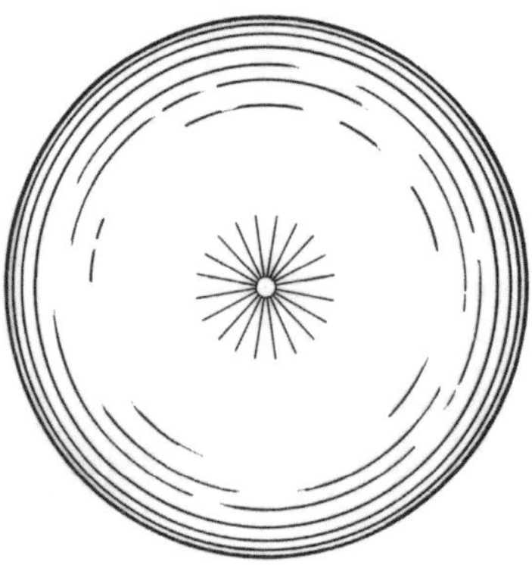

Figur 14

Das sind zwei wirkliche Gegensätze: Der Licht ausstrahlende Punkt und der unendliche Raum, der nicht ein neutrales dunkles Gebilde ist, sondern der von allen Seiten her den Raum mit Dunkelheit überflutet. [Als Gegensatz ergibt sich so] eine Quelle der Dunkelheit und eine Quelle des Lichts. Wir wissen, dass eine gerade Linie, die sich in die Unendlichkeit verliert, von der anderen Seite nach demselben Punkt zurückkehrt. Ebenso ist es bei einem Punkte, der nach allen Seiten Licht ausstrahlt. Dieses Licht kommt [aus der Unendlichkeit] als sein Gegenteil, als Dunkelheit zurück.

Nun betrachten wir den umgekehrten Fall. Nehmen Sie den Punkt als Quelle der Dunkelheit. Als Gegensatz ergibt sich ein Raum, der von allen Seiten Helle hereinstrahlt.

So wie dies neulich [im vorangehenden Vortrag] durchgenommen wurde, so verhält es sich mit dem Punkt; er verliert sich nicht [in der Unendlichkeit, er kommt von der anderen Seite wieder zurück] [Figur 15].

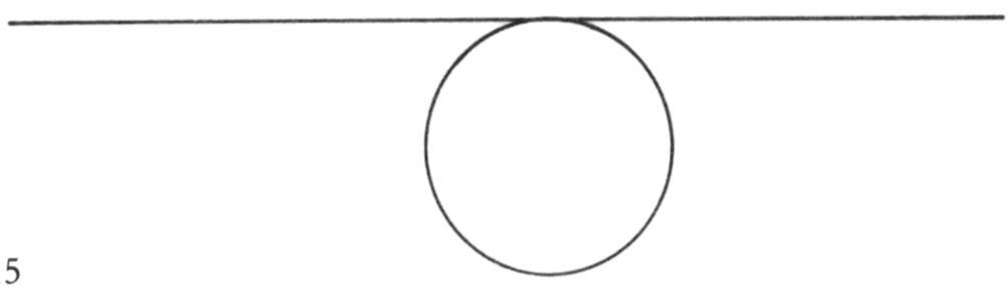

Figur 15

[Ganz entsprechend verliert sich ein Punkt, wenn er sich ausdehnt oder hinausstrahlt, nicht im Unendlichen; er kommt als Sphäre aus dem Unendlichen zurück.] Die Sphäre, das Kugelförmige, ist das Gegenteil des Punktes. Im Punkte lebt der Raum. Der Punkt ist das Gegenteil des Raumes.

Was ist [das Gegenteil] eines Würfels? Nichts anderes als der ganze unendliche Raum, abgerechnet das Stück, das hier [durch den Würfel] herausgeschnitten ist. Sodass wir uns den [totalen] Würfel als unendlichen Raum vorstellen müssen plus sein Gegenteil. Ohne Polaritäten kommen wir nicht aus, wenn wir uns die Welt kraftvoll dynamisch vorstellen [wollen]. [Erst so] haben wir die Dinge in ihrem Leben.

Würde sich der Okkultist den Würfel rot vorstellen, so würde der [übrige] Raum grün sein, denn Rot ist die Gegenfarbe von Grün. Der Okkultist hat nicht nur einfach Vorstellungen für sich selbst, er hat lebendige Vorstellungen, keine abstrakten, toten Vorstellungen. Der Okkultist muss aus sich heraus in die Dinge hineinkommen. Unsere Vorstellungen sind tot, während die Dinge in der Welt lebendig sind. Wir leben mit unseren abstrakten Vorstellungen nicht in den Dingen selber. So müssen wir uns zum Licht ausstrahlenden Stern den unendlichen Raum in der entsprechenden Ergänzungsfarbe hinzu vorstellen. Wenn man solche Übungen macht, kann man sein Denken schulen, bekommt man Vertrauen, wie man sich Dimensionen vorstellen kann.

Sie wissen, dass das Quadrat eine zweidimensionale Raumgröße ist. Ein Quadrat, zusammengesetzt aus vier rot und blau schattierten Teilquadraten, ist eine Fläche, die in verschiedene Richtungen verschieden strahlt [Figur 16]. Die Fähigkeit, in verschiedene Richtungen verschieden zu strahlen, ist eine dreidimensionale Fähigkeit. Wir haben hier also die drei Dimensionen Länge, Breite und Strahlungsvermögen.

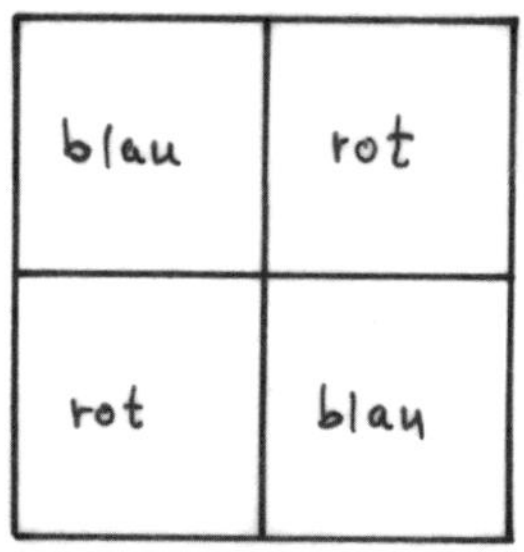

Figur 16

Was wir hier mit der Fläche machten, denken wir uns auch für den Würfel ausgeführt. Ebenso wie das obige Quadrat aus vier Teilquadraten aufgebaut war, denken wir uns den Würfel aus acht Teilwürfeln aufgebaut [Figur 17]. Daraus ergeben sich zunächst die drei Dimensionen Höhe, Breite und Tiefe. Innerhalb jedes [Teil-]Würfels wäre dann zu unterscheiden ein bestimmtes Lichtausstrahlungsvermögen. Daraus ergibt sich zusätzlich zur Höhe, Breite und Tiefe eine weitere Dimension: das Strahlungsvermögen.

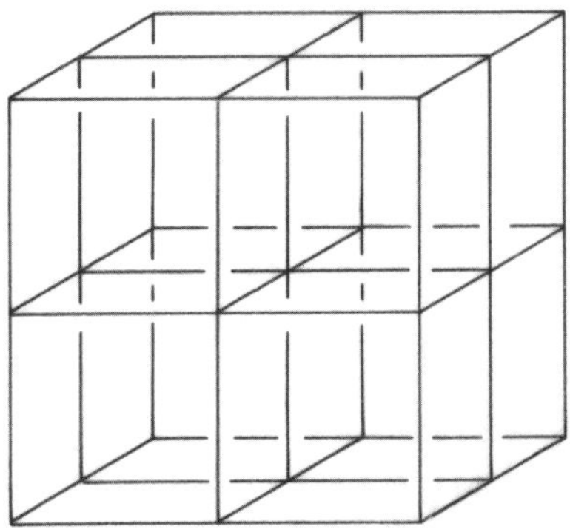

Figur 17

Sie können sich ein Quadrat aus vier Teilquadraten zusammengefügt denken, einen Würfel aus acht verschiedenen Teilwürfeln. Und nun denken Sie sich einen Körper, der nicht Würfel ist, sondern der eine vierte Dimension hat. Wir haben uns die Möglichkeit geschaffen, dies zu verstehen durch das Strahlungsvermögen. Hat jeder [der acht Teilwürfel] ein verschiedenes Strahlungsvermögen, so muss ich, wenn ich bloß den einen Würfel habe, der ein Strahlungsvermögen nur nach einer Seite hat, wenn ich den Würfel erhalten will, der nach allen Seiten strahlt, überall zu dem linksstehenden einen anderen noch hinzufügen, ihn mit einem entgegengesetzten verdoppeln, ich muss ihn aus 16 Würfeln zusammensetzen.[21]

Nächste Stunde werden wir die Möglichkeit bekommen, wie wir uns einen mehrdimensionalen Raum denken können.

# DIE VIERTE DIMENSION III

*Berlin, 17. Mai 1905*

Meine lieben Freunde, ich werde heute mit dem schwierigen Kapitel fortfahren, das durchzunehmen wir unternommen haben. Dabei wird es notwendig sein, einmal auf die verschiedenen Dinge Bezug zu nehmen, die ich in den letzten [beiden] Vorträgen schon erwähnt habe. Dann möchte ich heute auch die Grundlinien, die Grundbegriffe schaffen, um uns in einer letzten und zweitletzten Stunde anhand der Modelle von Herrn Schouten[22] [die genaueren geometrischen Verhältnisse sowie] die interessanten praktischen Gesichtspunkte der Theosophie völlig zu eigen zu machen.

Sie wissen, wir haben den vierdimensionalen Raum seiner Möglichkeit nach aus dem Grunde uns vorzustellen versucht, damit wir uns wenigstens eine Art von Begriff schaffen können über das sogenannte astrale Gebiet sowie über die höheren Gebiete, das höhere Dasein überhaupt. Ich habe schon angedeutet, dass das Betreten des astralen Raumes, der astralen Welt, für den Geheimschüler zunächst etwas ungeheuer Verwirrendes hat. Derjenige, welcher sich nicht näher mit diesen Dingen beschäftigt hat, welcher sich bis dahin nicht einmal theoretisch damit befasst hat, der nicht einmal theoretisch Theosophie studiert hat, dem wird es außerordentlich schwer, sich überhaupt eine Vorstellung von der ganz verschiedenen Natur der Dinge und Wesenheiten zu machen, die uns entgegentreten in der sogenannten astralen Welt. Lassen Sie uns noch einmal mit ein paar Strichen hinweisen darauf, wie groß diese Verschiedenheit ist.

Als Einfachstes habe ich erwähnt, dass wir jede Zahl lernen müssen symmetrisch zu lesen. Der Geheimschüler, der nur gewohnt ist, die Zahlen so zu lesen, wie man sie hier in der physischen Welt liest, wird sich durch das Labyrinth des Astralischen nicht durchfinden können. Wenn Sie im Astralen eine Zahl haben, zum Beispiel 467, so müssen Sie lesen: 764. Sie müssen sich daran gewöhnen, ein jedes Ding symmetrisch zu lesen, symmetrisch [spiegelbildlich] anzusehen. Das ist die Grundbedingung. Das ist noch leicht, solange wir bei Raumgebilden oder Zahlen sind. Schwieriger wird die Sache, wenn wir zu Zeitverhältnissen kommen. Wenn wir zu Zeitverhältnissen kommen, so wird die Sache im Astralischen auch symmetrisch, und zwar so, dass uns das Spätere zuerst und das Frühere später erscheint. Also wenn Sie astralische Vorgänge beobachten, so müssen Sie auch von rückwärts nach vorwärts, von hinten nach vorn lesen können. Diese Dinge kann man nur andeuten, weil sie manchmal ganz grotesk erscheinen dem, der nie eine Vorstellung davon hatte. Im Astralen ist zuerst der Sohn da und dann der Vater, da ist zuerst das Ei da und dann das Huhn. Im Physischen ist das anders. Im Physischen wird zuerst geboren und dann ist das Geborensein ein Hervorgehen eines Neuen aus einem Alten. Im Astralischen ist das umgekehrt. Dort geht das Alte aus dem Neuen hervor. Im Astralischen verschlingt für die Erscheinung dasjenige, was väterlicher oder mütterlicher Natur ist, dasjenige, was söhnlicher oder töchterlicher Natur ist.

Im Griechischen haben Sie eine hübsche Allegorie. Die drei Götter Uranos, Kronos und Zeus stellen symbolisch die drei Welten dar. Uranos stellt uns die himmlische Welt dar: Devachan; Kronos stellt uns das Astralische dar; Zeus das Physische. Von Kronos wird uns gesagt, dass er seine Kinder aufzehrte.[23] Im Astralen wird also nicht geboren, sondern verzehrt.

Ganz kompliziert wird die Sache aber dann, wenn wir das Moralische auf dem astralischen Plan aufsuchen. Das erscheint auch in einer Art von Umkehrung oder Spiegelbild. Und deshalb können Sie sich auch denken, wie anders die Dinge erscheinen, als wenn wir uns die Dinge so auslegen, wie wir es gewohnt sind, sie im Physischen auszulegen. Da sehen wir im Astralischen zum Beispiel, dass ein wildes Tier an uns herankommt. Das ist nicht so aufzufassen wie im Physischen. Das wilde Tier würgt uns. Das ist die Erscheinung, die derjenige hat, welcher gewohnt ist, die Sache so zu lesen wie die äußeren Vorgänge. Das wilde Tier ist aber in Wahrheit etwas, was in uns selbst vorhanden ist, was in unserem eigenen Astralleib lebt und was uns würgt. Das, was als Würger an Sie herantritt, ist etwas, was in Ihrem eigenen Verlangen wurzelt. So können Sie erleben, dass, wenn

Sie einen Rachegedanken haben, dieser Rachegedanke Ihnen als Würgeengel, der von außen an Sie herantritt, erscheint und Sie belästigt.

In Wahrheit strahlt [im Astralen] alles von uns aus. Wir müssen alles, was wir im Astralen an uns herankommen sehen, als von uns ausstrahlend betrachten [Figur 18]. Von der Sphäre, von allen Seiten kommt es heran, gleichsam wie von dem unendlichen Raum dringt es in uns hinein. In Wahrheit ist es aber nichts anderes als das, was unser eigener Astralkörper nach außen schickt.

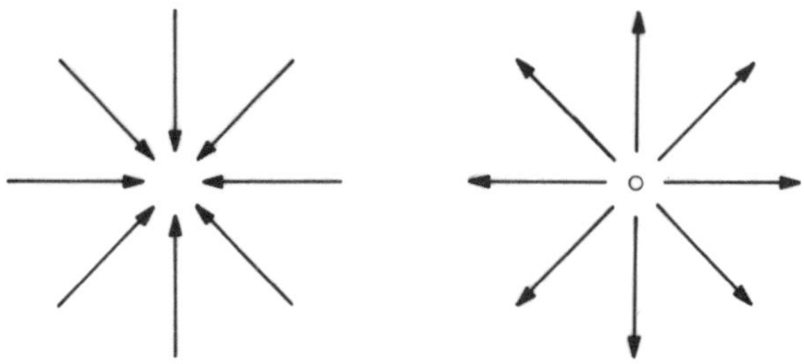

Figur 18

Wir lesen das Astralische erst richtig, [finden erst dann] die Wahrheit, wenn wir imstande sind, das Peripherische in das Zentrum zu bringen, das Peripherische als das Zentrale zu betrachten und zu deuten. Das Astralische scheint von allen Seiten auf Sie zuzukommen. Das ist so zu denken: In Wahrheit ist es etwas, was nach allen Seiten hin von Ihnen selbst ausstrahlt.

Ich möchte Sie hier gleich mit einem Begriffe bekannt machen, der sehr wichtig ist bei der okkulten Schulung. Er spukt in den verschiedensten Werken über okkulte Forschung herum, wird aber wenig richtig verstanden. Derjenige, der bis zu einer gewissen Stufe der okkulten Entwicklung gelangt ist, muss lernen, alles, was in ihm noch karmisch veranlagt ist, Freude, Lust, Schmerz und so weiter, in der astralischen Außenwelt zu sehen. Wenn Sie im richtigen Sinne theosophisch denken, werden Sie sich darüber klar sein, dass das äußere Leben, unser Leib, im gegenwärtigen Zeitalter weiter nichts ist als ein Ergebnis, ein Durchschnitt von zwei Strömungen, die von entgegengesetzten Richtungen kommen und ineinandergehen.

Denken Sie sich einmal eine Strömung von der Vergangenheit her und eine Strömung, die von der Zukunft herankommt, dann haben Sie zwei ineinandergehende, eigentlich in jedem Punkt sich durchkreuzende Strömungen [Figur 19]. Denken Sie sich eine rote Strömung nach der [einen] Richtung und eine blaue Strömung nach der [anderen] Richtung. Und nun denken Sie sich in diesem Durchschnitt zum Beispiel vier verschiedene Punkte. [Dann haben wir in jedem dieser vier Punkte] ein Zusammenwirken dieser roten und blauen Strömungen. [Das ist ein Bild für das Zusammenwirken von] vier aufeinanderfolgenden Inkarnationen, wo in jeder Inkarnation uns etwas von der einen [und etwas von der anderen] Seite entgegenkommt. Da können Sie sich immer sagen, da ist eine Strömung, die Ihnen entgegenkommt und eine Strömung, die Sie mitbringen. Der Mensch fließt zusammen aus diesen beiden Strömungen.

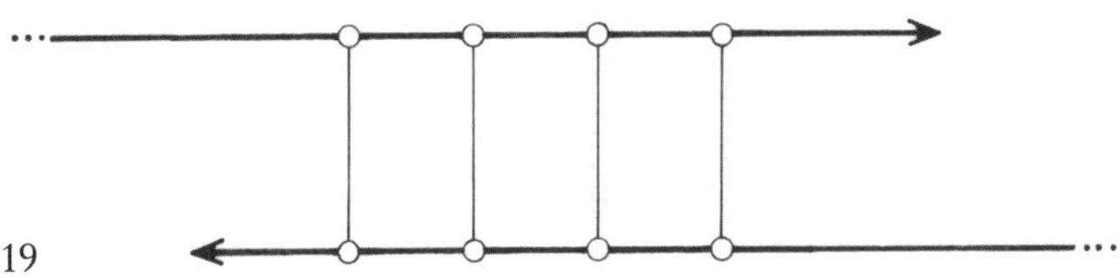

Figur 19

Sie bekommen eine Vorstellung davon, wenn Sie sich die Sache so denken. Heute sitzen Sie hier mit verschiedenen Erlebnissen, morgen werden Sie zur selben Stunde eine andere Summe von Ereignissen um sich haben. Denken Sie sich einmal die Ereignisse, die Sie bis morgen haben werden, wären schon alle da. Es wäre dann dasselbe Erlebnis, wie wenn Sie in ein Panorama blicken würden. Es wäre so, wie wenn Sie diesen Ereignissen entgegengingen, wie wenn diese Ereignisse Ihnen räumlich entgegenkommen. Stellen Sie sich also vor, der Strom, der von der Zukunft gegen Sie herankommt, bringe Ihnen diese Ereignisse entgegen, dann haben Sie in diesem Strom [enthalten] die Ereignisse zwischen heute und morgen. Sie lassen sich von der Vergangenheit die Ihnen entgegenströmende Zukunft zutragen.

In jedem Zeitabschnitt ist Ihr Leben ein Durchschnitt von zwei Strömungen, von denen die eine von der Zukunft nach der Gegenwart geht und die andere von der Gegenwart nach der Zukunft. Wo sich die Strömungen treffen, tritt eine Stauung ein. Alles, was der Mensch noch vor sich hat, muss er als astralische Erscheinung vor sich auftauchen sehen. Dieses ist etwas, was eine unglaublich eindrückliche Sprache spricht.

Denken Sie sich, dass der Geheimschüler [an den Punkt seiner Entwicklung kommt, wo er] hineinblicken soll in die astrale Welt, wo ihm die [geistigen] Sinne aufgeschlossen werden, sodass er das, was er noch bis zum Ablaufe der jetzigen Periode zu erleben haben würde, als äußere Erscheinung in der astralen Welt rings um sich auftauchen sehen würde. Das ist ein Anblick, der von ganz eindringlicher Art für jeden Menschen ist. Wir müssen also sagen, es ist eine wichtige Stufe im Verlauf der okkulten Schulung, dass dem Menschen als astralisches Panorama, als astralische Erscheinung, dasjenige entgegentritt, was er noch bis zur Mitte der sechsten Wurzelrasse – denn bis dahin gehen unsere Inkarnationen – zu erleben hat. Es erschließt sich ihm der Weg. Kein Geheimschüler wird es anders [erleben], als dass er als äußere Erscheinung das entgegentreten sieht, was er in der näheren Zukunft bis zur sechsten Wurzelrasse [noch] vor sich hat.

Wenn der Schüler bis zur Schwelle vorgeschritten ist, dann tritt an ihn die Frage heran: Willst du dieses alles in der denkbar kürzesten Zeit durchleben? Denn darum handelt es sich für denjenigen, der die Einweihung empfangen will. Wenn Sie sich das überlegen, so haben Sie Ihr eigenes zukünftiges Leben in einem Moment als äußeres Panorama vor sich. Das ist wiederum dasjenige, was uns die Anschauung des Astralischen charakterisiert. Dies ist für den einen Menschen so, dass er sich sagt: Nein, da gehe ich nicht hinein. Für den anderen dagegen ist es so, dass er sich sagt: Ich muss hinein. Diesen Punkt der Entwickelung nennt man die «Schwelle», die Entscheidung, und die Erscheinung, die man da hat, sich selbst mit allem, was man noch zu erfahren und zu erleben hat, die nennt man den «Hüter der Schwelle». Der Hüter der Schwelle ist also nichts anderes als unser eigenes künftiges Leben. Wir selbst sind es. Unser eigenes zukünftiges Leben liegt hinter der Schwelle.

Wiederum eine Eigentümlichkeit der astralischen Erscheinungswelt sehen Sie darin, dass derjenige, dem durch irgendein Ereignis – und es gibt solche Ereignisse im Leben – die astralische Welt plötzlich geöffnet wird, zunächst vor etwas Unverständlichem stehen muss. Das ist ein furchtbarer Anblick, der nicht verwirrender gedacht werden kann für alle diejenigen Menschen, auf welche, unvorbereitet, durch irgendein Ereignis plötzlich die astrale Welt hereinbricht. Es ist daher im eminentesten Sinne gut, das zu wissen, was wir jetzt besprochen haben, damit man im Falle des Hereinbrechens der astralen Welt weiß, was man zu tun hat. Es kann ein pathologisches Ereignis sein, eine Lockerung zwischen dem physischen Leib und dem Ätherleib oder zwischen dem Ätherleib und dem Astralleib. Durch solche Ereignisse kann der Mensch in die Lage versetzt sein, unvermutet in die astrale Welt zu kommen, in das astrale Leben einen Einblick zu tun. Ist das der Fall, dann kommt er und erzählt, dass er diese oder jene Erscheinung sieht. Er sieht es und versteht es nicht zu lesen, weil er nicht weiß, dass er symmetrisch zu lesen hat, dass er jedes wilde Tier, das an ihn herankommt, aufzufassen hat als die Spiegelung von dem, was in ihm selbst liegt. In der Tat, die astralischen Kräfte und Leidenschaften des Menschen erscheinen im Kamaloka in den mannigfaltigsten Formen der tierischen Welt.

Es ist kein besonders schöner Anblick, wenn man im Kamaloka die Menschen sieht, welche eben erst entkörpert worden sind. In diesem Augenblick haben sie noch alle ihre Leidenschaften, Triebe, Wünsche und Begierden an sich. Solch ein Mensch im Kamaloka hat zwar seinen physischen Körper nicht mehr und auch keinen Ätherkörper mehr, aber in seinem Astralkörper hat er noch alles dasjenige, was ihn mit der physischen Welt verbunden hat, was nur durch den physischen Körper befriedigt werden kann. Denken Sie sich einmal einen gewöhnlichen Durchschnittsbürger der Gegenwart, der in seinem vergangenen Leben nichts Besonderes geworden ist und sich auch keine Mühe gegeben hat, etwas zu erreichen, der nie viel getan hat zu seiner religiösen Entwickelung, der die Religion vielleicht nicht theoretisch, aber praktisch, das heißt in der Empfindung und Gesinnung über Bord geworfen hat. Sie ist dann bei ihm kein lebendiges Element. Was enthält dann sein Astralkörper? Es sind nur Dinge, die befriedigt werden können durch den physischen Organismus. Er verlangt zum Beispiel nach Gaumengenuss. Der Gaumen müsste dafür aber da sein, damit diese Begierde befriedigt werden kann. Oder der Mensch verlangt nach anderen Freuden, die nur dadurch, dass er seinen physischen Körper in Bewegung setzt, befriedigt werden können. Nehmen Sie an, er hätte eine solche Begierde, aber der Körper wäre weg. Dann lebt das alles in seinem Astralkörper. Das ist die Lage, in welcher der Mensch ist, wenn er ohne eine astralische Reinigung und Läuterung hingestorben ist. Er hat noch die Begierde nach dem Gaumengenuss und den anderen Dingen, aber nicht die Möglichkeit, sie zu befriedigen. Dadurch entsteht das, was das Quälende, das Furchtbare des Kamaloka-Lebens ist. Deshalb muss die Begierde im Kamaloka abgelegt werden, wenn der Mensch ohne astrale Läuterung stirbt. Erst wenn dieser astralische Leib so weit ist, dass er es gelernt hat, dass er seine Begierden und Wünsche nicht mehr befriedigen kann, dass er sie sich abgewöhnen muss, dann ist er befreit.

[In der Astralwelt nehmen] die Triebe und Leidenschaften tierische Gestalten an. Solange der Mensch im physischen Körper verkörpert ist, so lange richtet sich sein Astralleib in der Gestalt etwas nach diesem physischen Leib. Wenn aber der äußere Leib weg ist, dann kommen die Triebe, Begierden und Leidenschaften, so wie sie in ihrer tierischen [Natur] sind, in ihrer eigenen Gestalt zur Geltung, zum Durchbruch. So ist also der Mensch in der Astralwelt ein Abbild seiner Triebe und Leidenschaften.

Weil sich diese Astralwesen anderer Körper bedienen können, deshalb ist es gefährlich, Medien in Trance kommen zu lassen, wenn nicht ein Hellseher dabei ist, der Böses abwenden kann.

Der Löwe ist in der physischen Welt ein plastischer Ausdruck bestimmter Leidenschaften, der Tiger ist ein Ausdruck von anderen Leidenschaften, die Katze wieder von anderen. Es ist interessant zu sehen, wie jedes Tier der plastische Ausdruck einer Leidenschaft, eines Triebes ist.

Im Astralischen, im Kamaloka, ist also der Mensch durch seine Leidenschaften annähernd ähnlich [der Tier-Natur]. Daher kommt das Missverständnis, das man den ägyptischen und indischen Priestern und Weisheitslehrern entgegengebracht hat in Bezug auf die Lehre von der Seelenwanderung. Ihr sollt so leben, dass ihr nicht im Tiere verkörpert werdet, sagt diese Lehre. Niemals spricht diese Lehre aber vom physischen Leben, sondern von dem höheren Leben und das, was sie wollte, war nichts anderes, als die Menschen auf der Erde zu einem solchen Leben zu bewegen, dass sie nach dem Tode im Kamaloka nicht ihre tierische Gestalt ausbilden müssen. Wer das Charakteristische einer Katze ausbildet, erscheint im Kamaloka als Katze. Dass man auch im Kamaloka als Mensch erscheint, das ist der Sinn der Vorschriften der Lehre von der Seelenwanderung. Die wahren Lehren haben die Gelehrten nicht verstanden, sie haben nur eine absurde Vorstellung davon.

So haben wir gesehen, dass wir es zu tun haben, wenn wir den Astralraum betreten, auf jedem Gebiet – auf dem Gebiete der Zahl, der Zeit und auf dem Gebiete des moralischen Lebens – mit einem vollständigen Spiegelbild dessen, was wir hier im Physischen gewohnheitsmäßig eigentlich denken und tun. Wir müssen uns daran gewöhnen, symmetrisch zu lesen, denn wir müssen das können, wenn wir den Astralraum betreten.

Sich gewöhnen, symmetrisch zu lesen, kann der Mensch am leichtesten, wenn er anknüpft an solche elementaren mathematischen Vorstellungen, wie wir sie im verflossenen Vortrag angedeutet haben, und wie wir sie in den folgenden Auseinandersetzungen immer mehr und mehr kennenlernen werden. Ich möchte zunächst eine ganz einfache Vorstellung nehmen, nämlich anknüpfen an die Vorstellung eines Quadrates. Stellen Sie sich einmal ein Quadrat vor, wie Sie gewohnt sind, es zu sehen [Figur 20]. Ich werde das Quadrat so zeichnen, dass die vier Seiten desselben in vier verschiedenen Farben gezeichnet sind.

Figur 20

Dies ist der physische Anblick des Quadrates. Nun möchte ich Ihnen zunächst den Devachan-Anblick des Quadrates an die Tafel zeichnen. Ganz genau kann man es nicht, ich möchte damit aber doch annähernd eine Vorstellung geben, wie im Mentalen ein Quadrat aussehen würde. Das mentale Gegenbild [eines Quadrates] ist annähernd wie ein Kreuz [Figur 21].

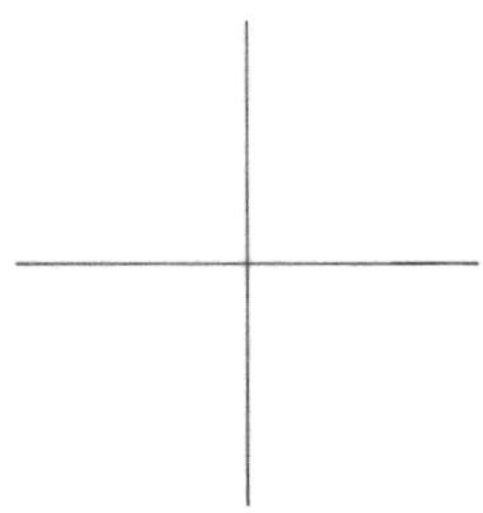

Figur 21

Wir haben es in der Hauptsache mit zwei aufeinander senkrecht stehenden, sich schneidenden Achsen zu tun. Zwei Linien, die durcheinander durchlaufen, dann haben Sie es auch. Das physische Gegenbild entsteht dadurch, dass auf jede dieser Achsen senkrechte Linien gezogen werden. Das physische Gegenbild eines mentalen Quadrates können Sie sich am besten vorstellen als Stauung [zweier sich gegenseitig durchkreuzender Strömungen]. Denken wir uns diese aufeinander senkrecht stehenden Achsenlinien als Strömungen, als Kräfte, die vom Schnittpunkt aus nach außen wirken, und auf diese Strömungen, nur jetzt in der Richtung von außen nach innen, Gegenströmungen [Figur 22]. Dann kommt ein Quadrat in die physische Welt dadurch hinein, dass man sich diese beiden Arten von

Strömungen oder Kräften – die eine von innen, die andere von außen her – als sich gegeneinander stauend vorstellt. Die Kräfteströmungen werden also durch Stauungen begrenzt.

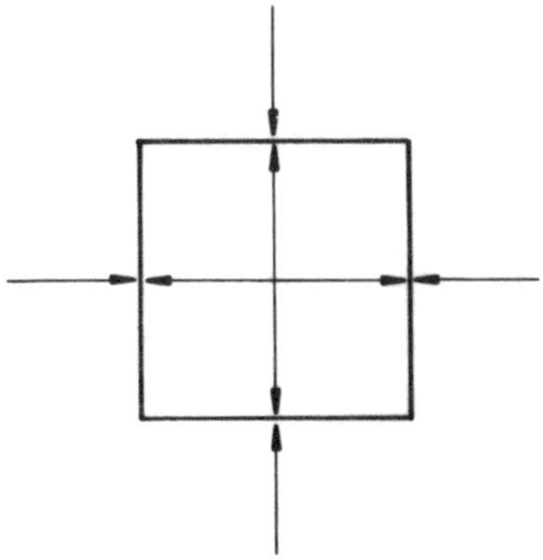

Figur 22

Damit habe ich ein Bild gegeben, wie sich überhaupt alles Mentale verhält zum Physischen. Ebenso können Sie sich für jedes physische Ding das mentale Gegenbild konstruieren. Das Quadrat hier ist nur ein allereinfachstes Beispiel.

Könnten Sie für ein jegliches Ding im Physischen ebenso sich ein Korrelat konstruieren, das sich zu dem Physischen so verhält wie zwei aufeinander senkrecht stehende Linien sich zu einem Quadrat verhalten, dann würden Sie für ein jegliches physisches Ding das Devachan- oder Mentalbild erhalten. Mit anderen Sachen ist es natürlich viel komplizierter.

Denken Sie sich jetzt einmal statt des Quadrates einen Würfel. Der Würfel ist dem Quadrat sehr ähnlich. Der Würfel ist ein Körper, der von sechs Quadraten begrenzt ist. Diese sechs Quadrate, die den Würfel begrenzen, hat Herr Schouten extra gemacht. Denken Sie sich nun einmal statt der vier begrenzenden Linien, wie sie beim Quadrate vorhanden sind, sechs begrenzende Flächen. Denken Sie sich, dass wir statt der senkrechten Linien als Stauung senkrechte Flächen hätten, und nehmen Sie noch ferner an, dass Sie nicht zwei, sondern drei aufeinander [senkrecht] stehende Achsen haben, dann begrenzen Sie den Würfel. Nun können Sie sich wohl auch vorstellen, wie das mentale Korrelat des Würfels ist. Sie haben wiederum zwei Dinge, die sich gegenseitig fordern. Der Würfel hat drei aufeinander senkrecht stehende Achsen und drei Flächenrichtungen; [wir müssen in diesen] drei Flächen[richtungen] Stauungswirkungen denken[23]. Die drei Achsen[richtungen] und die sechs Flächen, wie vorher [beim Quadrat] die [Figur zwei Achsen[richtungen] und vier Linien, können wir uns nicht [in einem anderen Verhältnis] vorstellen, als indem wir an einen gewissen Gegensatz denken.

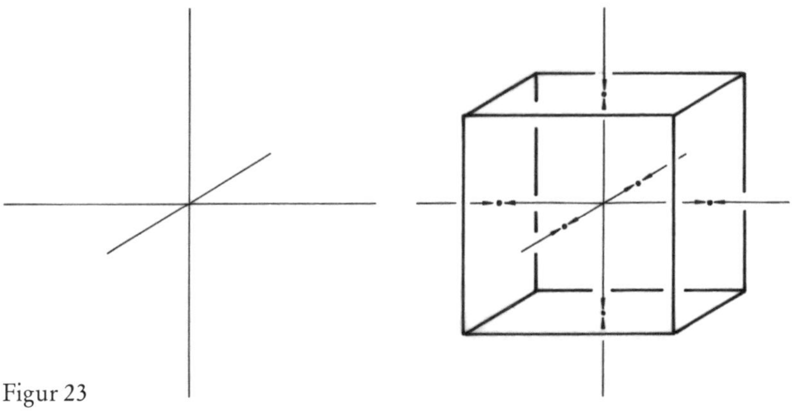

Figur 23

Jeder, der etwas nachdenkt, wird sich hier sagen müssen, dass wir uns dies nicht vorstellen können, ohne einen gewissen Begriff des Gegensatzes zu bilden, nämlich den Gegensatz des Wirkens und einer Stauung, eines Gegenwirkens. Den Begriff des Gegensatzes müssen Sie hier hineinlegen. Hier ist die Sache noch einfach. Dadurch, dass wir uns an geometrischen Begriffen heranranken, werden wir es dahin bringen, uns die mentalen Gegenbilder auch komplizierterer Dinge sachgemäß zu konstruieren. Dann werden wir den Weg finden und einigermaßen zu höherer Erkenntnis gelangen. Sie können sich aber jetzt schon denken, welche kolossale Kompliziertheit sich ergibt, wenn Sie sich einen anderen Körper denken und Sie sich sein mentales Gegenbild aufsuchen. Da kommen viele komplizierte Dinge zum Vorschein. Und wenn Sie sich noch einen Menschen denken würden und sein mentales Gegenbild mit allen räumlichen Formen und seinem Wirken, so können Sie sich denken, welches komplizierte mentale Gebilde dieses gibt. Nur annähernd konnte ich in meinem Buche «Theosophie» ein Bild davon geben, wie mentale Gegenbilder ungefähr aussehen.

Wir haben drei Ausdehnungen, drei Achsen beim Würfel. Auf jeder Achse haben wir beiderseits die entsprechenden senkrechten Ebenen. Sie müssen also jetzt sich klar sein darüber, dass der Gegensatz, von dem ich gesprochen habe, so aufzufassen ist, dass Sie sich jede Fläche des Würfels denken als entstanden so ähnlich, wie ich früher das menschliche Leben beschrieben habe, entstanden als ein Durchschnitt zweier Strömungen. Sie können sich vorstellen, dass vom Mittelpunkt ausgehen Strömungen. Sie denken sich den Raum in der einen Achsenrichtung, vom Mittelpunkt aus nach außen strömend, und in der anderen Richtung, von der Unendlichkeit her, entgegenströmend eine andere Strömung. Und dies [stellen Sie sich vor] in zwei Farben strömend, die eine rot, die andere blau. In dem Momente, wo sie zusammentreffen, werden sie in eine Fläche strömen, wird eine Fläche entstehen, sodass wir also die Fläche des Würfels annehmen können als das Zusammentreffen zweier entgegengesetzter Strömungen in einer Fläche. Das gibt eine lebendige Vorstellung von dem, was ein Würfel ist.

Der Würfel ist also ein Durchschnitt dreier aufeinander wirkender Strömungen. Wenn Sie sich das zusammendenken, so haben Sie es nicht mit drei, sondern mit sechs Richtungen zu tun, mit vorwärts-rückwärts, oben-unten, rechts-links. So haben Sie sechs Richtungen. Und tatsächlich ist das auch der Fall. Sodann kompliziert sich die Sache noch dadurch, dass Sie zwei Arten von Strömungen haben: Die eine in der Richtung von einem Punkt ausgehend, die andere aus der Unendlichkeit entgegenkommend. Dies wird Ihnen einen Gesichtspunkt geben zu dem, was die praktische Verwertung der höheren, theoretischen Theosophie ist. Ich habe jede Richtung des Raumes aufzufassen als zwei entgegengesetzte Strömungen. Und wenn Sie sich dann einen physischen Körper vorstellen, dann haben Sie in diesem physischen Körper das Ergebnis dieser zwei ineinanderlaufenden Strömungen.

Bezeichnen wir nun diese sechs Strömungen, diese sechs Richtungen, mit sechs Buchstaben *a*, *b*, *c*, *d*, *e*, *f*. Wenn Sie sich diese sechs Richtungen oder Strömungen vorstellen könnten – das nächste Mal werden wir dazu kommen, diese Vorstellungen bilden zu können –, und Sie würden davon die erste und letzte, *a* und *f*, wegdenken, getilgt denken, dann blieben Ihnen vier übrig. Und das bitte ich Sie nun zu berücksichtigen: Diese vier, die übrig bleiben, sind die vier, die Sie wahrnehmen können, wenn Sie die astralische Welt allein sehen.

Ich habe versucht, Ihnen eine Vorstellung zu geben von den drei [gewöhnlichen Dimensionen] und von drei [weiteren] Dimensionen, die sich eigentlich entgegengesetzt dazu verhalten. Dadurch, dass diese Dimensionen sich entgegengesetzt zueinander verhalten und durch ihr Entgegenwirken ein Resultat ergeben, entstehen die physischen Körper. Denken Sie sich aber vom Physischen etwas [eine Dimension] weg und auf der anderen Seite von dem Mentalen etwas [eine Dimension] weg, so bleiben uns vier Dimensionen übrig. Diese stellen dann die zwischen der physischen und mentalen Welt existierende astrale Welt dar.

Die Weltbetrachtung des Theosophen ist tatsächlich eine solche, dass sie mit einer Geometrie im höheren Sinne zu arbeiten notwendig hat, welche über die gewöhnliche Geometrie hinausgeht. Der gewöhnliche Geometer beschreibt den Würfel als von sechs Quadraten begrenzt. Wir müssen den Würfel auffassen als ein Ergebnis von sechs ineinanderlaufenden Strömungen, also als Ergebnis einer Bewegung und ihrer Umkehrung, eines Zusammenwirkens entgegengesetzter Kräfte.

Ich möchte Ihnen noch an der großen Natur draußen einen solchen Begriff zeigen, wo wirklich ein Gegensatz stattgefunden hat, der vor den Augen des Menschen ein tiefes Geheimnis des Werdens der Welt enthält. Goethe spricht in dem «Märchen von der Schlange und der Lilie» von dem «offenbaren Geheimnis», und das ist eines der wahrsten und klügsten Worte, die überhaupt[24] zu prägen sind. Es ist wahr, es gibt in der Natur Geheimnisse, die mit Händen zu greifen sind, aber von den Menschen nicht gesehen werden. Mit Umkehrungsprozessen haben wir es in der Natur vielfach zu tun. Einen solchen Umkehrungsprozess möchte ich Ihnen vorführen.

Vergleichen wir einmal den Menschen mit der Pflanze. Der Mensch mit der Pflanze verglichen ergibt Folgendes. Was ich jetzt sage, ist keine Spielerei, wenn es auch zunächst so aussieht wie eine Spielerei. Es ist etwas, was auf ein tiefes Mysterium hinweist. Was hat die Pflanze im Boden? Die Wurzel. Und nach oben entwickelt sie Stängel, Blätter, Blüte und Frucht. Das Haupt der Pflanze, die Wurzel, steckt in der Erde, und die Organe der Fortpflanzung entwickelt sie nach oben, der Sonne entgegen, was wir die keusche Art der Fortpflanzung nennen können. Denken Sie sich die ganze Pflanze umgekehrt, die Wurzel zum Haupte des Menschen gemacht. Dann haben Sie im Menschen, der das Haupt oben hat, und dessen Fortpflanzungsorgane unten liegen, die umgekehrte Pflanze. Und das Tier steht mitten darinnen, als Stauung. Wenn Sie die Pflanze umkehren, bekommen sie den Menschen. Mit drei Strichen zeichnen dies deshalb die Okkultisten aller Zeiten [Figur 24].

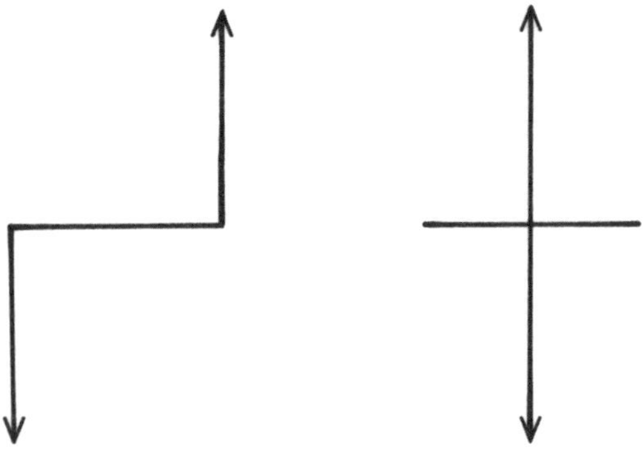

Figur 24

Einen [Strich] als Symbolum der Pflanze, einen als [Symbolum] des Menschen und einen entgegengesetzten als das [Symbolum] des Tieres – drei Striche, die zusammen das Kreuz bilden. Das Tier hat die Querlage, es durchkreuzt also das, was wir mit der Pflanze gemeinsam haben.

Sie wissen, wir sprechen von einer Allseele, von der Plato sagt, sie ist an den Weltenleib gekreuzigt, sie ist an das Kreuz des Weltenleibes gefesselt.[25] Stellen Sie sich die Weltenseele als Pflanze, Tier und Mensch vor, so haben Sie das Kreuz. Indem die Weltseele in diesen drei Reichen lebt, lebt sie gefesselt an dieses Kreuz. Dadurch werden Sie den Begriff der Stauung erweitert finden. Sie werden ihn durch etwas erweitert finden in der Natur. Zwei sich ergänzende, auseinanderlaufende, [aber] ineinandergreifende Strömungen bilden Pflanze und Mensch, die Stauung dabei ist das Tier. So stellt sich das Tier tatsächlich hinein zwischen eine Aufwärts- und eine Abwärtsströmung. So stellt sich das Kamaloka [Astralsphäre] hinein zwischen Devachan und die physische Welt. So stellt sich tatsächlich zwischen diese beiden Welten, die sich symmetrisch zueinander verhalten, zwischen Devachan und die physische Welt, etwas hinein, das dazwischen wirkt, das nach beiden Seiten wirkt wie eine Stauungsfläche. Der äußere Ausdruck dieser Kamaloka-Welt ist die tierische Welt.

Diejenigen, die schon Organe haben für diese Welt, die mit Kraft ergriffen werden muss, werden erkennen, was wir in den drei Reichen, in ihrer gegenseitigen Beziehung zueinander zu sehen haben. Wenn Sie das Tierreich als hervorgegangen aus einer Stauung auffassen, wenn Sie die drei Reiche als gegenseitige Stauung auffassen, dann werden Sie die Stellung finden, welche das Pflanzenreich zu dem Tierreich und das Tierreich zu dem Menschenreich hat. Das Tier steht senkrecht zu den beiden anderen Richtungen, und die anderen sind zwei sich ergänzende, ineinandergehende Strömungen. Das [jeweils] niederere Reich dient dem höheren als Nahrungsmittel. Das ist etwas, was einen kleinen Lichtblick auf die ganz andere Art der Verwandtschaft zwischen Mensch und Pflanze und zwischen Tier und Mensch gestattet. Wer sich vom Tiere nährt, macht sich daher mit einer Stauung verwandt.

Das wirkliche Wirken besteht in der Begegnung entgegengesetzter Strömungen. Das ist ein Anfang zu einer Gedankenreihe, die Sie vielleicht später noch in einer merkwürdigen Weise ganz anders auftreten sehen werden.

Wir haben also gesehen: Das Quadrat entsteht dadurch, dass zwei Achsen durch Linien geschnitten werden. Der Würfel entsteht dadurch, dass drei Achsen durch Flächen geschnitten werden. Können Sie sich nun denken, dass vier Achsen durch etwas geschnitten werden? Der Würfel ist die Grenze desjenigen Raumgebildes, das entsteht, wenn vier Achsen geschnitten werden.

Das Quadrat begrenzt den dreidimensionalen Würfel. Wir werden das nächste Mal sehen, wessen Grenze der Würfel selber ist. Der Würfel begrenzt ein vierdimensionales Gebilde.

### *Fragenbeantwortung*

[Was bedeutet es, sich] sechs Strömungen zu denken, von denen man sich je zwei getilgt vorstellen muss und so weiter?

Die sechs Strömungen müssen gedacht werden als zweimal drei Strömungen: drei von innen heraus wirkend gemäß den drei Achsenrichtungen, und die anderen drei als diesen von der Unendlichkeit her entgegenströmend. Für jede Achsenrichtung ergeben sich so zwei Arten, eine von innen nach außen gehend, die andere dieser entgegengesetzt von außen kommend nach innen. Setzen wir für die beiden Kategorien positiv und negativ, plus und minus, so haben wir:

$$+a \qquad -a$$
$$+b \qquad -b$$
$$+c \qquad -c$$

Und davon [müssen wir, um zum astralen Raum zu kommen,] eine ganze Richtung, [zum Beispiel die] Innen- und Außenströmung, getilgt denken, also zum Beispiel $+a$ und $-a$.

# DIE VIERTE DIMENSION IV

*Berlin, 24. Mai 1905*

Ich versuchte neulich, schematisch Ihnen eine Vorstellung vom vierdimensionalen Raum zu geben. Es würde dies aber sehr schwer sein, wenn wir nicht in einer Art von Analogie uns ein Bild von dem vierdimensionalen Raum zu machen in der Lage wären. Wenn es sich darum handelte, unsere Aufgabe zu charakterisieren, so würde es dies sein: ein vierdimensionales Gebilde aufzuzeigen hier im dreidimensionalen Raum. Zunächst steht uns ja nur der dreidimensionale Raum zur Verfügung. Wollen wir sozusagen etwas, was uns unbekannt ist, anknüpfen an etwas Bekanntes, so müssen wir uns, ebenso wie wir uns ein Dreidimensionales ins Zweidimensionale abgebildet haben, ein Vierdimensionales hereinholen in die dritte Dimension. Nun möchte ich an der Methode des Herrn Hinton[26] möglichst populär zeigen, wie der vierdimensionale Raum innerhalb der drei Dimensionen abzubilden ist. Ich möchte also zeigen, wie diese Aufgabe gelöst werden kann.

Zunächst lassen Sie mich davon ausgehen, wie man den dreidimensionalen Raum in den zweidimensionalen Raum hineinbringt. Unsere Tafel hier ist ein zweidimensionaler Raum. Würden wir zur Höhe und Breite eine Tiefe hinzunehmen, so hätten wir den dreidimensionalen Raum zusammen. Nun wollen wir versuchen, uns ein dreidimensionales Gebilde anschaulich auf der [zweidimensionalen] Tafel abzubilden.

Der Würfel ist ein dreidimensionales Gebilde, weil er aus Höhe, Breite und Tiefe besteht. Versuchen wir, ihn in den zweidimensionalen Raum zu bringen, also auf die Ebene. Wenn Sie den ganzen Würfel nehmen und ihn abrollen, oder besser abwickeln, so können Sie das auf folgende Art machen. Die Seiten, die sechs Quadrate, die wir im dreidimensionalen Raum haben, können wir einmal ausbreiten in einer Ebene [Figur 25]. So könnte ich mir also die Begrenzungsflächen des Würfels auf der Ebene ausgebreitet denken in einer Kreuzesfigur.

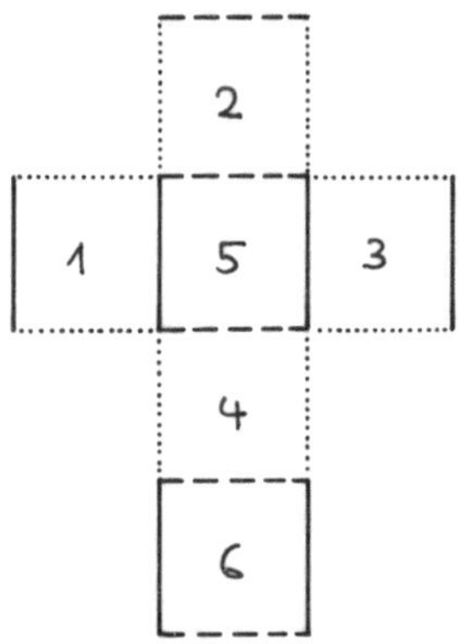

Figur 25

Es sind sechs Quadrate, die sich wieder zum Würfel ergänzen, wenn ich sie wieder zurückklappe – so also, dass Quadrat 1 und 3, 2 und 4 und ebenso 5 und 6 einander gegenüberstehend sind. So haben wir ein dreidimensionales Gebilde einfach hineingelegt in die Ebene.

Das ist eine Methode, die wir so nicht unmittelbar gebrauchen können, um die vierte Dimension in den dreidimensionalen Raum zu zeichnen. Dafür müssen wir eine andere Analogie suchen. Wir müssen da Farben zu Hilfe nehmen. Dazu werde ich die sechs Quadrate ihren Seiten nach mit verschiedenen Farben bezeichnen. Die einander [im Würfel] gegenüberliegenden Quadrate, wenn sie aufgeklappt sind, sollen gleiche Farben haben. Ich werde die Quadrate 1 und 3 so zeichnen, dass die einen Seiten rot [punktierte Linien] und die anderen blau [durchgezogene Linien] sind. Nun werde ich mal diese Quadrate so ergänzen, dass ich Blau für die ganze horizontale Richtung beibehalte [Figur 26]. Ich werde also alle diejenigen Seiten, die in diesen Quadraten vertikal [oben-unten] sind, rot zeichnen und alle horizontalen [vorne-hinten] blau machen.

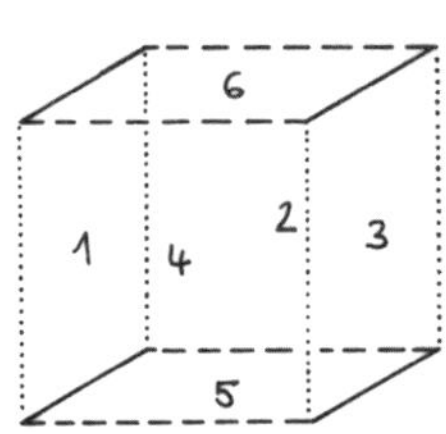

Figur 26

Wenn Sie sich diese zwei Quadrate 1 und 3 ansehen, so haben Sie die zwei Dimensionen, die die Quadrate haben, in zwei Farben, Rot und Blau, ausgedrückt. So würde also hier für uns [an der senkrechten Tafel, wo das Quadrat 2 an der Tafel «klebt»,] Rot die Höhe und Blau die Tiefe bedeuten.

Halten wir nun das fest, dass wir überall, wo die Höhe auftritt, Rot anwenden, und dort, wo die Tiefe auftritt, Blau; und dann wollen wir für die dritte Dimension [rechts-links], die Breite, Grün [gestrichelte Linie] nehmen. Nun wollen wir uns in dieser Weise den auseinandergeklappten Würfel ergänzen. Das Quadrat 5 hat Seiten, welche blau und grün sind, also muss das Quadrat 6 ebenso aussehen. Nun bleiben noch die Quadrate 2 und 4 übrig, und wenn Sie sich die aufgeklappt denken, so ergibt sich, dass die Seiten rot und grün sein werden.

Nun sehen Sie, wenn Sie sich das einmal vergegenwärtigen, so haben wir die drei Dimensionen in drei Farben verwandelt. Für Höhe, Breite, Tiefe sagen wir jetzt Rot [punktiert], Grün [gestrichelt], Blau [durchgezogen]. Wir nennen anstelle der drei Raumdimensionen die drei Farben, die uns also dafür Bilder sein sollen. Wenn Sie sich den ganzen Würfel aufgeklappt denken, so können Sie sich zu zwei Dimensionen die dritte in der Weise erklären, als hätten Sie so zum Beispiel das blau-rote [durchgezogen-punktierte] Quadrat [etwa von links nach rechts in Figur 26] durch Grün [gestrichelt] durchmarschieren lassen. Wir wollen sagen, Rot und Blau seien durch Grün hindurchgegangen. Das Durchmarschieren durch Grün, das Verschwinden in der dritten Farbendimension, wollen wir bezeichnen als den Durchgang durch die dritte Dimension. Denken Sie sich also, der grüne Nebel färbe dabei das rot-blaue Quadrat, so werden beide Seiten – rot wie blau – gefärbt erscheinen. Blau wird ein Blaugrün und Rot eine trübe Schattierung annehmen, und erst dort, wo das Grün [mit seiner Bewegung] aufhört, werden beide wieder in ihrer eigenen Farbe erscheinen. Dasselbe könnte ich mit den Quadraten 2 und 4 machen. Ich ließe also das rot-grüne [punktiert-gestrichelte] Quadrat sich durch einen Raum bewegen, der blau [durchgezogen] ist, und dasselbe können Sie dann mit den beiden anderen Quadraten

5 und 6 vornehmen, wo das blau-grüne [durchgezogen-gestrichelte] Quadrat das Rot [punktiert] passieren müsste. Ein jedes Quadrat lassen Sie auf diese Art auf der einen Seite verschwinden, in eine andere Farbe untertauchen. Es nimmt durch diese dritte Farbe selbst eine andere Färbung an, bis es auf der anderen Seite wieder in seiner Ursprünglichkeit heraustritt.

Wir haben so eine sinnbildliche Darstellung unseres Würfels durch drei aufeinander senkrecht stehende Farben. Wir haben durch drei Farben einfach die drei Richtungen dargestellt, mit denen wir es hier zu tun haben. Wenn wir uns vorstellen wollen, welche Veränderung die drei Paare der Quadrate erlitten haben, so können wir es dadurch, dass einmal die Quadrate durchgehen durch das Grün, das zweite Mal gehen sie durch das Rot und das dritte Mal durch das Blau durch.

Nun denken Sie sich statt dieser [gefärbten] Linien einmal selbst Quadrate und für den bloßen Raum auch überall selbst Quadrate. Dann kann ich die ganze Figur noch anders zeichnen [Figur 27]. Wir zeichnen uns das [durchgezogene] Durchgangsquadrat blau, und die beiden, welche durchgehen – vor und nach dem Durchgang –, zeichnen wir oben und unten daneben, also hier rot-grün [punktiert-gestrichelt]. [In einem zweiten Schritt] nehme ich das rote [punktierte] Quadrat als dasjenige, welches die blau-grünen [durchgezogen-gestrichelten] Quadrate durch sich hindurchgehen lässt. Und [in einem dritten Schritt] haben wir hier das grüne [gestrichelte] Quadrat. Durch das grüne Quadrat gehen die zwei entsprechenden anderen Farben durch, also Rot [punktiert] und Blau [durchgezogen].

Sie sehen, jetzt habe ich Ihnen hier eine andere Form der Ausbreitung gezeigt mit neun nebeneinanderliegenden Quadraten, wovon aber nur sechs [Begrenzungen] am Würfel selbst sind, nämlich die oben und unten in der Figur gezeichneten Quadrate [Figur 27]. Die anderen drei [mittleren] Quadrate sind Durchgangsquadrate, die nichts anderes bezeichnen als das Verschwinden der einzelnen Farben in einer dritten [Farbe]. [Für die Durchgangsbewegung haben wir] also immer zwei Dimensionen zusammenzunehmen, weil jedes dieser Quadrate [in der oberen und unteren Reihe] aus zwei

Farben zusammengesetzt ist und in der Farbe verschwindet, die es nicht selbst enthält. Damit diese Quadrate [jeweils wieder] auf der anderen Seite erscheinen, lassen wir sie also in der dritten Farbe verschwinden. Rot und Blau verschwinden durch Grün, Rot und Grün haben kein Blau, verschwinden also durch Blau [und Grün und Blau verschwinden durch Rot].

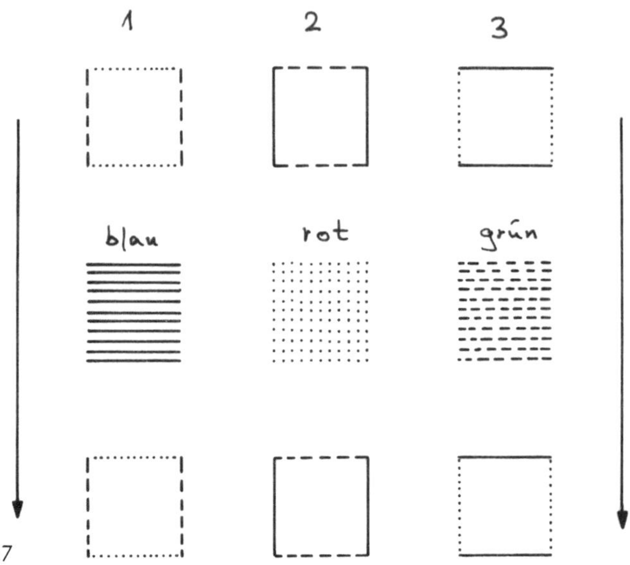


Figur 27

So also, sehen Sie, haben wir hier die Möglichkeit, unseren Würfel durch Quadrate aus zwei Farbendimensionen zusammenzusetzen, die durch die dritte Farbendimension hindurchgehen.[27]

Nun liegt es nahe, dass wir uns statt der Quadrate Würfel vorstellen und setzen dabei die Würfel aus drei Farbendimensionen zusammen – ebenso wie wir das Quadrat aus zweierlei gefärbten Linien zusammengesetzt haben –, sodass wir drei Farben haben, nach den drei Dimensionen des Raumes. Wollen wir nun dasselbe machen, was wir beim Quadrat gemacht haben, so müssen wir eine vierte Farbe hinzunehmen. Dadurch werden wir den Würfel ebenso verschwinden lassen [können], natürlich nur durch eine Farbe, die er nicht selbst hat. – Statt der drei Durchgangsquadrate haben wir nun einfach vier Durchgangswürfel aus vier Farben: Blau, Weiß, Grün und Rot [in Figur 28 als *b*, *w*, *g* und *r* abgekürzt]. Also statt des Durchgangsquadrates haben wir den Durchgangswürfel. Herr Schouten hat nun in seinen Modellen diese farbigen Würfel hergestellt.[28]

Nun müssen wir, wie wir hier ein Quadrat durch ein anderes gehen ließen, das nicht seine Farbe hat, so müssen wir jetzt einen Würfel durch einen anderen durchgehen lassen, der seine Farbe nicht hat. Wir lassen also den weiß-rot-grünen Würfel durch einen blauen hindurchgehen. Er wird auf der einen Seite in die vierte Farbe untertauchen und auf der anderen Seite wieder in seinen [ursprünglichen] Farben erscheinen [Figur 28.1].

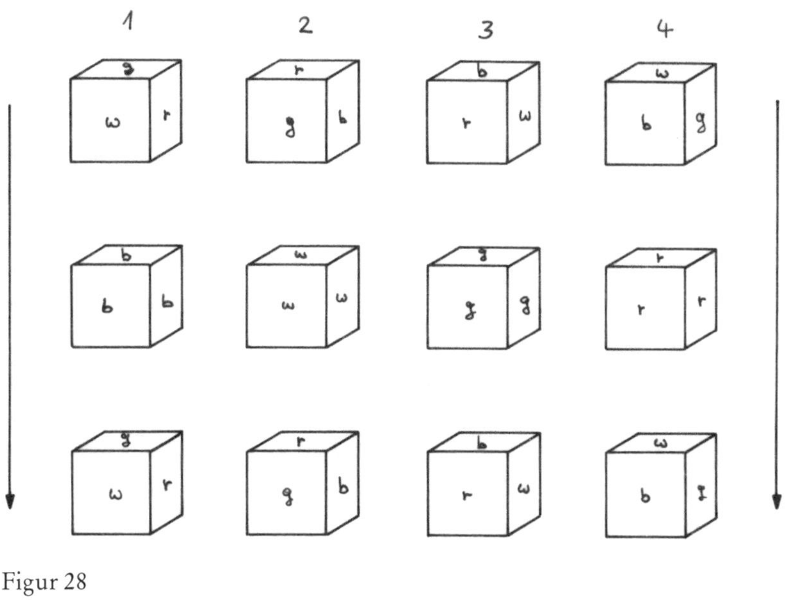

Figur 28

So haben wir hier eine [Farben-]Dimension, die von zwei Würfeln begrenzt wird, die drei farbige Flächen haben. In derselben Weise müssen wir nun durch den weißen Würfel den grün-blau-roten Würfel durchgehen lassen [Figur 28.2], ebenso dann den blau-weißroten Würfel durch das Grün [Figur 28.3]. Bei der letzten Figur [Figur 28.4] haben wir einen blau-grün-weißen Würfel, der durch eine rote Dimension durchgehen muss, das heißt, in einer Farbe verschwinden muss, die er nicht selbst hat, um nachher wieder in seinen ureigenen Farben auf der anderen Seite zu erscheinen.

Diese vier Würfel verhalten sich genauso wie vorhin unsere drei Quadrate. Wenn Sie sich nun klarmachen, dass wir sechs Quadrate brauchen, damit ein Würfel begrenzt wird, so haben wir acht Würfel nötig,[29] um ein analoges vierdimensionales Gebilde, den «Tesserakt», zu begrenzen.[30] Wie wir dort drei Hilfsquadrate bekommen haben, die nur das Verschwinden durch die andere Dimension bedeuten, so bekommen wir hier im Ganzen zwölf Würfel, welche sich zueinander so verhalten, wie diese neun Figuren in der Ebene sich verhalten. Dann haben wir dasselbe mit dem Würfel getan, was wir früher mit den Quadraten taten, und indem wir jedes Mal eine neue Farbe wählten, trat eine neue Dimension zu den andern hinzu. So denken wir uns also, wir stellen farbenbildlich einen Körper dar, der vier Dimensionen hat dadurch, dass wir nach vier Richtungen hin vier verschiedene Farben haben, wobei jeder [einzelne] Würfel drei Farben hat und durch die vierte [Farbe] hindurchgeht.

Der Sinn, den dieses Ersetzen der Dimensionen durch die Farben hat, besteht darin, dass wir, solange wir bei den [drei] Dimensionen bleiben, die drei Dimensionen nicht in die [zweidimensionale] Ebene bringen können. Nehmen wir aber dafür drei Farben, so können wir es tun. Ebenso machen wir es mit vier Dimensionen, wenn wir sie durch [vier] Farben im dreidimensionalen Raum zur bildlichen Darstellung bringen wollen. Das ist zunächst eine Art, wie ich Sie auf die doch sonst komplizierten Dinge hinleiten möchte, und wie sie Hinton in seinem Problem [der dreidimensionalen Darstellung vierdimensionaler Gebilde] gebraucht hat.

Ich möchte nun noch einmal den Würfel in der Ebene ausbreiten, ihn nochmals in die Ebene umlegen. Das will ich an die Tafel zeichnen. Sehen Sie zunächst von dem untersten Quadrat [der Figur 25] ab, und denken Sie sich, dass Sie nur zweidimensional sehen könnten, also nur das sehen könnten, was in der Fläche der Tafel ausgebreitet ist. Wenn wir fünf Quadrate so zusammengefügt haben wie in diesem Falle, dass sie so gelagert sind, dass das eine Quadrat in die Mitte hineinkommt, so bleibt diese innere Fläche unsichtbar [Figur 29]. Sie können von allen Seiten herumgehen. Sie können Quadrat 5, da Sie nur in zwei Dimensionen sehen können, nicht erblicken.

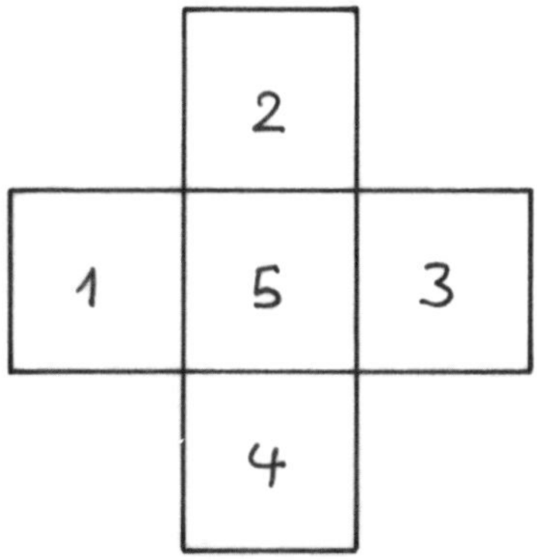


Figur 29

Nun wollen wir einmal dieselbe Sache, die wir hier mit fünf von den sechs Seitenquadraten des Würfels angestellt haben, mit sieben von den acht Grenzwürfeln machen, die den Tesserakt bilden, wenn wir unser vierdimensionales Gebilde in den Raum ausbreiten. Ich will die sieben Würfel analog legen, wie ich es mit den Flächen des Würfels auf der Tafel tat; nur haben wir jetzt Würfel, wo wir vorher Quadrate hatten. Nun haben wir hier die entsprechende Raumfigur [Figur 30] ganz analog geformt. Damit haben wir dasselbe für den dreidimensionalen Raum, was wir vorher für die zweidimensionale Fläche hatten. Wie vorher ein Quadrat, so ist jetzt der siebente Würfel vollständig von allen Seiten verdeckt, den ein Wesen, das [bloß] die Fähigkeit zum dreidimensionalen Schauen hat, niemals wird sehen können. Könnten wir diese Figuren so zusammenklappen wie die sechs abgewickelten Quadrate des Würfels, so könnten wir aus der dritten in die vierte Dimension übergehen. Wir haben gezeigt, wie man sich davon durch Farben-Übergänge eine Vorstellung bilden kann.[31]

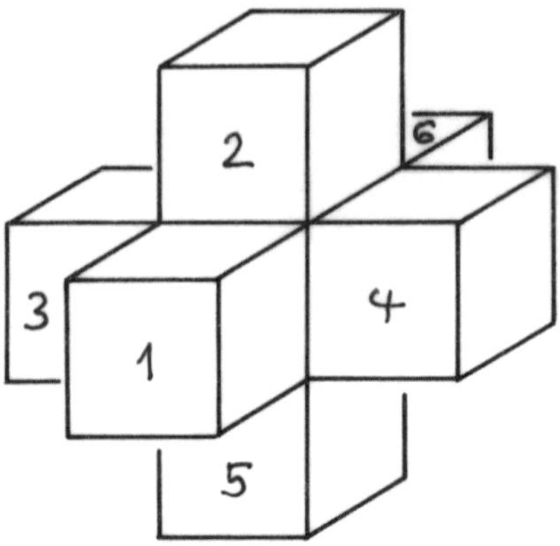


Figur 30

Damit haben wir wenigstens gezeigt, wie man sich, trotzdem die Menschen nur drei Dimensionen wahrnehmen können, doch einen vierdimensionalen Raum vorstellen kann. Nun könnten Sie sich noch fragen, wie man von dem wirklichen vierdimensionalen Raum eine mögliche Vorstellung gewinnen kann. Und da möchte ich Sie hinweisen auf etwas, das man das eigentliche «alchemistische Geheimnis» nennt. Denn die wirkliche Anschauung des vierdimensionalen Raumes hängt in gewisser Weise mit dem zusammen, was die Alchemisten «Verwandlung» nannten.

*[Erste Textvariante (Mitschreiber unbekannt):]* Derjenige, welcher eine wirkliche Anschauung von dem vierdimensionalen Raum sich erwerben will, muss ganz bestimmte Anschauungsübungen machen. Diese bestehen darin, dass er sich zunächst eine ganz klare Anschauung, eine vertiefte Anschauung, nicht Vorstellung, bildet von dem, was man «Wasser» nennt. Eine solche Anschauung von dem Wasser ist nicht so leicht zu kriegen. Man muss lange meditieren und sich sehr genau in die Natur des Wassers vertiefen, man muss sozusagen hineinkriechen in die Natur des Wassers. Das Zweite ist, dass man sich eine Anschauung verschafft von der Natur des Lichtes. Das Licht ist etwas, was der Mensch zwar kennt, aber nur so kennt, wie er es von außen empfängt. Nun kommt der Mensch dadurch, dass er meditiert, dazu, das innere Gegenbild des äußeren Lichtes

zu bekommen, zu wissen, wodurch und woher das Licht entsteht, sodass er dadurch selbst so etwas wie Licht hervorbringen, erzeugen kann. Diese Fähigkeit, Licht hervorbringen, erzeugen zu können, eignet sich der Yogi [Geheimschüler] an durch Meditation. Das kann derjenige, welcher reine Begriffe wirklich meditativ in seiner Seele anwesend zu haben vermag, der reine Begriffe wirklich meditativ auf seine Seele wirken lässt, der sinnlichkeitsfrei denken kann. Dann entspringt dem Begriffe das Licht. Dann geht ihm die ganze Umwelt auf als flutendes Licht.

Der Geheimschüler muss nun gleichsam chemisch verbinden die Anschauung, die er sich von Wasser gebildet hat, mit der Anschauung des Lichtes. Das vom Licht ganz durchdrungene Wasser ist ein Körper, der von den Alchemisten genannt wird «Merkurius». Wasser plus Licht heißt in der Sprache der Alchemisten Merkurius. Dieses alchemistische Merkur ist aber nicht das gewöhnliche Quecksilber. Sie werden die Sache nicht in dieser Form [überliefert] erhalten haben. Man muss erst in sich die Fähigkeit erwecken, aus dem [Umgehen mit den reinen] Begriffen selbst das Licht zu erzeugen. Merkurius ist diese Vermischung [des Lichtes] mit der Anschauung des Wassers, diese lichtdurchdrungene Wasserkraft, in deren Besitz man sich dann versetzt. Das ist das eine Element der astralischen Welt.

Das zweite [Element] entsteht dadurch, dass man sich, ebenso wie man vom Wasser sich eine Anschauung gebildet hat, man sich von der Luft eine Anschauung bildet, dass wir also die Kraft der Luft durch einen geistigen Vorgang heraussaugen. Wenn Sie [auf der anderen Seite Ihr] Gefühl in sich in gewisser Weise konzentrieren, so erzeugen, so entzünden Sie durch das Gefühl das Feuer. [Wenn Sie die Kraft der Luft gleichsam chemisch verbinden mit dem durch Gefühl erzeugten Feuer, so] bekommen Sie «Feuerluft». Sie wissen, dass in Goethes «Faust» von Feuerluft gesprochen wird.[32] Das ist etwas, wo das Innere des Menschen mitarbeiten muss. Also das eine Element wird [aus einem gegebenen Element, der Luft,] herausgesogen, das andere [das Feuer oder die Wärme] wird von Ihnen selbst erzeugt. Diese Luft plus Feuer nannten die Alchemisten «Schwefel», «Sulfur», «leuchtende Feuerluft».

Wenn Sie nun diese leuchtende Feuerluft in einem wässrigen Elemente haben, dann haben Sie in Wahrheit jene [astrale] Materie, von der es in der Bibel heißt: und der Geist Gottes schwebte, oder brütete, über den «Wassern».[33]

[Das dritte Element entsteht, wenn] man der Erde die Kraft entzieht und das dann verbindet mit den [geistigen Kräften im] «Schall»; dann hat man das, was [hier] «Geist Gottes» genannt wird. Daher wird es auch «Donner» genannt. [Wirkender] Geist Gottes ist Donner, ist Erde plus Schall. Der Geist Gottes [schwebt also über der] astralen Materie.

Jene «Wasser» sind nicht gewöhnliche Wasser, sondern was man eigentlich astrale Materie nennt. Diese besteht aus vier Arten von Kräften: Wasser, Luft, Licht und Feuer. Die Anordnung dieser vier Kräfte stellt sich der astralischen Anschauung als die vier Dimensionen des astralen Raumes dar. So sind sie in der Wirklichkeit. Es sieht im Astralen eben ganz anders aus als in unserer Welt. Manches, was als astral aufgefasst wird, ist nur eine Projektion des Astralen in den physischen Raum.

Sie sehen, dasjenige, was astral ist, ist halb subjektiv [das heißt dem Subjekt gegeben], halb Wasser und Luft, denn Licht und Gefühl [Feuer] sind objektiv, [das heißt vom Subjekt tätig zur Erscheinung gebracht]. Nur einen Teil von dem, was astral ist, kann man außen [als dem Subjekt gegeben] finden, aus der Umwelt gewinnen. Den anderen Teil muss man subjektiv [durch eigene Tätigkeit] dazu bringen. Aus Begriffs- und Gefühlskräften gewinnt man [aus dem Gegebenen] durch [tätige] Objektivierung das andere. Im Astralen haben wir also Subjektiv-Objektives.

Im Devachan gibt es gar keine [für das Subjekt bloß gegebene] Objektivität mehr. Man würde dort ein völlig subjektives Element haben.

Wir haben eben da etwas, was der Mensch erst [aus sich heraus] erzeugen muss, wenn wir vom astralen Raum sprechen. So ist alles, was wir hier tun, das Symbolische, [nur] eine sinnbildliche Darstellung für die höheren Welten, für die devachanische Welt, die in der Art wirklich sind, wie ich es Ihnen in diesen Andeutungen auseinandergesetzt habe. Es ist das, was in diesen höheren Welten liegt, nur dadurch zu erreichen, dass man in sich selbst neue Anschauungsmöglichkeiten entwickelt. Der Mensch muss selbst etwas dazu tun.

*[Zweite Textvariante (Vegelahn):]* Derjenige, welcher eine wirkliche Anschauung des vierdimensionalen Raumes sich erwerben will, muss ganz bestimmte Anschauungsübungen machen. Er bildet sich zunächst eine ganz klare, vertiefte Anschauung vom Wasser. Eine solche Anschauung ist nicht so ohne Weiteres zu bekommen, man muss sich sehr genau in die Natur des Wassers vertiefen; man muss sozusagen hineinkriechen in das Wasser. Das Zweite ist, dass man sich eine Anschauung von der Natur des Lichtes verschafft; das Licht ist etwas, was der Mensch zwar kennt, aber nur so, dass er es von außen empfängt; durch das Meditieren kann er das innere Gegenbild des Lichtes bekommen, wissen, woher Licht entsteht, und daher selbst Licht hervorbringen. Das kann derjenige, der reine Begriffe wirklich meditativ auf seine Seele wirken lässt, der ein sinnlichkeitsfreies Denken hat. Dann geht ihm die ganze Umwelt als flutendes Licht auf, und nun muss er gleichsam chemisch die Vorstellung, die er sich vom Wasser gebildet hat, mit der des Lichtes verbinden. Dieses von Licht ganz durchdrungene Wasser ist ein Körper, der von den Alchemisten «Merkurius» genannt wurde. Das alchemistische Merkur ist aber nicht das gewöhnliche Quecksilber. Erst muss man in sich die Fähigkeit erwecken, aus dem Begriff des Lichtes Merkurius zu erzeugen. Merkurius, lichtdurchdrungene Wasserkraft, ist dasjenige, in dessen Besitz man sich dann versetzt. Das ist das eine Element der astralen Welt.

Das zweite [Element] entsteht dadurch, dass Sie sich ebenso eine anschauliche Vorstellung von der Luft machen, dann die Kraft der Luft durch einen geistigen Vorgang heraussaugen, sie mit dem Gefühl in sich verbinden, und Sie entzünden so den Begriff «Wärme», «Feuer», dann bekommen Sie «Feuerluft». Also das eine Element wird herausgesogen, das andere wird von Ihnen selbst erzeugt. Dieses – Luft und Feuer – nannten die Alchemisten «Schwefel», «Sulfur», «leuchtende Feuerluft». Im wässrigen Elemente, da haben Sie in Wahrheit jene Materie, von der es heißt: «Und der Geist Gottes schwebte über den Wassern.»[33]

Das dritte Element ist «Geist-Gott», das ist «Erde» verbunden mit «Schall». Das ist eben was entsteht, wenn man der Erde die Kräfte entzieht und mit dem Schall verbindet. Jene «Wasser» sind nicht gewöhnliche Wasser, sondern was man eigentlich astrale Materie nennt. Diese besteht aus vier Arten von Kräften: Wasser, Luft, Licht und Feuer. Und das stellt sich dar als die vier Dimensionen des astralen Raumes.

Sie sehen, dasjenige, was astral ist, ist halb subjektiv; nur einen Teil dessen, was astral ist, kann man aus der Umwelt gewinnen; aus Begriffs- und Gefühlskräften gewinnt man durch Objektivierung das andere. Im Devachan würde man ein völlig subjektives Element haben; dort gibt es keine Objektivität. So ist alles, was wir hier tun, das Symbolische, eine sinnbildliche Darstellung für die devachanische Welt. Alles, was in den höheren Welten liegt, ist nur dadurch zu erreichen, dass Sie neue Anschauungen in sich selbst entwickeln. Der Mensch muss selbst etwas dazu tun.

# DIE VIERTE DIMENSION V

*Berlin, 31. Mai 1905*

Wir haben das letzte Mal versucht, uns eine Vorstellung eines vierdimensionalen Raumgebildes zu verschaffen. Um es uns zu veranschaulichen, haben wir es auf ein dreidimensionales reduziert. Zunächst sind wir davon ausgegangen, ein dreidimensionales Raumgebilde in ein zweidimensionales zu verwandeln. Wir setzten statt der Dimensionen Farben ein. Wir haben die Vorstellung so ausgebildet, dass ein Würfel längs der drei Dimensionen in drei Farben erschien. Dann legten wir die Grenzen eines Würfels auf die Ebene hin, das ergab uns sechs Quadrate in verschiedenen Farben. Durch die Verschiedenheit der Farben der einzelnen Seiten ergaben sich uns die drei verschiedenen Dimensionen im zweidimensionalen Raum. Wir hatten dreierlei Farben, und damit hatten wir die drei Dimensionen repräsentiert.

Wir haben uns dann vorgestellt, dass wir ein Würfelquadrat in die dritte Dimension hinüberleiten so, wie wenn wir es durch einen farbigen Nebel hinüberleiteten und es auf der anderen Seite wieder erscheint. Wir stellten uns dabei vor, dass wir Durchgangs-Quadrate haben, sodass durch diese Quadrate die Würfelquadrate sich hindurchbewegen und sich dadurch [mit der Farbe des Durchgangs-Quadrates] tingieren. So haben wir versucht, uns den [dreidimensionalen] Würfel [vermöge einer zweidimensionalen Farbendarstellung] vorzustellen. [Für die eindimensionale Darstellung der] Flächen haben wir also zwei Grenzfarben und [für die zweidimensionale Darstellung des] Würfels drei Farben. [Um ein vierdimensionales Raumgebilde im dreidimensionalen Raum abzubilden, müssen wir] dann eine vierte Grenzfarbe hinzunehmen.

Nun müssen wir uns in der gleichen Weise vorstellen, dass ein Würfel, der, analog wie unser Quadrat zwei verschiedene Farben hat als Grenzseiten, drei verschiedene Farben hat in seinen Grenzflächen. Und schließlich bewegt sich jeder Würfel durch einen anderen Würfel, der die entsprechende vierte Farbe hat. Dabei lassen wir ihn also verschwinden in der vierten Farbendimension. Wir lassen also nach der Analogie von Hinton die jeweiligen Grenz-Würfel durch die neue [vierte] Farbe hindurchgehen, die dann auf der anderen Seite wieder erscheinen, auftauchen in ihrer [ursprünglichen] eigenen Farbe.

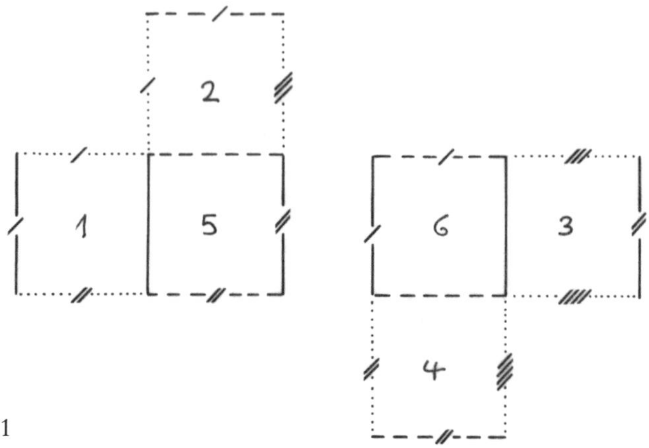


Figur 31

Nun will ich Ihnen eine andere Analogie geben und zunächst die drei Dimensionen wieder auf zwei reduzieren, sodass wir [anschließend] imstande sein werden, vier Dimensionen auf drei zu reduzieren. Dazu müssen wir uns das Folgende vorstellen. Der Würfel kann an seinen Grenzflächen zusammengesetzt werden aus seinen sechs Grenz-Quadraten; statt aber nun, wie neulich, die Ausbreitung hintereinander [zusammenhängend] vorzunehmen, wird sie jetzt auf eine andere Weise geschehen. Ich werde auch diese Figur hinzeichnen [Figur 31]. Sie sehen, wir haben jetzt auf diese Weise den Würfel ausgebreitet in zwei Systeme, deren jedes in der Ebene liegt und aus je drei Quadraten besteht. Nun müssen wir uns klar werden darüber, wie diese verschiedenen Gebiete liegen werden, wenn wir den Würfel wirklich zusammensetzen. Ich bitte Sie, sich das Folgende klarzumachen. Wenn ich nun den Würfel aus diesen sechs Quadraten wieder zusammensetzen will, so muss ich die beiden Abteilungen so übereinanderlegen, dass Quadrat 6 über Quadrat 5 zu liegen kommt.

Wenn auf diese Weise Quadrat 5 unten zu liegen kommt, muss ich die Quadrate 1 und 2 hochklappen, die Quadrate 3 und 4 dagegen nach unten hinunterklappen [Figur 32]. Dabei bekommen wir also gewisse korrespondierende Linien, die sich gegenseitig decken. Die in der Figur mit gleicher Farbe [hier in gleicher Strichqualität punktiert-gestrichelt-durchgezogen und mit gleicher Anzahl schräger Striche] markierten Linien werden zusammenfallen. Das, was hier in der Ebene, im zweidimensionalen Raum, liegt, fällt in gewisser Weise zusammen, wenn ich in den dreidimensionalen Raum übergehe.

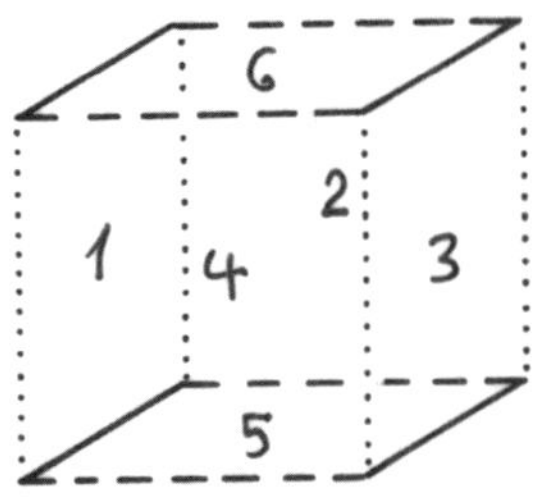

Figur 32

Das Quadrat besteht aus vier Seiten, der Würfel aus sechs Quadraten, und das vierdimensionale Gebiet müsste dann aus acht Würfeln bestehen.[29] Dieses vierdimensionale Gebiet nennen wir [nach Hinton] den «Tesserakt».[30] Nun handelt es sich darum, dass diese acht Würfel nicht wiederum einfach zu einem Würfel zusammengesetzt werden dürfen, sondern dass immer einer [dieser acht Würfel] in entsprechender Weise durch die vierte Dimension durchgehen müsste.

Will ich nun dasselbe mit dem Tesserakt machen, was ich eben mit dem Würfel getan habe, so muss ich dasselbe Gesetz einhalten. Es handelt sich darum, Analogien zu finden des Dreidimensionalen zum Zweidimensionalen und dann des Vierdimensionalen zum Dreidimensionalen. Wie ich nun hier zwei Systeme von [je drei] Quadraten erhielt, so ergibt sich beim Tesserakt dasselbe mit [zwei Systemen von je vier] Würfeln, wenn ich einen vierdimensionalen Tesserakt in den dreidimensionalen Raum abfalte [das heißt abwickle]. Das System von acht Würfeln ist sehr geistreich ausgedacht. Dieses Gebilde wird dann so aussehen [Figur 33].

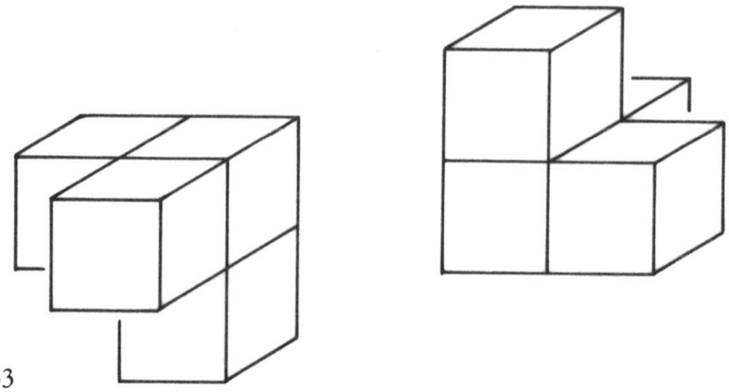

Figur 33

Dabei sind jedes Mal diese vier Würfel im dreidimensionalen Raum genauso zu nehmen wie diese Quadrate im zweidimensionalen Raum. Sie müssen sich nur genau anschauen, was ich hier gemacht habe. Bei dem Abklappen des Würfels in den zweidimensionalen Raum ergab sich ein System von sechs Quadraten; bei der entsprechenden Prozedur am Tesserakt erhalten wir ein System von acht Würfeln [Figur 34]. Wir haben die Betrachtung für den dreidimensionalen Raum auf den vierdimensionalen Raum übergeführt. [Dem Hochklappen und Zusammenfügen der Quadrate im dreidimensionalen Raum entspricht das Hochklappen und Zusammenfügen der Würfel im vierdimensionalen Raum.] Bei dem abgeklappten Würfel ergaben sich [in der zweidimensionalen Ebene] verschiedene korrespondie-

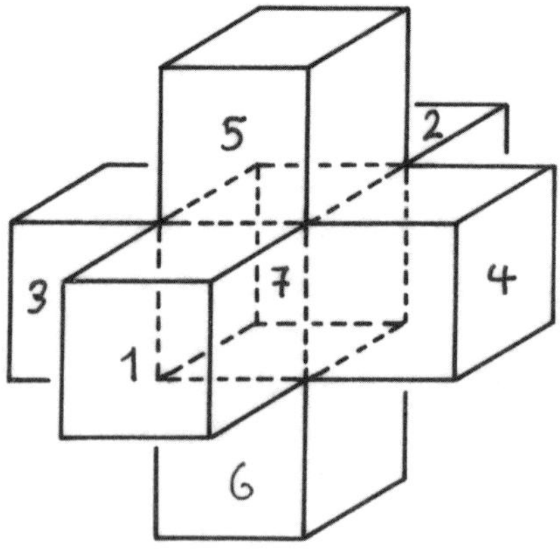


Figur 34

rende Linien, die sich beim späteren Wiederhochklappen deckten. Ein Gleiches findet statt mit den Flächen unserer einzelnen Würfel des Tesseraktes. [Beim abgeklappten Tesserakt im dreidimensionalen Raum ergeben sich bei den entsprechenden Würfeln korrespondierende Flächen.] Es würde also etwa beim Tesserakt die obere horizontale Fläche des Würfels 1 – durch Beobachtung [Vermittlung] der vierten Dimension – mit der vorderen Fläche des Würfels 5 zusammenfallen.

In gleicher Weise fällt die rechte Fläche des Würfels 1 mit dem vorderen Quadrat des Würfels 4 und ebenso das linke Quadrat des Würfels 1 mit dem vorderen Quadrat des Würfels 3 [sowie das untere Quadrat des Würfels 1 mit dem vorderen Quadrat des Würfels 6] zusammen. [Ganz Entsprechendes gilt für die übrigen Würfelflächen.] Es bleibt übrig der von den sechs anderen eingeschlossene Würfel 7.[34]

Sie sehen, dass es sich hier wieder darum handelt, Analogien zu finden zwischen der dritten und vierten Dimension. Ebenso wie ein von vier Quadraten eingeschlossenes fünftes Quadrat – wie wir dies an der entsprechenden Figur des vorigen Vortrages gesehen haben [Figur 29] – dem nur zweidimensional schauenden Wesen unsichtbar bleibt, so ist dies hier mit dem siebenten Würfel der Fall: Er bleibt dem dreidimensionalen Auge verborgen. Diesem siebenten Würfel entspricht beim Tesserakt ein achter Würfel [so wie dem fünften Quadrat in Figur 29 ein in der dritten Dimension liegendes sechstes Quadrat entspricht], der, da wir hier einen vierdimensionalen Körper haben, als Gegenstück zum siebenten in der vierten Dimension liegt.

Es laufen alle Analogien darauf hinaus, uns vorzubereiten auf die vierte Dimension. Es zwingt uns nichts, [innerhalb der bloßen Raumesanschauung] zu den gewöhnlichen Dimensionen die anderen Dimensionen [hinzuzufügen]. Im Anschluss an Hinton könnten wir uns auch hier Farben hinzudenken und uns Würfel so zusammengefügt denken, dass die entsprechenden Farben zusammenkommen. Es ist auf eine andere Weise [als durch solche Analogien] kaum möglich, eine Anleitung zu geben, wie man sich ein vierdimensionales Gebilde zu denken hat.

Nun möchte ich noch auf eine andere Weise [der Darstellung vierdimensionaler Körper im dreidimensionalen Raum] zu sprechen kommen, die Ihnen vielleicht auch noch die Möglichkeit geben wird, das besser einzusehen, um was es sich hier eigentlich handelt. Dieses hier ist ein Oktaeder, das von acht Dreiecken begrenzt ist, wobei die Seitenflächen in stumpfen Winkeln aneinanderstoßen [Figur 35].

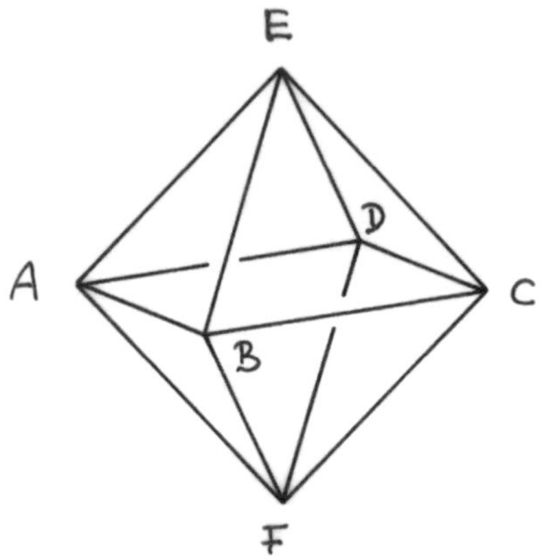


Figur 35

Wenn Sie sich dieses Gebilde hier vorstellen, so bitte ich Sie, mit mir in Gedanken folgende Prozedur vorzunehmen. Sie sehen, hier ist immer eine Fläche von einer anderen geschnitten. Hier zum Beispiel in *AB* stoßen zwei Seitenflächen zusammen, und hier in *EB* stoßen zwei zusammen. Der ganze Unterschied zwischen Oktaeder und Würfel liegt im Schnittwinkel der Seitenflächen. Wenn sich Flächen so wie beim Würfel [rechtwinklig] schneiden, so entsteht ein Würfel. Wenn sie sich aber so schneiden wie hier [stumpf], so entsteht ein Oktaeder. Es handelt sich darum, dass wir Flächen unter den verschiedensten Winkeln sich schneiden lassen, dann bekommen wir die verschiedensten Raumgebilde.[35]

Denken Sie sich nun, wir könnten hier dieselben Flächen des Oktaeders auch in anderer Weise zum Schneiden bringen. Denken Sie sich diese Fläche hier, zum Beispiel *AEB*, nach allen Seiten fortgesetzt und diese untere hier, *BCF*, auch [Figur 36]. Dann ebenso

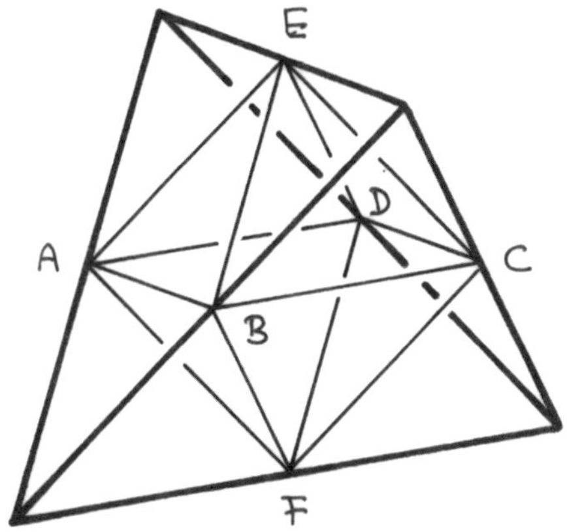

Figur 36

die rückwärts liegenden ADF und *EDC*. So müssen sich dann diese Flächen ebenfalls schneiden, und zwar schneiden sie sich hier doppelt symmetrisch. Wenn Sie diese Flächen in dieser Weise verlängern, so fallen [vier der ursprünglichen Grenzflächen] fort: *ABF*, *EBC* und nach rückwärts *EAD* und *DCF*. Von acht Flächen bleiben also vier übrig. Und die vier, die dann bleiben, die geben dieses Tetraeder, das man auch die Hälfte eines Oktaeders nennt. Es ist deshalb die Hälfte eines Oktaeders, weil es die Hälfte der Flächen des Oktaeders zum Schnitt bringt. Es ist also nicht so, dass man das Oktaeder in der Mitte zerschneidet. [Bringt man die übrigen vier Flächen des Oktaeders zum Schnitt, so entsteht ebenfalls ein Tetraeder, das mit dem ersten Tetraeder zusammen genau das Oktaeder als gemeinsames Schnittgebilde besitzt.] In der Stereometrie [das heißt hier in der geometrischen Kristallografie] bezeichnet man nicht das als die Hälfte, was halbiert wird, sondern das, was durch die Halbierung der [Anzahl der] Flächen entsteht. Beim Oktaeder ist das ganz leicht vorzustellen.[36]

Wenn Sie sich den Würfel in derselben Weise halbiert denken, wenn Sie sich also hier eine Fläche mit der entsprechenden andern sich schneiden lassen, so bekommen Sie immer wieder einen Würfel. Die Hälfte eines Würfels ist wieder ein Würfel. Daraus möchte ich einen wichtigen Schluss ziehen, will aber dazu noch vorher etwas anderes zu Hilfe nehmen.[37]

Hier habe ich einen Rhombenzwölfflächner [Rhombendodekaeder] [Figur 37]. Sie sehen, dass die Flächen unter gewissen Winkeln aneinandergrenzen. Es ist nun hier zu gleicher Zeit ein System von vier Drähten zu sehen, welche ich Achsendrähte nennen möchte, und die zueinander gegenläufig sind, [das heißt gewisse einander gegenüberliegende Ecken des Rhombendodekaeders miteinander verbinden, also Diagonalen sind]. Diese Drähte stellen nun in einer ähnlichen Weise ein System von Achsen dar, wie Sie es sich vorstellten, dass am Würfel ein System von Achsen ist.[38]

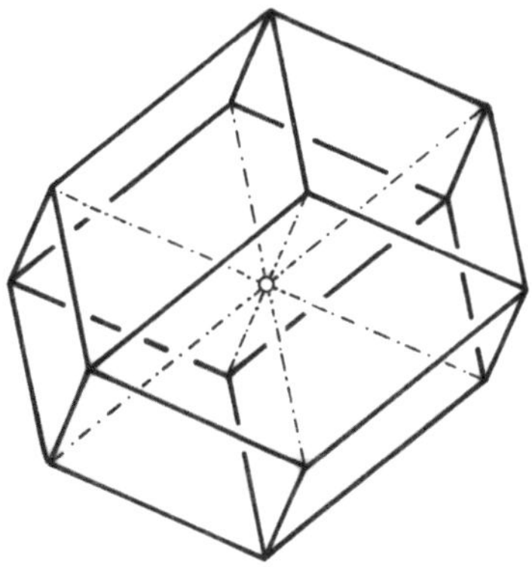

Figur 37

Den Würfel bekommt man, wenn man bei einem System von drei aufeinander senkrecht stehenden Achsen dadurch Schnittflächen hervorbringt, dass in jeder dieser Achsen Stauungen eintreten. Lässt man die Achsen unter anderen Winkeln sich schneiden, so bekommt man ein anderes Raumgebilde. Das Rhombendodekaeder hat Achsen, die sich unter anderen als rechten Winkeln schneiden.[39]

Der Würfel gibt halbiert [wieder] sich selbst. Dies trifft aber nur beim Würfel zu. Das Rhombendodekaeder, in seinen halben Flächen zum Schnitt gebracht, gibt ebenfalls ein anderes Raumgebilde.[40]

Nehmen wir nun das Verhältnis des Oktaeders zum Tetraeder. Und zwar will ich Ihnen sagen, was da gemeint ist. Das tritt klar hervor, wenn wir allmählich das Oktaeder in das Tetraeder übergehen lassen. Nehmen wir zu diesem Zwecke ein Tetraeder, dem wir,

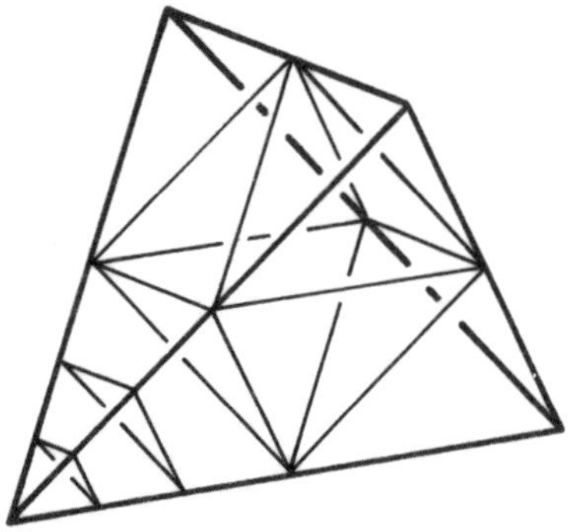

Figur 38

wie an einer Spitze angedeutet, die Ecken abschneiden [Figur 38]. Setzen wir dies fort, bis die Schnittflächen sich an den Kanten des Tetraeders begegnen; dann bleibt übrig das angedeutete Oktaeder. So bekommen wir aus einem Raumgebilde, das durch vier Flächen begrenzt ist, ein achtseitiges Gebilde, wenn wir unter entsprechenden Winkeln die Ecken abschneiden.

Dasselbe, was ich hier mit dem Tetraeder gemacht habe, können Sie wiederum nicht mit dem Würfel machen.[41] Der Würfel hat ganz besondere Eigenschaften, nämlich, dass er das Gegenstück ist zum dreidimensionalen Raum. Denken Sie sich den gesamten Weltenraum so gegliedert, dass er drei aufeinander senkrecht stehende Achsen hat. Wenn Sie zu diesen drei Achsen senkrecht stehende Flächen haben, so bekommen Sie unter allen Umständen einen Würfel [Figur 39].

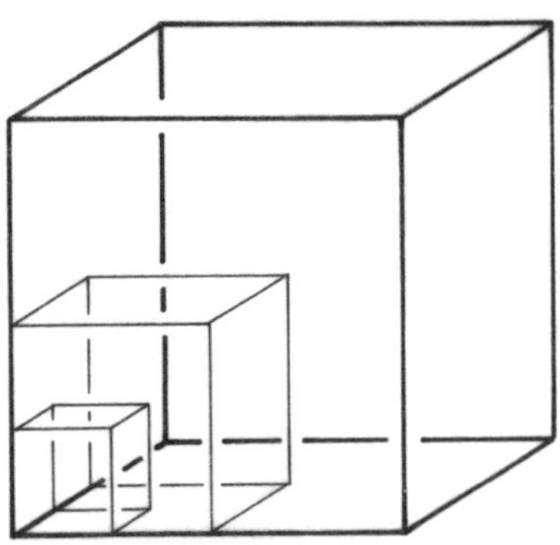

Figur 39

Man sagt deshalb, wenn man mit dem Würfel den theoretischen Würfel bezeichnen will, der Würfel sei überhaupt das Gegenstück zum dreidimensionalen Raum. So wie das Tetraeder das Gegenstück ist zum Oktaeder, wenn ich die Seiten des Oktaeders zu bestimmten Schnitten bringe, so ist der einzelne Würfel das Gegenstück zum ganzen Raum.[42] Wenn Sie sich den ganzen Raum als positiv denken, so ist der Würfel negativ. Der Würfel ist zum ganzen Raum polar. Der Raum hat im physischen Würfel sein ihm eigentlich korrespondierendes Gebilde.

Nehmen Sie einmal jetzt an, ich würde den [dreidimensionalen] Raum nicht durch zweidimensionale Ebenen begrenzen, sondern ich würde ihn so begrenzen, dass ich ihn durch sechs Kugeln begrenzen lasse [also durch dreidimensionale Gebilde].

Ich begrenze zunächst den zweidimensionalen Raum dadurch, dass ich vier ineinandergehende Kreise [also zweidimensionale Gebilde] habe. Sie können sich nun vorstellen, dass diese vier Kreise immer größer und größer werden [indem der Radius immer länger wird und der Mittelpunkt sich immer weiter entfernt]; dann werden sie mit der Zeit alle in eine gerade Linie übergehen [Figur 40]. Sie

Figur 40

bekommen dann vier sich schneidende Geraden und statt der vier Kreise ein Quadrat.

Denken Sie sich nun statt der Kreise Kugeln, und zwar sechs, sodass sie eine Art von Maulbeere bilden [Figur 41]. Wenn Sie sich mit den Kugeln dasselbe denken wie mit den Kreisen, dass sie immer größere Durchmesser bekommen, so werden diese sechs Kugeln zuletzt ebenso die Begrenzungsflächen eines Würfels werden, wie die vier Kreise zu Begrenzungslinien eines Quadrates wurden.

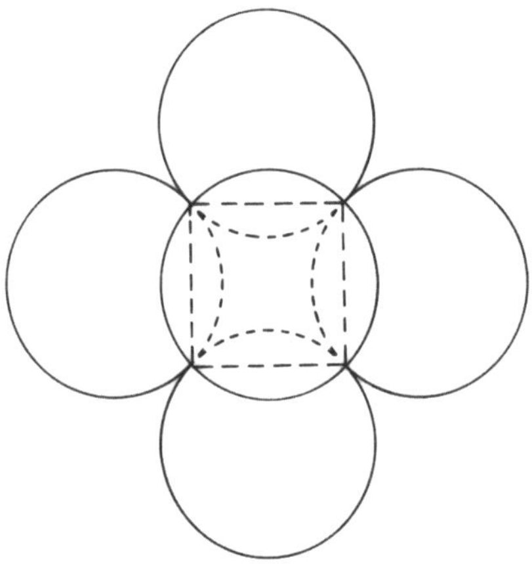

Figur 41

Der Würfel ist jetzt dadurch entstanden, dass wir sechs Kugeln hatten, die flach geworden sind. Es ist also der Würfel nichts anderes als der Spezialfall für sechs ineinandergreifende Kugeln – ebenso wie das Quadrat nichts anderes ist als der Spezialfall für vier ineinandergreifende Kreise.

Wenn Sie sich klar sind, dass Sie sich diese sechs Kugeln so vorzustellen haben, dass sie, in die Ebene gebracht, unseren früheren Quadraten entsprechen, wenn Sie sich ein absolut rundes Gebilde übergehend denken in ein gerades, so bekommen Sie die einfachste Raumform. Der Würfel kann vorgestellt werden als die Verflachung von sechs ineinandergeschobenen Kugeln.

Sie können von einem Punkt eines Kreises sagen, dass er durch die zweite Dimension hindurchgehen muss, wenn er zu einem anderen

[Punkt des Kreises] kommen will. Haben Sie aber den Kreis so groß werden lassen, dass er eine gerade Linie bildet, dann kann jeder Punkt des Kreises zu jedem anderen Punkt des Kreises kommen durch die erste Dimension.

Wir betrachten ein Quadrat begrenzt von Gebilden, welches jedes zwei Dimensionen hat. Solange jedes von den vier Grenzgebilden ein Kreis ist, ist es also zweidimensional. Jedes Grenzgebilde, wenn es eine Gerade geworden ist, ist eindimensional.

Jede Grenzfläche eines Würfels ist aus einem dreidimensionalen Gebilde so entstanden, dass jeder der sechs Grenzkugeln eine Dimension weggenommen wurde. Eine solche Grenzfläche ist also dadurch entstanden, dass [bei ihr] die dritte Dimension auf zwei reduziert, sozusagen zurückgebogen worden ist. Sie hat also eine Dimension eingebüßt. So ist die zweite Dimension entstanden durch Einbüßung der Tiefen-Dimension. Man könnte also jede Raumesdimension in ihrer Entstehung so vorstellen, dass sie eine entsprechende höhere eingebüßt hat.

Wie wir ein dreidimensionales Gebilde mit zweidimensionalen Grenzen erhalten, wenn wir dreidimensionale Grenzgebilde auf zweidimensionale reduzieren, so müssen Sie daraus schließen, dass wir, wenn wir den dreidimensionalen Raum betrachten, wir eine jede Richtung als verflacht uns zu denken haben, und zwar verflacht aus einem unendlichen Kreis; sodass Sie, wenn Sie in der einen Richtung fortschreiten könnten, Sie aus der anderen zurückkommen würden. So ist eine jede [gewöhnliche] Raumdimension dadurch entstanden, dass sie die entsprechende andere [Dimension] verloren hat. In unserem dreidimensionalen Raum steckt ein dreiachsiges System. Es sind drei aufeinander senkrecht stehende Achsen, welche die entsprechenden anderen Dimensionen eingebüßt haben und dadurch flach geworden sind.

Sie bekommen also den dreidimensionalen Raum, wenn Sie eine jede [der drei] Achsen-Richtungen geradebiegen. Wenn man umgekehrt vorgeht, so könnte jeder Raumteil wieder in sich gekrümmt werden. Dann würde [folgende Gedankenreihe] entstehen: Krümmen Sie das eindimensionale Gebilde, so bekommen Sie ein zweidimensionales; durch Krümmen des zweidimensionalen Gebildes bekommen Sie ein dreidimensionales. Krümmen Sie endlich ein dreidimensionales Gebilde, so bekommen Sie ein vierdimensionales Gebilde, sodass das Vierdimensionale auch vorgestellt werden kann als ein in sich gekrümmtes Dreidimensionales.[43]

Und damit komme ich von dem Toten zum Lebendigen. Durch dieses Krümmen können Sie den Übergang vom Toten zum Lebendigen finden. Der vierdimensionale Raum ist [beim Übergang ins Dreidimensionale] so spezialisiert, dass er flach geworden ist. Der Tod ist [für das menschliche Bewusstsein] nichts anderes als das Biegen des Dreidimensionalen in das Vierdimensionale. [Für den physischen Leib für sich genommen ist es umgekehrt: Der Tod ist eine Verflachung des Vierdimensionalen in das Dreidimensionale.]

# DIE VIERTE DIMENSION VI

*Berlin, 7. Juni 1905*

Ich möchte heute möglichst die Vorträge über die vierte Raumdimension zum Abschluss bringen, obwohl ich heute noch eingehender ein kompliziertes System vorführen möchte. Ich müsste nach Hinton Ihnen noch viele Modelle anführen; ich kann Sie deshalb nur auf die drei ausführlichen und geistvollen Bücher verweisen.[44] Wer nicht den Willen hat, sich durch Analogien in der Weise ein Bild zu machen, wie wir es in den vergangenen Vorträgen gehört haben, kann sich natürlich keine Vorstellung vom vierdimensionalen Raum machen. Es handelt sich um eine neue Art der Gedankenbildung.

Ich will Ihnen eine wirkliche Abbildung [Parallelprojektion] des Tesseraktes verschaffen. Sie wissen, wir hatten im zweidimensionalen Raum das Quadrat, das von vier Seiten begrenzt ist. Dies ist der dreidimensionale Würfel, der durch sechs Quadrate begrenzt ist [Figur 42].

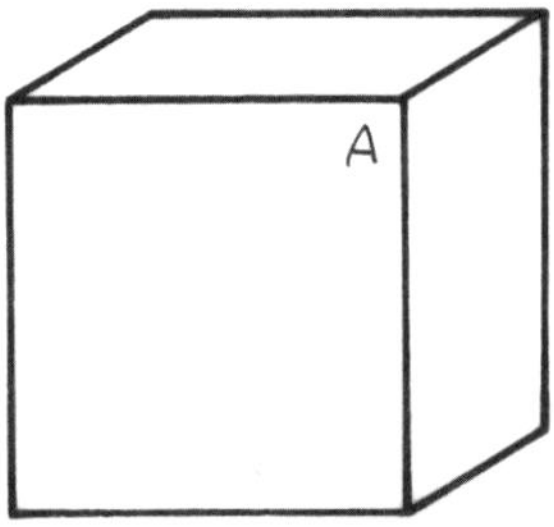


Figur 42

Im vierdimensionalen Raum haben wir den Tesserakt. Ein Tesserakt ist von acht Würfeln begrenzt. Die Projektion eines Tesseraktes [in den dreidimensionalen Raum] besteht folglich aus acht ineinandergeschobenen Würfeln. Wir haben gesehen, wie im dreidimensionalen Raum die [entsprechenden acht] Würfel miteinander verschlungen werden können. Heute will ich Ihnen eine [andere] Art Projektion des Tesseraktes machen.[45]

Sie können sich vorstellen, dass der Würfel, wenn er [in Richtung einer der Raumdiagonalen] gegen das Licht gehalten wird, einen Schatten auf die Tafel wirft. Diese seine Schattenfigur können wir mit Kreide festhalten [Figur 43]. Sie sehen, es kommt dabei ein Sechseck heraus. Nun denken Sie sich einmal diesen Würfel durchsichtig, so würden Sie zu beachten haben, dass in der sechseckigen Figur die drei vorderen Würfelseiten und die drei hinteren Würfelseiten in dieselbe Fläche hineinfallen.

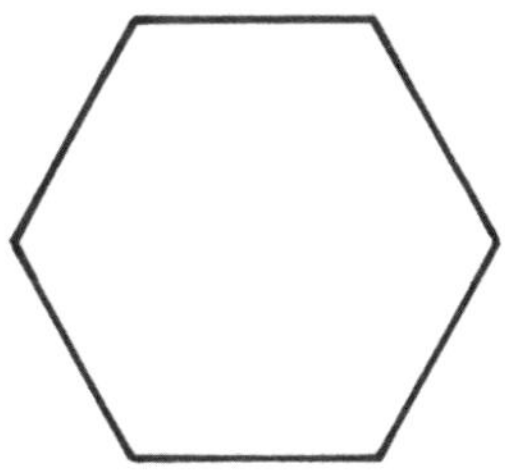

Figur 43

Damit wir nun eine Projektion bekommen können, die wir auf den Tesserakt anwenden können, bitte ich Sie, sich zu denken, dass der Würfel so vor Ihnen steht, dass der vordere Punkt A den hinteren Punkt C zudeckt. Das alles würde Ihnen, wenn Sie sich die dritte Dimension fortdenken, wieder einen sechseckigen Schatten geben. Ich will Ihnen dafür die Figur hinzeichnen [Figur 44].

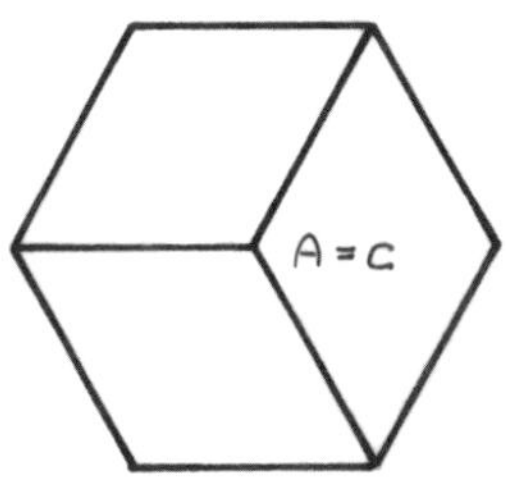


Figur 44

Den Würfel so gedacht, würden Sie hier die drei vorderen Flächen sehen; die anderen Flächen würden dahinter liegen. Die Flächen des Würfels erscheinen Ihnen dabei verkürzt und die Winkel nicht mehr als rechte. So sehen Sie den Würfel so abgebildet, dass er für den Flächenanblick ein reguläres Sechseck ergibt. So haben wir im zweidimensionalen Raum eine Abbildung eines dreidimensionalen Würfels bekommen. Da durch die Projektion die Kanten verkürzt und die Winkel verändert werden, müssen wir uns also die [Projektion der] sechs Grenz-Quadrate des Würfels als verschobene Quadrate, als Rhomben vorstellen.[46]

Dieselbe Geschichte, die ich mit einem dreidimensionalen Würfel machte, den ich in die Ebene hineinprojizierte, diese Prozedur wollen wir mit einem vierdimensionalen Raumgebilde machen, das wir also in den dreidimensionalen Raum hineinlegen müssen. Wir müssen also das aus acht Würfeln zusammengesetzte Gebilde, den Tesserakt, [durch Parallelprojektion] in die dritte Dimension hineinbringen. Wir haben bei dem Würfel drei sichtbare und drei unsichtbare Kanten bekommen, die alle in den Raum hineingehen und in Wirklichkeit nicht in der [Projektions]fläche drinnen liegen. Denken Sie sich nun einen Würfel so verschoben, dass daraus ein Rhombenwürfel wird [Figur 12].[47] Nehmen Sie acht dieser Gebilde, so haben Sie die Möglichkeit, die acht [Grenz-]Würfel des Tesseraktes so zusammenzulegen, dass sie zusammengeschoben [die] acht [doppelt überdeckten] Rhomben-Würfel dieses Raumgebildes [des Rhombendodekaeders] ergeben [Figur 45].

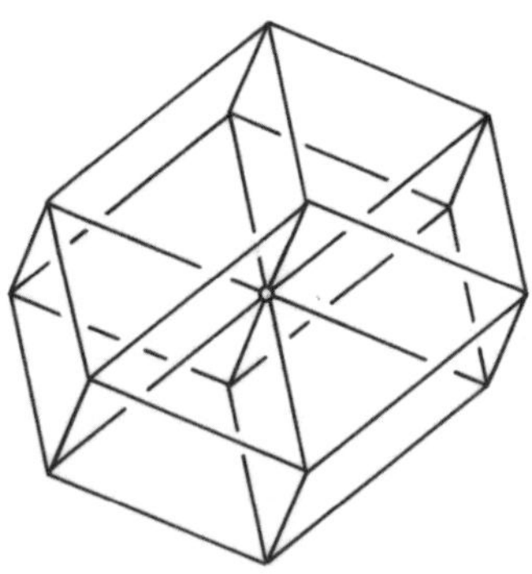

Figur 45

Nun haben Sie hier eine Achse mehr [als beim dreidimensionalen Würfel]. Ein vierdimensionales Raumgebilde hat dementsprechend natürlich vier Achsen. Wenn wir es uns also zusammenschieben, so bleiben immer noch vier Achsen übrig. Es stecken dabei in dieser Projektion acht [zusammengeschobene] Würfel, die sich darin als Rhombenwürfel darstellen. Das Rhombendodekaeder ist ein [symmetrisches] Abbild oder Schattenbild des Tesseraktes im dreidimensionalen Raum.[48]

Wir sind [zu diesen Beziehungen] durch eine Analogie gekommen, die aber vollständig stimmt: ebenso wie wir eine Projektion des Würfels in die Fläche bekommen haben, ebenso kann man tatsächlich den Tesserakt im dreidimensionalen Raum durch eine Projektion darstellen. Sie verhält sich ebenso wie das Schattenbild des Würfels zum Würfel selbst. Ich glaube, das ist ganz gut zu verstehen.

Nun möchte ich gleich an das großartigste Bild anknüpfen, das je dafür gegeben worden ist, nämlich an Plato und Schopenhauer und das Gleichnis mit der Höhle.[49]

Plato sagt: Man denke sich einmal in einer Höhle Menschen sitzen, und zwar sind sie alle so gefesselt, dass sie den Kopf nicht drehen und nur nach der gegenüberliegenden Wand schauen können. Hinter ihnen befinden sich Menschen, die die verschiedensten Gegenstände vorübertragen. Diese Menschen und diese Gegenstände sind dreidimensional. Alle diese [gefesselten] Menschen starren also auf die Wand und sehen nur das, was als Schattenbild [von den Gegenständen] auf die Wand geworfen wird. So würden Sie alles, was hier im Zimmer ist, nur als Schatten an der gegenüberliegenden Wand als zweidimensionale Bilder wieder sehen.

Nun sagt Plato: So ist es überhaupt in der Welt. In Wahrheit sitzen die Menschen in der Höhle. Nun sind die Menschen selbst und alles Übrige vierdimensional; aber was die Menschen davon sehen, sind nur Bilder im dreidimensionalen Raum.[50]

So stellen sich alle Dinge dar, die wir überhaupt sehen. Gemäß Plato sind wir darauf angewiesen, nicht die wirklichen Dinge, sondern die dreidimensionalen Schattenbilder zu sehen. Meine Hand sehe ich nur als Schattenbild, sie ist in Wahrheit vierdimensional, und alles, was die Menschen davon sehen, ist ebenso das Abbild davon, wie das, was ich Ihnen eben als Abbild des Tesseraktes gezeigt habe. So suchte Plato schon damals klarzumachen, dass die

Körper, die wir kennen, eigentlich vierdimensional sind, und dass wir von ihnen nur Schattenbilder im dreidimensionalen Raum sehen. Und das ist nicht ganz willkürlich. Dafür will ich Ihnen gleich die Gründe anführen.

Von vornherein kann natürlich jeder sagen, das sei eine bloße Spekulation. Wie können wir uns überhaupt eine Vorstellung davon machen, dass diese Dinge, die dort an der Wand erscheinen, eine Realität haben? Denken Sie sich einmal, Sie sitzen hier in einer Reihe, und Sie sitzen ganz starr. Denken Sie sich jetzt aber, dass die Dinge sich plötzlich anfangen zu bewegen. Sie werden unmöglich sich sagen können, dass die Bilder auf der Wand sich bewegen können, ohne dass aus der zweiten Dimension herausgegangen wird. Wenn sich dort etwas bewegt, so deutet das darauf hin, dass außerhalb der Wand, an dem wirklichen Objekt, etwas geschehen sein muss, damit es sich überhaupt bewegt. Das sagen Sie sich. [Wenn man sich vorstellt, dass] die Objekte im dreidimensionalen Raum nebeneinander vorbeigehen können, wäre dies mit ihren zweidimensionalen Schattenbildern nicht möglich, falls man sich dieselben substanziell, das heißt undurchdringlich denkt. Wenn sich jene Bilder, substanziell gedacht, nebeneinander vorbeibewegen wollten, so müssten sie aus der zweiten Dimension hinausgehen.

Solange alles in Ruhe ist auf der Wand, habe ich keine Veranlassung, auf irgendein Geschehen außerhalb der Wand, außerhalb des Raumes der zweidimensionalen Schattenbilder, zu schließen. Im Augenblick aber, wo die Geschichte anfängt, sich zu bewegen, muss ich untersuchen, woher die Bewegung kommt. Und Sie sagen sich, dass die Veränderung nur von einer Bewegung außerhalb der Wand herstammen kann, nur kommen kann aus der Bewegung innerhalb einer dritten Dimension. Die Veränderung hat uns also gesagt, dass es außer einer zweiten noch eine dritte Dimension gibt.

Was bloßes Bild ist, hat auch eine gewisse Realität, besitzt ganz bestimmte Eigenschaften, unterscheidet sich aber wesentlich von dem wirklichen Gegenstande. Sie werden nicht ableugnen können, dass auch das Spiegelbild ein bloßes Bild ist. Sie sehen im Spiegel sich, und Sie sind außerdem auch noch da. Ist nun [nicht noch] ein

Drittes [das heißt ein wirksames Wesen] da, so könnten Sie tatsächlich nicht wissen, was Sie sind. Aber das Spiegelbild macht dieselben Bewegungen, die das Original macht; das Bild ist abhängig von dem wirklichen Gegenstande, dem Wesen; es hat selbst keine Fähigkeit [sich zu bewegen]. Es kann also unterschieden werden zwischen Bild und Wesen dadurch, dass nur ein Wesen aus sich selbst heraus Bewegung, Veränderung zustande bringen kann. Von den Schattenbildern auf der Wand werde ich gewahr, dass sie sich selbst nicht bewegen können, sie also keine Wesen sein können. Ich muss aus ihnen herausgehen, wenn ich zu den Wesen kommen will.

Wenden Sie das nun auf die Welt überhaupt an. Die Welt ist dreidimensional. Nehmen Sie diese dreidimensionale Welt einmal für sich, so wie sie ist; fassen Sie sie in Gedanken ganz [für sich selbst], und Sie werden finden, dass sie starr bleibt. Sie bleibt noch dreidimensional, auch wenn Sie die Welt in einem bestimmten Zeitpunkte sich plötzlich eingefroren denken. Es gibt aber nicht in zwei Zeitpunkten ein und dieselbe Welt. Die Welt ist in den aufeinanderfolgenden Zeitpunkten durchaus verschieden. Denken Sie sich, dass diese Zeitpunkte fortfielen, sodass das bleibt, was da ist. Ohne die Zeit geschähe gar keine Veränderung mit der Welt. Die Welt bliebe eine dreidimensionale auch dann, wenn sie gar keine Veränderung durchmachte. Die Bilder auf der Wand bleiben auch zweidimensional. Aber die Veränderung deutet auf eine dritte Dimension hin. Dass sich die Welt fortwährend ändert, und dass sie auch ohne Veränderung dreidimensional bleibt, deutet darauf hin, dass wir die Veränderung in einer vierten Dimension suchen müssen. Den Grund, die Ursache der Veränderung, die Tätigkeit müssen wir außerhalb der dritten Dimension suchen, und damit haben Sie die vierte der Dimensionen zunächst einmal erschlossen. Damit haben Sie aber auch die Rechtfertigung für das Bild Platos. So fassen wir die ganze dreidimensionale Welt auf als die Schattenprojektion einer vierdimensionalen Welt. Es fragt sich nur, wie wir diese vierte Dimension [in Wirklichkeit] zu nehmen haben.

Sehen Sie, wir haben die eine Vorstellung uns natürlich klarzumachen, dass es unmöglich ist, dass die vierte Dimension [unmittelbar] in die dritte hineinfällt. Das geht nicht. Die vierte Dimension kann nicht in die dritte hineinfallen. Ich möchte Ihnen einmal jetzt zeigen, wie man sozusagen darüber einen Begriff bekommen kann, wie man über die dritte Dimension hinauskommt. Wenn Sie sich einmal vorstellen, dass wir einen Kreis haben – ich habe schon letzthin eine ähnliche Vorstellung wachzurufen versucht[51] –, wenn Sie sich diesen Kreis immer größer und größer werdend denken, so wird ein Stück dieses Kreises immer flacher und flacher, und dadurch, dass der Durchmesser des Kreises zuletzt ganz groß wird, geht der Kreis endlich über in eine gerade Linie. Die Linie hat eine Dimension, der Kreis aber hat zwei Dimensionen. Wie bekommen Sie nun wieder aus einer Dimension eine zweite? Durch Krümmung einer geraden Linie erhalten Sie wieder einen Kreis.

Wenn Sie sich nun die Kreisfläche in den Raum hineingekrümmt denken, so bekommen Sie erst mal eine Schale, und wenn Sie dies noch weiter machen, eine Kugel. So bekommt eine Linie durch Krümmung eine zweite Dimension und eine Fläche durch Krümmung eine dritte Dimension. Wenn Sie nun einen Würfel noch krümmen könnten, so müsste er in die vierte Dimension hineingekrümmt werden, und Sie hätten den [sphärischen] Tesserakt.[52]

Die Kugel können Sie auffassen als ein gekrümmtes zweidimensionales Raumgebilde. Die Kugel, die in der Natur auftritt, ist die Zelle, das kleinste Lebewesen. Die Zelle begrenzt sich kugelig. Das ist der Unterschied zwischen dem Lebendigen und dem Leblosen. Das Mineral tritt als Kristall immer von ebenen Flächen begrenzt auf; das Leben ist begrenzt von kugeligen Flächen, aufgebaut aus Zellen. Das heißt, so wie ein Kristall aufgebaut ist aus geradegebogenen Kugeln, das heißt Ebenen, so ist das Leben aufgebaut aus Zellen, also aus zusammengekrümmten Kugeln. Der Unterschied zwischen Lebendigem und Totem liegt in der Art und Weise der Begrenzung. Das Oktaeder ist begrenzt von acht Dreiecken. Wenn wir uns die acht Seiten aus Kugeln zusammengesetzt denken, so würden wir ein achtgliedriges Lebendiges erhalten.

Wenn Sie gleichsam das dreidimensionale Gebilde, den Würfel, nochmals krümmen, so bekommen Sie ein vierdimensionales Gebilde, den sphärischen Tesserakt. Krümmen Sie aber den ganzen Raum, so erhalten Sie etwas, was sich zum dreidimensionalen Raum so verhält, wie sich die Kugel zur Ebene verhält.[53]

Wie nun der Würfel als dreidimensionales Gebilde von Ebenen begrenzt ist, so ist überhaupt jeder Kristall von Ebenen begrenzt. Das Wesentliche eines Kristalles ist die Zusammenfügung aus [flachen] Grenz-Ebenen. Das Wesentliche des Lebendigen ist die Zusammenfügung aus gekrümmten Flächen, aus Zellen. Die Zusammenfügung eines noch Höheren würde ein solches Gebilde sein, dessen einzelne Grenzen vierdimensional sein würden. Ein dreidimensionales Gebilde ist begrenzt von zweidimensionalen Gebilden. Ein vierdimensionales Wesen, das heißt ein lebendiges Wesen, ist begrenzt von dreidimensionalen Wesen, von Kugeln und Zellen. Ein fünfdimensionales Wesen ist selbst begrenzt von vierdimensionalen Wesen, von sphärischen Tesserakten. Daraus sehen Sie, dass wir aufsteigen müssen von dreidimensionalen zu vierdimensionalen, und dann zu fünfdimensionalen Wesen.

Wir müssen uns nur fragen: Was muss eintreten bei einem Wesen, das vierdimensional ist?[54] Es muss dabei innerhalb der dritten Dimension eine Veränderung eintreten. Mit anderen Worten: Hängen Sie hier an die Wand Bilder, so sind diese zweidimensional, sie bleiben im Allgemeinen starr. Haben Sie aber Bilder, die sich in der zweiten Dimension bewegen, verändern, so müssen Sie schließen, dass die Ursache dieser Bewegung nur außerhalb der Wandfläche liegen kann, dass also die dritte Raumdimension die Veränderung angibt. Finden Sie Veränderungen innerhalb der dritten Raumesdimension selbst, so müssen Sie schließen, dass eine vierte Dimension zugrunde liegt, und damit kommen wir zu den Wesen, die eine Veränderung innerhalb ihrer drei Raumdimensionen durchmachen.

Es ist nicht wahr, dass wir eine Pflanze ganz erkannt haben, wenn wir sie nur in ihren drei Dimensionen erkannt haben. Eine Pflanze verändert sich fortwährend, und diese Veränderung ist ein wesentliches, ein höheres Merkmal derselben. Der Würfel bleibt; er ändert seine Form nur, wenn Sie ihn zerschlagen. Eine Pflanze ändert ihre Form selbst, das heißt, es gibt etwas, was die Ursache dieser Veränderung ist und was außerhalb der dritten Dimension liegt und Ausdruck der vierten Dimension ist. Was ist das?

Sehen Sie, wenn Sie diesen Würfel jetzt haben und ihn abzeichnen, so würden Sie sich vergeblich bemühen, wenn Sie ihn in verschiedenen Momenten anders zeichnen wollten; er wird immer derselbe bleiben. Wenn Sie die Pflanze abzeichnen, und Sie vergleichen nach drei Wochen das Bild mit Ihrem Modell, so hat es sich verändert. Diese Analogie stimmt also vollständig. Alles Lebende weist auf ein Höheres hin, worin es sein wahres Wesen hat, und der Ausdruck für dieses Höhere ist die Zeit. Die Zeit ist der symptomatische Ausdruck, die Erscheinung der Lebendigkeit [aufgefasst als vierte Dimension] in den drei Dimensionen des physischen Raumes. Mit anderen Worten: Alle Wesen, für die die Zeit eine innere Bedeutung hat, sind Abbilder von vierdimensionalen Wesen. Dieser Würfel ist nach drei oder sechs Jahren immer noch derselbe. Der Lilienkeim ändert sich. Denn für ihn hat die Zeit eine reale Bedeutung. Daher ist das, was wir in der Lilie sehen, nur die dreidimensionale Abbildung des vierdimensionalen Lilienwesens. Die Zeit ist also ein Abbild, eine Projektion der vierten Dimension, der organischen Lebendigkeit, in die drei Raumdimensionen der physischen Welt.

Um sich klarzumachen, wie sich eine folgende Dimension zu der vorhergehenden verhält, bitte ich Sie, sich dieses zu denken: Der Würfel hat drei Dimensionen; wenn Sie sich die dritte vergegenwärtigen, so müssen Sie sich sagen, dass sie auf der zweiten senkrecht steht und die zweite senkrecht auf der ersten steht. Die drei Dimensionen zeichnen sich dadurch aus, dass sie senkrecht aufeinander stehen.

Wir können uns aber noch eine andere Vorstellung machen, wie die dritte Dimension aus der folgenden [vierten Dimension] entsteht. Denken Sie sich, Sie würden den Würfel verändern, indem Sie die Grenzflächen farbig machen und diese Farben dann [in bestimmter Weise, wie bei Hinton[54a]] verändern. Eine solche Veränderung lässt sich in der Tat durchführen, und sie entspricht ganz genau der Veränderung, die ein dreidimensionales Wesen erleidet, wenn es in die vierte Dimension hinübergeht, sich durch die Zeit entwickelt. Wenn Sie ein vierdimensionales Wesen in irgendeinem Punkte durchschneiden, so heißt das, dass Sie ihm die vierte Dimension nehmen, sie vernichten. Wenn Sie das bei einer Pflanze tun, so machen Sie ganz genau dasselbe, als wenn Sie von der Pflanze einen Abdruck machen, einen Gipsabguss. Das haben Sie dadurch festgehalten, dass Sie die vierte Dimension, die Zeit, vernichteten. Dann bekommen Sie ein dreidimensionales Gebilde. Wenn bei irgendeinem dreidimensionalen Wesen die vierte Dimension, die Zeit, eine wesentliche Bedeutung hat, so handelt es sich um ein lebendiges Wesen.

Nun kommen wir in die fünfte Dimension hinein. Da können Sie sich sagen, Sie müssen wiederum eine Grenze haben, die senkrecht auf der vierten Dimension steht. Von der vierten Dimension haben wir gesehen, dass sie in ähnlicher Beziehung zur dritten Dimension steht, wie die dritte zur zweiten. Von der fünften kann man sich nicht gleich ein solches Bild machen. Aber eine ungefähre Vorstellung können Sie sich wieder durch eine Analogie schaffen. Wie entsteht überhaupt eine Dimension? Wenn Sie einfach eine Linie ziehen, wird niemals eine weitere Dimension entstehen, wenn Sie die Linie nur in einer Richtung fortschieben würden. Erst durch die Vorstellung, dass Sie zwei einander entgegenkommende Kräfterichtungen haben, die sich dann in einem Punkte stauen, erst durch den Ausdruck der Stauung haben Sie eine neue Dimension. Wir müssen also die neue Dimension als eine neue Stauungslinie [zweier Kräfteströmungen] auffassen können, und uns die eine Dimension das eine Mal von rechts, das andere Mal von links kommend denken, als positiv und negativ. Ich fasse also eine Dimension [als in sich] polaren [Kräftestrom] auf, sodass sie eine positive und eine negative Dimension[skomponente] hat, und die Neutralisation [dieser polaren Kräftekomponenten], das ist die neue Dimension.[54b]

Von da ausgehend wollen wir uns eine Vorstellung von der fünften Dimension schaffen. Da werden wir uns vorzustellen haben, dass die vierte Dimension, die wir als Zeit ausgedrückt gefunden haben, sich in positiver und negativer Weise verhält. Nehmen Sie nun zwei Wesen, für die die Zeit eine Bedeutung hat, und denken Sie sich zwei solche Wesen miteinander in Kollision geraten. Dann muss etwas als Ergebnis erscheinen, ähnlich wie wir früher von einer Stauung von [entgegengesetzten] Kräften geredet haben; und was da als Resultat auftritt, wenn zwei vierdimensionale Wesen miteinander in Beziehung treten, das ist ihre fünfte Dimension. Diese fünfte Dimension ergibt sich als Resultat, als Folge eines Austausches [einer Neutralisation polarer Kräftewirkungen], indem zwei Lebewesen durch ihr gegenseitiges Aufeinanderwirken etwas hervorbringen, was sie nicht außen [in den drei gewöhnlichen Raumdimensionen miteinander gemeinsam] haben, auch nicht in [der vierten Dimension,] der Zeit, gemeinsam haben, sondern völlig außerhalb dieser [bisher besprochenen Dimensionen oder] Grenzen haben. Das ist das, was wir Mitgefühl [oder Empfindung] nennen, wodurch ein Wesen von dem andern weiß, also die Erkenntnis des [seelisch-geistigen] Innern eines anderen Wesens. Niemals könnte ein Wesen von dem anderen Wesen etwas wissen außerhalb der Zeit [und des Raumes], wenn Sie nicht noch eine höhere, fünfte Dimension hinzufügten, [also in die Welt der] Empfindung [einträten]. Natürlich ist hier die Empfindung nur als Projektion, als Ausdruck [der fünften Dimension] in der physischen Welt [zu verstehen].

Die sechste Dimension in derselben Weise zu entwickeln, würde zu schwer werden, daher will ich sie nur angeben. [Versuchten wir so fortzuschreiten, so würde sich als Ausdruck der sechsten Dimension etwas entwickeln lassen, das,] in die dreidimensionale physische Welt hereingelegt, Selbstbewusstsein ist.

Der Mensch ist als dreidimensionales Wesen ein solches, das mit den anderen dreidimensionalen Wesen seine Bildlichkeit gemeinschaftlich hat. Die Pflanze hat dazu noch die vierte Dimension. Aus diesem Grunde werden Sie auch niemals das letzte [eigentliche] Wesen der Pflanze innerhalb der drei Dimensionen des Raumes finden, sondern Sie müssten von der Pflanze aufsteigen zu einer vierten Raumdimension [zur Astralsphäre]. Wollten Sie aber gar ein Wesen begreifen, das Empfindung hat, so müssten Sie zur fünften Dimension [zum unteren Devachan, zur Rupa-Sphäre] aufsteigen; und wollten Sie ein Wesen begreifen, das Selbstbewusstsein hat, einen Menschen, so müssten Sie bis zur sechsten Dimension [zum oberen Devachan, zur Arupa-Sphäre] aufsteigen. So ist der Mensch, wie er gegenwärtig vor uns steht, in der Tat ein sechsdimensionales Wesen. Dasjenige, was hier Empfindung oder Mitgefühl, beziehungsweise Selbstbewusstsein genannt wird, ist eine Projektion der fünften, beziehungsweise sechsten Dimension in den gewöhnlichen dreidimensionalen Raum. In diese geistigen Sphären ragt der Mensch, wenn auch in der Hauptsache unbewusst, hinein; erst dort kann er tatsächlich in dem letztangedeuteten Sinne erlebt werden. Dieses sechsdimensionale Wesen kann nur dadurch zu einer Vorstellung selbst der höheren Welten kommen, wenn es versucht, sich des eigentlich Charakteristischen der niederen Dimensionen zu entledigen.

Nur andeuten kann ich Ihnen den Grund, warum der Mensch die Welt für nur dreidimensional hält, weil er nämlich in seiner Vorstellung eben darauf angelegt ist, in der Welt nur ein Spiegelbild von Höherem zu sehen. Vor einem Spiegel sehen Sie auch nur ein Spiegelbild von sich selbst. So sind in der Tat die drei Dimensionen unseres physischen Raumes Spiegelungen, materielle Abbilder von drei höheren, ursächlich schöpferischen Dimensionen. Unsere materielle Welt hat demnach ihr polares [geistiges] Gegenbild in der Gruppe der drei nächsthöheren Dimensionen, also in denen der vierten, fünften und sechsten Dimension. Und in ähnlichem Sinne verhalten sich auch die jenseits dieser Gruppe von Dimensionen liegenden, nur zu ahnenden geistigen Welten, polar zu denen der vierten bis sechsten Dimension.

Wenn Sie Wasser haben, und Sie lassen das Wasser gefrieren, so ist in beiden Fällen dieselbe Substanz da; in der Form aber unterscheiden sie sich ganz wesentlich. Einen ähnlichen Prozess können Sie sich für die drei höheren Dimensionen des Menschen vorstellen. Wenn Sie sich den Menschen als bloß geistiges Wesen denken, dann müssen Sie sich denken, dass er nur die drei höheren Dimensionen – Selbstbewusstsein, Gefühl [Empfindung] und Zeit [Leben] – hat, und diese drei Dimensionen spiegeln sich in der physischen Welt in deren drei gewöhnlichen Dimensionen.

Der Yogi [das heißt der Geheimschüler] muss, wenn er zu einer Erkenntnis der höheren Welten aufrücken will, die Spiegelbilder nach und nach durch die Wirklichkeit ersetzen. Wenn er zum Beispiel eine Pflanze betrachtet, so muss er sich daran gewöhnen, eben die höheren Dimensionen allmählich anstelle der niederen zu setzen. Betrachtet er eine Pflanze, und ist er imstande, bei einer Pflanze von einer Raumdimension abzusehen, von einer Raumdimension zu abstrahieren, und sich dafür zunächst einmal eine entsprechende der höheren Dimensionen vorzustellen, also die Zeit, dann erhält er tatsächlich eine Vorstellung davon, was ein zweidimensionales, in Bewegung begriffenes Wesen ist. Damit dieses Wesen nicht nur ein bloßes Bild ist, sondern etwas, was einer Wirklichkeit entspricht, muss der Yogi noch Folgendes machen. Wenn er nämlich von der dritten Dimension absieht und die vierte hinzufügt, so würde er nur etwas Imaginäres erhalten. Durch folgende Hilfsvorstellung [kann man sich aber weiterhelfen]: Wenn wir uns von einem lebenden Wesen eine kinematografische Darstellung machen, so nehmen wir den ursprünglich dreidimensionalen Vorgängen die dritte Dimension weg, fügen aber durch die Szenenfolge der Bilder die [Dimension der] Zeit hinzu. Wenn wir dann zu dieser [bewegten] Vorstellung noch die Empfindung hinzufügen, so vollziehen wir eine ähnliche Prozedur, wie ich sie Ihnen früher als Abkrümmen eines dreidimensionalen Gebildes in die vierte Dimension hinein beschrieben habe. Durch diesen Prozess bekommen Sie dann ein vierdimensionales Gebilde, jetzt aber ein solches, das zwei von unseren Raumdimensionen hat, aber außerdem noch zwei höhere, nämlich Zeit und Empfindung. Solche Wesen gibt es in der Tat, und diese Wesen – und damit komme ich zu einem realen Schluss der ganzen Betrachtung –, diese Wesen möchte ich Ihnen nennen.

Denken Sie sich zwei Raumdimensionen, also eine Fläche, und diese Fläche begabt mit Bewegung. Nun denken Sie sich abgebogen als Empfindung ein empfindendes Wesen, das dann eine zweidimensionale Fläche vor sich herschiebt. Ein solches Wesen muss anders wirken und sich sehr unterscheiden von einem dreidimensionalen Wesen unseres Raumes. Dieses Flächenwesen, das wir uns auf diese Weise konstruiert haben, ist nach einer Richtung unabgeschlossen, völlig offen, es bietet Ihnen einen zweidimensionalen Anblick; Sie können nicht um es herum, es kommt auf Sie zu. Das ist ein Leuchtwesen, und das Leuchtwesen ist nichts anderes als die Unabgeschlossenheit nach einer Richtung.

Durch ein solches Wesen lernen die Eingeweihten dann andere Wesen kennen, die sie beschreiben als die göttlichen Boten, die ihnen in Feuerflammen nahen. Die Beschreibung vom Sinai, als dem Moses die Zehn Gebote gegeben worden sind,[55] heißt nichts anderes, als dass sich ihm in der Tat ein Wesen nähern konnte, das für ihn wahrnehmbar diese Abmessungen hatte. Es wirkte auf ihn wie ein Mensch, dem man die dritte Raumdimension fortgenommen hatte, es wirkte in der Empfindung und in der Zeit.

Diese abstrakten Bilder in den religiösen Urkunden sind nicht nur äußere Sinnbilder, sondern gewaltige Wirklichkeiten, die der Mensch kennenlernen kann, wenn er das sich anzueignen imstande ist, was wir durch Analogien uns klarzumachen versuchten. Je mehr Sie sich solchen Betrachtungen von Analogien fleißig und energisch hingeben, emsig sich hineinvertiefen, desto mehr wirken Sie wirklich auf Ihren Geist, und umso mehr wirken diese [Betrachtungen] in uns und lösen höhere Fähigkeiten aus. [Dies ist etwa der Fall bei der Auseinandersetzung mit] der Analogie des Verhältnisses des Würfels zum Sechseck und des Tesserakts zum Rhombendodekaeder. Letzteres stellt eine Projektion des Tesseraktes in die dreidimensionale physische Welt dar. Wenn Sie sich diese Figuren als für sich lebend veranschaulichen, wenn Sie aus der Projektion des Würfels – dem Sechseck – den Würfel herauswachsen lassen, und ebenso aus der Projektion des Tesseraktes [dem Rhombendodekaeder] den Tesserakt selbst entstehen lassen, dann schaffen Sie sich dadurch in Ihrem niederen Mentalkörper die Möglichkeit und die Fähigkeit, das aufzufassen, was ich Ihnen eben als Gebilde beschrieben habe. Und wenn Sie, mit anderen Worten, nicht nur mir gefolgt sind, sondern diese Prozedur lebendig durchgemacht haben, wie der Yogi beim wachen Bewusstsein, dann werden Sie merken, dass Ihnen in Ihren Träumen so etwas auftreten wird, das in Wirklichkeit ein vierdimensionales Gebilde ist, und dann ist es nicht mehr weit, es herüberzuholen in das wache Bewusstsein, und Sie können dann bei jedem vierdimensionalen Wesen die vierte Dimension sehen.

Die astrale Sphäre ist die vierte Dimension.

Devachan bis Rupa ist die fünfte Dimension.

Devachan bis Arupa ist die sechste Dimension.[56]

Diese drei Welten, die physische, astralische und himmlische [devachanische], umschließen sechs Dimensionen. Die noch höheren Welten verhalten sich vollständig polar zu diesen.

| | *Mineral* | *Pflanze* | *Tier* | *Mensch* |
|---|---|---|---|---|
| *Arupa [Plan]* | Selbstbewusstsein | | | |
| *Rupa [Plan]* | Empfindung [Gefühl] | Selbstbewusstsein | | |
| *Astralplan* | Leben [Zeit] | Empfindung | Selbstbewusstsein | |
| *Physischer Plan* | Form | Form<br><br>Leben | Empfindung<br>Leben<br><br>Form | Selbstbewusstsein<br>Empfindung<br>Leben<br>Form |

# DER VIERDIMENSIONALE RAUM

*Berlin, 7. November 1905*

Unser gewöhnlicher Raum hat drei Dimensionen: Länge, Breite und Höhe. Eine Linie ist in einer Dimension ausgedehnt, sie hat nur Länge. Die Tafel ist eine Fläche, hat also zwei Dimensionen: Länge und Breite. Ein Körper dehnt sich nach drei Dimensionen aus. Wie entsteht nun ein Körper aus drei Dimensionen?

Stellen Sie sich ein Gebilde vor, das gar keine Dimensionalität hat, das ist der Punkt. Er hat null Dimensionen. Wenn ein Punkt sich bewegt und eine Richtung einhält, so entsteht eine gerade Linie, ein eindimensionales Gebilde. Wenn Sie sich die Linie weiterbewegt denken, so entsteht eine Fläche mit Länge und Breite. Wenn Sie schließlich die Fläche sich bewegt denken, so beschreibt sie ein dreidimensionales Gebilde. Auf dieselbe Weise können wir aber nicht mehr aus dem dreidimensionalen Körper [durch Bewegung] ein vierdimensionales Gebilde, eine vierte Dimension erzeugen. Wir müssen versuchen, uns bildlich vorzustellen, wie wir zum Begriff einer vierten Dimension kommen können. [Gewisse] Mathematiker [und Naturwissenschaftler] haben sich versucht gefühlt, die geistige Welt mit unserer sinnlichen Welt in Einklang zu bringen [, indem sie die geistige Welt in einen vierdimensionalen Raum hineinversetzten], so zum Beispiel Zöllner.[57]

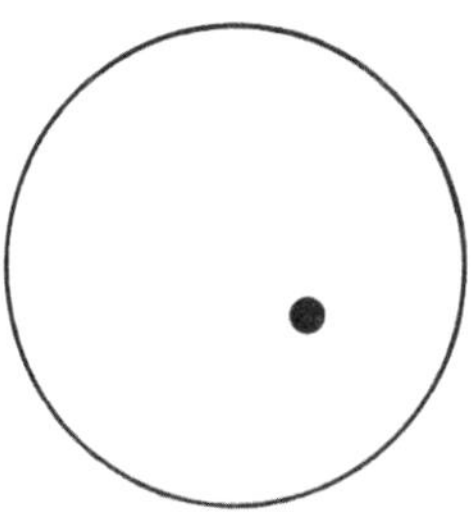

Figur 46

Denken Sie sich einen Kreis. Er ist nach allen Seiten hin in der Ebene geschlossen. Wenn jemand verlangt, dass eine Münze von außerhalb des Kreises in den Kreis hineinkommen soll, müssen wir die Kreislinie überschreiten [Figur 46]. Falls Sie aber die Kreislinie nicht berühren wollen, so müssen Sie die Münze [in den Raum] heben und dann hineinlegen. Sie müssen dabei notwendigerweise aus der zweiten in die dritte Dimension gehen. Falls wir eine Münze in einen Würfel [oder in eine Kugel] hineinzaubern wollten, so müssten wir [aus der dritten Dimension heraus und] durch die vierte Dimension hindurchgehen.[58]

Als ich in diesem Leben zu erfassen anfing, was der Raum eigentlich ist, war es, als ich anfing, neuere [synthetische projektive] Geometrie zu studieren. Da begriff ich, was es für eine Bedeutung hat, wenn man von einem Kreise in eine Linie übergeht [Figur 47]. Im intimsten Denken der Seele eröffnet sich die Welt.[59]

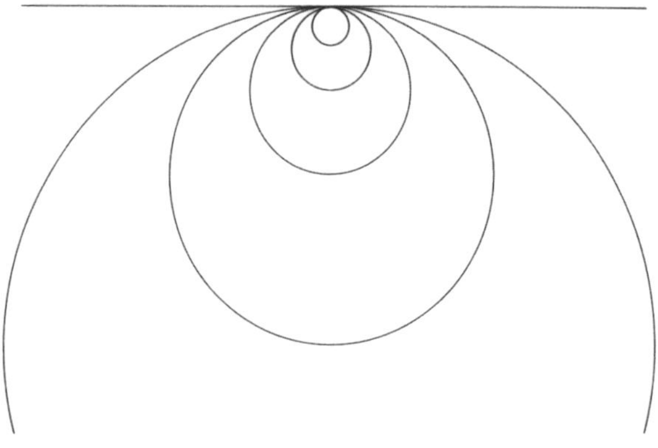

Figur 47

Denken wir uns nun einen Kreis. Wenn wir die Kreislinie verfolgen, können wir auf ihr herum gehen und zu dem ursprünglichen Punkte zurückkehren. Denken wir uns nun den Kreis immer größer und größer werdend [wobei wir eine Tangentenlinie festhalten]. Dabei muss er zuletzt in eine gerade Linie übergehen, da er sich immer mehr verflacht. [Wenn ich die sich vergrößernden Kreise durchlaufe, so gehe ich immer auf der einen Seite] hinunter [und komme dann auf der anderen Seite wieder] herauf und zurück zum Ausgangspunkt. [Bewege ich mich schließlich auf der geraden Linie etwa nach rechts bis ins Unendliche, so] muss ich von der anderen [linken] Seite von der Unendlichkeit wieder zurückkehren, da die gerade Linie sich [bezüglich der Anordnung ihrer Punkte] wie ein Kreis verhält. Daraus sehen wir, dass der Raum keinen Abschluss hat [im selben Sinne, wie die gerade Linie keinen Abschluss hat, das heißt, die Anordnung ihrer Punkte ist dieselbe wie bei einem in sich geschlossenen Kreis. Entsprechend muss man sich den unendlich ausgedehnten Raum als in sich geschlossen denken, so wie die Oberfläche einer Kugel in sich geschlossen ist]. Damit haben Sie den unendlichen Raum dargestellt [im Sinne] eines Kreises, [oder] einer Kugel. Dieser Begriff führt uns dazu, den Raum vorzustellen in seiner Wirklichkeit.[60]

Wenn ich mir nun vorstelle, dass ich nicht einfach wesenlos [ins Unendliche] fortgehe, um dann [unverändert von der anderen Seite] zurückzukehren, sondern mir denke, ich habe hier ein ausstrahlendes Licht, so wird dieses [von einem ruhenden Punkt auf der Linie aus gesehen] immer schwächer, indem ich [mit dem Licht] fortgehe, und immer stärker, wenn ich [aus dem Unendlichen mit dem Licht wieder] zurückkehre. Und denken wir, dass dieses Licht nicht nur positiv wirkt, sondern, indem es hier sich [wieder] nähert von der anderen Seite, desto stärker leuchtet, so haben Sie [hier die Qualitäten] positiv und negativ.

Bei allen Naturwirkungen finden Sie diese zwei Pole, die nichts anderes darstellen als die entgegengesetzten Wirkungen des Raumes. Daraus bekommen Sie den Begriff, dass der Raum etwas Kraftvolles ist, und dass die Kräfte, die darin wirken, nichts anderes sind als der Ausfluss der Kraft selbst. Dann werden wir nicht zweifeln können, dass sich innerhalb unseres dreidimensionalen Raumes eine Kraft finden könnte, die von innen wirkt. Sie werden sich klar werden, dass alles, was im Raume auftritt, auf wirklichen Verhältnissen im Raume beruht.

Denken wir zwei Dimensionen miteinander verschlungen, dann hätten wir diese zwei in Beziehung gebracht. Wenn Sie zwei [geschlossene] Ringe miteinander verschlingen wollen, müssen Sie den einen aufdröseln, um den anderen hineinzubringen. Ich werde mir nun aber die innere Mannigfaltigkeit des Raumes bezeugen, indem ich dieses Gebilde [ein rechteckiges Papierband] zweimal um sich selbst verschlinge [das heißt, das eine Ende festhalte und das andere Ende um 360 Grad verdrehe und dann die beiden Enden zusammenhalte]. Ich hefte das Papierband fest mit Stecknadeln zusammen und zerschneide es in der Mitte. Jetzt hängt das eine Band ganz fest in dem anderen drinnen. Vorher war es nur ein Band. Ich habe also hier durch bloße Bandverschlingungen innerhalb der drei Dimensionen dasselbe erzeugt, was ich sonst [nur] durch Hinausgehen in die [vierte] Dimension erreichen kann.[61]

So etwas ist keine Spielerei, sondern Wirklichkeit. Wenn wir hier die Sonne haben, und hier die Erdbahn um die Sonne, und hier die Mondbahn um die Erde [Figur 48], so müssen wir uns vorstellen, dass sich die Erde um die Sonne bewegt und deshalb die Mondbahn und die Erdbahn genauso verschlungen sind [wie unsere zwei Papierbänder]. Nun hat sich der Mond [im Laufe der Erdenentwicklung] von der Erde abgezweigt. Das ist eine innere Abzweigung, die auf dieselbe Art vor sich gegangen ist [wie die Verschlingung unserer zwei Papierbänder zustande gekommen ist]. [Durch eine solche Betrachtungsweise] wird der Raum in sich lebendig.

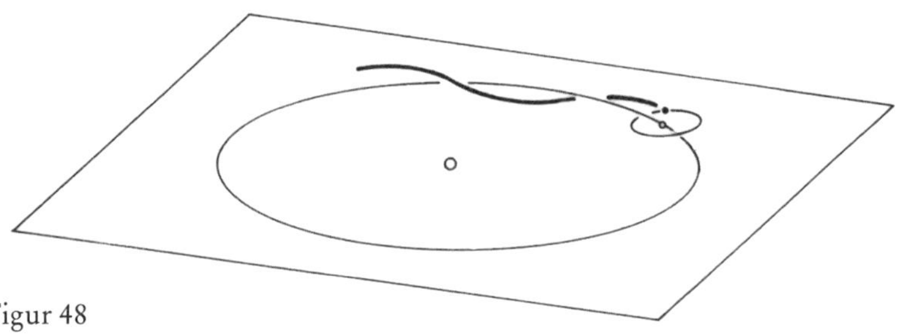

Figur 48

Betrachten Sie nun ein Quadrat. Denken Sie es sich so [durch den Raum] bewegt, dass es einen Würfel bildet. Dann muss es in sich selbst vorwärtsschreiten.

Ein Würfel ist aus sechs Quadraten zusammengesetzt, sie bilden zusammen die Oberfläche des Würfels. Um den Würfel [in übersichtlicher Weise] zusammenzufügen, lege ich die sechs Quadrate zunächst nebeneinander [in eine Ebene] [Figur 49]. Ich kriege den Würfel wieder, wenn ich diese Quadrate aufstülpe. Das sechste muss ich dann oben drauf legen, indem ich durch die dritte Dimension hindurchgehe. Dadurch habe ich nun den Würfel auseinandergelegt in zwei Dimensionen. Ich habe verwandelt ein dreidimensionales Gebilde durch Auseinanderlegen in ein zweidimensionales.

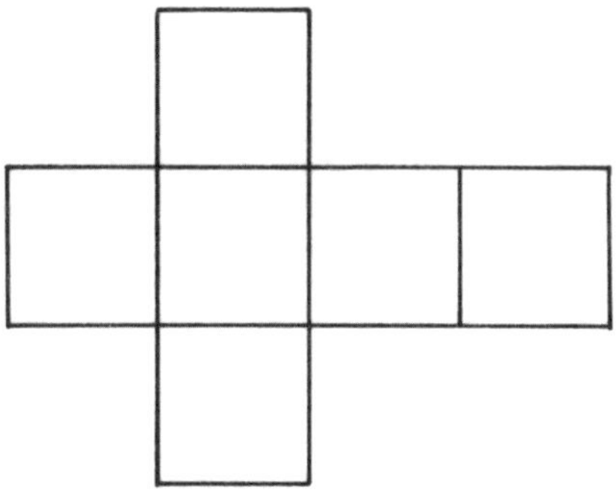

Figur 49

Denken Sie sich nun, dass die Grenzen eines Würfels Quadrate sind. Habe ich hier einen dreidimensionalen Würfel, so ist er begrenzt von zweidimensionalen Quadraten. Nehmen wir einmal bloß ein einziges Quadrat. Es ist zweidimensional und wird begrenzt von vier eindimensionalen Linien. Ich kann die vier Linien in eine einzige Dimension ausbreiten [Figur 50]. Was in der einen Dimension erscheint, werde ich nun rot [ausgezogene Linie] malen und die andere Dimension blau [punktierte Linie] streichen. Jetzt kann ich, statt Länge und Breite zu sagen, von der roten und der blauen Dimension sprechen.

Figur 50

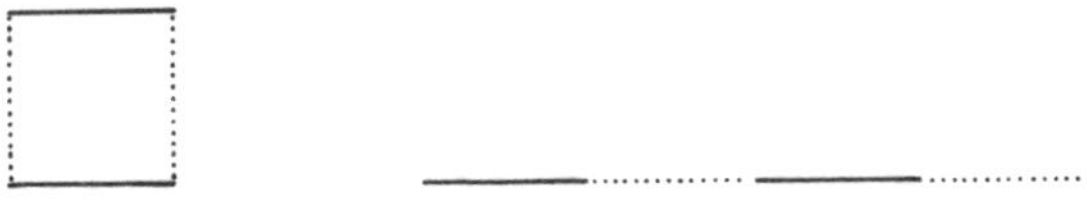

Aus sechs Quadraten kann ich den Würfel wieder zusammensetzen. Ich gehe also jetzt über von der Zahl vier [der Anzahl der Seitenlinien des Quadrates] zur Zahl sechs [der Anzahl der Seitenflächen des Würfels]. Gehe ich noch einen Schritt weiter, so komme ich von der Zahl sechs [der Anzahl der Seitenflächen des Würfels] zur Zahl acht [der Anzahl «Seitenwürfel» eines vierdimensionalen Gebildes]. Ich ordne nun die acht Würfel so an, dass dadurch im dreidimensionalen Raume das entsprechende Gebilde entsteht zu dem früher [aus sechs Quadraten aufgebauten Gebilde] in der zweidimensionalen Fläche [Figur 51].

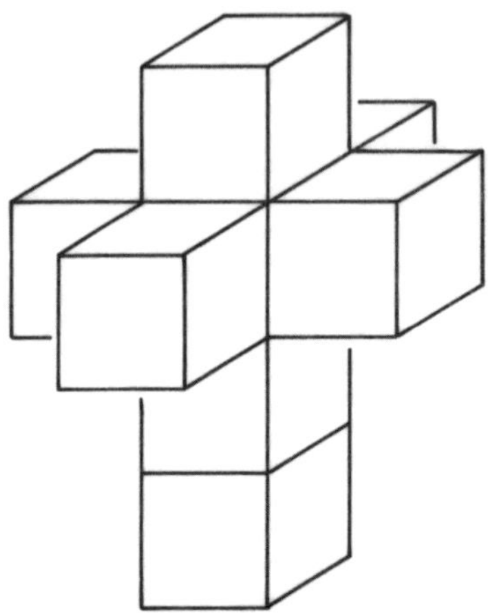

Figur 51

Denken Sie sich, ich würde imstande sein, dieses Gebilde so umzustülpen, dass ich es richtig aufdrehe und so zusammenfüge, dass ich mit dem achten Würfel das ganze Gebilde zudecke, dann kriege ich aus den acht Würfeln ein vierdimensionales Gebilde in einem vierdimensionalen Raum. Dieses Gebilde heißt [nach Hinton] der Tesserakt. Es hat als sein Grenzgebilde acht Würfel, ganz entsprechend wie der gewöhnliche Würfel als sein Grenzgebilde sechs Quadrate hat. Der [vierdimensionale] Tesserakt ist also von [acht] dreidimensionalen Würfeln begrenzt.

Denken Sie sich ein Wesen, das nur in zwei Dimensionen sehen kann, und dieses Wesen würde nun die auseinandergelegten Quadrate anschauen, es würde nur die Quadrate 1, 2, 3, 4 und 6 sehen, nie aber das schraffierte Quadrat 5 in der Mitte [Figur 52]. Ganz entsprechend geht es Ihnen mit dem vierdimensionalen Gebilde. [Da Sie nur dreidimensionale Objekte sehen können, so] können Sie den verborgenen Würfel in der Mitte nicht sehen.

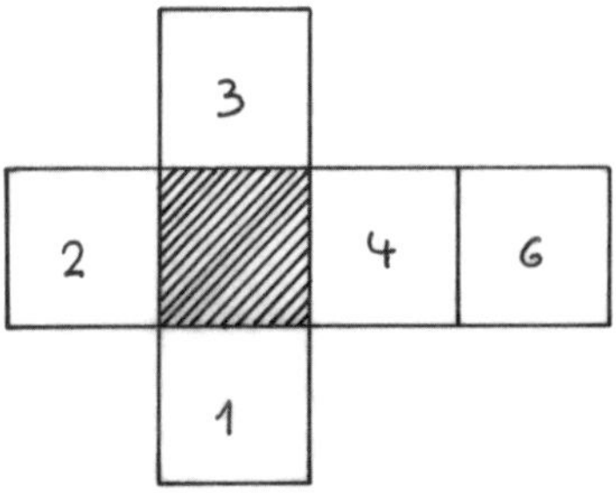


Figur 52

Denken Sie sich nun den Würfel so auf die Tafel gezeichnet [sodass als Umriss ein regelmäßiges Sechseck entsteht]. Das andere ist hinten verborgen. Dies ist eine Art Schattenbild, eine Projektion des Würfels in den zweidimensionalen Raum [Figur 53]. Dieses zweidimensionale Schattenbild eines dreidimensionalen Würfels besteht aus Rhomben, aus schiefen Vierecken [Parallelogramme]. Denken Sie sich den Würfel aus Draht hergestellt, so würden Sie auch die hinteren Rhomben-Vierecke sehen können. Sie haben hier also in der Projektion sechs ineinandergeschobene Rhomben-Vierecke. Auf diese Weise können Sie den ganzen Würfel hineinwerfen in den zweidimensionalen Raum.

Figur 53

Denken Sie sich nun unseren Tesserakt gebildet im vierdimensionalen Raum. Wenn Sie dieses Gebilde in den dreidimensionalen Raum hineinwerfen, so müssen Sie vier [sich gegenseitig nicht durchdringende rhombisch] verschobene schiefe Würfel [Parallelepipede] kriegen. Einer dieser rhombisch verschobenen Würfel müsste so gezeichnet werden [Figur 54].

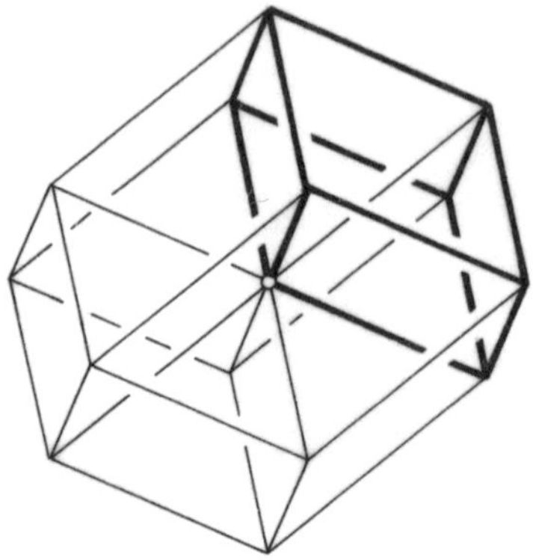

Figur 54

Acht solche verschobenen Rhomben-Würfel müssten [aber] ineinandergesteckt werden, damit man im dreidimensionalen Raum [ein vollständiges] dreidimensionales Bild des vierdimensionalen Tesseraktes erhält. Damit können wir also das [vollständige] dreidimensionale Schattenbild eines solchen Tesseraktes darstellen mit Hilfe von acht [geeignet] ineinandergeschobenen Rhomben-Würfeln. [Als Raumgebilde ergibt sich dabei ein Rhombendodekaeder mit vier Raumdiagonalen [Figur 55]. So wie bei der Rhomben-Darstellung des Würfels je drei unmittelbar benachbarte Rhomben gegenseitig verschoben ineinander zu liegen kommen, man also von den sechs Würfelflächen nur drei in der Projektion sieht, so erscheinen auch bei der Rhombendodekaeder-Darstellung des Tesseraktes nur vier

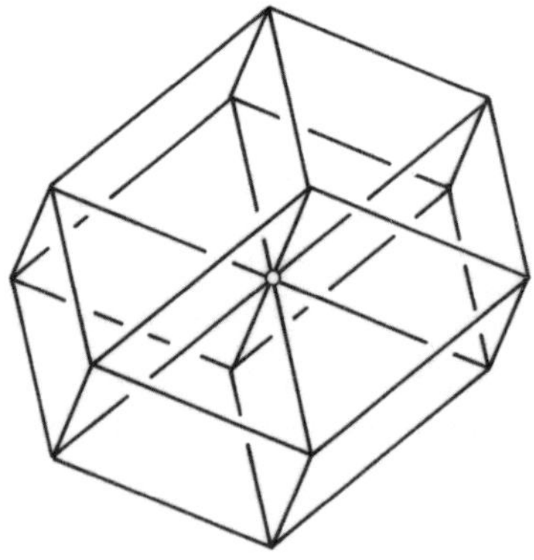

Figur 55

sich nicht gegenseitig durchdringende Rhomben-Würfel als Projektionen der acht Grenz-Würfel, da je vier der unmittelbar benachbarten Rhomben-Würfel die übrigen vier vollkommen überdecken.[62]]

Den dreidimensionalen Schatten eines vierdimensionalen Körpers können wir also konstruieren, wenn auch nicht den Tesserakt selbst. Im selben Sinne sind wir der Schatten von vierdimensionalen Wesen. So muss der Mensch, wenn er vom Physischen zum Astralen steigt, sein Vorstellungsvermögen ausbilden. Denken wir uns ein zweidimensionales Wesen, das sich [intensiv und wiederholt] bemüht, ein solches [dreidimensionales] Schattenbild recht lebhaft vorzustellen. Wenn es sich dann dem Traum überlässt, so quellen dann (...).

Wenn Sie sich aufbauen im Geiste das Verhältnis der dritten zur vierten Dimension, so arbeiten in Ihnen die Kräfte, die Sie in den [wirklichen, nicht den mathematischen] vierdimensionalen Raum hineinschauen lassen.

Wir werden immer ohnmächtig sein in der höheren Welt, wenn wir uns nicht hier [in der Welt des gewöhnlichen Bewusstseins] die Fähigkeiten [des Sehens in der höheren Welt] erwerben werden. So wie der Mensch im Mutterleib die Augen zum Sehen in der physisch-sinnlichen Welt ausbildet, so muss der Mensch im Mutterleib der Erde [übersinnliche] Organe ausbilden, dann wird er in der höheren Welt [als Sehender] geboren. Die Ausbildung der Augen im Mutterleib ist ein [erhellendes] Beispiel [für diesen Prozess].

Der Würfel müsste aus den Dimensionen Länge, Breite und Höhe aufgebaut werden. Den Tesserakt müsste ich aufbauen aus den Dimensionen Länge, Breite, Höhe und einer vierten Dimension.

Indem die Pflanze wächst, durchbricht sie den dreidimensionalen Raum. Jedes Wesen, das in der Zeit lebt, durchbricht die drei [gewöhnlichen] Dimensionen. Die Zeit ist die vierte Dimension. Sie steckt unsichtbar in den drei Dimensionen des gewöhnlichen Raumes darinnen. Sie können sie aber nur durch hellseherische Kraft wahrnehmen.

Ein bewegter Punkt erzeugt eine Linie; bewegt sich eine Linie, so entsteht eine Fläche; und bewegt sich eine Fläche, so entsteht der dreidimensionale Körper. Lassen wir nun den dreidimensionalen Raum[körper] sich bewegen, so haben wir Wachstum [und Entwicklung]. Sie haben dadurch den vierdimensionalen Raum, die Zeit [hineinprojiziert in den dreidimensionalen Raum als Bewegung, Wachstum, Entwicklung].

[Die geometrische Betrachtung zum Aufbau der drei gewöhnlichen Dimensionen] finden Sie fortgesetzt im wirklichen Leben. Die Zeit steht senkrecht auf den drei Dimensionen, sie ist die vierte, sie wächst. Wenn Sie die Zeit in sich lebendig machen, entsteht die Empfindung. Vermehren Sie die Zeit in sich, bewegen Sie sie in sich selbst, so haben Sie das empfindende Tierwesen, das in Wahrheit fünf Dimensionen hat. Das Menschenwesen hat in Wahrheit sechs Dimensionen.

Wir haben vier Dimensionen im Ätherbereich [Astralplan], fünf Dimensionen im Astralbereich [unteres Devachan] und sechs Dimensionen im [oberen] Devachan.

So quellen Ihnen die [geistigen] Mannigfaltigkeiten auf. Das Devachan als Schatten in den Astralraum geworfen, gibt uns den Astralkörper, der Astralraum als Schatten in den Ätherraum geworfen, gibt uns den Ätherkörper, und so weiter.

Die Zeit geht nach einer Seite, das ist das Absterben der Natur, und nach der anderen ist es das Wiederaufleben. Die zwei Punkte, wo sie ineinander übergehen, das sind Geburt und Tod.

Die Zukunft kommt uns fortwährend entgegen. Wenn das Leben bloß nach einer Richtung ginge, würde nie etwas Neues entstehen. Der Mensch hat auch Genie – das ist seine Zukunft, seine Intuitionen, die ihm entgegenströmen. Die verarbeitete Vergangenheit ist [der von der anderen Seite herkommende Strom; sie bestimmt] das Wesen [, wie es bisher geworden ist].

# AUSARBEITUNG ÜBER DIE VIERTE DIMENSION I

*Mathilde Scholl: Landin am 21. August 1906*

Wir dürfen Raum und Dimension nicht verwechseln. Nur drei Dimensionen sind im Raume zu erkennen. Das sind die drei Dimensionen des Gewordenen, des Seienden, das heißt, die das repräsentieren, was uns als Schattenbild der sich kreuzenden Kräfte aus Vergangenheit und Zukunft in der Gegenwart vor Augen schwebt [Figur 19]. Darauf ist aber immer das Wort anzuwenden «Alles fließt».[62a] Nichts bleibt davon, sondern es ist alles in stetem Wechsel begriffen. Die drei Raumdimensionen sind nur das Mittel, die einzelnen Entwicklungsmomente uns wie in einem Panorama vor Augen zu führen, damit wir als dreidimensionale, im Raum ausgeprägte Wesen auch andere Vorgänge in ihrer dreidimensionalen Bildhaftigkeit erkennen können. Das ist notwendig, damit der Mensch sich selbst als besonderes Wesen in der Welt erkennen lernt. Sonst wäre er nie zum objektiven Erkennen der Umwelt gekommen und hätte sie immer nur subjektiv *in sich* empfunden.

Nun haben wir die andern Dimensionen auch alle in uns und um uns. Die andern Dimensionen sind nicht im Raume zu suchen. Sondern der Raum, die drei Dimensionen, ruhen in den andern Dimensionen. Die andern Dimensionen enthalten die drei Dimensionen des Raumes in sich, sind aber nicht in ihnen abgegrenzt – so, wie Wasser schwimmende Eisstücke enthalten kann, aber nicht in ihnen abgegrenzt ist, oder wie Luft dichtere Substanzen enthalten kann, aber nicht in ihnen abgegrenzt ist.

Die Dimension, in der wir *leben*, die überhaupt unsere Entwicklung, unser Wachstum, zunächst bedingt, ist die Zeit. Jeder Moment unseres Lebens ist ein Bewegen durch diese vierte Dimension, die Zeit. Die Zeit umfasst alles Räumliche. Das Unlebendige hat nur die drei Dimensionen; es verändert sich nicht in die vierte Dimension hinein, in die Zeit hinein. Aber alles Lebendige lebt in die Zeit hinein. Leben heißt, sich in die Zeit hinein, sich in die vierte Dimension hinein verändern. Dass wir heute physisch anders sind als gestern, ist nur möglich durch die vierte Dimension. Innerhalb der drei Dimensionen können sich Wachstumsveränderungen nicht abspielen. Sie werden nur innerhalb der drei Dimensionen sichtbar als Schattenbilder des Veränderns in der Zeit.

Die fünfte Dimension umfasst auch noch die vierte; sie ist das Empfinden; das geht über Raum und Zeit hinaus. Das, was uns mit den andern Wesen verbindet, das ist die fünfte Dimension. Das Empfinden hält Raum und Zeit in sich und ist nicht durch Raum und Zeit begrenzt. Jede höhere Dimension macht uns unabhängig von der darunterstehenden, weil wir in der höheren die darunter stehende beherrschen. Die zweite Dimension ist ein Hinausgehen über die erste Dimension; die dritte Dimension ist ein Hinausgehen über die zweite Dimension, ein Fortschreiten zur Unabhängigkeit. Die vierte Dimension ist ein Hinausgehen über die dritte Dimension, ein weiteres Unabhängig-Werden. Denn die Zeit macht uns unabhängig vom Raume. Was wir an den Raum gebunden nicht könnten, können wir in der vierten Dimension, der Zeit, erreichen. Die Zeit macht es uns möglich, uns über die Raumdimension zu erheben.

So macht die Empfindung, die fünfte Dimension, es uns möglich, uns über die Zeit zu erheben; wir werden durch die Empfindung unabhängig von der Zeit. Ebenso macht uns das Selbstbewusstsein, die sechste Dimension, unabhängig von der Empfindung. Die sechste Dimension, das Selbstbewusstsein, ist die, aus der heraus wir auch das Empfinden, die fünfte Dimension, beherrschen. Mit dem Selbstbewusstsein umfassen wir auch die fünfte Dimension, das Empfinden. Unser Empfinden kann ruhen in dem Selbstbewusstsein, die fünfte Dimension in der sechsten. So ruht die Zeit in dem Empfinden, die vierte Dimension in der fünften; und der Raum ruht in der Zeit, die dritte Dimension in der vierten; die Fläche ruht an dem Körper, die zweite Dimension an der dritten; die Linie ruht an der Fläche, die erste Dimension an der zweiten.

Die sechste Dimension, das Selbstbewusstsein, leitet über zu noch höheren Dimensionen. Die Überwindung des Selbstbewusstseins liegt in der siebten Dimension, in dem, was über das Selbstbewusstsein hinausgeht.

In der siebten Dimension beginnt der Chela zu leben, der durch das Selbstbewusstsein in höhere Welten eindringt. Die siebte Dimension ist das bewusste Sich-Hingeben an die Welt. In dieser bewussten Hingabe liegt die siebte Dimension.

Die achte Dimension ist das bewusste Aufgehen in der Umwelt; die neunte Dimension ist das bewusste Schaffen in der Umwelt.

Dimensionen 1 bis 3 sind die unlebendigen;

Dimension 4 bis 6 sind die lebendigen, aber passiven;

Dimensionen 7 bis 9 sind die schaffenden.

Durch die dritte Dimension allein gibt es eine Trennung. Die dritte Dimension ist die Dimension der Sonderheit. Durch Überwindung der dritten Dimension treten wir aus der Sonderheit in die Gemeinschaft.

Wesen mit höheren Dimensionen und mit der ersten und zweiten sind nicht an die Sonderheit gebunden, sondern können den Raum überwinden. Die dritte Dimension ist überhaupt der Raum. Wesen können mehrere Dimensionen haben, die mit der dritten Raumdimension nichts zu tun haben. Die, welche die erste und zweite Dimension haben und die vierte – die Zeit – und die fünfte – die Empfindung –, sind unabhängig von der dritten Raumdimension. In der Astralwelt sind wir auch unabhängig von der dritten Raumdimension. Dafür haben wir da die Zeit wie ein Panorama hinter uns und vor uns. Wie wir hier im Raume schauen, können wir im Astralen, in der vierten Dimension, in der Zeit schauen. Die Zeit liegt da aufgerollt vor uns. Vergangenes und Zukünftiges umgeben uns wie hier im Raume ein Panorama. Ein Zurückblicken in Vergangenes oder ein Hineinschauen in Zukünftiges ist also bedingt durch die Fähigkeit des bewussten Eintretens in die vierte Dimension oder des bewussten Erfassens des dort vor uns aufgerollten Panoramas der Zeit.

Der Punkt hat keine Ausdehnung. Dass das, was keine Ausdehnung hat, eine Ausdehnung bekommt, ist bedingt durch die erste Dimension; dadurch wird der Punkt zur Linie. Dass die Linie sich bewegen kann, ist bedingt durch die zweite Dimension; dadurch wird sie zur Fläche; dass die Fläche sich bewegen kann, ist bedingt durch die dritte Dimension; durch die dritte Dimension wird alles Vorhandene körperlich, fixiert. Als der Geist Gottes über den Wassern schwebte,[62b] war noch nichts in die dritte Dimension eingetreten, noch nichts körperlich fixiert. Die anderen Dimensionen waren da, aber die dritte Raumdimension nicht.

Dies bedeutete die größte Stauung der Lebensströme auf der Erde. Dadurch entstand das Körperliche, die Trennung, die Sonderheit, das Hervortreten der Einzeldinge aus der Gesamtheit, das Festwerden, Herauskristallisieren. Sie ist das Symbol für das, was im Geistigen der Mensch mit sich vornehmen soll. Wie aus dem Chaos der Welt, aus dem Durcheinanderfluten der Strömungen in der Welt ein Kosmos sich herauskristallisierte, und in der dritten Dimension sichtbar wurde, sich herausgestaltete, wodurch in dem dahinflutenden Weltenmeere ein Festes, Fixiertes entstand, wodurch Rhythmus in das Chaos kam, so soll der Mensch aus seinen in ihm flutenden Kräften geistig einen Kosmos herausgestalten. Er soll in seinem Selbstbewusstsein zunächst den festen Punkt, das Festland finden, auf dem er stehen kann, und dann da herum ordnen, rhythmisch gestalten alle Kräfte, die in ihm sind. Das Material zu diesem Mikrokosmos ist ihm gegeben, aber er soll selbst dies Material bearbeiten, daraus einen Tempel aufbauen, in dem das Göttliche waltet. So wie die Kräfte in der Natur durch Zusammenwirken, durch das Sich-Kreuzen, eine Stauung hervorrufen, aber auch eine Herausgestaltung, so soll auch der Mensch aus höheren und niederen Kräften, indem sie sich entgegenströmen, sich stauen, etwas Festes, Bleibendes herausgestalten, herauskristallisieren – einen Tempel bauen. Hat er dies erreicht, so kann er aus diesem geordneten, harmonischen Ganzen heraus selbst schöpferisch in der Welt wirken. Dann ist er der Herrscher in diesem Mikrokosmos. Dann wird er von den Kräften nicht mehr getrieben, sondern er ist der Treibende, der Schöpfer eines Neuen. Dann beherrscht er alle Dimensionen. Dann sind sie für ihn nur die Linien, denen entlang er seine Kräfte in die Welt hinaussendet. Das geistige Wachstum geht über alle Dimensionen hinaus; es beherrscht und überwindet alle Dimensionen; ihm ist keine Grenze gesetzt, weder durch Raum noch Zeit noch durch Empfinden.

Die dritte Raumdimension hat große Bedeutung in der Weltentwicklung und in der Entwicklung der Individualität des Menschen. Aber sie muss überwunden werden. Durch Überwinden der dritten Dimension wird der Mensch frei. Eintreten in die dritte Dimension bedeutet Stauung; aber Stauung ist auch Kraftsammlung, Befestigung, das Verankern in einem festen Punkt, die einzige Möglichkeit für den Menschen, fest stehen zu lernen. Nur aber darf der Mensch nicht in der Stauung der dritten Dimension bleiben, sondern muss wieder darüber hinaus, bewusst hinauswachsen über diese Stauung, damit die angesammelten Kräfte frei werden, sich entfalten können. Das Festgewordene muss wieder flüssig gemacht werden. Wenn der Mensch sich selbst befreit aus der Stauung, seine eigenen Kräfte frei macht, dann kann er auch die ganze übrige Natur aus der Stauung befreien. Das ist das Erlösen des Mineralreiches und Überführen der Natur in das Pflanzenreich, das Hinüberführen aus der Stauung der dritten Dimension in das Leben der vierten Dimension. Dann ist auch alles noch da, was jetzt da ist, aber in der vierten Dimension lebend, mit Überwindung der dritten Dimension. Dann schauen wir nicht das Gewordene, sondern rings um uns das Werdende. Alles, was in der Zeit liegt, wird dann für uns sichtbar. Die Lebensbedingungen spielen sich dann vor unsern Augen sichtbar ab. Während jetzt alles Leben hinter dem Schleier – Maya – des Gewordenen verborgen liegt, erfassen wir dann das Leben selbst.

So wie die zweite Dimension die Bewegung der ersten, die dritte die der zweiten, so ermöglicht die vierte Dimension die Bewegung eines dreidimensionalen Körpers. Und ferner ermöglicht die Empfindung das Bewegen der Zeit – der vierten Dimension; und das Selbstbewusstsein ermöglicht das Bewegen der Empfindung. Oder man kann sagen: Die erste Dimension bewegt sich in der zweiten, die zweite in der dritten, die dritte in der Zeit, die Zeit in der Empfindung, die Empfindung im Selbstbewusstsein. Oder, wie die erste Dimension die zweite fixiert, so fixiert die zweite die dritte, die dritte die vierte; so fixiert der Raum die Zeit, die Zeit die Empfindung, das

Empfinden das Selbstbewusstsein. Auf der einen Seite gehen wir von der Ursache aus, auf der anderen von der Wirkung, auf der einen Seite von dem Engeren, Begrenzteren, Abhängigeren, auf der anderen Seite von dem Weiteren, über die Grenzen hinaus Gehenden, Unabhängigeren.

Ganz hinabsteigen musste der Mensch in das Enge, Begrenzte, in die Abhängigkeit, um durch diese Begrenzung für sich Kräfte aus der Umwelt zu sammeln, für sein eigenes Gebiet, damit er zum Individuum werden konnte, und nun muss er wieder die Grenzen überwinden, die Kräfte, die er gesammelt hat, an die Welt zurückgeben. Aber gerade in dem Zurückgeben besteht nun sein geistiges Wachstum. In dem Maße, wie er gibt, nimmt er geistig zu, denn geistig gibt man sich nicht selbst fort, sondern geistiges Geben bedeutet, selbst bis da mit hinauswachsen, soweit man gibt. Gebe ich physisch etwas fort, so bleibe ich, wo ich bin, und das Fortgegebene ist dann nicht mehr mein Eigentum. Gebe ich geistig etwas, so gehe ich mit dem Gegebenen. Behalte ich geistig alles für mich, so verharre ich in der Stauung, wachse nicht; gebe ich geistig, so erweitere ich mich selbst in dem Maße, wie ich gebe. Geistiges Geben ist, sich selbst aufbauen. Alles, was der Mensch geistig an die Umwelt gibt, ist und bleibt er selbst. Wer also das erreicht, sich ganz geistig an die übrige Welt zu geben, wie Christus es tat, der wird selbst sich zur ganzen übrigen Welt auswachsen.

Das bedeutet das Nicht-abgeschlossen-Sein, sich auftun nach der Umwelt der Geistwesen. Dadurch strahlt das innere Licht heraus in die Umwelt. Ein Wesen, das nicht in der Stauung lebt, nicht in der dritten Dimension abgeschlossen ist, strahlt sein Innerstes in die Umwelt hinaus; dadurch leuchtet es in die Umwelt hinein. Wer in der Stauung lebt, im Egoismus, der kann nicht ausstrahlen und leuchtend werden; das kann nur der selbstlos sich Hingebende. Wer sich abschließt, hat kein eigenes Licht. Der braucht Licht von außen, um in seiner Abgeschlossenheit die Umwelt wahrzunehmen. Wer sich nicht abschließt, aus dessen Innern strahlt eigenes Licht; er erleuchtet die Umwelt.

## AUSARBEITUNG ÜBER DIE VIERTE DIMENSION II

*Mathilde Scholl: Landin am 23. August 1906*

Platon nennt die Erscheinungen in der physischen Welt die Schattenbilder der höheren Welt.[49] Um dies zu verstehen, müssen wir die Vorstellungen der physischen Welt, des Raumes, vergeistigen. Das Bild der ersten Dimension ist die Linie. Sie ist aber auch das Bild der vierten Dimension, der Zeit. Auch die Zeit geht unaufhaltsam weiter in einer Richtung. Moment reiht sich an Moment wie Punkt an Punkt in der Linie. Wenn nun zwei Wesen in dieser vierten Dimension, in der Zeit sich begegnen, dann entsteht die fünfte Dimension, die Empfindung. Was sich nur im Raum begegnet, empfindet nicht. Zwei Steine, die wir nebeneinanderlegen, empfinden nicht. Zwei Wesen, die in der Zeit leben, dagegen empfinden, wenn sie sich in dieser vierten Dimension begegnen.

Dieses Sich-Begegnen in der Zeit wird dargestellt durch zwei sich kreuzende Linien, die dadurch eine Stauung darstellen. Die Empfindung ist eine Stauung in der Zeit, die durch das Begegnen zweier Wesen in der Zeit hervorgerufen wird. Dies ist also die seelische Bedeutung des zweidimensionalen Bildes, der Fläche, des Quadrats [Figur 22]. Wir können auch sagen, gerade so, wie die erste Dimension ins Quadrat erhoben die zweite bildet, so ergibt die vierte Dimension, die Zeit, ins Quadrat erhoben die fünfte, die Empfindung. Eine jede Dimension wird dadurch ins Quadrat erhoben, dass eine andere senkrecht dagegentrifft. Bei der zweiten Dimension entsteht durch ein weiteres Kreuzen mit einer andern Strömung die dritte [Figur 23]. Das Quadrat wandelt sich um in den Würfel. Darin erblicken wir zugleich die erste Dimension in die Kubikzahl erhoben.

Nehmen wir die Linie an als 3, so wäre dann das Quadrat $3^2 = 9$, und es wäre deren Kubus $3^3 = 27$. Also verhält sich die erste Dimension zur zweiten wie eine Zahl zu ihrem Quadrat und zur dritten wie eine Zahl zu ihrer Kubikzahl. Wie nun bei der dritten Dimension eine Stauung aus dem Begegnen zweier zweidimensionaler Dinge entsteht, so können wir auch beobachten, dass durch das Begegnen zweier in der fünften Dimension lebender Wesen, zweier Wesen, die Empfindung haben, wenn diese Empfindungen sich kreuzen, Selbstbewusstsein entsteht. Zwei von verschiedenen Wesen ausgehende, sich stauende Empfindungen erzeugen Selbstbewusstsein. Das Bild in der physischen Welt ist hierfür der Kubus. Die auffallendsten Stauungsmomente in der Empfindung, wodurch das Wachstum des Selbstbewusstseins hervorgerufen wird, sind Liebe und Hass, Sympathie und Antipathie. Der Mensch hätte nie gelernt, sich als ein Selbst zu empfinden, wenn er nicht in seinem Empfinden auf das Empfinden anderer Selbste gestoßen wäre. Sonst hätte er nur ein Ganzes empfinden können. Er hätte sich nie der einzelnen Wesen bewusst werden können, auch nicht seiner selbst. Mit dem Objektiv-Werden, mit dem Heraustreten der Einzeldinge wurde es ihm ermöglicht, sich auf sich selbst zu besinnen. So wie in der physischen Welt jedes Ding erst objektiv erscheint, wenn es in die dritte Dimension eintritt, so wird in der Seelenwelt erst dann Selbstbewusstsein möglich, wenn sich auch dort Stauungen in der fünften Dimension, der Empfindung, bilden, die das Selbstbewusstsein hervorgehen lassen. Also auch hier wird die vierte Dimension, die Zeit, ins Quadrat erhoben die fünfte, das Empfinden, in den Kubus erhoben die sechste, das Selbstbewusstsein. Der Kubus ist das Bild des selbstbewussten Menschen.

Aber in noch höhere Dimensionen muss sich der Mensch erheben. Eine Äußerung des Selbstbewusstseins ist das Denken. Das Denken kann ein verworrenes oder ein klares sein. Was man gewöhnlich Denken nennt, das alltägliche Wiederholen des Erfahrenen in der Sinnen- und Seelenwelt, Menschengedanken nachdenken, wiederholen, das ist kein wirkliches Denken, kein reines Denken. Es ist mit Empfindungen, mit Antipathie und Sympathie gemischt, verworren, chaotisch. Denken ist erst das Sich-in-die-Umwelt-Vertiefen, das Sich-Hineinversenken in die Umwelt, in die großen Weltgedanken, in die in der Welt verkörperten Gedanken. Dazu gehört zunächst ein empfindungsfreies Konzentrieren auf einen Weltgedanken, das Einschlagen einer bestimmten Denkrichtung, ohne abzuschweifen rechts und links, das Verweilen auf einem Punkt, der allerdings dann durch das Versenken zur Linie wird. Dieses Eindringen, diese selbstlose Hingabe an einen Weltgedanken, die ist dasselbe im Geistigen wie die Zeit im Seelischen und die Linie im Physischen. Es ist ein unbegrenztes Sich-Fortbewegen in einer Richtung.

Durch das Vereinigen zweier Gedanken entsteht ein geistiges Bild; der eine Gedanke muss mit dem andern sich kreuzen; dadurch entsteht ein Bild, so wie aus dem Kreuzen zweier in der Zeit lebender Wesen die Empfindung und aus der Stauung zweier Linien die Fläche entsteht. Ein Bild, welches im Geiste entsteht, das imaginative Denken, ist der ins Quadrat erhobene, konzentrierte reine Gedanke. Diese Imaginationen entstehen dadurch, dass der Mensch aus seinem Selbstbewusstsein heraus im Gedanken, dem reinen Gedanken, aufsteigt oder eindringt in einen Weltgedanken, eine Weltenwahrheit; der Gedanke aber, der ihm entgegenkommt und in ihm das Bild hervorruft, in dem er mit seinem Gedanken sich kreuzt, das ist der Gedanke des Geistwesens selbst, das ihn ausgesandt hat; das ist die Begegnung des Menschen mit einem höheren geistigen Wesen, die Vereinigung mit dem Geist der Welt. Dadurch entsteht in ihm die Fähigkeit des imaginativen Denkens. Da lebt er in der achten Dimension, während das reine Denken die siebente Dimension ist. Das Bild für die achte Dimension ist dasselbe wie für das Empfinden, das Quadrat.

Wenn nun der Mensch sich in dem imaginativen Denken betätigen kann, und Bilder in der Geisteswelt erzeugen kann, die Bilder des Weltenlebens, dann strömt das Weltenleben selbst in diese Bilder ein; es tritt wieder ein Zusammentreffen zweier Strömungen ein, der Strömung des imaginativen Denkens, das vom Menschen ausgeht, und der Strömung des Weltenlebens selbst. Es entsteht aus dem Bild eine Gestalt, ein geistiges Wesen. Der Mensch wird eins mit dem Weltenleben und dadurch schöpferisch. Das vollbringt er in der neunten Dimension, die Gestalten hervorbringend ist. Da ist der Mensch mit dem Schöpferwort begabt, welches Lebendiges hervorbringt. Das ist der geistige Kubus der menschlichen Wesenheit, so wie das Selbstbewusstsein der seelische Kubus ist. Im Selbstbewusstsein gestaltet der Mensch sich selbst als etwas Besonderes, als ein abgeschlossenes Wesen; in der neunten Dimension, in dem Schöpferwort, gestaltet er aus sich heraus neue Wesen. Die zehnte Dimension erreicht er, wenn er diesen aus sich gestalteten Wesen bleibendes Dasein verleiht. Dann ist er ein Planetengeist geworden, der aus sich selbst heraus bleibende Gestalten formt. Diese zehnte Dimension ist die Kugel, die alle andern Dimensionen umschließt. Da ist der Würfel umgewandelt in die Kugel, das Quadrat in den Kreis, die Stauung ist wieder Leben geworden. Demnach ist das Quadrat im Kreis das Bild der zehnten Dimension, oder auch die Linie im Kreis, denn von der Linie ging alles aus, und im Kreis ist sie zur Vollendung geführt. Die Zahl Zehn oder der Kreis mit der Linie ist also das Bild der ganzen Schöpfung. Und jede neue Schöpfung beginnt mit der Linie, die zum Kreis sich ausgestaltet. Wir können also die zehn Dimensionen so darstellen:

| | | |
|---|---|---|
| 1. \| | 4. Zeit | 7. reiner Gedanke |
| 2. □ | 5. Empfindung | 8. imaginativer Gedanke |
| 3.  | 6. Selbstbewusstsein | 9. schöpferischer Gedanke |
| | 10. ○ kosmische Gestaltung | |

# AUSARBEITUNG ÜBER DIE VIERTE DIMENSION III

*Mathilde Scholl: Landin am 25. August 1906*

Man kann die dritte Dimension, die den Raum darstellt, auch die Dimension der Undurchlässigkeit, der Abgeschlossenheit nennen. Dagegen kann man im Vergleich mit der dritten Dimension die vierte Dimension die des Zwischenraums, der Durchlässigkeit, der Offenheit nennen. Ebenso wie im Physischen die dritte Dimension, ist im Seelischen die sechste Dimension auch eine Dimension der Abgeschlossenheit, der Befestigung und Abgrenzung, weil dort alles Seelische in einem Besonderen, dem Ich, sich abschließt von der Umwelt. In dem Selbstbewusstsein grenzt sich das Ich, die Individualität ab von den anderen Wesen der sechsten Dimension.

In derselben Weise, wie die vierte Dimension im Vergleich zur dritten Dimension eine Dimension der Durchlässigkeit, der Offenheit ist, so ist auch die siebente Dimension eine Dimension des Sich-Aufschließens im Vergleich zur Abgeschlossenheit der sechsten Dimension. In der siebenten Dimension geht das Ich wieder hinaus als reiner, selbstloser Gedanke in die Umwelt hinein. In der neunten Dimension findet wieder ein Abschließen statt, in selbst geschaffenen Gestalten. Und in der zehnten Dimension findet dagegen wieder ein Hervorgehen statt, das Hervorgehen eines neuen Kosmos.

Wir wissen, dass der Punkt keine Ausdehnung hat. Er wird als die Grenze einer Linie angenommen, er ist aber in Wahrheit auch die Grenze eines dreidimensionalen Körpers, und zwar dessen Grenze im Innern, im Mittelpunkt. Eine gerade Linie geht von einem Ausgangspunkt zum anderen. Nehmen wir an, dass Ausgangs- und Endpunkt bei der geraden Linie zusammenfallen, so entsteht ein Kreis. Das, was unendlich ist, findet nur in sich selbst eine Abgeschlossenheit, aber ist niemals nach außen abgeschlossen, sonst wäre es endlich. Darum ist auch die unendliche gerade Linie in sich abgeschlossen, bildet einen Kreis. Ebenso findet auch die unendliche Fläche, die nach außen nicht abgeschlossen ist, in sich ihre Abgeschlossenheit;

sie bildet eine Kugel. Damit die Linie unendlich sei, muss sie zum Kreise sich krümmen. Damit nun auch die Kugel unendlich sei, muss sie auch in sich selbst sich zurückkrümmen, aus jedem Punkt ihres Umfanges heraus.

Eine in sich selbst zurückgekrümmte, eine unendliche Kugel läuft wieder zusammen in einem Punkt, ihrem Mittelpunkt. Da befindet sich die Kugel in der vierten Dimension. Dieser Mittelpunkt der Kugel in der vierten Dimension ist dann von Kugeln begrenzt. Zwölf Kugeln bilden die Grenze der ins Vierdimensionale übergegangenen Kugel. Die vierdimensionale Kugel ist die Zwischenheit zwischen den zwölf Kugeln, ein dreizehntes Gebilde, welches die zwölf Kugeln umschließt.

Auf dieselbe Weise kann man einen Würfel als in die vierte Dimension übergehend sich denken. Er muss mit seinen drei Dimensionen, die in seinen acht Ecken sich abschließen, in den Mittelpunkt hineintauchen; die acht Ecken fallen dann mit dem Mittelpunkt zusammen. Nach außen entstehen dann die Schnittflächen von acht Würfeln, die, jeder auf einer Ecke stehend – im Mittelpunkt stehend –, in welche die gegenüberliegende Ecke zurückgeklappt ist, durchgeschnitten erscheinen. Diese Schnittflächen bilden Sechsecke [Figur 55a].

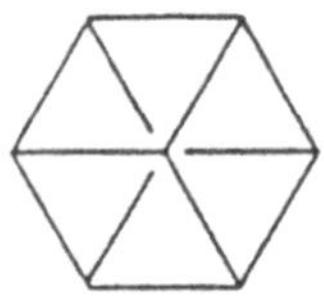

Figur 55a

Wenn also ein Würfel übergeht in die vierte Dimension, in den Mittelpunkt, dann bilden die Grenzen dieses Punktes die acht auf der Spitze stehenden, in sich zurückgeklappten Würfel, mit acht Sechsecken als Schnittflächen nach außen.

Das Schattenbild in der dritten Dimension ist also bei dem in den vierdimensionalen Raum übergegangenen Würfel ein von acht Würfeln begrenztes Gebilde. Das Verhältnis von außen und innen hat sich hier verändert. Die physischen Würfel sind außen zu der vierten Dimension, die innen ist. Dennoch aber ist das vierdimensionale Gebilde geradeso gut in der Mitte der acht Würfel, wie auch um sie herum, und der Mittelpunkt steht mit dem, was um die acht Würfel ist, in Verbindung. Wir müssen uns die acht Würfel nicht so als Grenze vorstellen, wie die Flächen am Würfel von außen, sondern gewissermaßen als Grenze im Innern des vierdimensionalen Gebildes – als aus dem Raume ausgespart; und das vierdimensionale Gebilde um die physische Projektion, das Schattenbild der acht Würfel, herum. Während die dritte Dimension die Dimension der Abgeschlossenheit ist, ist die vierte Dimension die Dimension der Offenheit, des Sich-Auftuns, des Wachsens, der Beweglichkeit.

Innen und außen stehen da in beständiger Verbindung. Während einerseits das dreidimensionale Gebilde in der vierten Dimension fortwährend in den Mittelpunkt einströmt, strömt es andererseits fortwährend aus dem Mittelpunkt heraus. Es ist ein fortgesetzter Kreislauf, aus dem Mittelpunkt nach außen und von außen wieder zum Mittelpunkt. Daher ist die vierte Dimension nicht eine feste, sondern eine fließende; anschaulich zu machen durch die gekrümmten Papierstreifen[62c]. In andere Gestalt übergehen kann ein Ding nur, welches sich in sich selbst zurückkrümmen und wieder aus sich selbst hervorgehen kann. Es muss in den Anfangspunkt zurückgehen und in veränderter Weise hervorgehen. Das geschieht durch Krümmen – Krümmung der Papierstreifen. Wenn ich einen dreidimensionalen Gegenstand teile, bekomme ich immer nur einzelne Stücke desselben Gegenstandes. Teilt sich aber ein vierdimensionales Gebilde, welches sich krümmen kann, so entsteht etwas Neues – Papierstreifen mit 180-Grad-Wendung. So entstehen alle Veränderungen des Lebendigen durch die Fähigkeit, sich in sich selbst zurückzukrümmen, durch die Fähigkeit, wieder einzufließen in den Punkt, und dann hervorzugehen aus dem Punkt.

Die kugeligen Gebilde, die bei allem Wachsenden, bei allen Lebewesen, als Zellen bekannt sind, haben die Fähigkeit, in sich selbst einzufließen, ein Zentrum zu bilden und aus diesem Zentrum neu hervorzuwachsen. Das ist die Grundbedingung allen Wachstums, in sich zurückzufließen, sich zu konzentrieren und dann wieder mit den gesammelten Kräften neu hervorzugehen. Das Übergehen in die vierte Dimension bedeutet also bei der Kugel so wie beim Würfel ein In-sich-selbst-Zurückkrümmen, und dann wieder ein Über-sich-selbst-Hinausgehen. Da fallen also Mittelpunkt und Peripherie zusammen, gehen ineinander über, bilden eins, weil sie lebendig sind. Das können sie beim Toten, dem Dreidimensionalen, nicht. Dazu muss in das Vierdimensionale übergegangen werden.

Verfolgen wir dies Bild weiter, so werden wir finden, dass die erste Dimension aus der Nichts-Dimension, aus dem Punkt, hervorgegangen ist. Beobachten lässt sich die erste Dimension nur an der zweiten, an der Fläche, und diese *nur* an der dritten, am Körper. Also lässt sich die erste Dimension auch nur an der dritten Dimension beobachten. Nun geht die dritte Dimension wieder über in die Nichts-Dimension, den Punkt, und wächst hervor in Linien. Aus dem Punkt strahlt die vierte Dimension heraus und erfüllt alles Dreidimensionale mit ihrem Leben; die Atome der dritten Dimension werden dadurch gelockert und ausgedehnt. Wachstum entsteht.

Durch Zusammenströmen des Wachsenden in der Zeit, in der vierten Dimension, entsteht Empfindung, und durch Zusammenströmen der Empfindung entsteht Selbstbewusstsein. Das ist wieder ein Abgeschlossenes, Begrenztes. Darüber muss der Mensch wieder hinaus. Er muss sein Selbstbewusstsein im Ich zusammenziehen, sich in einem Punkt zusammenfassen. Das kann er, wenn er sich erhebt über den Raum, die Zeit und die Empfindung und über die Selbstsucht, das Verlangen, zu sich etwas hinzuzufügen. Er löscht sich nach außen aus; er kehrt ein in sein Inneres, verlangt nicht mehr nach Ausdehnung, nach Wachstum nach außen, sondern versenkt sich in den einen Punkt, wo ihm das Göttliche entgegenstrahlt, in seinen göttlichen Lebensfunken. Er gibt sein äußeres Wesen auf und fließt in sein Inneres zurück – weltabgewandt, Gott zugewandt. Und da aus diesem einen Punkt heraus sendet er wieder sein Inneres in die Umwelt in dem reinen Gedanken. Strahlenartig geht er so wieder über in die Umwelt, befreit von allem, was er für sich hat besitzen wollen; da tritt sein inneres Wesen heraus – wie die Sonne strahlend und geläutert wie der Schnee. Es kristallisiert sich heraus sein höheres Selbst. Da tritt er ein in die siebente Dimension. Indem er nun sein höheres Selbst mit dem höheren Leben verbindet, bildet er aus sich heraus nicht nur Strahlen, sondern Bilder, da ist er in der achten Dimension; und indem er sich verbindet mit dem Weltenwillen, der Schöpferkraft, da bringt er Gestalten hervor. Da lebt er in der neunten Dimension. Zuletzt verbindet er sich mit dem Ursein der Erde, mit dem Planeten selbst, und wirkt so, dass er sein eigenes Wesen vervielfältigen und neue Lebewesen hervorbringen [kann].

In der siebenten Dimension durchdringt er sich mit dem Weltengeist und produziert Gedanken; in der achten Dimension durchdringt er sich mit dem Weltenleben und produziert Bilder; in der neunten Dimension durchdringt er sich mit dem Weltenwillen und produziert Gestalten, und in der zehnten Dimension durchdringt er sich mit dem Weltensein und produziert lebende Wesen, die Vervielfältigung seiner selbst.

So wie beim Übergang aus der Nichtdimension in die erste Dimension, aus der dritten in die vierte und aus der sechsten in die siebente immer ein Zusammenströmen im Punkt stattfindet und ein Hervorquellen von etwas Neuem aus diesem Punkt, so strömt beim Übergang aus der neunten Dimension in die zehnte der ganze Kosmos in die Individualität des Menschen ein und geht als Neues wieder aus ihm hervor.

Es ist die ganze Evolution ein Einatmen und Ausatmen, physisch, seelisch und geistig. Auf einer höheren Stufe wird der Mensch nicht mehr Nahrung zu sich nehmen aus physischer Substanz, sondern leben und wachsen durch das Ein- und Ausatmen. Dadurch wird er dem Körper die Stoffe zuführen, die er zum Leben und Wachstum braucht. Das Aufnehmen physischer Nahrung hängt zusammen mit dem Gefesselt-Sein an die dritte Dimension. Leben wir einmal mehr bewusst in der vierten und den höheren Dimensionen, so fällt die Notwendigkeit des Aufnehmens der physischen Nahrung immer mehr fort. Dann wird der physische Körper immer mehr das, was er werden soll: ein Tempel, in dem das göttliche Selbst wohnt, und ein Werkzeug, ein Mittel, durch welches das Ich in Verbindung treten kann mit allen Kräften des Universums. Er wird der Schlüssel zu allen Geheimnissen der Welt. Erschließen werden sich dem

Menschen die Geheimnisse der Welt in demselben Maße, als er lernt, nicht mehr *für* den physischen Körper zu leben, sondern *durch* den physischen Körper zu leben. Lernt er den physischen Körper als das, was er ist, gebrauchen, als verdichteten Geist, als Abdruck des ganzen Kosmos, als den Mikrokosmos, so muss sich ihm der Mikrokosmos erschließen. Dazu ist der Weg das Überwinden der dritten Dimension, des räumlich Festen, Abgeschlossenen, Undurchdringbaren und das Überwinden der sechsten Dimension, des Abgeschlossen-Seins im Ich.

Das Ich ist allerdings die einzige Möglichkeit, in die siebente Dimension einzudringen, aber es soll auch nur diese Möglichkeit sein. Es ist der Weg, die enge Pforte, die Tür zum Tempel des höheren Selbst. Aber durch diese Pforte muss hindurchgegangen werden, um das höhere Selbst zu erreichen. Stehen bleiben darf man nicht darin, ebenso wenig, wie man sein Bewusstsein einengen darf durch die dritte Raumdimension.

Überwindung des Ich ist Wachstum in die höheren Welten hinein. Durch Überwindung des Ich schließen sich die höheren Welten auf.

# AUSARBEITUNG ÜBER DIE VIERTE DIMENSION IV

*Mathilde Scholl: Landin am 27. August 1906*

Unendlich ist nur das, was in keinem Zweiten seinen Abschluss findet, sondern in sich selbst zurückläuft, was nur in sich selbst einen Abschluss findet. Darum ist auch nur *die* Linie eine unendliche gerade Linie, die in sich selbst ihren Abschluss findet, nämlich die, die einen Kreis bildet. Gerade ist die Linie, welche immer dieselbe Richtung einhält. Die Kreislinie ist die einzige Linie, welche immer dieselbe Richtung einhält. Denn sie hat die Richtung nach ihrem Anfangspunkt zurück. Jede Linie, die diese Richtung nach ihrem Anfangspunkt zurück beibehält, bildet, bis zu diesem Anfangspunkt zurückkehrend, einen Kreis.

Wenn wir also die endlichen Verhältnisse der Körper ins Unendliche übertragen, finden wir da eine Umwandlung aller Dinge. Der Mensch steht in der Unendlichkeit. Was wir vom Menschen sehen können, ist wie ein Moment aus seinem unendlichen Kreislauf ausgeschnitten, der Moment, in dem Vergangenheit und Zukunft zusammentreffen. Gehen wir in der Vorstellung weiter, so muss der Mensch in der Zukunft wieder in die Vergangenheit zurückkehren. Aber dieses Zurückkehren ist ein bereichertes. Er ist gewachsen, bringt alle Erfahrungen mit, die er auf dem Wege gesammelt hat. Der Kreis, die sich in den Schwanz beißende Schlange, ist nicht nur eine Darstellung der unendlichen geraden Linie, sondern aller Unendlichkeit.

An dem Beispiel des zusammengeklebten Papierstreifens[62c] kann man Folgendes lernen. Erstens: Wenn der Streifen mit seinen Enden aufeinandergelegt wird und dann der Länge nach – der Linienrichtung nach – durchgeschnitten wird, so entstehen zwei gleich große Kreisstreifen. Man denke sich dies auf den Raum übertragen. Durch Teilung eines im dreidimensionalen Raume befindlichen Gegenstandes entstehen zwei Teile eines vorher ein Ganzes bildenden Körpers.

Zweitens: Wenn der Streifen einhalbmal um sich selbst gedreht wird (180 Grad) und dann durchgeschnitten, so entsteht ein doppelt so großer Streifen, wenn man ihn in der Richtung der Linie durchschneidet. Also entsteht aus jeder Kreislinie im Raum, die einhalbmal um sich selbst gedreht ist, wenn sie sich spaltet, ein doppelt so Großes. Das ist das Geheimnis des Wachstums. Dazu muss ein Körper in der vierten Dimension leben, in der Zeit. Im Raum findet durch Teilung Spaltung statt, in der Zeit, in der vierten Dimension, findet durch Teilung Wachstum statt.

Drittens: Durch weitere Drehung des Papierstreifens entstehen bei der Teilung immer neue Gebilde. Diese stellen die mannigfaltigen Wachstumserscheinungen in der Natur dar: Bei der einmaligen Drehung (360 Grad): die zwei verschlungenen Kreise; bei der eineinhalbmaligen Drehung (540 Grad) die Schleife; bei der doppelten Drehung (720 Grad) ein Kreis und ein zweiter, der sich einmal ganz herumschlingt, eine Schlinge bildet, durch die der andere Kreis hindurchgeschoben werden kann.

Alle diese Vorgänge illustrieren die Möglichkeiten der vierten Dimension, der Dimension der Zeit, des Wachstums, der Veränderung von innen heraus, des Lebens, der Bewegung, des Flüssigen, des in sich zurückkehrenden und aus sich hervorgehenden, zu etwas Neuem entstehenden Stromes der Zeit.

# ÜBER DEN MEHRDIMENSIONALEN RAUM

*Berlin, 22. Oktober 1908*

Der Gegenstand, der uns heute beschäftigen soll, wird uns mancherlei Schwierigkeiten machen. Betrachten Sie den Vortrag als eine Episode; er wird ja auf Wunsch gehalten. Wenn man den Gegenstand nur formal in seiner Tiefe erfassen will, so sind einige mathematische Vorkenntnisse nötig. Wenn man ihn aber in seiner Realität erfassen will, so muss man schon sehr tief eindringen in den Okkultismus. Wir können also heute nur sehr oberflächlich davon reden, nur eine Anregung geben für diesen oder jenen.

Es ist sehr schwierig, überhaupt über die Mehrdimensionalität zu sprechen, weil man sich, wenn man in der Vorstellung sich eine Anschauung von dem machen will, was mehr als drei Dimensionen sind, sich da in abstrakten Gebieten zu ergehen hat, und da müssen die Begriffe sehr präzise und streng gefasst werden, sonst kommt man ins Bodenlose. Und dahin sind ja auch viele Freunde und Feinde gekommen.

Der Begriff des mehrdimensionalen Raumes ist ja der Mathematikerwelt gar nicht so fremd, als man gewöhnlich glaubt.[63] Es gibt in Mathematikerkreisen schon ein Rechnen mit einer mehrdimensionalen Rechnungsart. Natürlich kann der Mathematiker nur in einem sehr begrenzten Sinn von diesem Raum sprechen, er kann nur die Möglichkeit erörtern. Ob er wirklich ist, kann nur der feststellen, der in einen mehrdimensionalen Raum hineinschauen kann. Hier haben wir es schon mit lauter Begriffen zu tun, die, wenn man sie nur genau fasst, wirklich uns Klarheit verschaffen über den Raumbegriff.

Was ist der Raum? Man sagt gewöhnlich: Um mich herum ist Raum, ich gehe im Raum herum – und so weiter. Wer eine deutlichere Vorstellung haben will, der muss schon auf einige Abstraktionen eingehen. Wir nennen den Raum, in dem wir uns bewegen, dreidimensional. Er hat eine Ausdehnung nach Höhe und Tiefe, nach rechts und links, nach vorne und hinten, er hat Länge, Breite und Höhe. Wenn wir Körper betrachten, so sind diese Körper für uns in diesem dreidimensionalen Raum ausgedehnt, sie haben für uns eine gewisse Länge, eine gewisse Breite und Höhe.

Wir müssen uns aber mit den Einzelheiten des Raumbegriffes beschäftigen, wenn wir zu einem genaueren Begriff kommen wollen. Sehen wir auf den einfachsten Körper, den Würfel. Er zeigt uns am deutlichsten, was Länge, Breite und Höhe sind. Wir finden eine Grundfläche des Würfels, die in der Länge und Breite sich gleich ist. Bewegen wir die Grundfläche in die Höhe, gerade so weit, wie die Grundfläche breit und lang ist, so bekommen Sie den Würfel, der also ein dreidimensionales Gebilde ist. An dem Würfel können wir am klarsten uns unterrichten über die Einzelheiten eines dreidimensionalen Gebildes. Wir untersuchen die Grenzen des Würfels. Diese werden überall gebildet von Flächen, die von gleich langen Seiten begrenzt werden. Sechs solcher Flächen sind vorhanden.

Was ist eine Fläche? Schon hier wird der straucheln, der nicht zu ganz scharfen Abstraktionen fähig ist. Man kann zum Beispiel die Grenzen nicht von einem Wachswürfel als feine Wachsschicht abschneiden. Man bekäme dann ja immer noch eine Schicht von gewisser Dicke, erhielte also einen Körper. Auf diese Weise kommen wir nie zur Grenze des Würfels. Die wirkliche Grenze hat nur Länge und Breite, keine Höhe. Die Dicke ist gestrichen. Wir kommen also zu dem formelhaften Satze: Die Fläche ist die Grenze [eines dreidimensionalen Gebildes], bei der eine Dimension fortfällt.

Was ist nun die Grenze der Fläche, zum Beispiel des Quadrats? Hier müssen wir wieder die äußerste Abstraktion nehmen. [Die Grenze einer Fläche] ist eine Linie, die nur eine Dimension, die Länge, hat. Die Breite ist gestrichen. Was ist die Grenze der Linie? Es ist der Punkt, er hat gar keine Dimension. Man bekommt also jedes Mal die Grenze eines Gebildes, indem man eine Dimension fortlässt.

Also könnte man sich sagen, und das ist auch der Gedankengang, den viele Mathematiker gegangen sind, besonders auch Riemann,[64] der hier das Gediegenste geleistet hat: Wir nehmen den Punkt, der gar keine, die Linie, die eine, die Fläche, die zwei, den Körper, der drei Dimensionen hat. Nun fragten sich die Mathematiker: Könnte es nicht so sein, dass man rein formal sagen könnte, man kann noch eine vierte Dimension hinzufügen? Dann müsste der [dreidimensionale] Körper die Grenze des vierdimensionalen Gebildes sein, wie die Fläche die Grenze des Körpers, die Linie die Grenze der Fläche und der Punkt die Grenze der Linie ist. Natürlich kommt der Mathematiker dann noch weiter zu fünf-, sechs- und siebendimensionalen Gebilden und so weiter. Wir haben [sogar beliebige] $n$-dimensionale Gebilde [wo $n$ eine positive ganze Zahl ist].

Nun kommt schon eine Unklarheit in die Sache, wenn wir sagen: Der Punkt hat gar keine, die Linie hat eine, die Fläche zwei, der Körper drei Dimensionen. Wir können nun einen solchen Körper, zum Beispiel einen Würfel, aus Wachs, Silber, Gold und so weiter machen. Sie sind der Materie nach verschieden. Wir machen sie gleich groß, dann nehmen sie alle denselben Raum ein. Lassen Sie nun alle Materie fort, so bleibt nur ein bestimmter Raumteil, der das Raumbild des Körpers ist, übrig. Diese Raumteile sind [alle untereinander] gleich, aus welchem Stoff der Würfel auch bestand. Diese Raumteile haben auch Länge, Breite und Höhe. Wir können uns nun diese Würfel unendlich ausgedehnt denken und kommen so zu einem unendlich ausgedehnten dreidimensionalen Raum. Der [materielle] Körper ist ja nur ein Teil davon.

Es fragt sich nun, ob wir ohne Weiteres solche begrifflichen Erwägungen, die wir, vom Raume ausgehend, machen, ausdehnen können auf höhere Wirklichkeiten. Der Mathematiker rechnet bei diesen Erwägungen eigentlich nur, und zwar mit Zahlen. Nun fragt es sich, ob man das überhaupt darf. Ich will Ihnen zeigen, eine wie große Verwirrung schon entstehen kann, wenn man mit den Raumgrößen zahlenmäßig rechnet. Warum? Ich brauche Ihnen nur eines zu sagen: Denken Sie sich, Sie haben hier eine quadratische Figur. Ich kann diese Figur, diese Fläche, nach beiden Seiten immer breiter machen und komme so zu einer Fläche, die sich unbegrenzt zwischen zwei Linien ausdehnt [Figur 56].

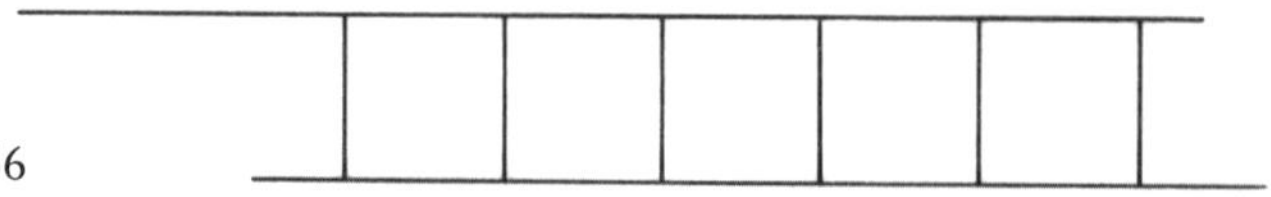

Figur 56

Diese Fläche ist doch unendlich groß, ist also $\infty$. Jetzt denken Sie sich jemand, der höre, der Flächenraum zwischen diesen beiden Linien ist unendlich [groß]. Da denkt er sich natürlich die Unendlichkeit. Sprechen Sie nun zu ihm von der Unendlichkeit, so kann er sich unter Umständen ganz falsche Vorstellungen davon bilden. Denken Sie sich, ich nehme jetzt noch unten [zu jedem Quadrat je eines dazu, also eine weitere Quadratreihe von] unendlich vielen Quadraten, so erhalte ich eine [andere] Unendlichkeit, die genau doppelt so groß ist, wie die erstere [Figur 57].

Es ergibt sich also $\infty = 2 \cdot \infty$.

Auf dieselbe Weise könnte ich bekommen: $\infty = 3 \cdot \infty$.

Sie können überhaupt, wenn Sie mit Zahlen rechnen, ebenso gut die Unendlichkeit benutzen wie eine Endlichkeit. So wahr [es ist, dass] der Raum schon im ersten Falle unendlich war, ebenso wahr ist es, dass er nachher $2 \cdot \infty$, $3 \cdot \infty$ und so weiter ist. Wir rechnen hier also zahlenmäßig.

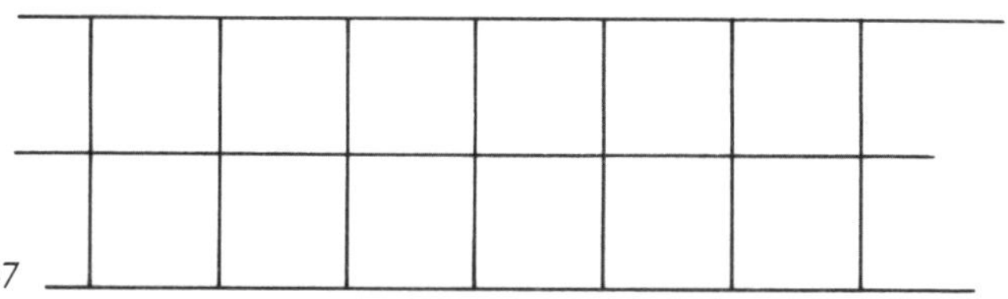

Figur 57

Wir sehen, der [sich an die zahlenmäßige Erfassung anschließende] Begriff der Unendlichkeit des Raumes gibt uns gar keine Möglichkeit, hier tiefer [in die höheren Wirklichkeiten] einzudringen. Zahlen haben eigentlich gar keine Beziehung zum Raume, verhalten sich ganz neutral zu ihm, wie Erbsen oder irgendwelche anderen Gegenstände. Sie wissen ja nun, dass sich durch Rechnen an der Realität nichts ändert. Hat jemand drei Erbsen, so kann er daran durch die Multiplikation nichts ändern, wenn er auch richtig rechnet. [Die

Rechnung] $3 \cdot 3 = 9$ gibt noch keine neun Erbsen. Eine bloße Überlegung ändert hier nichts, und Rechnen ist eine bloße Überlegung. Ebenso wie die drei Erbsen zurückbleiben, [man in Wirklichkeit keine neun Erbsen erzeugt,] wenn auch richtig multipliziert wird, so muss der dreidimensionale Raum ebenso zurückbleiben, wenn der Mathematiker auch rechnet: zwei-, drei-, vier-, fünfdimensionaler Raum. Sie werden fühlen, dass eine solche mathematische Überlegung etwas sehr Bestechendes hat. Diese Überlegung beweist aber nur, dass der Mathematiker zwar mit einem solchen mehrdimensionalen Raum rechnen könnte; [ob es aber einen mehrdimensionalen Raum tatsächlich gibt, das heißt,] über die Gültigkeit eines solchen Begriffes [für die Wirklichkeit] kann er nichts ausmachen. Das wollen wir uns hier in aller Strenge klarmachen.

Jetzt wollen wir noch einige andere Überlegungen ins Auge fassen, die von Mathematikerseite sehr scharfsinnig, könnte man sagen, gemacht worden sind. Wir Menschen denken, hören, fühlen und so weiter im dreidimensionalen Raum. Denken wir uns einmal, dass es Wesen gäbe, die nur im zweidimensionalen Raum wahrnehmen könnten, die so organisiert wären, dass sie immer nur in der Fläche bleiben müssen, dass sie nicht aus der zweiten Dimension herauskommen könnten. Solche Wesen sind durchaus denkbar: sie können sich nur nach rechts und links [und nach hinten und vorne] bewegen [und wahrnehmen] und haben keine Ahnung davon, was oben und unten sich befindet.[65]

Nun könnte es dem Menschen in seinem dreidimensionalen Raum auch so gehen. Er könnte nur für die drei Dimensionen organisiert sein, sodass er die vierte Dimension nur nicht wahrnehmen könnte, die aber für ihn sich ebenso hinzu ergibt, wie für die anderen die dritte sich hinzu ergibt. Nun sagen die Mathematiker, das ist durchaus denkmöglich, den Menschen als solches Wesen zu denken. Nun könnte man aber wieder sagen, das ist nun auch nur so eine Auslegung. Man könnte das gewiss sagen. Aber hier muss man doch wieder etwas genauer zu Werke gehen. So einfach wie im ersten Falle [mit der zahlenmäßigen Erfassung der Unendlichkeit des Raumes] liegt die Sache hier doch nicht. Ich gebe absichtlich heute nur ganz einfache Erörterungen.

Es ist mit dieser Schlussfolgerung nicht so, wie mit der ersten rein formalen [rechnerischen] Erwägung. Wir kommen hier zu einem Punkte, wo wir einhaken können. Es ist richtig, dass es ein Wesen geben kann, das nur wahrnehmen kann, was in der Fläche sich bewegt, das keine Ahnung hat, dass es oben oder unten noch etwas gibt. Nun denken Sie sich einmal Folgendes: Denken Sie sich, innerhalb der Fläche wird für das Wesen ein Punkt sichtbar, der natürlich wahrnehmbar ist, weil er in der Fläche sich befindet. Bewegt der Punkt sich nur in der Fläche, so bleibt er sichtbar, bewegt er sich aber aus der Fläche heraus, so wird er unsichtbar. Er wäre verschwunden für das Flächenwesen. Denken wir nun, der Punkt tauchte nachher wieder auf, werde also wieder sichtbar, verschwände dann wieder und so weiter. Verfolgen kann das Wesen den [aus der Fläche herausgehenden] Punkt nicht, aber sagen kann sich das Wesen: der Punkt ist inzwischen irgendwo gewesen, wo ich nicht hinschauen kann.

Das Flächenwesen könnte nun ein Zweifaches tun. Versetzen wir uns einmal in die Seele dieses Flächenwesens. Es könnte einmal sagen: Es gibt eine dritte Dimension, in die der Gegenstand untergetaucht ist, dann ist er nachher wieder aufgetaucht. – Oder es könnte auch sagen: Das sind ganz dumme Wesen, die von einer dritten Dimension sprechen, der Gegenstand ist [in jedem Falle] immer verschwunden, untergegangen und [jedes Mal] wieder neu entstanden. – Man müsste dann doch sagen: Das Wesen sündigt gegen den Verstand. Wenn es also nicht ein fortwährendes Verschwinden und Neuentstehen annehmen will, muss sich das Wesen doch sagen: Der Gegenstand ist irgendwo untergetaucht, verschwunden, wo ich nicht hineinschauen kann.

Ein Komet, wenn er verschwindet, geht durch den vierdimensionalen Raum.[66]

Wir sehen hier, was wir zu der mathematischen Betrachtung hinzufügen müssen. Es müsste sich im Felde unserer Beobachtungen etwas finden, was immer auftaucht und wieder verschwindet. Dazu braucht man gar nicht hellsehend zu sein. Wäre das Flächenwesen hellsehend, so brauchte es ja nicht [bloß] zu schließen, es wusste ja aus der Erfahrung, dass es eine dritte Dimension gibt. Ebenso ist es für den Menschen. Solange er nicht hellsehend ist, müsste er sich sagen: Ich bleibe in den drei Dimensionen; sobald ich aber etwas beobachte, das von Zeit zu Zeit verschwindet und wieder auftaucht, so bin ich berechtigt zu sagen: hier gibt es eine vierte Dimension.

Alles, was bisher gesagt worden ist, ist so unangreifbar wie nur irgend möglich. Und die Bestätigung ist so einfach, dass es dem Menschen in seinem heutigen verblendeten Zustande gar nicht einfallen wird, das zuzugeben. Die Antwort auf die Frage: Gibt es so etwas, was immer verschwindet und wieder auftaucht? – ist so leicht. Denken Sie einmal, es taucht eine Freude in Ihnen auf, und dann verschwindet sie wieder. Es ist unmöglich, dass irgendjemand, der nicht hellsehend ist, sie noch wahrnehmen wird. Nun taucht dieselbe Empfindung durch irgendein Ereignis wieder auf. Nun könnten Sie, genau wie das Flächenwesen, sich in verschiedener Weise verhalten. Entweder [Sie sagen sich,] die Empfindung ist verschwunden irgendwohin, wo ich sie nicht verfolgen kann, oder aber [Sie vertreten die Ansicht, dass] die Empfindung vergeht und immer wieder neu entsteht.

Es ist nun aber einmal wahr: Jeder ins Unbewusste hingeschwundene Gedanke ist ein Beweis dafür, dass etwas verschwindet und [dann] wieder auftaucht. Gegen alles dies ist höchstens Folgendes einzuwenden. Wenn Sie sich bemühen, gegen einen solchen Ihnen schon plausiblen Gedanken alles einzuwenden, was von einer materialistischen Anschauung eingewendet werden könnte, so tun Sie ganz recht. Ich will hier einmal den allerspitzfindigsten Einwand machen, alle anderen [Einwände] sind sehr leicht zu widerlegen. Man sagt sich zum Beispiel: alles wird auf rein materialistische Weise erklärt. Nun will ich Ihnen zeigen, dass ganz gut innerhalb der materiellen Vorgänge etwas verschwinden kann, was nachher wieder auftaucht. Stellen Sie sich einmal vor, irgendein Dampfkolben wirkt, stößt immer nach derselben Richtung hin. Er ist als fortschreitender Kolben wahrnehmbar, solange die Kraft wirkt. Nehmen wir nun an, ich setze entgegen einen ganz gleichen, [aber] entgegengesetzt wirkenden Kolben. Dann hebt sich die Bewegung auf, es tritt Stillstand ein. Hier verschwindet also tatsächlich die Bewegung.

Ganz entsprechend könnte man hier sagen: Für mich ist die Empfindung von Freude nichts anderes, als dass sich etwa im Gehirn Moleküle bewegen. Solange diese Bewegung stattfindet, empfinde ich diese Freude. Nehmen wir nun an, irgendetwas anderes bewirkt im Gehirn eine entgegengesetzte Bewegung der Moleküle, so verschwindet die Freude. Nicht wahr, es könnte jemand, der nicht sehr weit ginge mit seinen Erwägungen, hierin schon einen ganz bedeutungsvollen Einwand [gegen unsere obigen Überlegungen] finden. Aber sehen wir uns einmal an, wie es mit diesem Einwand eigentlich steht. Also genau wie eine [Kolben-]Bewegung durch die entgegengesetzte [Kolbenbewegung] verschwindet, so soll die [der] Empfindung [zugrunde liegende Molekülbewegung] durch die entgegengesetzte [Molekülbewegung] ausgelöscht werden. Was geschieht nun, wenn eine Bewegung des Kolbens die andere auslöscht? Dann verschwinden eben beide Bewegungen. Die zweite Bewegung verschwindet auch sofort. Die zweite Bewegung kann die erste gar nicht auslöschen, ohne dass sie sich [dabei] selbst auslöscht. [Es resultiert ein totaler Stillstand, keinerlei Bewegung bleibt übrig.] Ja, dann kann aber niemals eine [neue] Empfindung die [schon vorhandene] Empfindung auslöschen [ohne selbst zugrunde zu gehen]. Also könnte niemals irgendeine Empfindung, die in meinem Bewusstsein ist, eine andere auslöschen [ohne dabei sich selbst auszulöschen]. Es ist also eine ganz falsche Annahme, dass [überhaupt] eine Empfindung eine andere auslöschen könnte. [Wenn das nämlich der Fall wäre, bliebe keine Empfindung übrig, es träte ein total empfindungsloser Zustand ein.]

Jetzt könnte höchstens noch gesagt werden, dass die erste Empfindung durch die zweite ins Unterbewusstsein gedrängt wird. Aber dann gibt man eben zu, dass etwas besteht, was sich unserer [unmittelbaren] Beobachtung entzieht.

Wir haben heute gar nicht Rücksicht genommen auf irgendwelche hellseherischen Beobachtungen, sondern nur von rein mathematischen Vorstellungen gesprochen. Da wir nun die Möglichkeit einer solchen vierdimensionalen Welt zugegeben haben, so fragen wir uns:

Gibt es eine Möglichkeit, so etwas [Vierdimensionales] zu beobachten, ohne dass man hellsehend ist? – Ja, wir müssen dazu aber eine Art Projektion zu Hilfe nehmen. Wenn Sie ein Flächenstück haben, so können Sie es so drehen, dass das Schattenbild zur Linie wird. Ebenso können Sie von einer Linie als Schattenbild einen Punkt bekommen. Für einen [dreidimensionalen] Körper ist das Schattenbild eine [zweidimensionale] Fläche. Ebenso kann man sagen: Also ist es durchaus natürlich, wenn wir uns klar darüber sind, dass es eine vierte Dimension gibt, dass wir sagen: [Dreidimensionale] Körper sind Schattenbilder vierdimensionaler Gebilde.

Figur 58

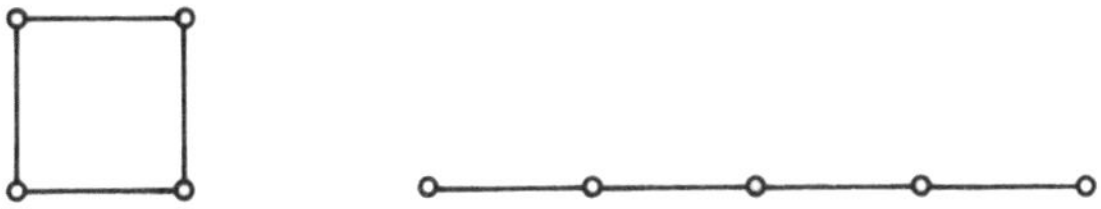

Hier sind wir [nun wieder] auf rein geometrische Weise zur Vorstellung [eines vierdimensionalen Raumes] gekommen. [Mit Hilfe der Geometrie] ist dies aber auch noch auf andere Weise möglich. Denken Sie sich ein Quadrat, das ja zwei Dimensionen hat. Denken Sie sich die vier [es begrenzenden] Linien nebeneinandergelegt [, das heißt abgewickelt], so haben Sie [die Grenzgebilde] eines zweidimensionalen Gebildes in eine Dimension auseinandergelegt [Figur 58]. Gehen wir weiter. Denken Sie, wir haben eine Linie. Gehen wir ebenso vor wie bei dem Quadrat, so können wir sie auch auseinanderlegen, und zwar in zwei Punkte [und haben damit die Grenzen eines eindimensionalen Gebildes in null Dimensionen auseinandergelegt].

Einen Würfel können Sie sich auch auseinanderlegen, und zwar in sechs Quadrate [Figur 59]. Da haben wir also den Würfel hinsichtlich seiner Grenzen in Flächen auseinandergelegt, sodass wir sagen können: Eine Linie wird in zwei Punkte, eine Fläche in vier Linien, ein Würfel in sechs Flächen auseinandergelegt. Wir haben hier die Zahlenfolge zwei, vier, sechs.

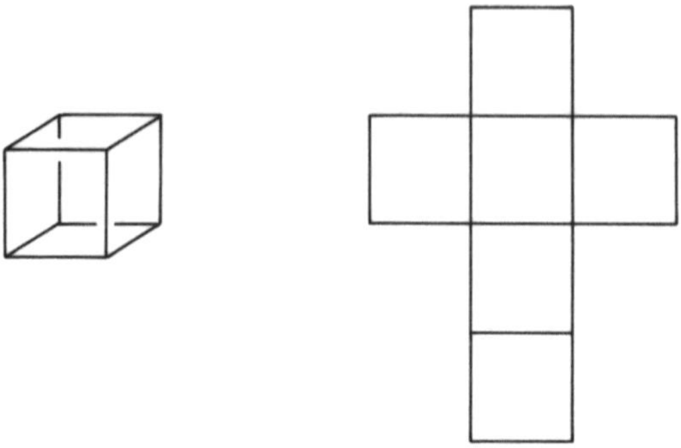

Figur 59

Jetzt nehmen wir acht Würfel. Genau wie [die obigen Abwicklungen jedes Mal aus] auseinandergelegten Grenzen bestehen, so bilden hier die acht Würfel das Grenzgebilde des vierdimensionalen Körpers [Figur 60]. Die [Abwicklung dieser] Grenzen bildet ein Doppelkreuz, das, können wir sagen, die Grenzen des regelmäßigen [vierdimensionalen] Körpers angibt. [Dieser Körper, ein vierdimensionaler Würfel, wird nach Hinton der Tesserakt genannt.]

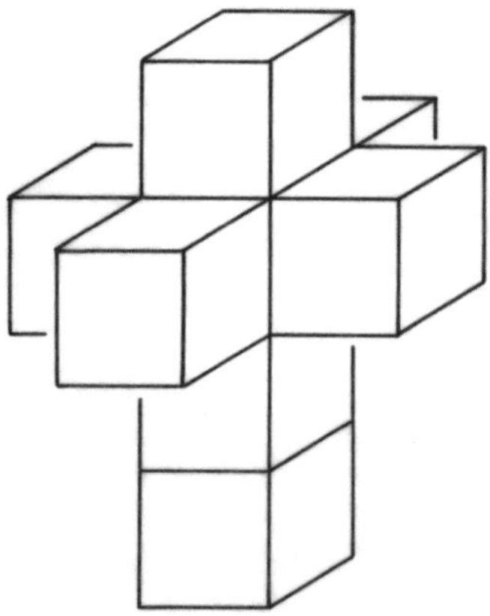

Figur 60

Wir können uns also eine Vorstellung bilden von den Grenzen dieses Körpers, des Tesserakts. Wir haben hier dieselbe Vorstellung von dem vierdimensionalen Körper, wie das zweidimensionale Wesen sie haben könnte von einem Würfel, zum Beispiel durch Auseinanderlegen [das heißt Abwicklung] der Grenzen.

# II

# FRAGENBEANTWORTUNGEN 1904–1922

# FRAGENBEANTWORTUNG

*Berlin, 1. November 1904*

Die genaue Formulierung der Frage ist nicht erhalten.

Herr Schouten stellt einige Fragen über die vierte Dimension. Ich habe vor, über die vierte Dimension einen Vortrag zu halten und möchte dann in Anknüpfung an die Ausführungen des Herrn Schouten auch hier versuchen, eine Anschauung dieser vierten Dimension herbeizuführen. Es wird besser sein, wenn ich dann anknüpfend an das unmittelbare Experiment über die vierte Dimension spreche.[1]

# FRAGENBEANTWORTUNG

*Stuttgart, 2. September 1906*

Frage über die Arbeit des Ich.

Es gibt eine Arbeit am Astralleib, am Ätherleib und am physischen Leib. Am Astralleib arbeitet jeder Mensch; alle sittliche Erziehung ist Arbeit am Astralleib. Selbst wenn der Mensch mit seiner Einweihung, mit der okkulten Schulung beginnt, hat er noch viel an seinem Astralleib zu arbeiten. Was bei der Einweihung beginnt, ist ein stärkeres Arbeiten am Ätherleib [durch die Pflege des] ästhetischen Genusses und der Religion. Bewusst arbeitet der Eingeweihte am Ätherleib.

Das Astralbewusstsein ist vierdimensional in einer gewissen Beziehung. Um sich eine annähernde Vorstellung davon zu machen, sei Folgendes gesagt: Was tot ist, hat die Tendenz, in seinen drei Dimensionen zu bleiben. Dasjenige, was lebt, geht fortwährend über die drei Dimensionen hinaus. Das Wachsende hat in seinen drei Dimensionen durch seine Bewegung die vierte darinnen. Bewegt sich etwas im Kreis [und wird der Kreis dabei immer größer], so kommt man endlich doch zu einer geraden Linie [Figur 61]. Wir würden aber mit [der Bewegung entlang] dieser Linie nicht mehr zu unserem Ausgangspunkt zurückkommen [können], weil unser Raum dreidimensional ist. Auf dem Astralraum, da kommt man dann zurück, weil der Astralraum von allen Seiten geschlossen ist. Es gibt keine Möglichkeit, dort ins Unendliche zu gehen.[2]

Der physische Raum ist für die vierte Dimension offen. Höhe und Breite sind zwei Dimensionen, die dritte Dimension ist das Herausheben und Hereinbringen in die vierte [Dimension].[3] Eine andere Geometrie herrscht auf dem Astralraum.

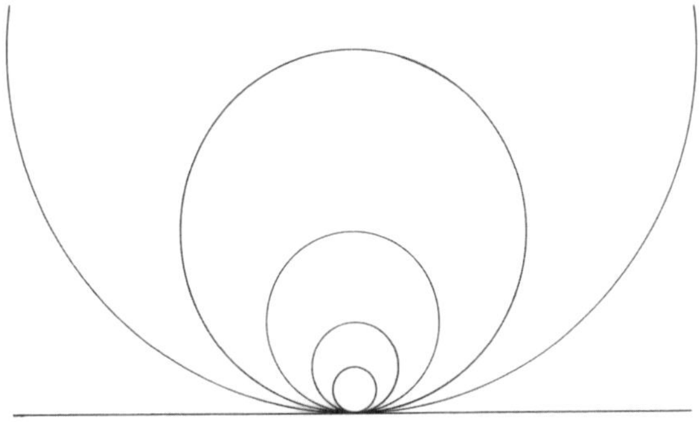

Figur 61

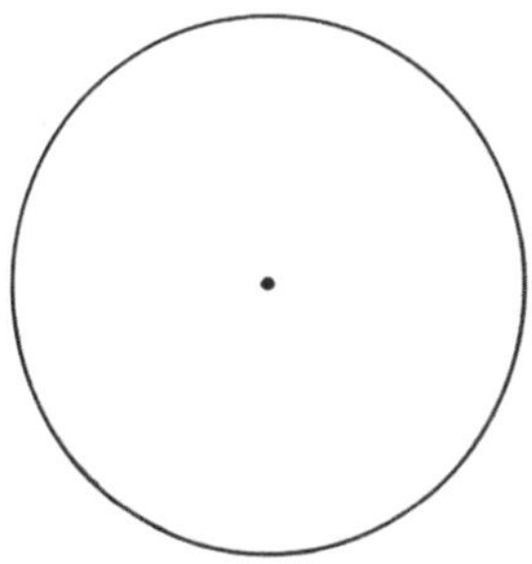

Figur 62

# FRAGENBEANTWORTUNG

*Nürnberg, 28. Juni 1908*

Frage: Da die Zeit einen Anfang genommen, liegt die Annahme nahe, dass der Raum auch begrenzt ist. Wie verhält es sich damit?

Das ist eine sehr schwere Frage, weil bei den meisten Menschen heute die Elemente, die zum Verständnis dieser Beantwortung nötig sind, nicht entwickelt sein können. Es ist zu sagen, dass man die Antwort einfach als Mitteilung nehmen muss; es wird schon die Zeit kommen, wo der Mensch das ganz verstehen wird.

Der Raum der physischen Welt mit seinen drei Dimensionen, ist, wenn er von dem Menschen [bloß] gedacht wird, ein sehr illusorischer Begriff. Man denkt sich ja gewöhnlich, dass der Raum irgendwie mit Brettern verschlagen, begrenzt sein müsste, oder, dass man ihn ins Unendliche gehend denken muss.

Diese zwei Begriffe [die Unendlichkeit und die Endlichkeit oder Begrenztheit des Raumes] hat Kant aufgestellt und hat gezeigt, dass man etwas für und etwas wider diese zwei Begriffe vorbringen kann.[4]

Man kann aber nicht so einfach urteilen. Da ja alles Materielle im Raume ist, und alles Materielle eine Verdichtung im Geiste ist, so wird schon klar, dass man über den Raum nur Klarheit haben kann, wenn man von der gewöhnlichen physischen Welt ins Astrale aufrückt.

Damit ist etwas sehr Sonderbares verbunden, was unsere Mathematiker, die keine Hellseher sind, schon geahnt haben. Nämlich: denken wir uns eine Gerade im Raum, so erscheint es, als würde diese Gerade, wenn man sie in unserem Raume zieht, nach beiden Richtungen hin, nach jeder der beiden Richtungen hin ins Unendliche gehen. Sobald man diese Linie ins Astrale verfolgt, so würde man sehen, dass sie im Astralen gekrümmt ist, und dass man, wenn man nach der einen Seite hin fortläuft, auf der anderen wieder zurückkommt, so wie wenn man einen Kreis durchläuft.[5]

Wenn man den Kreis immer größer macht, so wird die Zeit, die man zum Durchlaufen braucht, die zum Durchlaufen nötig ist, immer größer werden; endlich wird ein Stück des Kreises schon nahekommen einer Geraden, wenn man einen solchen Riesenkreis durchlaufen wollte. Und so findet man, dass es doch ein sehr Geringes ist von der sehr flachen Kreislinie bis zur Geraden.

Im physischen Plan ist es unmöglich, wieder zurückzukommen; im Astralischen würde man auf der anderen Seite wirklich wieder zurückkommen, weil nämlich der Raum, insofern er in seinen Richtungen im Physischen gerade ist, im Astralen gekrümmt ist, und man hat also mit ganz anderen Raumverhältnissen es zu tun, wenn man ins Astralische kommt.[6]

Es erweist sich so, dass man sagen kann: Es ist der Raum also nicht das illusorische Gebilde, sondern er ist eine in sich geschlossene Sphäre.[7] Und das, was dem Menschen erscheint als der physische Raum, ist nur eine Art (...) und ein Abdruck für den in sich geschlossenen Raum.

So kann man also nicht sagen, dass der Raum irgendwo mit Brettern verschlagen ist, sondern: der Raum ist in sich geschlossen; denn man kommt immer wieder zum Ausgangspunkt zurück.

# FRAGENBEANTWORTUNG

*Düsseldorf, 21. April 1909*

Frage: Hat man sich die geistigen Hierarchien mit dem Begriff der Räumlichkeit vorzustellen, da doch bei ihnen von Herrschaftsgebieten gesprochen wird?

Vom Menschen können wir sagen, es lebt sich die Wesenheit dieses Menschen innerhalb des Raumes aus. Den Raum selber muss man sich aber, okkult gedacht, auch als etwas schaffend Erzeugtes vorstellen. Diese Erschaffung liegt vor den Arbeiten und Wirkungen der höchsten Hierarchien; wir werden den Raum also voraussetzen dürfen. Nicht räumlich vorstellen aber dürfen wir uns die höchste Trinität, denn der Raum ist auch ihr Erzeugnis. Die [geistigen] Wesenheiten haben wir uns aber ohne den Raum vorzustellen; der Raum ist etwas Geschaffenes. Aber die Wirkungen der Hierarchien in unserer Welt sind räumlich begrenzt, wie die des Menschen. Das, was innerhalb des Raumes sich bewegt, sind die anderen Hierarchien.

Frage: Ist die Zeit anwendbar auf geistige Vorgänge?

Gewiss; aber die höchsten geistigen Vorgänge beim Menschen führen zu dem Begriff, dass sie zeitlos verlaufen. Die Tätigkeiten der Hierarchien sind zeitlos. – Von Zeit-Entstehen ist schwer zu reden: in dem Worte «entstehen» ist schon der Begriff der Zeit enthalten; man müsste eher sagen: das Wesen der Zeit – und darüber ist nicht so leicht zu sprechen. Es gäbe keine Zeit, wenn alle Wesen auf gleicher Entwickelungsstufe stehen würden. Durch das Zusammenwirken einer Summe niederer und einer Summe höherer Wesen entsteht Zeit. Im Zeitlosen sind verschiedene Entwickelungsgrade möglich; durch ihr Zusammenspiel wird Zeit möglich.

Frage: Was ist der Raum?

Man muss sich die Trinität vorstellen ohne den Raum, denn das Erzeugnis dieser Trinität ist schon der Raum. Er ist als solcher etwas Geschaffenes. Er gehört unserer Welt an.

Der Raum hat erst eine Bedeutung für dasjenige, was sich innerhalb des Erdendaseins entwickelt. Zwischen Geburt und Tod ist der Mensch in Raum und Zeit abgeschlossen vom Geistigen, gerade so, wie der Wurm unter der Erde.

Zeit – die höchsten Zustände des Menschen sind zeitlos. Über den Begriff der Zeitentstehung, über das Wesen der Zeit überhaupt ist nicht leicht zu sprechen. Subtile Dinge kommen da in Betracht. Zeit hat erst eine Bedeutung seit der Lostrennung des alten Mondes von der Sonne. Alles Äußere ist im Raum, alles Innerliche verläuft in der Zeit. Beide grenzen uns ein.

Es gäbe keine Zeit, wenn alle Wesen in der Welt auf gleicher Entwicklungsstufe stünden. In der Zeitlosigkeit kann man sich Entwicklungsgrade gleicher Art denken. Dadurch, dass sie verschieden werden, entsteht der Begriff der Zeit und dadurch, dass viele Entwicklungsgrade zusammenspielen.

Entwicklung ist auch bei der Gottheit vorhanden. Beim Fortgang der Entwicklung entwickelt sich sogar der Begriff der Entwicklung selber.

## FRAGENBEANTWORTUNG

*Düsseldorf, 22. April 1909*

Die Formulierung der Frage ist nicht erhalten.

Man kann eine Vorstellung vom dreidimensionalen Raum haben. In der Platonischen Schule ist ein wichtiger Lehrsatz: Gott geometrisiert.[8] Geometrische Grundbegriffe wecken hellseherische Fähigkeiten.[9] In der Geometrie der Lage wird bewiesen, dass überall im Umkreis derselbe Punkt ist: der unendlich ferne Punkt rechts ist derselbe wie der Ausgangspunkt links. Das heißt: letzten Endes ist die Welt eine Kugel, man kommt an den Ausgangspunkt zurück.[10] Wenn ich geometrische Lehrsätze nehme, gehen sie über in Grenzbegriffe.[11] Der dreidimensionale Raum erreicht seinen Punkt wieder. Deshalb wirkt im Astralen Punkt *A* auf Punkt *B* ohne Verbindung.[12]

Man führt den Materialismus in die Theosophie ein, wenn man, um ins Geistige zu gelangen, annimmt, dass die Materie immer dünner und dünner wird. Dadurch kommt man nicht ins Geistige, sondern durch solche Vorstellungen wie Punkt *A* – Punkt *B* kommt man auf Vorstellungen der vierten Dimension.

Als Beispiel können wir uns die Gallwespe[13] mit der dünnen Taille denken [Figur 63], wenn die [physische] Verbindung in der Mitte nicht da wäre und die zwei Teile bewegten sich miteinander, nur durch [astrale] Wirkung verbunden. Dehnen Sie den Begriff aus: Viele Wirkungsgebiete [Figur 64] im mehrdimensionalen Raum.

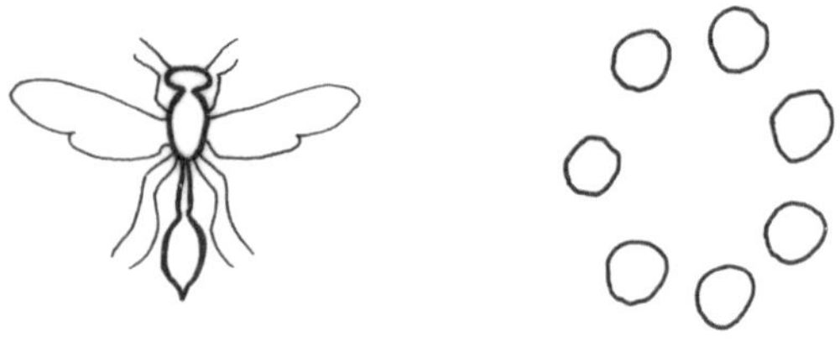

Figur 63 und 64

## FRAGENBEANTWORTUNG

*Berlin, 2. November 1910*

Die Formulierung der Frage ist nicht erhalten.

Die Pflanze hat vier Dimensionen; in der Richtung der vierten Dimension wirkt von unten nach oben eine Kraft, die der Schwerkraft entgegengesetzt ist; dadurch können die Säfte in der Pflanze emporsteigen. Die Blätter verhalten sich gleichgültig in Bezug auf die zwei horizontalen Richtungen; dieses, kombiniert mit der aufsteigenden Richtung, gibt die spiralige Anordnung der Blätter. Bei der Pflanze wird also die Richtung nach unten, diejenige der Schwerkraft, aufgehoben durch die vierte Dimension. [Dadurch kann sich die Pflanze in einer Raumesrichtung frei bewegen.]

[Das Tier hat fünf Dimensionen. Dabei sind die vierte und die fünfte Dimension zwei den übrigen Dimensionen entgegengesetzte.] Beim Tier sind [demzufolge] zwei Dimensionen aufgehoben, daher kann es sich in zwei Richtungen frei bewegen.

[Der Mensch ist ein sechsdimensionales Wesen. Dabei sind die vierte bis sechste Dimension den übrigen drei Dimensionen entgegengesetzt. Folglich sind bei ihm drei Dimensionen aufgehoben.] Der Mensch hat [folglich] drei [Raum-]Dimensionen, er kann sich in drei Richtungen bewegen.[14]

# FRAGENBEANTWORTUNG

*Basel, 1. Oktober 1911*

Frage: Was ist Elektrizität?

Elektrizität ist Licht in untermateriellem Zustand. Da ist das Licht in der schwersten Weise zusammengepresst. Dem Licht muss man auch Innerlichkeit zusprechen, es ist in jedem Punkte es selbst. Wärme kann sich in drei Richtungen des Raumes ausdehnen, beim Licht müssen wir von einer vierten sprechen. Es ist vierfach ausgedehnt; es hat Innerlichkeit als Viertes.[15]

# FRAGENBEANTWORTUNG

*München, 25. November 1912*

Frage: Ist auf geisteswissenschaftlichem Wege etwas über die vierte [Dimension] und höhere Dimensionen erreicht worden?

Dies ist nicht leicht zum Verständnis zu bringen. Der Mensch geht aus von dem, was er weiß aus der physisch-sinnlichen Welt, und darin hat der Raum seine drei Dimensionen. Der Mathematiker bildet sich, wenigstens theoretisch, Vorstellungen über eine vierte [Dimension] und höhere Dimensionen, indem er Vorstellungen vom dreidimensionalen Raum analytisch erweitern kann, durch veränderliche Größen, und dadurch zunächst im mathematischen Denken von höheren Mannigfaltigkeiten sprechen kann.[16]

Wenn jemand vertraut ist mit diesen Sachen, das heißt, wer mit dem Herzen dabei ist, und zugleich mit der Mathematik vertraut, für den ergibt sich vieles. Es sei hingewiesen auf Simony in Wien.[17]

Zunächst ist das nur in der Vorstellung; die Anschauung kommt, wenn man eben in die geistige Welt eintritt. Da besteht die reale Notwendigkeit, sich gleich in mehr als drei Dimensionen hineinzufinden. Denn alles, was bildhaft vorgestellt wird, also noch mit dem inneren Charakteristikum der drei Dimensionen, das ist nichts anderes als ein Spiegelbild der eigenen Seelenvorgänge. Denn in den höheren Welten sind ganz andere Raumverhältnisse, wenn man sie überhaupt noch Raumverhältnisse nennen will.

Ebenso in Bezug auf die Zeit. Das sollten vor allem diejenigen berücksichtigen, welche immer sagen – und man erlebt ja solche vortrefflichen Einwände gar viele, welche immer sagen: Was gibt denn eine Sicherheit, dass dies nicht alles Halluzinationen sind, was da behauptet wird?

Dass man überhaupt auf dem Gebiet der Geisteswissenschaft mit Dingen arbeitet, die ganz etwas anderes sind als Halluzinationen, das wird nicht berücksichtigt. Diese Frage gibt Gelegenheit, das im Vortrage Gesagte zu ergänzen – denn man kann natürlich darin nicht alles sagen, und der Vortrag hat heute schon sehr lange gedauert –, nämlich: hinzuweisen auf die Umänderung, welche die Dinge in Bezug auf Zeit und Raum erfahren, wenn sie in die geistige Welt kommen.

Wenn die Bilder, die man hinuntergeschickt hat in den Orkus gleichsam, wenn diese wieder zurückkommen, so hat das, was da zurückkommt, dann überhaupt nur einen Sinn, wenn man es mehrdimensional anspricht. Das ist einem dann aber so natürlich und selbstverständlich wie das Dreidimensionale in der sinnlichen Welt. Darum passt eben die gewöhnliche Geometrie nicht für die Dinge der geistigen Welt.

Für die Mathematiker muss gesagt werden, dass die Spekulationen über die vierte Dimension anfangen, dann realen Wert zu haben. Gewöhnlich [werden höherdimensionale Räume] aber nur als Verallgemeinerung [des dreidimensionalen euklidischen Anschauungsraumes erschlossen, und] nicht aus der Realität heraus [entwickelt], der diese [erschlossenen Räume] nicht ganz entsprechen. Man muss dann eigentlich eine noch bessere Mathematik haben, wenn man etwa rechnen wollte in den Dingen, mit denen der Geistesforscher zu tun hat.

Aber hier auf diese Frage ist eben doch mit Ja zu antworten. Korrelationen zu einer übersinnlichen Welt, auch Unendlichkeitsvorstellungen, die in der Mathematik herrschen, werden zur Wirklichkeit, nämlich Dinge aus dem Grenzgebiet der Mathematik. Zum Beispiel weiß ich aus eigener Erfahrung, dass ich wie ein plötzliches Aufleuchten Einsicht in eine außerordentlich wichtige Eigenschaft des Astralraumes damals hatte, als ich – vor jetzt vielen Jahren – auf der Hochschule mit neuerer [synthetischer projektiver] Geometrie, wie man sie damals kannte, und analytischer Mechanik beschäftigt war.[18]

[Man erarbeitet sich ein] Verhältnis zum Begriff, dass der unendliche Fernpunkt links identisch ist mit dem unendlichen Fernpunkt rechts auf einer unendlich [ausgedehnten] Geraden. Dass eine Gerade [bezüglich der Anordnung ihrer Punkte] in Wirklichkeit ein Kreis ist, – dass, wenn man nur nicht die Puste verliert und genügend lange der Geraden entlangläuft, man wieder auf der anderen Seite zurückkommt.[19]

Dieses kann man nur einsehen, aber [man sollte] nicht Schlüsse daraus ziehen; Schlüsse führen zu nichts in der geistigen Forschung. Man muss die Dinge auf sich wirken lassen, das führt in die Erkenntnis der übersinnlichen Welt.

Wie überhaupt das Mathematische nicht überschätzt werden soll, wenn es sich um die übersinnliche Welt handelt. Zwar nützt das Mathematische nur formal, es ist keine Möglichkeit, zur Realität zu kommen; aber das Mathematische kann eingesehen werden bloß durch Kräfte innerhalb der Seele selber und gilt für jeden anderen Menschen. Dies hat sie [die Mathematik] mit der Geisteswissenschaft gemeinsam.

# FRAGENBEANTWORTUNG

*Berlin, 13. Februar 1913*

Frage: Stützt sich der Goldene Schnitt auf okkulte Gesetze?

Der Goldene Schnitt stützt sich, da er auf der Wirkung dessen beruht, was im Raume da ist, auf ein okkultes Gesetz, von dem Goethe[20] sagte, dass das Verborgene das Offenbare ist, und umgekehrt, nämlich das Gesetz, das mit unserer menschlichen Konstitution innig zusammenhängt: das Gesetz der Wiederholung und der variierten Wiederholung.[21]

Man sehe zum Beispiel die Buddha-Literatur an, da ist immer dasselbe wiederholt, nur ein wenig variiert. Das darf man nicht weglassen, denn es kommt nicht nur auf den Inhalt an.[22]

Bei dem Goldenen Schnitt [handelt es sich] nicht nur [um] eine Wiederholung bloß, sondern [um] ein Wiederfinden innerhalb der Sache selber, da man eigentlich nur drei Glieder hat.[23] Dieses In-sich-geschlossen-Sein einer Wiederholung, die aber nicht in sich selbst gestaltet ist, das ist der Grund, warum der Goldene Schnitt so sympathisch auf uns wirkt.

# FRAGENBEANTWORTUNG

*Berlin, 27. November 1913*

Frage: Hat der Mensch zwischen Tod und neuer Geburt dieselbe Empfindung von der Zeit wie der verkörperte Mensch?

Darauf wird in meinem Vortrag vom 19. März [1914] über das Thema «Zwischen Tod und Wiedergeburt des Menschen» einiges zu sagen sein.[24] Für heute kann gesagt werden: Das Leben nach dem Tode bedeutet ein Hinausgehen aus den Verhältnissen der sinnlich-physischen Welt und ein Hineinkommen in ganz andere Raumes- und Zeitverhältnisse.

In der Relativitätstheorie[25] beginnt man ja jetzt schon andere Zeitbegriffe zu entwickeln. Es kann gesagt werden: Von den Faktoren in der Bewegungsformel kann man nur dadurch übergehen in die Verhältnisse der geistigen Welt, dass man sie verwendet in der Form:

$$c = \frac{s}{t}.$$

Denn [die Wegstrecke] *s* und [das Zeitintervall] *t* sind so, wie man sie kennt, etwas, was zu der sinnlichen Welt als solcher gehört, während *c*, oder *v* gleich velocitas, eigentlich ein Faktor ist, der zu dem Gebiete des inneren Erlebens gehört, sogar bei einem anorganischen Körper. Sodass man, wenn man die Zeit in der geistigen Welt zu begreifen begehrt, zuerst sprechen muss von einem Quantum Geschwindigkeit, das das betreffende Wesen hat, und dann kann man als Außenstehender durch Vergleichen etwas herausbekommen über das Verhältnis der Zeit. So kann man zum Beispiel finden, durch eine Art Vergleich, dass in dem Kamaloka-Leben die Geschwindigkeit dreimal so groß ist. [Durch solche Untersuchungen] bekommt man einen Eindruck, wie das Verhältnis ist zu der Zeit im geistigen und im sinnlichen Leben.

Es herrschen in der geistigen Welt andere Zeit-Prinzipien, die gegenüber denjenigen der sinnlichen Welt innerlich-veränderlich sind. Die Zeit, die man dort erlebt, ist abhängig von den inneren Entwickelungsvorgängen und ist daher nicht eindeutig mathematisch zu vergleichen mit einem Zeitraum in der physischen Welt.

# SCHRIFTLICHE FRAGENBEANTWORTUNG

*Stuttgart, 1919*

Die Formulierung der Frage ist nicht erhalten.

Die Mathematik ist die abstrahierte Summe der im Raum wirkenden Kräfte. Wenn man sagt: die mathematischen Sätze gelten apriorisch, so beruht das darauf, dass der Mensch in denselben Kraftlinien darinnen ist wie die anderen Wesen und dass er abstrahieren kann von allem andern, was nicht Raumes – etc. Schema ist.

# FRAGENBEANTWORTUNG

*Stuttgart, 7. März 1920 [Baravalle]*

*Erste Frage:* Ist das Gesetz der absoluten Lichtausbreitung richtig?

*Zweite Frage:* Liegt der von Einstein angenommenen Relativität der Zeit eine Realität zugrunde?

Ob das Licht sich im absoluten Raum mit derselben konstanten Geschwindigkeit fortpflanzt, das wäre Ihre erste Voraussetzung gewesen.

Nun, nicht wahr, wir können nicht gut überhaupt sprechen von der Fortpflanzung des Lichtes im absoluten Raum, weil es keinen absoluten Raum gibt. Was haben wir denn eigentlich für eine Grundlage, vom absoluten Raum zu sprechen? Sie sagten mit Recht: Sie nehmen die Fortpflanzung des Lichtes unendlich groß an und leiten die tatsächliche Fortpflanzung des Lichtes vom Widerstand des Mediums ab.

Nun frage ich Sie: Ist es nach Ihrer Ansicht überhaupt möglich, in demselben Sinne von der Fortpflanzungsgeschwindigkeit des Lichtes zu sprechen wie von der Fortpflanzungsgeschwindigkeit irgendeines anderen Körpers?

*Hermann von Baravalle:* Ganz gewiss nicht.

In dem Augenblick, wo man nicht das Licht hypothetisch mit irgendeinem anderen Körper identifiziert, sind Sie ja nicht imstande, die Fortpflanzungsgeschwindigkeit des Lichtes überhaupt in der gleichen Weise zu messen wie die eines anderen Körpers. Denn nehmen wir an: Wenn ein gewöhnlicher Körper, ein materieller Körper, mit einer gewissen Geschwindigkeit durch den Raum fliegt, so ist er in einem Zeitaugenblick an einem bestimmten Orte, und die ganze Messmethode beruht darauf, dass ich zur Messung der Geschwindigkeit ins Auge fasse den Unterschied der Ortsentfernung von dem Ausgangspunkte in zwei aufeinanderfolgenden Zeitpunkten. Diese Messmethode ist nur so lange möglich, als tatsächlich vollständig der sich bewegende materielle Körper den Linienraum verlässt, auf dem er sich weiterbewegt. Nehmen wir an, er verlässt ihn nicht, sondern er lässt eine Spur zurück. In dem Augenblick ist es unmöglich, diese Messmethode anzuwenden, denn da habe ich keine Möglichkeit – wenn also der Raum, den der Körper durchmessen hat, nicht von ihm verlassen wird, sondern angefüllt bleibt liniengemäß –, dann habe ich keine Möglichkeit, diese Messmethode durchzuführen. Nicht aus dem Grunde, weil man nicht die Unterschiede messen kann, sondern weil fortdauernd die nachschiebende Geschwindigkeit modifiziert dasjenige, was weitergeschoben ist; und ich habe keine Möglichkeit mehr, meine gewöhnliche Messmethode dann anzuwenden, wenn ich es nicht mit einer Materie, die den Ort hinter sich verlässt, zu tun habe, sondern mit einer Entität, die den Ort nicht vollständig verlässt, sondern Spuren zurücklässt. Sodass wir in demselben Sinne von einem Fortgang der Lichtgeschwindigkeit nicht sprechen können, denn wir können nicht [in derselben Weise wie beim materiellen Körper] die Formel aufstellen vom Unterschiede der Ortsdifferenz, der ja eine Grundlage gibt für die Geschwindigkeit.

Auf diese Weise kommt man dazu, in die Notwendigkeit versetzt zu sein, dass man überhaupt nicht mehr bei der Ausbreitung des Lichtes von etwas anderem sprechen kann als eigentlich von der Geschwindigkeit des äußersten Lichtniveaus. Spricht man aber von der Geschwindigkeit des Lichtniveaus, dann wäre man genötigt, bei der Messung der Geschwindigkeit des Lichtes fortwährend zurückzugehen auf den Ursprung der Lichtverbreitung. Man würde zum Beispiel bei der Sonne in die Notwendigkeit versetzt sein, an den Ursprung der Lichtverbreitung zu gehen. Man müsste anfangen mit der Messung, wo die Lichtverbreitung angefangen hat, und man müsste eine hypothetische Voraussetzung machen, dass sich das Licht immer mehr und mehr fortpflanze. Dies ist [aber] auch nicht gerechtfertigt, denn in dem Augenblick, wo die Niveaufläche, in der sich das Licht ausbreitet, nicht einfach immer größer und größer wird, sondern einem gewissen Elastizitätsgesetz unterliegt [in der Art], dass, wenn sie eine bestimmte Größe erreicht hat, sie wieder in sich zurückkehrt, dann habe ich es nicht zu tun mit einem einfachen Sichausbreiten des Lichtes, sondern mit einem solchen [In-sich-Zurückkehren] in dieselben Bahnen, mit einem Wiederzurückkehren des Lichtes. Ich habe es also fortdauernd nicht bloß zu tun an einem Orte, den ich nun annehme in einem lichterfüllten Raum, mit etwas, was sich von einem Punkte [aus] bis zu einem anderen hin ausbreitet, sondern mit einem Begegnen zweier Entitäten, von denen die eine vom Zentrum, die andere von der Peripherie her kommt, sodass ich nicht anders kann, als die Grundfrage aufzustellen: Habe ich es denn, wenn ich die Lichtausbreitung ins Auge fasse, zu tun überhaupt mit Geschwindigkeiten im gewöhnlichen Sinne?

Ich weiß nicht, ob ich verstanden worden bin.

Ich habe es nicht zu tun mit Geschwindigkeitsausbreitungen im gewöhnlichen Sinne, und ich muss eigentlich, indem ich von gewöhnlichen Geschwindigkeiten zu Lichtgeschwindigkeiten übergehe, Formeln finden, welche eventuell ausgehen von den Elastizitätsformeln, von einem System, wenn ich es bildlich ausdrücken will, durch materielle Bewegung, wie sich gegenseitig zueinander elastisch verhaltende Raumteile in einem geschlossenen elastischen System, das eine bestimmte Sphärengrenze hat, [verhalten].[26]

Ich darf also eigentlich nicht diese [gewöhnliche] Formel benützen, wenn ich zum Licht übergehen will. Ich sehe daher den einen Fehler, der bei Einstein zugrunde liegt, darin, dass er die gewöhnlichen mechanischen Formeln – denn solche sind es doch – auf die Ausbreitung des Lichtes anwendet und hypothetisch voraussetzt, dass das sich ausbreitende Licht gemessen werden kann wie irgendein anderer durch den Raum fliegender [materieller] Körper.[27] Er berücksichtigt nicht, dass das sich ausbreitende Licht keine fortfliegenden [materiellen] Weltteilchen sind, sondern etwas, wo etwas im Raume geschieht, wo eine Spur zurückgelassen wird mit dem Effekte des Leuchtens, sodass ich, wenn ich messe (... Zeichnung), [nicht] einfach [so] zu messen habe, [wie] wenn der Körper bis hierher kommt und nichts zurücklässt. Wenn das Licht sich aber ausbreitet, ist eine fortwährende Spur hier, und ich kann nicht sprechen davon, dass es sich mit einer bestimmten Geschwindigkeit fortpflanzt, sondern nur die Niveaufläche [pflanzt sich fort]. Das ist es, worauf es ankommt.

Ich habe es also zu tun mit einer gewissen Entität in dem Raume, die einmal in Anspruch genommen ist von dem Sichausbreitenden.

Und dann der andere Fehler – er hängt eigentlich mit dem [ersten Fehler] zusammen –, ich sehe ihn darin, dass Einstein einfach die Prinzipien, die anwendbar sind auf ein mechanisches System sich zueinander bewegender Punkte, anwendet auf das ganze Weltsystem. Dabei ist außer Acht gelassen, dass das ganze Weltsystem nicht sein könnte ein bloßes System, das man bekommt, wenn man summiert mechanische Vorgänge. Wenn das Weltsystem zum Beispiel ein Organismus wäre, so dürfte ich nicht mechanische Vorgänge annehmen. Wenn ich einen mechanischen Vorgang in meiner Hand vor sich gehen lasse, wird er im Wesentlichen nicht bloß von dem geschlossenen mechanischen System bestimmt, sondern es wird gleich die Reaktion des ganzen Organismus beginnen. Es ist die Frage, ob ich, wenn ich übergehe zu den Lichtbewegungen, ohne Weiteres die eine Formel für die andere benutzen darf; ob nicht da auftritt eben die Reaktion des ganzen Weltsystems. Und ein Weltsystem ohne Licht kann ich noch weniger denken, ohne dass da auftritt die Reaktion des ganzen Weltsystems, die wesentlich anders verläuft als die Geschwindigkeiten in einem mechanischen geschlossenen System.[28]

Mir scheint, dass dies [die] zwei prinzipiellen Fehler [sind], die Einstein macht. Ich habe mich nur vorübergehend mit der Einstein'schen Theorie beschäftigt; wir wissen ja alle, dass durchaus mathematische Ableitungen [zusammen]stimmen können mit empirischen Resultaten. Also das [Zusammen-]Stimmen zum Beispiel vorbeigegangenen Sternenlichtes an der Sonne [mit den dazugehörigen theoretischen Voraussagen], das würde eine endgültige Verifikation der Einstein'schen Theorie nicht sein.[29]

Weil diese beiden prinzipiellen Dinge aber zugrunde liegen, kommt es, dass Einstein eben zu einer so paradoxen, abstrakten Denkweise immer kommt. Es ist geradezu schon etwas ähnlich wie das Beispiel, das Sie vorhin angewendet haben aus Wilhelm Busch, wo die Hand mit Wucht ausholt und man ein bisschen das Gefühl hat, man kriegt eine Ohrfeige.[29a] Es ist schon so etwas, wenn Einstein ableitet seine Gedanken, von der Art und Weise, was geschehen würde, wenn zum

Beispiel eine Uhr mit Lichtgeschwindigkeit fortfliegt und wieder zurückkommt.[30] Eine Uhr, die mit Lichtgeschwindigkeit fortfliegt und wieder zurückkommt – ich möchte wissen, ob das ein realer Gedanke ist. Einen solchen Gedanken kann ich nicht vollziehen, weil in dem Augenblick, wo ich mir das denke, – nun, komme ich darauf, was dann aus der Uhr wird? Ich kann den Gedanken absolut nicht vollziehen.[31] Wenn man mit seinen Gedanken in der Realität drinnen zu bleiben gewohnt ist, kann man solche Gedanken nicht vollziehen. Und an den Stellen, wo Einstein auf solche Gedanken kommt, zeigt es sich bei ihm, da er auf so prinzipiellen Fehlern fußt wie diejenigen, die ich jetzt besprochen habe.

Das ist es, was ich zunächst bemerken möchte. Jetzt würde es sich handeln um die Zeit. Es wäre notwendig, beim Licht damit zu beginnen, nicht gewöhnliche mechanische Gleichungen, sondern elastische Gleichungen auszuschreiben und zugrunde zu legen. Es würde auch aus der Elastizitätslehre zu nehmen sein, was notwendig ist. Da kommen wir natürlich dahin, dass wir jede Ausbreitung überhaupt, die eine Niveaufläche bildet, niemals so zu denken haben – da komme ich zu etwas, was ich nur als Tatsache mitteilen kann –, dass es irgendwo möglich ist, dass sich eine Entität ausbreitet und man sagen könnte, sie breitet sich ins Unendliche aus. Es kommt immer eine gewisse Sphäre, wo die Sache zurückprallt. Sodass ich eigentlich niemals sagen dürfte gegenüber der Realität: Hier ist die Sonne, und es breitet sich das Licht von der Sonne aus und verschwindet ins Unendliche. So ist es niemals, sondern es kommt an einer Grenze an, wo die sich ausbreitende Elastizitätskraft erschöpft ist, und wo das in sich selber zurückkehrt. Es gibt kein solches unendliches System, das sich decken würde mit dem Begriff der Ausbreitung und sich dann im Wesenlosen zerstreute. Jede sich ausbreitende Entität kommt an eine Grenze, an der sie umkehrt, ich möchte sagen, annähernd nach dem Gesetz der elastischen Körper. Nirgends, wenn man vom Licht spricht, hat man es zu tun mit etwas, was sich ausbreitet nach allen Seiten. Wir haben immer etwas, was man vergleichen könnte mit stehenden Wellen. Hier muss man die Formel suchen, nicht also in der gewöhnlichen Mechanik.[32]

Dann wäre noch dieses: die Zeit selbst. Nicht wahr, die Zeit macht nicht diese ganzen Verwandlungen durch. Es ist überhaupt so, dass [hier im mechanischen Bereich] die Zeit als solche keine Realität ist. Wenn Sie die ganz allereinfachste Formel

$$s = c \cdot t$$

nehmen, so handelt es sich darum, dass ich ja nach dem gewöhnlichen Gesetz der Multiplikation für dieses *s* nichts anderes herauskriegen kann als dasjenige, was wesenhaft identisch mit dem *c* ist, sonst müsste der Raum *s* identisch mit der Zeit sein. Und es wäre das ja unmöglich. So kann ich ja in dieser Formel nur den Raum irgendwie mit dem *c* mathematisch identisch denken.

Nicht wahr, ich kann nicht Äpfel mit Birnen multiplizieren. Es kann nur das eine in dem anderen drinnen sein. Die Zeit kann in den mathematischen Formeln überhaupt nichts anderes sein als eine Zahl. Nicht das Reelle der Zeit ist eine Zahl, sondern es kann die Zeit in einer solchen Formel nichts anderes sein als eine Zahl. Nur wenn ich voraussetze, dass ich es mit einer ungenannten Zahl zu tun habe, kann die Formel so geschrieben werden.[33]

Etwas anderes ist [die Formel]

$$c = \frac{s}{t}.$$

Hier habe ich einen Raum [*s*] von [einer] bestimmten Größe, die mir angegeben wird [relativ zur] Größe der Zahl *t*. Daraus bekomme ich die Geschwindigkeit [*c*]. Es ist nun der eigentlichen Realität, sagte ich, ganz gleichgültig, ob ich nun Atome oder Moleküle oder Materie von bestimmten, wahrnehmbaren Raumgrößen mir vorstelle. Sodass ich das, was ich im empirischen Felde vor mir habe, mir [in Wirklichkeit] so zu denken habe, dass es immer eine bestimmte Geschwindigkeit hat – alles andere sind Abstraktionen. Die Zeit ist etwas, was ich gewonnen habe aus dem Divisor, und der Weg ist zunächst etwas, was ich gewonnen habe als Dividend. Aber das sind Abstraktionen. Das Reale drinnen ist – das gilt nur für mechanische

Systeme – die bei jedem Körper vorhandene immanente Geschwindigkeit. Wenn der Physiker zum Beispiel aus sonstigen Gründen die Atomhypothese annehmen dürfte, dürfte er nicht annehmen, dass Atome ohne immanente Geschwindigkeit existieren. Die Geschwindigkeit ist eine wirkliche Realität.[34]

Man muss also sagen: Die Zeit als solche ist eigentlich etwas, was wir aus den Vorgängen abstrahieren. Sie ist wirklich eine Abstraktion aus den Vorgängen. Wir dürften als Realität dessen, was wir vor uns haben, nur die Geschwindigkeit selbst ansehen.

Wenn wir dieses ganz durchschauen, dann können wir allerdings nicht mehr anders, als dasjenige, was ich als Zeit bezeichne, gewissermaßen als an den Erscheinungen auftretend uns vorstellen. Dann wird es allerdings ein Mitwirkendes in den Erscheinungen, und da dürfen wir nicht absehen von dieser relativen Realität.[35] Dieser Faktor, den ich selber herausabstrahiert habe, ist aber etwas, was mitwirkt so, dass man dadurch einen gewissen realen Grundbegriff bekommt, sagen wir für dasjenige, was uns entgegentritt aus der Lebensdauer eines Organismus. Die Lebensdauer eines Organismus kann ich nicht bloß messen an Äußerem, sondern es ist hier der Verlauf immanent. Wenn ich den Organismus habe, gehört zu diesem Organismus als ihm immanent eine gewisse Lebensdauer einfach dazu. Diese gehört zum ganzen Verlauf des organischen Prozesses und folgt aus ihm.

[Ganz entsprechend verhält es sich mit der Raumgröße eines Organismus.] Es handelt sich nicht darum, dass ich diese Länge an etwas anderem messe, sondern es ist diese Länge dem Organismus [ebenso] immanent. Der konforme Begriff ist der, dass solche Begriffe nicht [so] gelten können, wie sie [gewöhnlicherweise] hypothetisch angenommen werden. Der Mensch ist aber von einer bestimmten Größe. Nun nehme ich [einmal hypothetisch] Menschen an, die sehr klein sind in unserem gewöhnlichen Weltensystem.

Für alles Übrige ist es gleichgültig, wie ich die relative Größe des Menschen zu anderen [Dingen] annehme. [Dies gilt aber nicht für den Menschen selbst, denn] der Mensch hat in sich immanent eine bestimmte Größe. Das ist etwas, worauf es ankommt. Der Mensch kann nicht in beliebiger Weise größer oder kleiner sein. Ich versündige mich mit meiner Auffassung gegen das ganze Weltsystem, wenn ich solche Erwägungen mache. Zum Beispiel [gibt es] ganz bestimmte Naturdenker [die fragen sich]: Wie wäre [das Leben] in einem Weltsystem, das im Verhältnis zum unsrigen unendlich klein oder [unendlich] groß ist? – Das ist Unsinn. Es gibt eine innere Notwendigkeit, dass die wirklichen Dinge, denen wir gegenüberstehen, auch eine bestimmte Raumgröße haben. So haben sie auch eine bestimmte Zeitenspanne.

Und damit komme ich dazu, dass im Grunde jede Entität, die überhaupt betrachtet werden darf wie eine Totalität, eigentlich ihre Zeit in sich trägt. Ein Stückchen [eines] unorganischen Körpers kann ich für sich betrachten, ein Blatt nicht, weil es nur einen Bestand hat am Baum. Ich muss also Rücksicht nehmen bei meiner Betrachtung darauf, was ein in sich geschlossenes totales System ist, was eine Totalität ist. Jede Totalität aber, die ich so betrachte, hat die Zeit als etwas Immanentes in sich. Sodass ich eigentlich nicht viel übrig haben kann für die abstrakte Zeit, die noch außer jedem Ding ist und [neben] der jedem Ding oder Verlauf immanenten Zeit existiert. Wenn ich die Zeit, die von Anfang bis Ende gehen soll, ins Auge fasse, kommt es mir gerade so vor, wie wenn jemand den abstrakten Begriff für das einzelne Pferd bildet. Die einzelnen Pferde sind in der äußeren Raumrealität da, aber um den Begriff zu bekommen, muss ich ihm etwas anderes noch zuschreiben. So ist es auch mit der Zeit. Die Frage: Ist die Zeit in sich veränderlich oder nicht? – hat keinen wirklichen Inhalt, weil jedes Totalsystem in seinem immanenten Sein seine [eigene] Zeit hat, und seinen [eigenen] Geschwindigkeitsverlauf. Der Geschwindigkeitsverlauf des Unorganischen oder des Lebensprozesses führt zurück auf diese immanente Zeit.

Daher möchte ich eigentlich lieber als eine Relativitätstheorie, die immer voraussetzt, dass man das eine Koordinatenachsensystem auf das andere beziehen kann, eine Absolutitätstheorie begründen, die davon ausgeht, überall zu erforschen, wo Totalsysteme sind, von denen man sprechen darf, wie man sprechen darf von der Totalität eines Organismus. Man kann nicht sprechen von der Totalität der Silurperiode[35a] bei der Erde, sondern da muss man die Silurperiode mit einer anderen [erdgeschichtlichen Periode] zu einem Totalitätssystem zusammenfassen. Ebenso wenig kann ich von einem Menschenkopf sprechen als von einer Totalität, da gehört das andere dazu.

In der Geologie beschreiben wir [je] eine Periode [für sich genommen] nach der anderen, als wenn sie so eine Wirklichkeit wäre. Sie ist es nicht. Sie ist nur eine Wirklichkeit mit dem Ganzen der Erde, und zwar so, wie ein Organismus eine Wirklichkeit ist, wo ich nicht eines herausreißen darf. Es käme vielmehr darauf an, statt unsere Vorgänge zu beziehen auf Koordinatenachsensysteme, sie auf ihre eigene innere Wirklichkeit zu beziehen, dann würden wir zu Totalitätssystemen kommen. Und dann würden wir müssen zu einer Art von Monadismus zurückkommen. Wir würden überwinden diese Relativitätstheorie und würden zur Absolutitätstheorie kommen.

Wir würden dann wirklich sehen, dass die Einstein-Theorie eigentlich wirklich der letzte Ausdruck dieses abstrakten Strebens ist. Einstein bewegt sich wirklich ganz in Abstraktionen. Manchmal sind sie nicht auszuhalten, diese Abstraktionen. So zum Beispiel, wenn auch bei ganz elementaren Dingen heute einfach die Voraussetzung gemacht wird: Wie wirkt der Schall, wenn ich mich selber mit Schallgeschwindigkeit fortbewege? – Ja, wenn ich das tue, so höre ich natürlich niemals wirklich Töne, weil der Schall immer mit mir fortläuft. Aber für jemanden, der real denkt, der in Totalitäten denkt, ist so ein Begriff nicht durchführbar, weil ein hörendes Wesen sich nicht bewegen kann mit Schallgeschwindigkeit, es würde zerschellen. Es sind keine Begriffe, die in der realen Beobachtung der Welt wurzeln.[36]

Und so ist es auch, wenn ich frage: Ist die Zeit in sich selber verwandelbar oder nicht? Natürlich, die abstrakte Zeit, die absolute Zeit, die würde gar keine Möglichkeit geben, Veränderungen in ihr zu konstatieren nach der Art und Weise, wie ich sie a priori denke, aber wenn ich von Veränderungen in der Zeit spreche, muss ich die Wirklichkeit der Zeit erfassen. Aber das kann ich nicht, wenn ich nicht das immanente Gebundensein der Zeitverläufe an die Totalsysteme, die in der Welt vorhanden sind, in Betracht ziehe.

# FRAGENBEANTWORTUNG

*Stuttgart, 7. März 1920 [Herberg]*

*Frage:* Die Einstein'sche Theorie ergibt, dass in einem Kilogramm Masse eine ungeheure Energie aufgespeichert ist, und es scheint, dass durch Auflösung, also Vergeistigung, der Materie eine neue Kraftquelle erschlossen werden könnte.

An sich sind diese Dinge ja mit dem Teil der Einstein-Theorie, den wir heute behandelt haben, nicht unmittelbar zusammenhängend.[37] Und man kann durchaus sagen: Hinter diesen Sachen steckt sehr viel, aufzusuchen die Kraft, die man bekommt, wenn man Masse zersplittert. Da handelt es sich dann darum – das Theoretische bietet ja keine besonderen Schwierigkeiten –, ob man diese Kraft technisch ausnützen kann. Und da würde es darauf ankommen, ob man diese Riesenkräfte, wenn man sie bloßlegt, verwerten kann. Denn wenn der Motor, durch den man sie verwerten will, sogleich durch die Energie dieser Kräfte zersplittert wird, kann man sie nicht verwerten. Es handelt sich darum, dass man die Möglichkeit gewinne, diese Energien auch in mechanischen Maschinensystemen zu verwerten. Dann ist erst der Weg gefunden.

Rein theoretisch gedacht, brauchen wir, wenn wir die höchste Strahlungsenergie – oder eine hohe Strahlungsenergie – irgendeiner Materie bloßlegen können, um sie verwerten zu können in einem mechanischen System, eine Materie, die einen Widerstand leistet gegen diese Energie. Die Möglichkeit, diese Energie freizumachen, ist vorhanden, sie liegt näher, als die Energie auszunützen.

*Frage:* Ob man dazu gelangen könnte, überhaupt die Masse auszuschalten, sodass alles Energie ist, dass alles nur Strahlung ist.[38]

Es ist in gewisser Weise auszuschalten bei dem, was in den [Gasentladungs-]Röhren (...) [geschieht]. [Es handelt sich] nur mehr [um] strömende Elektrizität (...). Es ist eigentlich nur Geschwindigkeit [vorhanden], und [in] die Rechnungen gehen wir nur durch Geschwindigkeit ein.[39]

Die Sache ist nur diese, ob denn, wenn ich die Formel [$E = mc^2$] aufschreibe, in der Energie und Masse gleichzeitig vorkommen, dabei genügend berücksichtigt ist, dass die Masse als solche etwas anderes ist als die Energie; ob ich nur wiederum ganz abstrakt zwei Dinge, die eigentlich eins sind, trenne. Es handelt sich darum, ob eine Berechtigung zu dieser Formel vorliegt.[40]

Das könnte ja nichts anderes sein, als tatsächlich lediglich eine Potentialenergie. Die Einstein-Formel [$E = mc^2$] mit Masse und Energie wäre [dann] nur eine Maskierung der alten Formel [für die potentielle Energie].[41]

*Frage:* Kann man nicht den Ausgangspunkt finden, [indem man] von $p \cdot s$ ausgeht?[42]

Da entsteht die Schwierigkeit bloß dadurch, dass ich, wenn ich zwei Glieder eines Größensystems miteinander auf irgendetwas beziehe, was dem [anderen] Größensystem angehört – also zum Beispiel die Zeit, die zwei Menschen zu einer Arbeit brauchen, beziehe auf etwas, was mir angegeben wird durch die Ereignisse des Sonnenunterganges –, also zwei Glieder [des einen Größensystems] auf etwas beziehe, was in ein [anderes] Größensystem gehört, dann nimmt dieser Vorgang im ganzen System sehr leicht den Charakter an – weil ich ihn tatsächlich anwenden kann auf alle Glieder dieses Systems –, als wenn er etwas wäre, was nicht einem System angehört, sondern für sich gelten könnte.

Sie dürfen nicht voraussetzen, dass dasjenige, was eine Raumabstraktion des Sonnensystems ist, auch in einem anderen System gültig ist. Sie können zum Beispiel [Folgendes] schön ausrechnen: Wenn Sie heute konstatieren würden die Veränderungen des menschlichen Herzens von fünf zu fünf Jahren, so können Sie für einen Menschen jetzt sagen: sein Herzzustand ist der und der und vor fünf Jahren war er so und so. – Dann können Sie, indem Sie dies rein rechnerisch fortsetzen, fragen: Wie war der Herzzustand vor hundertfünfzig Jahren? Wie wird er in dreihundert Jahren sein?

So rechnen unsere Astronomen, indem sie von der gegenwärtigen Verfassung der Erde ausgehen, die Zeitgrößen einsetzen und nachher weitere schöne Dinge ausrechnen, die aber so wenig stimmen zu den Dingen der Erde heute, wie stimmen würde der so ausgerechnete Herzzustand vor dreihundert Jahren zu dem heutigen.

Man vergisst eben immer wieder, dass das, was für die immanente Zeit [eines Prozesses] gültig ist, aufgehört hat [eine Bedeutung zu haben, wenn der Prozess zu Ende ist]. Ich kann also nicht über den Organismus [als aktuell lebendiges Totalsystem] hinausgehen. Das Totalsystem ist dasjenige, was mir erlaubt, mit meinen Begriffen innerhalb des Systems stehen zu bleiben. Das wird sofort durchbrochen, wenn ich über die Totalsysteme hinausgehe. Der Schein [der Gültigkeit] wird dadurch hervorgerufen, da wir uns gewöhnt haben, auf Größensysteme [im Sinne von Totalsystemen] uns zu beziehen, und dann diese Dinge, die für [solche] Größensysteme gelten, [zu] verabsolutieren.

# FRAGENBEANTWORTUNG

*Stuttgart, 11. März 1920 [Blümel]*

*Erste Frage:* Kann der hier vorgebrachte Versuch, das Überimaginäre durch Punktbeziehungen auf krummen Flächen, respektive Mannigfaltigkeiten, zu definieren, als ein wirklichkeitsgemäßer bezeichnet werden?

*Zweite Frage:* Ist es möglich, zu lebendiger Anschauung des Imaginären zu kommen, beziehungsweise liegen wirkliche Entitäten dem Imaginären zugrunde?

*Dritte Frage:* Nach welchen Richtungen verlangt die moderne Mathematik, insbesondere in formaler Hinsicht, einen Ausbau im Sinne der Geisteswissenschaft?

Ja, da möchte ich zunächst von der zweiten Frage ausgehen. Die Antwort darauf ist nicht so ganz leicht zu geben. Aus dem Grunde nicht, weil man gerade dann, wenn man diese Antwort zu formulieren versucht, sehr stark aus dem Gebiet des Anschaulichen hinauskommen muss. Man hat schon gesehen, als ich in diesen Tagen auf eine Frage von Herrn Dr. Müller geantwortet habe,[43] dass ich nötig hatte, um überhaupt für einen mathematischen Fall ein anschauliches Korrelat zu geben, zu zeigen, wie dieses Anschauungskorrelat liegt beim Übergang von einem Röhrenknochen zu einem Kopfknochen. Dennoch ist es ein ganz Anschauliches noch.[44] Man kann wenigstens da [noch] die Objekte in Anschauung vor sich haben, wenn auch in einem Übergang des einen Objektes in das andere.

Wenn man das Imaginäre als geistige Realität anschauen will, so ergibt sich einem das Folgende.[45] Man hat nötig, wie ich ja gerade bei diesen physikalischen Betrachtungen[46] gezeigt habe, überzugehen von dem Positiven zum Negativen, wenn man überhaupt über gewisse Beziehungen der sogenannten ponderablen Materie zu dem sogenannten Imponderablen wirklichkeitsgemäße Vorstellungen gewinnen will. Nun liegen aber selbst bei Versinnlichungen schon sehr gewöhnlicher Gebiete Notwendigkeiten vor, die zeigen, wie man über die gewöhnlichen, landläufigen symbolischen Zeichnereien hinauskommen muss.

Ich will nur das Folgende erwähnen. Man kann ja zum Beispiel, wenn man das gewöhnliche Spektrum, wenn es gradlinig geworden ist, zeichnet, eine gerade Linie zeichnen von dem Rot durch das Grün zu dem Violett.[47] Man wird aber nicht alles, was in Betracht kommt, in der Symbolisierung drinnen haben, wenn man es so zeichnet, sondern man wird erst dann alles drinnen haben, wenn man, um das Rot zu symbolisieren, eine Kurve zeichnet, etwa so in dieser Ebene verlaufend (... Zeichnung), und um das Violett zu erreichen, nun in die Tafel hineingeht und hinübergeht; sodass von oben angesehen sich das Rot gewissermaßen ergeben würde vor dem Violett liegend. Ich müsste hinausrücken und mit dem Violett zurückrücken. Dadurch würde ich eine Charakteristik bekommen dafür, dass das Violett in das Chemische hineingeht, das Rot nach der Wärme hinausgeht.[48] Ich bin also genötigt, die gerade Linie hier schon zu erweitern, sodass die gewöhnliche Zeichnung, die ich mache, schon eine Projektion desjenigen ist, was ich eigentlich zeichnen sollte.

Man ist nun tatsächlich, wenn man klar werden will über gewisse Dinge, die sich einfach in der höheren Wirklichkeit, wenn ich so sagen soll, ergeben, genötigt, nun nicht nur zu gehen aus dem Positiv-Materiellen zum negativen Materiellen, sondern man ist ebenso wenig befriedigt, wenn man das tut, wie man befriedigt sein kann, wenn man hier in der geraden Linie vom Rot durch das Grün ins Violett fortschreitet. Denken Sie sich nun darüber den Kreis gezeichnet, so haben Sie, indem Sie genötigt sind, von demselben Punkte – der jetzt hier liegt, hierherzugehen, und dann hierher – nicht mehr nach dem[selben] Punkte zurückzukommen, sondern Sie sind genötigt, spiralig hier fortzuschreiten. Ebenso sind Sie genötigt, wenn Sie aus dem Räumlichen in das Nichträumliche durch Symbolisierung des Positiven zum Negativen hinübergehen, vorwärtszuschreiten noch von dem, was die höhere Gattung vom Räumlichen und Nichträumlichen wäre.

Also nehmen wir an, gerade wie es sonst von zwei verschiedenen Arten eine Zusammenfassung geben könnte, die beide enthält, so könnten wir uns vorstellen, dass es etwas gibt, was räumlich und nicht räumlich ist. Dazu muss ein Drittes gesucht werden. Und wenn man nun wirklich eingeht im Gebiet der höheren Wirklichkeit auf das Physisch-Wirkliche, und man bezeichnet das Physisch-Wirkliche mit dem positiven Vorzeichen, so ist man genötigt, einfach das Ätherische, das wirkliche Ätherische, wobei man aus dem Räumlichen hinauskommt, also in das Geistige schon hineinkommt, mit dem negativen Vorzeichen zu versehen.[49] Will man aber ins Astrale gehen, so kommt man nicht zurecht mit dem Räumlichen und Unräumlichen, sondern man muss eben zum Dritten gehen, das sich zu dem Positiven und Negativen genauso verhält wie in der formalen Mathematik das Imaginäre zu dem Positiven und Negativen. Und man würde sogar genötigt sein – wenn man von dem Astralen zur wahren Entität des Ich übergeht –, genötigt sein, einen Begriff aufzuschreiben, der überimaginär wäre im Verhältnis zum Begriff des Imaginären. Deshalb war mir immer so unsympathisch die Antipathie gegenüber dem Überimaginären, weil beim Aufsteigen zum Ich man den Begriff wirklich nötig hat.[50] Es ist nicht möglich, ihn auszulassen – es handelt sich nur darum, ob man ihn in der rechten Weise anwendet, wenn man im rein Formalen der Mathematik bleibt –, wenn man so richtig vorgeht mit den mathematischen Formulierungen, dass man nicht aus dem Wirklichen herauskommt.

Ich habe heute mit jemandem, der mir begegnete, ein solches Problem besprochen, welches auch auf dem arithmetischen Gebiete sehr deutlich zeigt, dass man etwas haben kann in mathematischer Behandlung, was außerordentlich schwer seine Beziehung zu der Realität herstellen kann, das ist das Wahrscheinlichkeitsproblem. Ich kann im Versicherungswesen ausrechnen, wann einer stirbt, soweit es gilt für die Menge. Ich kann mich danach genau richten bei der Menge. Ich kann aber unmöglich daraus den Schluss ziehen, dass der betreffende Mensch genau in dem Jahr zu sterben hat, das ausgerechnet werden muss. Es fällt mir also die Realität aus meinen Berechnungen.

So ist es auch sehr häufig, dass gewisse Rechnungsergebnisse in formaler Beziehung richtig sind, aber mit dem, was wirklich ist, nicht [zusammen]stimmen. Und so könnte es auch sein, dass man das Formale der Mathematik manchmal zu rektifizieren hätte nach solchen

Ergebnissen der überempirischen Wirklichkeit. Es ist zum Beispiel erst zu prüfen, ob es richtig ist, wenn ich $a \cdot b = 0$ habe, dass zu diesem Ergebnis nur gekommen werden kann, wenn einer der Faktoren null ist. Wenn das so ist, so ist es gewiss wahr, dass man zu dem Resultat null kommt. Aber es muss die Frage aufgeworfen werden: Könnte es nicht sein, dass auch einmal das Resultat null auftritt, wenn keiner der beiden Faktoren null wäre? Das könnte der Fall sein, wenn man durch die Realität genötigt wird, zu überimaginären Zahlen, die dann entsprechende Korrelate sind einer überempirischen Wirklichkeit, zu kommen.[51]

Also tatsächlich, man muss versuchen, das Reale in seiner Beziehung zum Imaginären, das Überimaginäre in seiner Beziehung zum Imaginären und zum Realen, klar herauszuarbeiten in der Mathematik, aber es kann sein, dass man dann sogar genötigt ist, die Rechnungsgesetze zu modifizieren.[52]

Was nun die erste Frage anbetrifft, da liegt das Folgende vor: Wir können ja nur unterscheiden dasjenige, was im Menschen gewissermaßen über einem bestimmten Niveau liegt und unter einem bestimmten Niveau. Ich möchte sagen, ich erkläre es fast jedem, von dem ich nur glaube, dass er einiges Verständnis dafür haben kann, jedem, der vor die bekannte Holzgruppe in Dornach kommt: «Christus in der Mitte als Menschheitsrepräsentant, Ahriman und Luzifer zu beiden Seiten», dass der Mensch, wie wir ihn vor uns haben, eigentlich nur vorzustellen ist dadurch, dass wir alles an ihm als einen Gleichgewichtszustand vorstellen. Auf der einen Seite ist das Übersinnliche, auf der anderen Seite das Untersinnliche. Das Menschenwesen stellt eigentlich immer nur den Gleichgewichtszustand zwischen dem Übersinnlichen und Untersinnlichen dar.

Nun hängt ja natürlich der Mensch zusammen als eine Art Mikrokosmos mit dem Makrokosmos. Daraus können Sie aber ersehen, dass ausdrückbar sein muss die Beziehung des Menschenwesens, also jede Einzelheit im Menschenwesen, zu einem Entsprechenden im Makrokosmos. Ich kann die Frage aufwerfen: Wenn ich das Untersinnliche – wenn das die Gleichgewichtsfläche wäre (... Zeichnung) – im Menschen habe, und es mir zunächst vorstelle als zusammenlaufende Kurve, und das Übersinnliche hier ist dasjenige, was der Mensch in seinem Bewusstsein hat als auseinanderlaufende Kurve, so bekomme ich so etwas, möchte ich sagen, was sich unten zum Knoten zusammenbildet und oben auseinandergeht. Da wäre zu gleicher Zeit nämlich dargestellt das Drinnenstehen des Menschen im Makrokosmos. Denn durch diese untere, mehr knollenartige Fläche entzieht sich der Mensch dem Makrokosmos. Durch diese Fläche, die ihre Kurve hat, die fortwährend auseinandergeht, gliedert er sich ein in den Makrokosmos. Hier ungefähr würde der Punkt seiner freien Willensentschließung liegen. Über dem Niveau der freien Willensentschließung liegt alles dasjenige, wodurch der Mensch seine Kräfte hinausgehen lässt in den Makrokosmos. Unterhalb liegt dasjenige, wodurch er die Kräfte des Makrokosmos zusammenschließt, sodass er überhaupt eine bestimmte Gestalt ist.

Wenn man nun versuchen würde, aufzusuchen innerhalb des Gebietes dieser Flächenformen – es würde ja dadurch diese Kurve zustande kommen – gewisse Daten, von denen ich also eine Reihe von Daten mit $x$ bezeichnen würde, die zum Beispiel darstellen, was an Welt-Gedanken überschaut werden kann, das hier, was an Welten-Kräften überschaut werden kann, und hier, was an Welten-Bewegungen geschaut werden kann, so würde ich daraus bilden müssen eine Funktion, wenn ich bekommen wollte dasjenige, was nun hier unten im Menschen immer dem entspricht. Ich würde eine Funktion bilden müssen von den Daten da oben und würde herausbekommen dasjenige, was da unten im Menschen dem entspricht. Ich will sagen, da brauchen wir eine Funktion von $x$, $y$ und $z$.

Aber in dem Augenblick, wo ich Zahlen finden will für diese Zusammengehörigkeit, ist es unmöglich, sie im Gebiete jener Zahlensysteme zu finden, die ich auf der Ebene noch haben kann. Ich muss in diesem Falle, wenn ich den übersinnlichen und den untersinnlichen Menschen miteinander in Verbindung bringe, zu Gleichungen übergehen, die Zahlen in sich enthalten von solchen Systemen, die auf [gekrümmten] Flächen liegen, und zwar sind es Flächen, die sogar ziemlich genau zu definieren sind, Flächen, die auf Rotations-Paraboloiden liegen müssen. Also solche Flächen, welche entstehen, wenn Kegel so rotieren, dass jeder Punkt, der rotiert, zu gleicher Zeit fortwährend seine Geschwindigkeit ändert.[53] Es sind Rotations-Paraboloide, die dadurch noch kompliziert sind, dass die Punkte nicht ihre starre Beziehung zueinander behalten, sondern unter gewissen Gesetzen die Punkte sich ändern. Es sind also die Flächen, die ich da brauche, in sich lebendige Rotations-Paraboloide.

Es ist ein ungeheuer schwieriger Zusammenhang da, den bis jetzt einzelne Menschen schon vorgestellt haben, den man als eine Notwendigkeit herausfindet, mit dem sich aber erst rechnen lassen wird formal, wenn gerade, wenn ich so sagen darf, die okkulte Wissenschaft, die Geisteswissenschaft, einmal mit der Mathematik zusammenarbeiten wird, wenn dieses Zusammenarbeiten einmal möglich sein wird. Und ich sehe eigentlich in diesem Weg, den Sie uns heute dargestellt haben, allerdings einen Anfang. Und ich glaube, dass das einmünden könnte in die Beantwortung der Forderung: man solle finden die Entsprechung für dasjenige, was die Zusammengehörigkeit zugeordneter Funktionen ergibt, die sich auf Zahlensysteme beziehen, die auf zwei in einem Punkte mit ihren Spitzen sich treffenden Rotations-Paraboloiden liegen, ein solches, das nach unten zusammengeht, und ein solches, das nach oben auseinanderläuft. Es werden einfach diejenigen Zahlen zu finden sein, die auf solchen Rotations-Paraboloiden liegen, wie ich es beschrieben habe. Das entspricht auch durchaus einer Realität.

Was nun die [dritte Frage nach der] Ausbildung der formalen Mathematik betrifft, so muss ich gestehen, da es mir scheint, dass da ja natürlich noch recht viel zu tun ist, und dass man auch sehr viel tun kann. Aber mir kommt auch vor, dass vielleicht im Laufe des 19. Jahrhunderts – vielleicht habe ich da aber auch unrecht, vielleicht in derjenigen Zeit, in der ich weniger die Fortschritte der formalen Mathematik verfolgen konnte, das ist schon eine lange Zeit her, vielleicht ist es modifiziert –, ich hatte immer das Gefühl, dass diejenigen Arbeiten, die auf dem Gebiet der formalen Mathematik gemacht werden, sich furchtbar wenig kümmern darum, ob nun die Rechnungsoperationen wirklich noch irgendwie möglich sind, ob sie nicht doch an irgendeinem Punkte rektifiziert werden müssten durch irgendeine Beziehung zu einer möglichen Wirklichkeit. Also, ob man rein formal weitergehen darf. Es ist zum Beispiel möglich zu fragen, was geschieht, wenn man multipliziert meinetwegen eine eindimensionale Mannigfaltigkeit mit einer zweidimensionalen Mannigfaltigkeit. Solche Dinge kann man beantworten, aber man muss sich doch immer fragen: Entspricht einer solchen Operation nicht nur irgendeine Wirklichkeit, sondern auch nur etwas, was man sich vorstellen kann? Und ich glaube, dass wenigstens, um auf diesem Wege auf einen grünen Zweig zu kommen, es vielleicht doch notwendig sein wird, bestimmte Definitionen zu geben über den Begriff des Nur-Rechnungsmäßigen.

Ich habe mich vor längerer Zeit einmal damit beschäftigt, ob es zum Beispiel möglich ist, den pythagoreischen Lehrsatz, auch ohne, dass man auf das Anschauliche übergeht, also rein zahlenmäßig ausgedrückt, zu verifizieren, arithmetisch zu beweisen.[54] Es wird sich wirklich darum handeln, ob man das rein Arithmetische so streng erfassen kann, dass man nicht unwillkürlich in das Geometrische hinüberkommt.

Nicht wahr, wenn man rechnet mit Zahlen – solange man unter den gewohnten Zahlen bleibt, sind es halt eben Zahlen, und man hat nicht nötig, vom Zahlensystem auf einem bestimmten Raumgebiet zu sprechen. Geht man aber über zu diesen anderen Zahlen, zu imaginären Zahlen, Komplexzahlen, zu Überkomplexzahlen, zu überimaginären Zahlen, dann muss man vom höheren Raumgebiet sprechen. Sie haben ja gesehen, wie man das kann, aber eigentlich nur dadurch, dass man aus unserem gewöhnlichen Raum herauskommt. Und deshalb scheint es mir schon notwendig zu sein, dass vielleicht die rein formale Mathematik, bevor sie Zahlen aufstellt, die sich nur symbolisieren lassen – es ist ja zunächst eine Art Symbolisieren dadurch, dass man weitere entsprechende Punkte aufträgt auf gewisse Raumgebiete –, dass man die Untersuchung vollzieht, wie solche höheren Zahlen auch vorstellbar sind ohne Zuhilfenahme der Geometrie.[55] Also auch in dem Sinne, dass ich zum Beispiel eine Zahlenlinie schon darstelle, positive und negative Zahlen.

Es müsste beantwortet werden: Wie ist rein elementarisch das Positive zum Negativen vorzustellen? Mir scheint – ich kann aber nichts Abschließendes geben, ich weiß nichts darüber, habe mich nicht damit beschäftigt – die Lösung von Gauß wenig genügend, die einfach vorstellungsgemäß Unterschiede annimmt zwischen Positiv und Negativ.[56] Ebenso wenig [genügend ist die Art und Weise,] wie bei Dühring das Negative [interpretiert wird], das für ihn nichts anderes ist als die Subtraktion, für die nur der Minuend fehlt.[57] Ebenso ist es nach Dühring für die imaginäre Zahl Wurzel aus minus 1:

$$\sqrt{-1}\,.$$

Sie ist nichts anderes als der Versuch, eine Rechnungsoperation auszuführen, die man nur andeuten kann, nicht in Wirklichkeit ausführen kann.[58] So wie, wenn ich –3 habe und nichts habe, [womit] ich abziehen kann, bleibt mir –3.[58a] Es ist bloß eine angedeutete Rechnungsoperation. Aber es ist auch der Differentialquotient in dieser [Dühring'schen] Auffassung nur eine angedeutete Rechnungsoperation, was nichts anderem entspricht.[59] Das scheint mir auch eine Einseitigkeit zu sein bei Dühring, und die Lösung wird wahrscheinlich in der Mitte liegen. Aber die Lösung dieser Probleme müsste erst erfolgen, ehe man in der formalen Mathematik auf einen grünen Zweig kommen wird.

# FRAGENBEANTWORTUNG

*Stuttgart, 11. März 1920 [Strakosch]*

*Erste Frage:* Die Frage ist, ob diese Art der Erfassung eine wirklichkeitsgemäße ist, und ob es vielleicht auf diesem Gebiete, indem wir auffassen die mathematischen Objekte als Zwischenglieder zwischen Urbild und Abbild – denn das, was wir auf dem einfachen geometrischen Gebiet getan haben, müsste sich auf allen Gebieten der Mathematik vornehmen lassen –, ob das vielleicht eine Grundlage sein kann zu der Rechnungsart, die zugrunde gelegt werden muss der Physik, wie sie uns in dem jetzigen Vortrag gegeben wird?

*Zweite Frage:* Ob das vielleicht auch ein Weg ist, um zu dem zu gelangen, zu dem wir unter der Kontrolle und Steigerung des Denkens kommen, was die überempirischen Gebiete genannt wurde?

Es liegt hier also zunächst die Frage vor, wenn ich es richtig verstanden habe, ob man an die mathematischen Gebiete herankommen kann dadurch, dass man sie auffasst als ein Zwischenstadium zwischen Urbild und Abbild.[60]

Nun, fassen wir die mathematischen Gebiete zunächst rein geistig-empirisch auf; was sind sie, wenn wir zunächst hier denken wollen an räumlich-geometrische Gebiete? Oder denken Sie auch an arithmetische Gebiete?

*Alexander Strakosch:* An geometrische Gebiete.

Ich habe schon in diesen Tagen wie in einem Zwischensatz darauf hingedeutet, wie wir eigentlich zu den gewöhnlichen geometrischen Gebilden kommen.[61] Wir kommen eigentlich nicht auf dem Wege des Abstrahierens aus den empirischen Vorstellungen dazu, sondern zunächst sind schon die mathematisch-geometrischen Gebilde eine Art Intuition. Sie werden eigentlich geschöpft aus der Willensnatur der menschlichen Wesenheit heraus. Und indem sie daraus geschöpft werden, kann man sagen, dass der Mensch in seiner Erfahrung, indem er die mathematischen Gebilde erfasst, eigentlich immer wenigstens Wirkensmöglichkeiten hat, Realitätsmöglichkeiten in dem mathematischen Gebiete. Sie sind damit auch empirisch schon eine Art von Zwischenzustand zwischen den äußeren Wirklichkeiten, die wir ja nur im Abbild haben können, und den unmittelbaren Seinsinhalten, die wir innerlich erleben. Also auch die geistig-empirische Betrachtungsweise würde zeigen, dass, wenn wir das Geometrische erfassen, wir dann gewissermaßen ein Zwischenstadium zwischen Urbild und Abbild haben.

Ich möchte aber auf die Konsequenz hinweisen, welcher Hinweis nur besagen soll, dass allerdings, wenn man diesen Gedankengang verfolgt, man noch manches herbeizutragen haben wird zu seiner Verifizierung. Wenn die geometrisch-mathematischen Gebiete Zwischenzustände sind zwischen Urbild und Abbild, so ist es notwendig, dass sie eine gewisse Eigenschaft haben, die die Abbilder nicht haben. Eine Eigenschaft, die allerdings mehr eine ideelle wird; allein, sie wird erst so ideell gerade in der Sphäre der Abbilder.

Nicht wahr, wenn wir ein reines Abbild haben, so ist es so, dass es ja auch kombiniert sein kann, dass es nicht nötig ist, dass es unbedingt seinem Urbild entspricht. Wenn wir ein bloßes Abbild hier platzieren, so ist es nicht nötig, dass es einem Urbilde entspricht. Wenn wir aber diesen Zwischenzustand haben, der schon Realität in sich aufgenommen haben würde, so würde es notwendig sein, dass wir für ihn müssten aufsuchen können ein bestimmtes Feld der Realität, dass wir nicht in beliebiger Weise diese Gebiete würden kombinieren können. Denn die Urbilder werden wir niemals lebendig kombinieren können, sondern die müssten wir in ihrem eigenen Gebiete aufsuchen, die müssen als ganz bestimmte Erfahrungen vorliegen. Wir müssten also, wenn wir dieses mittlere Gebiet, das hier genannt worden ist das Gebiet der angeschauten Gesetzmäßigkeit mathematischer Objekte, in der richtigen Weise erfassen wollen, müssen wir es erfassen auch in Bezug auf seine Konstruktion als einen Zwischenzustand zwischen den absolut fixierten Urbildern und bodenlos beliebigen Abbildern. Das heißt, wir müssten die ganze Mathematik, besonders die Geometrie, in dem Sinne auffassen, dass wir sie innerlich beweglich auffassen, dass wir also, ich möchte sagen, sie wenigstens wie latent in der gesamten Wirklichkeit enthalten vorstellen. Wir müssten also zum Beispiel ein Dreieck nicht vorstellen als etwas, was in sich unbeweglich ist, sondern wir müssen es so vorstellen, dass wir es etwas unter dem Begriffszusammenhang vorstellen. Was ist ein Dreieck? Ein Dreieck ist ein von geraden Linien begrenztes Gebiet, dessen Winkelsumme 180 Grad ist. Dann würde aber in beliebiger Weise variabel sein das gegenseitige Längenverhältnis der drei Seiten, und wir würden aus dieser Definition unendlich viele Dreiecke bekommen, oder auch ein Dreieck in Fluss bekommen. Und das würde die Konsequenz dieser Anschauung sein, dass wir gewissermaßen eine fließende Geometrie bekämen.[62] Und es würde notwendig sein, nachzuweisen, dass diese fließende Geometrie nun auch im Reiche der Natur eine gewisse Bedeutung hat. Das heißt, dass also meinetwillen das Gesetz der Kristallisation tatsächlich etwas in sich enthält, was dieser fließenden Geometrie entsprechen würde. Also eine wirklichkeitsgemäße Vorstellung liegt allerdings zugrunde, aber es ist natürlich manches noch beizutragen, um das Ganze zu verdeutlichen. Außerdem mache ich noch darauf aufmerksam, dass hier eine gewisse Sache hineinspielt, die eigentlich hier berührt werden muss, wenn man es so nimmt.

Sehen Sie, man ist in der gegenwärtigen Zeit zu der Gewohnheit gekommen, wenn man in höhere Gebiete der Wirklichkeit hinaufgehen will, zu höheren Dimensionen seine Zuflucht zu nehmen. Das war nicht immer so in dem Formalismus, der zugrunde gelegt worden ist dem okkulten Vorstellen, dem Vorstellen des Okkulten. Man ging früher so vor, dass man sagte: Unsere gewöhnlichen physischen Gebilde haben wir nötig, dreidimensional vorzustellen. Die Gebilde, die dem astralen Raum angehören – also ich spreche jetzt in anderem Sinne, als ich vorhin bei Herrn Blümel gesprochen habe, wo ich von dem physischen Leib zum Ich gegangen bin, ich möchte [hier] auf die Sphären oder Plane Rücksicht nehmen –, wenn wir also den nächsten [Astral-]Plan vorstellen, so müsste man ihn unter dem Bilde einer zweidimensionalen Fläche vorstellen. Wenn man den nächsten, den Rupa-Plan etwa vorstellen würde, würde man ihn eindimensional ausdehnen; und zum Punkt käme man, wenn man den Arupa-Plan vorstellen würde.[63]

Da also würde man dazu kommen, sich sagen zu können: Bei dem Gehen zu geistigeren Vorstellungen ist man genötigt, die Mannigfaltigkeiten sogar zu verringern, nicht zu vermehren; und dieser Sache unterliegt man, wenn man jetzt von oben nach unten geht, und in gewisser Beziehung tut man das, wenn man zum Beispiel Folgendes versucht: Wir können ganz gut unterscheiden geistig, seelisch, leiblich. Aber wenn wir uns fragen, was ist denn im auf der Erde herumgehenden Menschen das Geistige, so müssen wir sagen: Dieses Geistige ist da eigentlich außerordentlich filtriert vorhanden. Gerade das abstrakte Denken ist das, was der Mensch eigentlich dem Geiste verdankt. Es ist geistig und für sich nur geneigt, das Sinnliche wahrzunehmen, aber das Mittel dieses Wahrnehmens ist eben geistig. Und gerade wenn wir dieses Geistige des Denkens nun herunterverfolgen ins Leibliche, dann bekommen wir einen Ausdruck im menschlichen physischen Leibe, währenddem das umfassendere Geistige noch keinen Ausdruck im menschlichen physischen Leibe hat. Sodass ich sagen kann, etwas grob gesprochen: Ein Drittel der geistigen Welt, an der der Mensch Anteil hat, hat seinen Ausdruck im menschlichen physischen Leibe.

Wenn ich zum Seelischen gehe, so wird es so, dass ich sagen muss: Zwei Drittel der geistigen Welt, an der der Mensch Anteil hat, haben ihren Ausdruck im menschlichen Leibe, sind im physischen Leibe zum Ausdruck gelangt. – Und wenn ich zum physischen Leibe gehe, so muss ich sagen: Drei Drittel sind zum Ausdruck gelangt. – Also muss ich, indem ich heruntersteige von oben nach unten, beim Menschen den Fortgang vom Urbild zum Abbild mir allerdings so denken, dass das Urbild immer leicht beim Herabsteigen von seiner Entität etwas zurücklässt. Dadurch ist gerade das wesentliche Charakteristikon des Leiblichen gegeben. Wenn wir hinaufgehen, finden wir Neues: dasjenige, was nicht Abbild geworden ist. Wenn wir heruntergehen, tritt uns allerdings dann etwas auf, was nicht bloß Abbild ist, sondern wo Realität hineinspielt. Gerade so zum Beispiel, wenn wir unseren physischen Leib und unseren Ätherleib in der Nacht im Bett liegen lassen, wir nicht bloß Astralleib und Ich [aus dem Leibe] heraus haben, der Leib leer ist davon, sondern es kommen höhere Kräfte herein, die ihn dann während der Zeit, wo Astralleib und Ich heraus sind, beleben, so ist dann auch im Abbild etwas drinnen, was nicht allein vom Urbild stammt, sondern erst hereinkommt, indem es Abbild wird, wenn das Abbild der Entität [Realität?] angehört.

Es entsteht dann die interessante Frage: Wie wird aus dem, was bloß phantasiegemäß kombiniertes Abbild ist, das reale Abbild? Da kommt eben dieses andere noch hinein.

Ich möchte nur noch bemerken: Wenn man zunächst zwei Dimensionen ins Auge fasst, so führt dieser Gedankengang unmittelbar dazu, einem anderen sich zuzuwenden, der den [ersten Gedanken] erhellen kann. Wenn man zwei Dimensionen ins Auge fasst, so kann man alles dasjenige, was zweidimensionalen Gebilden entspricht, in diese zwei Dimensionen hineinzeichnen, nicht aber das, was im [dreidimensionalen] Raume ist. Aber jeder wird mir zugeben, dass in dem Augenblick, wo ich statt perspektivisch oder dergleichen zu zeichnen, mit Farben anfange [ein Bild] anzulegen, wo ich Farben nachahme, also Bilder von Farben gebe, ich da direkt in die Ebene hinein, dem Bilde nach, den Raum lege. Sodass ich also die Frage aufwerfen kann: Dasjenige, was im Bilde die Farbe ausdrückt, liegt das in irgendeiner der drei Dimensionen des Raumes drinnen? Ist es möglich, etwas anzudeuten in den Farben, was die drei Dimensionen ersetzt, was anstelle der drei Dimensionen dastehen kann? Also wir können, wenn wir das Farbige überblicken, das Farbige in einer gewissen Weise anordnen. In zwei Dimensionen kommen wir dazu, ein Bild des Dreidimensionalen zu geben. Und jedermann kann ja einsehen, dass alle blauen Farben gewissermaßen nach rückwärts rücken und alle rotgelben Farben nach vorwärts, sodass wir tatsächlich einfach in der Farbengebung selber die drei Dimensionen haben. Also wir können durch das Intensive der Farben das Extensive der drei Dimensionen zum Ausdruck bringen, und wir kommen da tatsächlich dazu, die Dreidimensionalität zusammenzuquetschen; wenn wir zu den Farben übergehen, quetschen wir sie in zwei Dimensionen hinein.

Solche Betrachtungen können mit diesen auch durchaus verknüpft werden, um dann zu dieser flüssigen Geometrie zu kommen, und wirklich eventuell darauf zu kommen, ob man nicht die Geometrie so erweitern kann, dass das drinnen liegt, dass man zum Beispiel, wie man kongruente Dreiecke auffasst, das Dreieck *A* kongruent sein lässt mit dem Dreieck *B*, ob man nicht auch eine erweiterte mathematische Beziehung finden kann zwischen dem, was ich als ein rotes Dreieck in der Ebene mache und ein blaues Dreieck in der Ebene mache; ob man nicht nachdenken kann, ob es unerlaubt ist, einfach ohne Weiteres in der Ebene nun auch die einfache Linienform, die ein rotes Dreieck darstellen soll, hinzuzeichnen wie die Linienformen, die ein blaues Dreieck vorstellen sollen. Ob ich nicht ausdrücklich sagen muss: Wenn man mir erlaubt, diese Linienformen für ein rotes Dreieck zu zeichnen, dann muss ich, wenn ich sie in dieselbe Fläche zeichnen will, klein zeichnen; einfach dadurch, dass sie Rotes darstellen wird, muss sie klein gezeichnet werden. Und dieses muss einfach deshalb, weil es blau sein soll, groß gezeichnet werden.

Es ist nun die Frage, ob es nicht auf diese Weise möglich ist, hineinzubringen in unsere Geometrie einen Intensitätsfaktor, sodass man mit Intensitäten rechnen kann. Und dann würde sich ergeben die ganze Bedeutung des Zusammenwirkens unseres linken Auges mit unserem rechten Auge. Wir sehen stereoskopisch dadurch, dass die beiden Augen zusammenwirken. Das ist aber nichts anderes auf dem Gebiete des Optischen, wie wenn ich mit der linken Hand die rechte angreife. Würde ich ein Wesen sein, das niemals könnte mit einem Teil seines Organismus den anderen berühren, so würde ich keine physische Ich-Vorstellung bekommen können. Physische Ich-Vorstellungen kann ich nur bekommen dadurch, dass ich mit einem Teil meines Wesens den anderen berühren kann. Und im Raume mich als ein Ich fühlen kann ich nur dadurch, dass unter dem gewöhnlichen Empirischen so ein bisschen verborgen dasjenige ist, dass mein rechtes Sehen mein linkes überkreuzt. Darin liegt die Möglichkeit, in die Vorstellung, also nicht in die Realität des Ich, aber in meine Vorstellung des Ich das Richtige hineinzubringen.

Und nun denken Sie sich einmal, was es für eine Konsequenz hätte für dieses Hineinbringen des Ich [in die physische Vorstellung], wenn Sie Ihre Augen nicht symmetrisch gleich hätten, wenigstens annähernd, sondern wenn Sie sie etwas verschieden hätten, oder vielmehr, wenn Sie sie stark verschieden hätten, denn etwas verschieden sind sie ja. Wenn Sie das linke Auge zum Beispiel bedeutend kleiner hätten als das rechte, sodass dasjenige, was als die linken und rechten Stereoskopbilder sich darstellen würden, sehr verschieden wäre, so dass Sie fortwährend im linken Auge ein kleineres Bild erzeugten, und innerlich auch noch das Bestreben hätten, dieses kleine zu vergrößern, und dabei im rechten Auge ein großes Bild erzeugten, und dann [das rechte Auge] das umgekehrte Bestreben hätte – [nämlich dieses Bild innerlich zu verkleinern] –, Sie würden dadurch zu dem statischen Sehen, das stereoskopisch ist, hinzutragen ein lebendiges Sehen.

Das [wirkliche] lebendige Sehen müssten Sie aber erzeugen in dem Augenblick, wo Sie nur ein bisschen hinaufsteigen in die Anschauung des Imaginativen. Diese Anschauung kommt dadurch zustande, dass man gewissermaßen fortwährend das Asymmetrische anreiht aneinander. Deshalb war es notwendig, die Dornacher Mittelfigur [in der plastischen Holzgruppe], den Repräsentanten des Menschen, mit einer starken Asymmetrie zu zeigen, um eben dadurch zu zeigen, wie er zum Geistigen aufsteigt. Sodass ich aus dem Grunde, um Ihnen eine Vorstellung zu geben, wie eigentlich alles dasjenige, was in uns Menschen ist, zum Beispiel auch das statische stereoskopische Sehen, im Grunde genommen ein Gleichgewichtszustand ist, der fortwährend tendiert, nach der einen oder anderen Seite abzubiegen, polarisch. Und was wir als Menschen sind, das sind wir eigentlich dadurch, dass wir in jedem Augenblick unseren Gleichgewichtszustand herzustellen haben zwischen oben und unten, vorn und hinten, links und rechts.

# FRAGENBEANTWORTUNG

*Dornach, 30. März 1920*

*Frage:* Wie ist eine Weiterbildung der Chemie im Sinne der Anthroposophie zu denken?

Wenn die von Dr. Kolisko gemeinte Phänomenologie vorgenommen wird, so muss eben gesagt werden, dass diese Frage so umfassend noch ist, dass sie ja auch nur höchst andeutungsweise beantwortet werden kann. Vor allen Dingen ist es nötig, dass man einsähe, dass man zunächst zu einer entsprechenden Phänomenologie kommen müsste. Eine Phänomenologie ist nicht eine Zusammenstellung der bloßen Phänomene in willkürlicher Weise, oder so, wie sie sich gerade durch die wissenschaftlich angestellten Versuche ergibt; sondern eine wirkliche Phänomenologie ist eine solche Systematisierung der Phänomene, wie es etwa versucht worden ist von Goethe in seiner «Farbenlehre».[64] Es ist ein Zurückführen des Komplizierteren auf das Einfachere, bis zu jenen Grundlagen, wo einem die Grundelemente, die Grundphänomene entgegentreten.

Nun weiß ich selbstverständlich ganz gut, dass nun ganz gescheite Leute sagen werden: Ja, aber wenn man eine solche gescheite Aufstellung hat in Bezug auf [den Zusammenhang von] qualitativen Phänomenen mit Urphänomenen, so ist ein solcher Aufbau durchaus nicht von vornherein zu vergleichen mit dem, wie zum Beispiel kompliziertere geometrische Zusammenhänge mathematisch zurückzuführen sind auf Axiome; denn die geometrischen Zusammenhänge werden gewissermaßen aus reiner innerer Konstruktion aufgebaut. Der weitere Aufbau der Mathematik, [ausgehend von] diesen Axiomen, wird wiederum erlebt wie eine in ihrer [inneren] Notwendigkeit erschaute [Fortsetzung des mathematischen Prozesses], während wir [andererseits] angewiesen sind beim Aufbau der Phänomene und der Urphänomene, uns auf die Beachtung des äußeren Tatbestandes zu verlassen.

Das ist aber nicht so, [auch] wenn es [einfach so] behauptet wird – es wird ja im weitesten Umkreise mehr oder weniger deutlich und klar behauptet. Dass dieses behauptet wird, ist doch nur ein Ergebnis einer unrichtigen Erkenntnistheorie. Und namentlich ist es das Ergebnis eines konfusen Durcheinanderwirbelns des Erfahrungsbegriffes mit anderen Begriffen. Und durch dieses konfuse Durcheinanderwirbeln des Erfahrungsbegriffes mit anderen Begriffen ergibt sich zum Beispiel das Folgende.

Da wird nicht darauf gesehen, dass die Art und Weise, wie Erfahrung vorliegt, durchaus gebildet ist in Bezug auf das menschliche Subjekt. Ich kann gar nicht den Begriff der Erfahrung bilden, ohne dass ich die Beziehung denke vom Objekt zum menschlichen Subjekt.

Und nun handelt es sich lediglich darum: Gibt es eine prinzipielle Unterscheidung zwischen der Art und Weise, wie ich zum Beispiel ein Goethe'sches Urphänomen vor mir habe, und dieses Urphänomen kompliziere zum abgeleiteten Phänomen, wo ich scheinbar angewiesen bin darauf, dass mir die äußere Erfahrung dasjenige, was ich im Urteil ausspreche, bestätigt? Gibt es einen Unterschied in diesem ganzen Verhalten des Subjekts zum Objekt gegenüber dem, wenn ich in der Mathematik konstatiere, die Summe der drei Winkel des Dreiecks ist 180 Grad? Oder wenn ich den pythagoreischen Lehrsatz konstatiere in Bezug auf den Erfahrungsbegriff? Gibt es in der Tat einen Unterschied?

Dass es in Bezug auf das keinen Unterschied gibt, ist sogar schon hervorgetreten in Untersuchungen immerhin ganz geistreicher Mathematiker des 19. Jahrhunderts und bis in unsere Tage herein, die ja, weil sie gesehen haben, dass schließlich Mathematik auch nur beruht auf einer Erfahrung – in einem Sinne, wie man von Erfahrung bei den sogenannten empirischen Naturwissenschaften spricht –, die hinzukonstruiert haben, allerdings zunächst nur hinzukonstruiert haben, zu der euklidischen Geometrie nichteuklidische [Geometrien].[65] Und man muss da sagen: Theoretisch ist es ja zunächst durchaus möglich, geometrisch zu denken, dass die drei Winkel eines Dreiecks 380 Grad sind. [Allerdings muss man dabei] voraussetzen, dass der Raum ein anderes Krümmungsmaß hat.[66] In unserem gewöhnlichen Raume haben wir ein reguläres [euklidisches] Maß, das die Krümmung null hat. Dadurch einfach, dass man sich vorstellen würde, dass der Raum mehr gekrümmt [das heißt, dass die Krümmung des Raumes größer als 0] ist, dadurch kommt man zu so einem Satze wie: Die Summe der drei Winkel eines Dreiecks ist größer als 180 Grad. [Es liegen] interessante Versuche in Bezug darauf [vor, so zum Beispiel von] Oskar Simony, der dies [weitergehend] untersucht hat.[67]

Diese Bestrebungen zeigen, dass man schon von gewisser Seite auch für nötig gehalten hat, sich zu sagen: Auch dasjenige, was wir in mathematischen oder geometrischen Sätzen als Urteile aussprechen, auch das bedarf ebenso der empirischen Verifizierung wie dasjenige, was wir aussprechen in der Phänomenologie.

# FRAGENBEANTWORTUNG

*Dornach, 31. März 1920*

*Frage:* Die gewöhnliche Mathematik umfasst das Feste, Flüssige und Gasförmige in Gestalt, Oberfläche und Kraftrichtung. Wie denken Sie sich eine Mathematik des Wärmegebietes, des chemischen und Lebensgebietes?

Nun handelt es sich da wohl zunächst ja darum, dass das mathematische Gebiet als solches in sachgemäßer Weise ausgedehnt werden muss, wenn man höhere Gebiete, ich möchte sagen, aber nur analog mathematisch umfassen will.

Wenn man daran denkt, dass da doch ein Bedürfnis entstand im 19. Jahrhundert, die Mathematik selber zu erweitern. Ich will nur erwähnen, was da schon bei anderen Gelegenheiten erwähnt worden ist – ich glaube, erst gestern[68] – dass damals das Bedürfnis aufgetreten ist, zu der euklidischen Geometrie eine nichteuklidische Geometrie hinzuzufügen; dass das Bedürfnis eingetreten ist, Rechnungen auszuführen für höhere Mannigfaltigkeiten, als wir sie gewöhnlich ausführen.[69] Darinnen haben wir schon einen Hinweis auf Erweiterungen der Mathematik. Und wir dürfen ja sagen: Wenn wir die gewöhnliche ponderable Materie ins Auge fassen, so kommen wir nicht dahin, irgendeine sachgemäße Anwendung anderer Mannigfaltigkeiten, als der gewöhnlichen [euklidischen] drei[dimensionalen Mannigfaltigkeit], zu gebrauchen.

Es ist aber heute so wenig Neigung noch vorhanden, in eine sachgemäße Anschauung über die Gebiete der Wärme, der chemischen [Wirkungen] und [der] Lebenselemente einzugehen, dass die Fortsetzung der mathematischen Denkweise in diese Gebiete hinein heute noch wirklich etwas sehr Problematisches ist.[70]

Es kann zum Beispiel [bezüglich der hier vorgebrachten Anschauungen] durchaus nicht ein Gegensatz geschaffen werden zu dem Nichtkennen des Wesens der Masse, wie es vonseiten der Physiker propagiert wird. [Ein Physiker ist nur konsequent, wenn er sagt:] Es ist [in der Physik] nicht einzugehen etwa auch auf das Wesen, [sondern bloß auf] das Bild des Lichtes, wie es [sich] bei Goethe

[dar]stellt. Der Physiker wird, wenn er vernünftig ist, selbstverständlich ablehnen, [innerhalb seines Gebietes] auf das Wesen der Dinge einzugehen. Allerdings [ergibt sich] dann sogleich die Misere: Der Physiker lehnt vielleicht [überhaupt] ab, auf das Wesen der Dinge einzugehen. Derjenige, der dann heute aus der gebräuchlichen physischen, physikalischen Anschauung eine Philosophie braut, der lehnt es nicht mehr [nur] ab, sondern der erklärt: Man kann eben [überhaupt] nicht in das Wesen der Dinge eindringen.

Und so haben wir [heute eine sehr einseitige Anschauung von der] Erde, da wir es ja niemals zu tun haben können mit der bloßen Geologie in der Physik, sondern mit dem, was als Fazit sich aus einem solchen einzelnen Gebiete für die Gesamterkenntnis ergibt. So haben wir es zu tun schon mit schädlichen Konsequenzen desjenigen, was ja eben nicht mathematisch, sondern als mechanistische Weltanschauung sich ergeben hat allmählich im Laufe der Zeit für die Physik.

Was Goethe meint, wenn er sagt, von dem Wesen des Lichtes soll man eigentlich nicht sprechen, sondern man soll versuchen kennenzulernen die Tatsachen, die Taten und Leiden des Lichtes – denn die geben ja eine vollständige Beschreibung des Wesens des Lichtes –, so ist [dies] durchaus nicht etwa identisch mit der [prinzipiellen] Ablehnung der Frage nach dem Wesen des Lichtes, sondern gerade der Hinweis darauf eben, dass eine richtige Phänomenologie – die in dem Sinne angeordnet ist, wie das gestern besprochen worden ist hier[71] –, dass eine solche wirkliche Phänomenologie zuletzt gerade eben ein Bild gibt von dem Wesen, das in Betracht kommt.[72] Es gibt ja auch [die Physik] durchaus, insoweit sie Phänomenologie ist und sein will, und richtige Phänomenologie ist, soweit es das mechanistische Gebiet [betrifft] – ein Bild über das Wesen, nämlich über das Wesen der Erscheinungen.

Und so kann man schon sagen: Wenn es sich nicht um die mechanischen Erscheinungen oder um dasjenige handelt, was auch an den physikalischen Erscheinungen bloß mechanisch ist, – wenn es sich um andere Gebiete handelt als um die mechanischen, dann wird die mechanistische Anschauung dieser anderen Erscheinungsgebiete hinderlich für ein Vordringen zu einem wirklichen, für den Menschen erkennbaren Wesen der Dinge. Und insoferne ist es notwendig, den radikalen Unterschied einer solchen Phänomenologie, wie sie Goethe meint, und wie sie im Goetheanismus gepflegt werden kann, hervorzuheben [gegenüber] dem, was eben prinzipiell verzichten will, auf das Wesen der Dinge einzugehen.

Das hat gar nichts zu tun wiederum mit irgendeinem Vorzug etwa der mechanistischen Methode für den Beherrschungstrieb[73] der Natur. Denn, meine sehr verehrten Anwesenden, es ist ja selbstverständlich, dass in dem Gebiete, in dem es gerade die großen Triumphe der letzten Jahrhunderte gegeben hat – nämlich in dem technisch-mechanischen Gebiete –, dass [es] da als Grundlage der mechanistische Teil der Naturerkenntnis eine gewisse Befriedigung des Beherrschungstriebes der Natur geben konnte.

Man frage aber nur, inwieferne zurückgeblieben ist dieser Beherrschungstrieb [oder Erkenntnistrieb] der Natur auf anderen Gebieten. Gerade weil es abgelehnt worden ist, da zu einer ebensolchen Erkenntnis vorzudringen, wie es auf dem mechanistischen Gebiete angestrebt worden ist, [ist der Erkenntnisfortschritt auf diesen anderen Gebieten zurückgeblieben].

Der Unterschied des mechanistischen Gebietes und derjenigen Gebiete, die mit dem Physikalischen anfangen und dann durch das Chemische hinauf zu dem Organischen und so weiter gehen – der Unterschied liegt nicht etwa darinnen, dass man es in diesen höheren Gebieten nur mit [qualitativen] Eigenschaften oder dergleichen zu tun hätte, sondern der Unterschied liegt darinnen, dass einfach dasjenige, was sich auf das mechanistische Gebiet, auf die mechanistische Physiologie bezieht, dass das einfach ist, [dass sich] das einfach ansehen lässt, [weil es] das Elementarste ist. In diesem Elementarsten [haben wir es] daher [, da es einfach ist,] zu einer gewissen Befriedigung des Beherrschungstriebes gebracht.

Dann [entsteht] aber die Frage: Wie kommen wir zu einer Befriedigung dieses Beherrschungstriebes, wenn wir in die höheren Gebiete hinaufrücken, die nicht mehr im Mechanistischen so erfolgen? Und da wird schon durchaus damit gerechnet werden müssen, dass doch auch Zeiten kommen, ich möchte sagen, welche hinausgehen ein wenig in der Naturbeherrschung über das bloß mechanistische Gebiet.

Es ist auch im mechanistischen Gebiet außerordentlich leicht, die Nichtbeherrschung, die erkenntnismäßige Nichtbeherrschung der Natur – nun, ich möchte sagen [wie als] Rache der Natur, als Rache der Wirklichkeit – [zur Erfahrung zu] bringen. Wenn einer eine Brücke baut, ohne ordentliche Kenntnis der mechanistischen Gesetze für die Eisenbahn, so wird bei irgendeiner entsprechenden Gelegenheit die Brücke zusammenbrechen und der Eisenbahnzug über den Bahndamm hinuntersausen.

Da tritt sogleich die Reaktion gegen die falsche Beherrschung durch eine falsche Erkenntnis hervor. Wenn die Beherrschung sich beziehen muss auf etwas kompliziertere Gebiete, die aber [nun] hergenommen werden müssen nicht aus dem Quantitativen, nicht aus dem Mechanistischen, sondern die hergenommen werden müssen eben aus dem Vorgehen, wirklich eine Phänomenologie auszuarbeiten, da ist vielleicht dieser Nachweis nicht immer so leicht. Man kann mit einer ziemlichen Sicherheit sagen, dass unter Umständen eine Brücke, wenn sie, nachdem der dritte Eisenbahnzug darüberfährt, zusammenbricht, dass dann die Brücke mit einem mangelnden Erkenntnistrieb aufgebaut worden ist. Aber man wird heute nicht leicht sich dazu entschließen, wenn dem Arzt jemand, nun, stirbt, nach derselben Weise den Zusammenhang zwischen dem Erkenntnistrieb und der Naturbeherrschung sogleich zu konstatieren. Man sagt weniger, dass der Arzt jemanden zu Tode kuriert hat, als dass jemand eine schlechte Brücke gebaut hat.

Kurz, man sollte etwas sparsamer sein mit diesem Betonen [der Bedeutung] des Beherrschungstriebes der Natur, rein auf Grundlage der bekannten Tatsache hin, dass es bloß auf dem Gebiete der mechanistischen Technik dazu gekommen ist, [dass] da eine solche Befriedigung des Beherrschungstriebes durch die mechanistische Naturanschauung möglich geworden ist.

Die anderen Naturanschauungen werden eben eine ganz andere Befriedigung des Beherrschungstriebes noch geben können. Ich will zum Beispiel da nur auf das hinweisen – ich glaube, ich habe schon gestern von einem anderen Gesichtspunkte aus darauf hingewiesen –, dass man niemals kann die Brücke schlagen von der mechanistischen Weltanschauung herüber zum Menschen; dass aber sogleich die Brücke geschlagen wird, wenn eine richtige Phänomenologie angewendet wird.[74]

Sie haben bei Goethe in seiner «Farbenlehre» nicht bloß die Darstellung der physiologischen Phänomene [und] die Darstellung der physischen Phänomene, sondern Sie haben eben das ganze Gebiet herübergeführt bis zu der sinnlich-sittlichen Wirkung der Farben, wo die Erscheinung, das ganze Gebiet sogleich an den Menschen herangerückt wird.[75]

Und von diesem Gebiete, auf das Goethe da noch hindeutet – der sinnlich-sittlichen Wirkung der Farben –, kommt man herüber, wenn man nun geisteswissenschaftlich weiterarbeitet, in das vollständige Gebiet der Menschenerkenntnis, und damit aber wiederum in das vollständige Gebiet der Naturerkenntnis.

Und es wäre in einer gewissen Weise vielleicht gut, wenn man heute schon aufmerksam machen würde, immer wiederum, darauf, dass ja ein großer Teil desjenigen, was die Menschheit heute als Dekadenzerscheinungen innerhalb der europäischen Kultur erlebt, zusammenhängt damit, dass wir es eben nur auf der einen Seite, auf der mechanistischen Seite, zu einer Befriedigung des Beherrschungstriebes gebracht haben. Da haben wir es ja in der Tat recht weit gebracht. Nicht nur dazu, dass wir Eisenbahnen gebaut haben, Telegrafen und Telefone angelegt haben, bis wir zu der [drahtlosen und Mehrfach-] Telegrafie gekommen sind, sondern wir haben es ja in diesem Befriedigen des [mechanistischen] Beherrschungstriebes sogar so weit gebracht, dass wir große Teile von Europa einbetoniert haben, dass wir sie zerstört haben. Wir haben es bis zur Zerstörung gebracht, bis zu einer gründlichen Befriedigung des Beherrschungstriebes.

Es ist nun so: Diese Befriedigung des Beherrschungstriebes [bis hin zur Zerstörung] – es war doch im Grunde genommen [diese Zerstörung] eine gradlinige Fortsetzung des reinen technischen Beherrschungstriebes, es lag in der geradlinigen Fortsetzung. Diese Dinge gehören auch zu denen, die nun gründlich ausgemerzt werden, wenn an die Stelle der ungesunden Ausdehnung der mechanistischen Anschauung über die gesamten physikalischen Erscheinungen das tritt, was nun nicht auslöscht einfach das wirklich Spezifische der physikalischen Erscheinungen dadurch, dass alles mit mechanistischen Vorstellungen übergossen wird, sondern wenn man in der Tat aufrückt von dem Mechanistischwerden der Vorstellungen, die auf ihrem Gebiete eben ja auch eine ganz gute Physiologie geben, zu demjenigen, was nun den physikalischen Erscheinungen spezifisch ist.

Und da muss darauf hingewiesen werden, dass gerade diese Betrachtungsweise, die ja selbstverständlich in einer Stunde nicht bis zu ihren letzten Konsequenzen geführt werden konnte, dass diese Betrachtungsweise zu einer Erweiterung, auch des mathematischen Gebietes selber, führen wird, aus der entsprechenden Wirklichkeit heraus. Und wir müssen uns klar sein, dass gerade aus der mechanistischen Verwirrung heraus solche Dinge möglich geworden sind, dass über den sogenannten Äther im Grunde genommen im Laufe der letzten dreißig, vierzig, fünfzig Jahre alle möglichen Ansichten aufgestellt worden sind.

Und der vorhin in Bezug auf ein anderes Gebiet erwähnte Physiker Planck ist es ja gewesen, der sich endlich durchgerungen hat zu der Formulierung: Wenn man über den Äther in der Physik überhaupt sprechen will, so darf man ihm jedenfalls keine materiellen Eigenschaften beilegen.[76] Man darf ihn nicht materiell denken. – Dazu ist also doch die Physik gedrängt worden, dem Äther keine materiellen Eigenschaften beizulegen.

Worinnen bestehen denn eigentlich die Fehler in den Äther-Ideen, in den Äther-Begriffen? Nun, meine sehr verehrten Anwesenden, die bestanden gar nicht darinnen, dass man zu wenig Mathematik getrieben hat oder irgend so etwas, sondern dass man, weil man nur von der Tendenz beseelt war, das Mathematische über das Spezifisch-Physikalische auszudehnen, falsche Mathematik getrieben hat, dass man in die Formeln, in [die] auch die Ätherwirkungen [hinein]spielten, die Größen so einsetzte, wie man sie einsetzt für die ponderable Materie.

In dem Augenblick, wo man sich klar darüber ist, dass die Möglichkeit des Einsetzens der gewöhnlichen Größen in die mathematischen Formeln aufhört, wenn wir in das Äthergebiet hineinkommen, in dem Augenblick wird auch der Trieb entstehen, eine wirkliche Erweiterung der Mathematik selber zu suchen.

Sehen Sie, man braucht nur auf das Zweifache hinzuweisen. Der Physiker Planck sagt: Wenn man über den Äther in der Physik überhaupt sprechen will, so darf man ihm jedenfalls keine materiellen Eigenschaften beilegen.

In der Einstein'schen Relativitätstheorie, oder überhaupt in der Relativitätstheorie, fand man sich genötigt, den Äther überhaupt zu streichen.[77]

Nun ist der Äther nicht zu streichen – das ist etwas, das ich jetzt nur andeuten kann –, sondern es handelt sich darum, dass wir genötigt werden, in dem Augenblicke, wo wir in unseren physikalischen Formeln, das heißt in die[jenigen] mathematischen Formeln, die auf Physikalisches angewendet werden, übergehen zu dem Äther, dass wir da genötigt werden, in die Formeln die Größen negativ einzusetzen. [Diese Größen müssen negativ eingesetzt werden,] weil wir einfach, indem wir von den positiven Materien vorrücken bis zur Nullität, auf der anderen Seite [ebenso], wie wir in [der] formalen Physik von den positiven zu den negativen Größen hinüberkommen, und wir in dem Äther weder ein Nichts haben – was Einstein meint –, noch ein reines Negativum – wie Planck sagt –, das man als Etwas denken muss, sondern, weil man den Äther als etwas denken muss, was mit Eigenschaften behaftet ist, die den Eigenschaften der Materie so entgegengesetzt sind wie die negativen Zahlen den positiven.[78] Und da gewinnen schon die reinen Ausdehnungen des Mathematischen – man mag nun darüber streiten, was eine negative Größe ist –, da gewinnt schon, aber noch ehe man dazu kommt, über den Charakter des Negativen selber sich klar zu sein, da gewinnt schon die Ausdehnung der Zahlenlinie ins Negative hinein eine gewisse Bedeutung auch für die Wirklichkeit.

Ich weiß natürlich sehr gut, dass auf mathematischem Gebiet ein bedeutsamer Streit war im 19. Jahrhundert zwischen denjenigen, die etwas Qualitatives gesehen haben in dem positiven und negativen Vorzeichen, während andere wiederum in den negativen Vorzeichen nur einen Subtrahenden gesehen haben, für die der negative Minuend fehlt.[79] Aber darauf kommt es dabei nicht an, sondern dass wir in der Tat genötigt sein können, denselben Weg, den wir in der formalen Mathematik von dem Positiven zu dem Negativen zu machen [genötigt sind], in der Physik selber zu machen, indem [man] von den ponderablen [Wirkungen] in die ätherischen Wirkungen hinübergeht. Dann prüfe man einmal, was aus den Formeln herauskommen wird, wenn man sich entschließt, die Größen [so] zu behandeln.

Und dann wird wiederum, trotzdem in der formalen Mathematik wieder viel Gediegenes gearbeitet [worden ist und gearbeitet] werden kann über die Berechtigung der formalen [imaginären] Größen, dass wir einfach genötigt sind, [auch] in der Physik imaginäre Größen einzusetzen für die positiven und negativen Größen. Dadurch aber kommen wir zu einer Vermittlung mit den Größen des Naturdaseins.

Ich weiß gut, dass dies nur ganz flüchtig skizziert ist, nur in ein paar Worten zusammengefasst ist; aber ich muss dennoch darauf aufmerksam machen, dass es möglich ist, dass man im Fortschritt von der ponderablen Materie bis hinauf zu dem, wo man bis zu den Lebenskräften kommt, überall genötigt ist, in die Formeln negative Größen einzusetzen, eben für die Umkehrung des materiellen Quantitativen überhaupt. Und dass man dann, sobald man über das Leben hinauskommt, genötigt wird, überzugehen von bloßen negativen Größen zu imaginären Größen; dass man da aber nicht bloß formale Größen hat, sondern Größen, die nun die Eigenschaft haben, dass [sie sich] nicht mehr [auf] das [positive oder negative] Materielle, sondern [auf] das Substanzielle beziehen – was also qualitativ-innerlich so sich verhält, sowohl zu dem Ätherischen [, dem Negativ-Materiellen], wie auch zu dem Ponderablen [, dem Positiv-Materiellen], wie sich die imaginäre Zahlenlinie zu den positiven und negativen Zahlen, zur realen Zahlenlinie verhält. Sodass man in der Tat verbinden kann auch schon dasjenige, was man in der formalen Mathematik hat, mit gewissen Wirklichkeitsgebieten.

Es wäre sehr zu bedauern, wenn Versuche, die darauf hindeuten, die menschlichen Ideen nun der Wirklichkeit anzunähern, die menschlichen Ideen dahin zu bringen, in die Wirklichkeit unterzutauchen, wenn diese an der trivialen Vorstellung scheitern würden, dass dasjenige, was eine wirklich rationelle [und nicht bloß mechanistische Physik und] Physiologie bietet, weniger den menschlichen Naturbeherrschungstrieb befriedigen würde. Es würde ihn mehr befriedigen, als die so glorifizierte Anwendung der mechanistischen Weltanschauung auf die mechanistische Technik. Diese mechanistische Technik hat gewiss der Menschheit in der Kulturentwickelung auf der einen Seite Großartiges gebracht. Aber diejenigen, die fortwährend davon sprechen, dass die rechnende Physik – das heißt die so rechnende Physik, wie die Physik eben bisher gerechnet hat –, dass die Physik die [bekannten] gloriosen Fortschritte auf dem Gebiet der Naturwissenschaft, auf dem technischen Felde hat, sollten bedenken, dass unter Umständen auch unter diesem bloßen Hinlenken der Aufmerksamkeit auf das rein technische Gebiet gar sehr andere Gebiete gelitten haben könnten. Und dass wir sehr gut gebrauchen könnten, um herauszukommen aus der Misere, aus der Dekadenz, in die uns hineingebracht hat die bloß technische Beherrschung und ihre Grundlagen, die bloß mechanistische Erkenntnis, um herauszukommen aus dieser Misere, aus dieser Dekadenz, dass uns da sehr nottun könnte gerade das Hinneigen zu einer Physiologie [und Physik], die nun wirklich nicht in derselben Weise von einer Ablehnung der Erkenntnis des Wesens sprechen kann, wie das tatsächlich gelten muss für das mechanistische Gebiet, das mechanische Gebiet, das der mechanistischen Erkenntnis zugänglich ist.

Ja, sehen Sie, das [mechanistische Gebiet] hat es aus dem Grunde so leicht, auf das Wesen zu verzichten, weil dieses Wesen, ich möchte sagen, so auf der Hand liegt, weil es sich ja im Raume ausbreitet. Und es ist etwas schwieriger, in derselben Weise so weit zu kommen auf dem Gebiet des Physikalischen wie auf dem Gebiet des Mechanistischen.

Daher das ganze Reden von dem Nicht-hinein-Kommen in das Wesen. Der Physiker hat es leicht, in einem anderen Sinne, wenn er bloß mechanistisch denken will, eine Erkenntnis des Wesens abzulehnen. Denn hinter dem, was die heutigen Formeln, so wie sie heute gebracht werden, um das [Mechanistische] mathematisch auszudrücken, gibt es kein Wesen. Das Wesen fängt erst da an, wo man nicht mehr [nur] diese Formeln anwendet, sondern in das mathematische Wesen [selbst] hineindringt.

Das nur zur Beantwortung der Frage, wie man sich das Mathematische ausgedehnt denken könnte über die Imponderabilität.

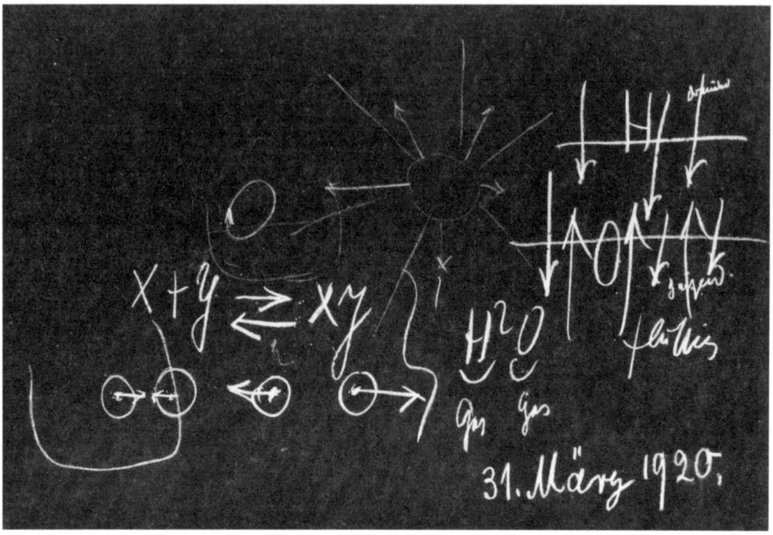


Wandtafelzeichnung

[Die mathematischen Darstellungen auf dieser Wandtafel stammen vermutlich von E. A. Karl Stockmeyer, entstanden in Dornach am 31. März 1920 während seines Vortrages über «Anthroposophie und Physik» im Rahmen der Hochschultagung «Anthroposophie und Fachwissenschaften» am Goetheanum in Dornach. – Die Bildmotive in der Mitte sind vermutlich von Rudolf Steiner, entstanden im Rahmen der obigen Fragenbeantwortung nach dem Vortrag von Stockmeyer, von dem keine Aufzeichnungen vorliegen.]

# FRAGENBEANTWORTUNG

*Dornach, 15. Oktober 1920*

*Frage* über das dritte kopernikanische Gesetz.

Meine sehr verehrten Anwesenden! Über das dritte kopernikanische Gesetz zu sprechen, ist in Kürze nicht möglich. Ich möchte nur einige Bemerkungen über das Historische machen dabei.

Wenn Sie das Grundwerk des Kopernikus nehmen über die Umwälzung der Himmelskörper, durch das ja zuerst die alte ptolemäische Lehre gewissermaßen erschüttert worden ist, dann finden Sie in diesem Grundwerk eben drei Gesetze angeführt.[80] Von diesen drei Gesetzen spricht [das erste über die jährliche exzentrische Kreisbewegung der Erde um die Sonne,] das zweite über die Umdrehung der Erde um ihre Achse, das dritte Gesetz aber spricht über die [mit den Jahreszeiten und der Präzession zusammenhängende] Bewegung der Erde um die Sonne. Nun ist eigentlich im weiteren Fortgange der astronomischen Wissenschaft dieses dritte Gesetz des Kopernikus nicht in seiner Vollständigkeit berücksichtigt worden, denn dieses dritte Gesetz des Kopernikus – ich möchte dies nur dem Sinn nach anführen, ich musste sonst ganz weitläufige Zeichnungen machen, es würde wirklich bis Mitternacht dauern, wenn wir es im Einzelnen ausführen sollten –, dieses dritte Gesetz, das wurde zunächst von [den Nachfolgern des] Kopernikus eliminiert.

Kopernikus rechnete aus – zunächst aus den Erscheinungen, die ihm zu Gebote standen – die täglichen [und die durch die Kreisbewegung der Erde um die Sonne bewirkten] Veränderungen und sah dabei ab von den [mit den Jahreszeiten zusammenhängenden] jährlichen [sowie säkularen] Veränderungen, die er eben in sein drittes Gesetz fasste, und er sagte dann: Wenn man die täglichen [und die von der Kreisbewegung der Erde um die Sonne abhängigen] Veränderungen der Stellung der Erde zu den anderen Himmelskörpern nimmt, so bekommt man heraus eine gewisse Ansicht über die Umdrehung der Erde um die Sonne. Der stehen gegenüber andere Erscheinungen [wie die Jahreszeiten und die Präzession], welche diese Annahme der Umdrehung der Erde um die Sonne eigentlich aufheben.

Es ist bequem, zunächst – um gewissermaßen eine Art Rechnungsmöglichkeit hineinzubringen in die Vorgänge, die sich abspielen zwischen der Erde und den anderen Himmelskörpern – abzusehen von jenen Veränderungen, die erst im Laufe eines Jahres [oder in Jahrhunderten] beobachtet werden können, und die dann die täglichen [und die von der Kreisbewegung der Erde um die Sonne abhängigen] Veränderungen komplizieren. Sodass eigentlich die Sache so ist, dass, wenn man die täglichen Veränderungen nach den Annahmen, die Kopernikus in seinem [ersten und] zweiten Satze macht, ausrechnet, so bekommt man die jährliche Umdrehung der Erde um die Sonne. Nimmt man dasjenige hinzu, was er in sein drittes Gesetz fasst, so führt er selber aus, ja, das wirkt geradeso, dass der Faktor, den man [gemäß dem ersten Gesetz] immer eingerechnet hat in die Tagesbewegung, und der dann die jährlichen Bewegungen ergibt, dass der eigentlich zurückgerechnet werden muss, sodass sich eine solche jährliche Bewegung eigentlich [fast] gar nicht ergibt.[81] Dennoch wurde eigentlich dieses dritte kopernikanische Gesetz immer unberücksichtigt gelassen, und man setzte die bequeme Annahme voraus, dass eben die Erde sich um ihre Achse in vierundzwanzig Stunden dreht, und dabei fortschreitet und sich im Jahreslauf um die Sonne bewegt. Das war ja allerdings eine bequeme Sache, solange man dogmatisch bei der kopernikanischen Annahme stehen blieb von dem absoluten Stillstehen der Sonne. Aber da man ja an diesem absoluten Stillstehen der Sonne nicht festhalten kann,[82] so kommt natürlich doch seit längerer Zeit schon im Grunde genommen dieses dritte kopernikanische Gesetz sehr in Betracht.

Und nun kann ich nur resümieren – wie gesagt, die Auseinandersetzung, die sich ganz im Einzelnen mathematisch-geometrisch darlegen lässt, die würde Stunden in Anspruch nehmen –, aber es kommt, wenn man nun wirklich das dritte kopernikanische Gesetz ernst nimmt, wenn man es wieder aufnimmt, so kommt nicht eine Bewegung der Erde um die Sonne zustande, sondern es geht gewissermaßen so, dass die Sonne sich bewegt, und während das zustande kommen würde, was Umdrehung der Erde um die Sonne wäre, wäre die Sonne schon davongelaufen während dieser Umdrehung. Also die Erde kann sich nicht um die Sonne drehen, sondern die Sonne wäre ihr schon davongelaufen. Sodass in Wahrheit dann zustande kommt ein Fortgehen der Sonne und ein Nachgehen der Erde und der anderen Planeten, der Sonne nach, sodass man es eigentlich zu tun hat mit einer Schraubenlinie, die sich fortbewegt und gewissermaßen an einem Punkt die Sonne [und] an einem anderen Ende die Erde wäre. Dadurch, dass man es das eine Mal mit einem solchen Visieren, Erde – Sonne, und mit einem anderen Visieren, schraubenlinienartig fortschreitend, zu tun hat, kommt der Schein der Drehung der Erde um die Sonne zustande.[83] Das Interessante dabei ist eben das, dass man da im Laufe der Fortentwickelung der historischen Astronomie einfach dasjenige, worinnen Kopernikus schon weiter war, als man heute ist, dass man das dritte kopernikanische Gesetz einfach ausgelassen hat und die Astronomie ohne dieses dritte Gesetz – dieses dritte kopernikanische Gesetz, wonach die Erscheinungen eigentlich aufheben dasjenige, was man zuerst errechnet hat, als jährliche Bewegungen der Erde um die Sonne errechnet hat –, und eine Astronomie ohne das aufgebaut hat, und dass man wird, um dem Kopernikus vollständig gerecht zu werden, das wiederum einzuführen haben.[84]

Eine außerordentlich große [Bedeutung] hat ja die Sache aus dem Grunde nicht, weil man ja, wenn man eine wirkliche Phänomenologie auch auf die Astronomie anwenden wird, vor allem sich klar sein wird darüber, dass man – was ja Fräulein Dr. Vreede[85] schon erwähnt hat –, dass man es mit Bewegungen zu tun hat, die außerordentlich kompliziert sind, und dass man in den gewöhnlichen geometrischen Konstruktionen, die man diesen Bewegungen zugrunde legt, eigentlich immer nur [einfache geometrische] Verläufe ins Werk setzt, und dann hat man nötig, weil wiederum die Himmelskörper diesen [einfachen] Verläufen nicht folgen, Störungen einzuführen, sodass man immer [wieder zusätzliche] Hilfshypothesen annimmt.[86] Wenn man einmal hinauskommt über diese Hilfshypothesen, wird die Astronomie sich ganz anders ausnehmen.

Das kann man aber nicht anders, meine sehr verehrten Anwesenden, als indem man zu einer Naturwissenschaft vorrückt, welche tatsächlich den Menschen einbezieht und diejenigen Erscheinungen, die im Menschen auftreten, wird beobachten lernen; dann wird man durch die Einbeziehung dieser Erscheinungen im Menschen erst eine Anschauung gewinnen können über das, was eigentlich im Weltenraume vorgeht. Denn wir haben heute eine Naturwissenschaft, die, wie auch Dr. Unger[87] ausgeführt hat, durchaus den Menschen eigentlich herausgeworfen hat, die vom Menschen absieht; und eigentlich nur aus diesem Grunde, weil man diese wirklichkeitsfremde Naturwissenschaft hat, die mit allem rechnet, was außer dem Menschen ist, die aber eben gar nicht mit dem rechnet, was im Menschen vor sich geht, nur aus dem Grunde ist es möglich, dass solche Dinge, wie eben die Relativitätstheorie[88] irgendwie Boden fassen können. Denn, nicht wahr, wirklichkeitsgemäß sind diese Dinge nicht. Aber wirklichkeitsgemäß denken ist ja etwas, was sich die Menschheit wird erst wiederum anerziehen müssen.

Sehen Sie, wenn Sie einen Stein hier liegen haben [Figur 65], so können Sie den in einem gewissen Sinne – aber auch nur in einem gewissen Sinne, immer kommt es an auf die Voraussetzung, die man macht –, man kann dieses als etwas, was ein Sein in sich hat, ansehen. Man kann sagen: Wenn man dasjenige, was man da sieht innerhalb der Grenzfläche, die den Stein umgrenzt, ins Auge fasst, so kommt man zu einer Art Anschauung über den Stein. Aber nehmen Sie an, ich habe statt des Steines eine Rose, die ich abgepflückt habe. Da habe ich nicht in demselben Sinne eine Möglichkeit, ihr Realität zuzuschreiben wie dem Stein in seinen Grenzen; denn diese Rose kann nicht durch dasjenige [sein], was sie da ist, als abgepflückte Rose; [so]

Figur 65

kann sie nicht [wesenhaft] sein. Sie muss entstehen im Zusammenhange mit etwas anderem. Daher kann man nur sagen: Der Stein hat innerhalb seiner Grenzen ein gewisses wirkliches Sein; die Rose hat innerhalb der Grenzen, in der ich sie als Rose habe, kein Sein, denn sie kann nur am Rosenstock sein, und wenn ich sie vom Rosenstock abtrenne, so ist sie nicht mehr das, was sie ist, denn sie ist in einem Zustande, in dem eigentlich die Bedingungen [zum Sein] nicht mehr in ihr sind, sie kann nicht mehr bestehen.

Dieses Denken, das in die Dinge untertaucht und mit den Dingen rechnet, dieses Denken ist etwas, was erst wiederum anerzogen werden muss, und erst wenn man das wieder haben wird, kann man darauf rechnen, dass auch naturgemäß solche Dinge sich wieder ergeben, wie eine gesunde Astronomie, und dass solche Dinge unterbleiben, wie diese ganz furchtbare Abstraktion, wie sie die Relativitätstheorie darbietet. Die Relativitätstheorie ist eben eine Theorie, die im Grunde genommen mit Dingen rechnet, die ja eigentlich nicht Realitäten sind.

Wenn man die gewöhnliche Formel [$s = v \cdot t$] hat, Weg ist gleich Geschwindigkeit mal Zeit, so ist das eine einleuchtende Sache. Ich kann, wenn ich eine Realität aufschreibe, [aber] nur schreiben: (...)

$$\left[v = \frac{s}{t}\right].$$

Ich kann alles dasjenige [berechnen], was in einem Realen ist, wenn man es durch die Abstraktion erfasst. Weil ich verschiedenes [auf] abstrakte [Weise] erfassen kann, kann man dann innerhalb des Abstrakten [in mannigfaltiger Weise] rechnen. Aber man darf nicht glauben, dass dann diese Abstraktionen auch Realitäten sind. Wirklichkeiten sind eigentlich in der unorganischen Welt nur Geschwindigkeiten, und sowohl Zeit wie Raum sind nur abstrakt.[88a] Und wenn man anfängt, mit Zeit und Raum zu rechnen, ist es selbstverständlich, dass man ins Irreale hineinkommt, und wenn man im irrealen Denken sich bewegt, dass man nicht wiederum hineinkommen kann ins Reale.

Diese Dinge hängen also zusammen ganz innig mit sehr bedeutsamen Zeitmängeln. Wir sind einmal gekommen im Laufe der neueren

Zeit dadurch, dass die Menschheit vom Geiste ganz abgesehen hat, indem sie die Natur zu erfassen versuchte, wir sind hineingekommen in eine Bewegung unseres ganzen Seelischen in Abstraktionen. Dieses Bewegen in Abstraktionen, das ist in einem gewissen Sinne etwas außerordentlich Bequemes. Denn man hat nicht nötig, erst sich selbst zu erziehen, in die Dinge unterzutauchen. Es ist ja ganz selbstverständlich, dass es leichter ist, in Raum und Zeit zu denken, als in die Qualitäten der Dinge nun unterzutauchen und sich klar zu sein darüber, dass irgendetwas, was nun im Zusammenhange mit einem anderen überhaupt als Reales gedacht werden darf, dass man das als Reales nun denken kann. Es ist tatsächlich so, dass, wenn man als Mensch mit einem ausgebildeten Denken, mit einer ausgebildeten Erkenntnissehnsucht nach Realität, die Einstein'schen Ausführungen oder die Einstein'sche Relativitätstheorie überhaupt liest, dass man – gewiss, Sie brauchen das nicht zu glauben, aber es ist doch so –, dass man eigentlich Qualen durchmacht, wenn man einen Realitätssinn hat. Denn natürlich, alle diese Dinge, die da ausgeführt werden, die mathematisch ganz konsequent sind, alle diese Dinge sind im Grunde genommen gar nicht für einen, der Wirklichkeitssinn hat, in Gedanken vollziehbar. Man soll sich doch nur einmal vorstellen, wenn man den ganzen Gedankenkomplex behält, was es für einen Sinn haben soll, dass irgendjemand, der (...) [in eine Schachtel eingebettet ist und mit hoher Geschwindigkeit eine Reise durch den Weltraum macht,] unter Verhältnissen behandelt wird, durch die er dann unter ganz andere Generationen hereinkommt [wenn er zurückkommt].[89] Wenn man so etwas bedenkt, denkt man natürlich nur in Raum und Zeit. Man denkt nicht an das äußere Wesen desjenigen, mit dem man da das Gedankenexperiment ausmacht, dass das inzwischen selbstverständlich kaputtgehen muss. Das mag im Grunde genommen naiv sein für einen solchen Denker, der Relativitäts-Denker aus Fanatismus ist. Aber für die Wirklichkeit kommt das in Betracht. Und dem Menschen, der Wirklichkeitssinn hat, dem verbietet sich [das Ausdenken] eben dieser Dinge. Und man kann dann nicht anders – mag es der Relativitäts-Theoretiker noch so naiv finden –, man kann nicht anders, als so zu denken.

Wenn man also fährt zum Beispiel in einem Auto und man hat das, was man eine Panne nennt. Nehmen wir einmal an, es ist gleichgültig, ob ich denke, dass das Auto mit mir dahinsaust über die Fläche, oder ob das Auto ganz ruhig ist und die Fläche unter mir wegsaust. Ich möchte einmal wissen, wenn man nun eine Panne hat, warum – wenn das ganz gleichgültig sein sollte – warum es just, wenn die Panne, die ja doch nur das Auto angeht, warum es just der Erde einfallen soll, wenn die Panne da ist, da nun plötzlich zu streiken wegen diesem bisschen Panne. Nicht wahr, wenn das ganz gleichgültig wäre, so würde das nicht auf die äußere Veränderung der Sache ankommen. Wie gesagt, das ist alles furchtbar naiv gedacht für einen Relativitäts-Theoretiker, aber das sind heute doch die Realitäten.[90] Und derjenige, der mit seinem Denken in der Wirklichkeit lebt und nicht innerhalb einer Abstraktion, innerhalb der man ganz konsequent denken kann, der muss auf diese Dinge aufmerksam machen.

Und so leben wir im Grunde genommen in einer theoretischen Astronomie, und ein klassisches Beispiel – es sollte ja nur als ein Beispiel angeführt werden – ist dieses Abgesehenwerden, das Beiseiteschieben dieses dritten kopernikanischen Gesetzes, weil es eben unbequem ist, weil da eben die Arbeiten einen belehren, dass man nicht so bequem rechnen kann, wie man es tut. Was tut man denn? Ja man macht das, dass man sagt: Nun rechnet man mit den zwei kopernikanischen Gesetzen, da kommt aber doch die Geschichte nicht heraus, da stimmen ja die Mittagszeiten nicht. Also wird täglich eine Korrektur eingeführt, die sogenannte Bessel'sche Korrekturzahl.[91] Wenn man das aber ernst nimmt, dann kommt eben die Notwendigkeit heraus, das dritte kopernikanische Gesetz zu berücksichtigen, das heißt, da kommt man in die Wirklichkeiten hinein.

Es ist hier wirklich mehr zu tun darum, das Prinzipielle solcher Dinge einzusehen. Denn, sehen Sie, im Prinzipiellen leben wir eigentlich heute so darinnen, dass nach den verschiedenen Richtungen hin eben jene Irrwege entstehen, von denen drei auf einem bestimmten Gebiet heute abend Herr Steffen[92] ganz ausgezeichnet aufgezeigt hat. Aber diese Irrwege treten einem heute in der Realität sehr stark entgegen, und sie spielen in das Leben hinein. Dasjenige, was wir uns anerzogen haben aus der irrealen mathematischen Denkweise, die sie ist, es hat so viel für sich, dass es geradezu, ich möchte sagen, ein Probierstein für die Genialität des Denkens nach und nach geworden ist. Es ist wirklich schon so, meine sehr verehrten Anwesenden: Hat man Wirklichkeitssinn, dann hilft einem manchmal die Genialität viel weniger, als wenn man keinen Wirklichkeitssinn hat. Denn, sehen Sie, hat man Wirklichkeitssinn, so muss man sich an die Realität halten. Man muss in die Dinge untertauchen, man muss mit den Dingen leben. Hat man keinen Wirklichkeitssinn, so kann man, wenn man eben nur die mathematische Formel und die mathematische Methode handhabt, in der allergeistreichsten Weise in den Raum und auch in die Zeit hineinrechnen, und man kann da zu ganz furchtbaren Abstraktionen aufsteigen.

Und diese Abstraktionen, die haben manchmal etwas so Verführerisches. Ich erinnere nur an die moderne Mengenlehre, nicht wahr, die zur Grundlage gemacht wird für die Erklärung des Unendlichen. Da haben Sie eine Auflösung des mathematischen Prinzips in sich selbst, eine Auflösung der Zahl in sich selbst, indem nicht mehr die Zahl im Sinne der gewöhnlichen Zahl nur genommen wird, sondern indem irgendeine Menge verglichen wird mit einer anderen, bei der man von der Qualität der einzelnen Einheiten und auch von der Ordnung der einzelnen Einheiten absieht und nur eine Zuordnung vornimmt.[93] Und man kommt ja dann zu der Möglichkeit, gewisse Unendlichkeitstheorien aufzubauen. Aber man schwimmt fortwährend in Abstraktionen. Im konkreten Wirklichen lassen sich die Dinge durchaus nicht durchführen.

Das hat nun eine große Bedeutung, dass allmählich man gewöhnt worden ist, abzusehen von diesem Untertauchen ins Wirkliche. Sehen Sie, in dieser Beziehung muss Geisteswissenschaft tatsächlich manches zurechtrücken. Ich habe Ihnen zwei Gegensätze angeführt. Scheinbar hat das natürlich mit der Theorie nichts zu tun, aber in Wirklichkeit sehr viel, denn bei all diesen Dingen handelt es sich viel mehr als um eine Theorie –, die sich schon von selber korrigieren kann, wenn eine gesunde Denkungsweise da ist –, vielmehr handelt es sich um die Ausbildung eines gesunden Denkens, eines

Denkens, das nun nicht bloß logisch ist, denn das Logische gilt auch für das Mathematische, und man kann einfach mit dem Logischen in das Mathematische hineinrechnen, und dann bekommt man dabei durchaus an sich konsequente Gebilde, die aber keine Anwendung für die Wirklichkeit zu haben brauchen. Und wir sind nun so weit gekommen, dass wir in der Gegenwart geradezu zeigen können, wie die Dinge sich für dieses undisziplinierte Denken, das keinen rechten Sinn hat für die Wirklichkeit, doch eigentlich ausnehmen.

Da haben Sie auf der einen Seite einen Versuch, ich möchte sagen, alles zusammenzunehmen, was die heutige Wissenschaft bieten kann, in dem berühmten Buche, das ja in Tausenden und Tausenden, Zehntausenden und Zehntausenden, ich glaube, in siebzig- oder achtzigtausend Exemplaren bereits verkauft worden ist: das Spengler'sche Buch «Der Untergang des Abendlandes».[94] Das bedeutet ja, wie Sie wissen, vier- bis fünfmal so viele Leser, und wir wissen ja, welch ungeheuren Einfluss dieses Buch auf das heutige Denken hat, weil es ja im gewissen Sinne aus dem heutigen Denken heraus [entstanden] ist. Es ist mutvoll aufgebaut, weil es die letzten Konsequenzen dieses Denkens zieht. In diesem Buche nimmt Spengler alles, was es gibt an Astronomie, an Geschichte, an Naturwissenschaft, Kunst, Wissenschaft, alles nimmt er zusammen, und man muss sagen, die Beweiskraft ist eine außerordentlich große. Weil Spengler wirklich so denkt, hat er den Mut, die letzte Konsequenz [aus dem] zu ziehen, wie eigentlich heute gedacht werden muss, wenn man im richtigen Sinne der heutigen Zeit Astronom, im richtigen Sinne der heutigen Zeit Botaniker, Kunstwissenschaftler, Kunsthistoriker und so weiter ist. Da kann man eben das finden, streng bewiesen – und das ist unbedingt durch das Spengler'sche Buch klargelegt –, ebenso streng bewiesen, dass im Beginne des dritten Jahrtausends die Zivilisation des Abendlandes in die vollständige Barbarei eingegangen [sein wird], wie man zum Beispiel behaupten kann den zweiten Hauptsatz der mechanischen Wärmetheorie[95] oder irgendetwas anderes, was einem gewisser erscheint als die mechanische Wärmetheorie.

Das kann man schon sagen: durch dieses Buch ist das erreicht, dass man nicht bloß den Untergang des Heutigen sehen kann, sondern dass das Buch einem [zukünftige Ereignisse] so beweisen kann, wie nur irgendetwas heute wissenschaftlich bewiesen zu werden pflegt. Denn ebenso gut wie die Astronomie oder irgendetwas anderes – jedenfalls viel besser, als die Relativitätstheorie bewiesen ist –, so wird von Spengler der Untergang des Abendlandes nach den Methoden der heutigen Wissenschaft bewiesen. Und entgehen kann man ja natürlich nur dieser Beweisführung, wenn man die anderen Faktoren sieht, die eben Spengler nicht sieht. Das sind eben diejenigen, die von dem jetzigen Zeitpunkte an in der Menschheit ganz neue Impulse aufgehen lassen, die eben aus dem Innersten des Menschen heraus geboren werden müssen, und die eben eine solche bloß auf das Gegenwartsdenken bauende Wissenschaft nicht sehen kann.

Nun aber, wie nimmt sich dieses Spengler'sche Denken aus? Spengler denkt nicht wie die Relativitätstheoretiker, Oswald Spengler denkt schon eigentlich in den Kategorien der Wirklichkeit. Aber all das, was er denkt, das passt immer nicht zusammen. Er bildet sich Begriffe über Astronomie, über Biologie, Begriffe über Kunstentwickelung, über Architektur, über Plastik. Diese Begriffe, die passen immer nicht zusammen. Und so bekommt er eigentlich ein Begriffsgebilde, das ich mit so ineinandergezogenen, durcheinander sich stoßenden Kristallgestalten vergleichen möchte. Das schiebt sich alles durcheinander, das zertrümmert sich gegenseitig, und indem man das Spengler'sche Buch durchnimmt, hat man, wenn man Wirklichkeitssinn hat für seine Begriffe, fortwährend Begriffe, die ganz voll sind (… Zeichnung). Oswald Spengler ist ein Mensch, der denken kann, und der sich Begriffe bilden kann. Nur zerstören sich diese Begriffe gegenseitig, sie zersprengen, zerschleifen sich, zerscheren sich. Es bleibt nichts ganz, weil immer ein Begriff der Ertöter des anderen ist. Es ist eigentlich ein Furchtbares, wüstes Treiben, wenn man mit Wirklichkeitssinn dem Fortgang der Spengler'schen Vorstellungen folgt.

Also bei Oswald Spengler liegt das vor, dass er gewissermaßen einen Pol des heutigen Denkens darstellt, den Pol, der auf das hinausläuft, dass man aus allen Gebieten heraus Begriffe bildet und dann eine Einheit bildet. Die Philosophen definieren wiederum so schön im Abstrakten, dass man alle diese Begriffe, die man findet in den einzelnen Wissenschaften, sammeln soll, und dass man dann ein gewisses System bilden soll, um zu einer Spitze zu kommen. Man kommt nicht zu einer Spitze, sondern zu so etwas, was sich gegenseitig zerschellt, zersplittert, zerstört. Oswald Spengler ist schon ein viel besserer Philosoph für die heutige Wissenschaft als manch andere [Philosophen], die nur nicht den Mut haben, die Begriffe so scharf zu zeichnen, und bei denen sie sich daher nicht zerstören. Sondern, weil sie überall dasjenige, was eigentlich Tigerklauen sind, verwechseln mit Katzenpfoten und dergleichen, wenn sie auf die Wissenschaft hin arbeiten in der Philosophie, dadurch kommen dann jene komischen Gebilde zustande, die heute vielfach als philosophische Konsequenzen der einzelnen wissenschaftlichen Untersuchungen gelten. Also, wenn man auf ernsthaftige Weise auf das, was sich ergibt, hinschaut, hat man eben da den Oswald Spengler, der, wie gesagt, in allen Wissenschaften erfahren ist, kenntnisreich ist in allem, was man heute eigentlich als Wissenschaft so aufbringen kann aus den philosophischen Gebräuchen.

Auf der anderen Seite steht der andere Popularphilosoph, wenn er auch nicht so angebetet ist, der in einem besonderen Exemplar in dem Grafen Hermann Keyserling[96] vorhanden ist; der unterscheidet sich von Oswald Spengler dadurch, dass seine Begriffe nirgends einen Inhalt haben. Während Spenglers Begriffe ganz vollsaftig sind, [sind] die Begriffe Keyserlings ganz leer. Die können sich eigentlich immer ganz gut vertragen, denn sie sind im Grunde eigentlich bloß ausgepresste Worthülsen. Der einzige Gedanke, der aber eine ausgepresste Worthülse ist, der einzige Gedanke ist, dass sich der Geist mit der Seele vereinigen soll.[97] Anthroposophie greift der Graf Hermann Keyserling heftig an, indem er mir zum Beispiel auch vorwarf in der «Zukunft», ich zergliedere ja den Menschen in verschiedene Glieder, in einen Ätherleib, Empfindungsleib, Empfindungsseele und so weiter, aber der Mensch ist doch eine Einheit und wirkt als eine Einheit.[98]

Ja, meine sehr verehrten Anwesenden, der Gedanke [dass der Geist sich mit der Seele vereinigen soll] erscheint verflucht gescheit, wenn er so dasteht als eine ausgepresste Gedankenhülse in dem letzten Werke von Hermann Keyserling. Der Gedanke ist aber nicht gescheiter als der, wenn einer sagt: Ja, ein Anzug, der ist doch eine Einheit, es geht nicht an, dass man einen Anzug in Weste, Hose und Stiefel und so weiter teilt, das ist ja alles eine Einheit, und deshalb darf auch mir der Schneider nicht den Rock extra machen und das Beinkleid, und ich soll auch noch zum Schuster gehen, dass er mir die Stiefel dazu macht – das ist ja alles eine Einheit. Am Menschen sind ja alle diese Dinge selbstverständlich eine Einheit. Aber wenn man der Meinung ist, dass nun das Ganze durcheinandergenäht werden soll, dass irgendein Kleidungsstück entstehen soll, das nun aus Rock und Hose und wahrscheinlich auch noch aus Stiefeln und so weiter [besteht, dann macht das einfach keinen Sinn, auch wenn aus einem abstrakten] Idealismus [heraus] der Graf Hermann Keyserling [daraus eine] Einheit machen will (...).

Das ist nun der andere Pol, meine sehr verehrten Anwesenden. Auf der einen Seite der Oswald Spengler mit Begriffen, die sich überall verwüsten gegenseitig, auf der anderen Seite der Keyserling mit seinen absolut leeren Begriffen, in denen nichts drinnen ist, sodass man, wenn man Spengler durchliest, Qualen durchmacht, wenn man Wirklichkeitsgeist hat, wenn man dieses Stoßen und dieses Quetschen der Begriffe, dieses Ineinanderschieben mitmacht. Das macht man durchaus mit, namentlich wenn man künstlerischen Sinn hat. Es ist ein durchaus unkünstlerisches Gebilde, dieses Oswald Spengler'sche Buch. Bei dem Keyserling'schen Buch, da liest man eine Seite, da hört man auf, denn man kriegt keine Luft; sie sind nämlich luftleer, diese Begriffe.[99] Man will etwas denken, aber es ist nichts darinnen, es wird nur Wort an Wort, Satz an Satz gereiht, und die Leute können das furchtbar leicht verstehen, und sie finden sich gerade in solche Dinge außerordentlich behaglich hinein, insbesondere, wenn ihnen solche impotenten Undenker dann auch noch sagen: Ja, an dem, was an Tatsachen die Geisteswissenschaft konstatiert, da mag etwas Wahres sein, das kann ich aber nicht prüfen, ich will daher es nicht annehmen, ich bin eben durchaus kein Mensch, der Intuitionen hat – und so weiter.[100]

Selbstverständlich, das lässt sich den Leuten besonders schmieren, besonders bei denen, die es auch nicht können, denen ist natürlich einer, der das auch nicht prüfen kann, wesentlich lieber, besonders im heutigen Zeitalter, als einer, bei dem sie sich erst heranranken müssen. Die Schreibereien insbesondere in Bezug auf Kunst sind haarsträubend, aber dies findet heute ein großes Publikum. Das ist etwas, was ich noch sagen wollte.

Nun werden Sie vielleicht auch schon ein Gefühl gewonnen haben, meine sehr verehrten Anwesenden, wenn ich Ihnen anführe dasjenige, was in dem Goethe'schen Satz steckt: «Das Was bedenke, mehr bedenke Wie».[101] Sehen Sie, beim Spengler können Sie das Was bedenken, denn er bringt viel Was. Aber Goethe wusste, es kommt bei einer Weltanschauung darauf an, dass man bei einem gewissen Wie in dem Zusammenordnen, Organisieren, Harmonisieren, in dem möglichen inneren Organisieren der Vorstellungen, das Ganze der Weltanschauung sieht. Daher kann man sagen beim Spengler: Das Was bedenke. Er bedenkt es so, wie man es bedenken muss; aber das Wie bedenkt er gar nicht. Goethe fordert vor allen Dingen das Bedenken des Wie, die Ausgestaltung. Bei Hermann Keyserling könnte man zurufen: Nun ja, ein scheinbares Wie hat er, aber es steckt kein Was darinnen; da ist es auch wiederum etwas schimmelig mit dem Wie, nicht wahr?

# FRAGENBEANTWORTUNG

*Stuttgart, 15. Januar 1921*

*Frage* über die Notwendigkeit der anthroposophischen Einstellung. Warum muss man beim Einstein-Problem plötzlich mit umgekehrten Vorzeichen arbeiten, da wo man vom Ponderablen zum Äther übergeht?

Das ist natürlich ganz ohne anthroposophische Einstellung zu machen, indem man einfach die Dinge so macht, wie auf zahlreichen anderen Gebieten der Wissenschaft auch: Man studiert die Phänomene. Ich habe gezeigt, wie man unbefangen die Phänomene der sogenannten Wärmelehre betrachtet in einem Kursus, den ich vor einigen Monaten vor einer kleineren Anzahl von Zuhörern hier gehalten habe.[102] Dann handelt es sich darum, dass man dasjenige, was sich für die Phänomene darbietet, versucht in mathematischen Formeln auszudrücken.

Es ist ja das Eigentümliche mit einem solchen Ausdrücken in mathematischen Formeln, dass es nur dann richtig ist, wenn es dem Vorgang, den man dann beobachten kann, entspricht; wenn gewissermaßen dasjenige, was sich aus der mathematischen Formel heraus ergibt, in der Wirklichkeit zutrifft, wenn es verifiziert werden kann durch die Wirklichkeit. Wenn Sie in einem abgeschlossenen Raum erwärmtes, unter Druck stehendes Gas haben, und die Phänomene, die da entstehen, begreifen wollen, so werden Sie sehr gekünstelt die Formeln von Clausius und andere Formeln zwar anwenden können,[103] aber Sie werden sehen – das wird auch heute zugegeben –, wie die Tatsachen mit den Formeln nicht übereinstimmen.[104]

Bei der Theorie von Einstein ergibt sich das Merkwürdige, dass zunächst Experimente vorliegen. Diese Experimente werden aufgebaut, weil man gewisse Theorien voraussetzt. Die Experimente bestätigen diese Theorie nicht, und man baut dann eine andere Theorie auf, die nur auf gedachten Experimenten eigentlich beruht.[105]

Dagegen, wenn Sie den Versuch machen, einfach die Erscheinungen der Wärme so zu behandeln, dass Sie dafür in die Formeln einsetzen entsprechende positive und negative Vorzeichen, je nachdem Sie es zu tun haben mit leitender oder strahlender Wärme, dann werden Sie diese Formeln verifiziert finden durch die Wirklichkeit.[106]

Allerdings, wenn man zu anderen Imponderabilien übergeht, dann kann man nicht stehen bleiben beim bloßen Negativ-Setzen, sondern dann muss man zum Negativ-Setzen hinzufügen andere Verhältnisse. Man muss gewissermaßen sich vorstellen eine Kraft, die im Ponderablen wirkt in radialer Richtung, und dasjenige, was dem Gebiet des Ätherischen angehört, als von der Peripherie herkommend, aber doch mit negativen Vorzeichen, nur in [einer] Kreisfläche wirkend. Und so muss man, indem man zu anderen [Im-]Ponderabilien geht, die betreffende Größe anders einsetzen, dann wird man finden, dass man zu Formeln kommt, die sich durch die Erscheinungen verifizieren lassen.

Das ist der Weg, der von jedem gegangen werden kann, auch wenn er sich nicht anthroposophisch einstellt.

Aber etwas anderes möchte ich dabei betonen: Glauben Sie nicht, dass diejenigen Dinge, die ich Ihnen in diesen vier Vorträgen erzählt habe, Ihnen so erzählt worden sind, weil ich mich anthroposophisch eingestellt habe, sondern weil sie so sind. Und dasjenige, was anthroposophische Einstellung ist, das folgt nur daraus, dass man sachgemäß die Dinge übersieht. Die anthroposophische Einstellung geht nicht den Dingen voran, sondern sie folgt hinterher nach. Man will unbefangen die Dinge erkennen und verstehen, und dann kann die anthroposophische Einstellung erfolgen. Es wäre schlimm um das, was ich gesagt habe, bestellt, wenn man von vorurteilsvoller Einstellung ausgehen müsste. Nein, darum handelt es sich gar nicht, sondern darum handelt es sich, streng empirisch die Phänomene zu verfolgen. Die anthroposophische Einstellung muss dann das Letzte sein; wenn ich auch durchaus nicht etwas anderes behaupten möchte, als dass sie trotzdem immer das Beste sein kann.

[Nach Ausführungen über andere Fragen sagt Rudolf Steiner zum Schluss:]

Ich kann nur immer wieder betonen, dass es wirklich nicht im Sinne irgendeiner Sektiererei oder irgendeines Dilettantismus ist, was hier in Stuttgart als anthroposophisch orientierte Geisteswissenschaft sich geltend machen will, sondern das, wenn das auch mit noch so schwachen Kräften heute erst angestrebt werden kann, was angestrebt werden will, das ist echte, wahre Wissenschaftlichkeit. Und je mehr man in diesem Sinne Geisteswissenschaft prüfen wird, desto mehr wird man erkennen, dass sie durchaus jeder wissenschaftlichen Prüfungsmethode gewachsen ist.

Geisteswissenschaft wird durchaus nicht mit solchen Missverständnissen überhäuft, wie sie heute überhäuft wird, aus wirklicher Wissenschaftlichkeit heraus, sondern ihre Gegner bekämpfen sie wahrhaftig nicht, weil sie zu wissenschaftlich sind, sondern – man gehe der Sache nach – weil sie zu wenig wissenschaftlich sind.[107]

Aber wir brauchen in der Zukunft nicht ein Versiegen, sondern ein Steigern, einen echten wahren Fortschritt der Wissenschaftlichkeit, und das kann zuletzt doch nur ein solcher Fortschritt sein, der nicht nur ins Materielle, sondern auch ins Geistige ganz exakt hineinführt.

# FRAGENBEANTWORTUNG

*Dornach, 7. April 1921*

*Frage:* Es ist gesagt, die drei Dimensionen des Raumes wären nicht gleich in ihrer Struktur. Wo liegt der Unterschied?

Es ist jedenfalls der Satz in dieser Weise niemals gefasst worden: Die drei Dimensionen des Raumes seien «nicht gleich in ihrer Struktur»,[108] sondern dasjenige, auf das wahrscheinlich hier hingewiesen ist, ist das Folgende. Wir haben zunächst den mathematischen Raum, den Raum, den wir uns so vorstellen – wenn wir uns überhaupt eine exakte Vorstellung davon machen –, dass wir uns drei aufeinander senkrecht stehende Dimensionsrichtungen vorstellen, den wir uns also etwa definieren durch die drei aufeinander senkrecht stehenden Koordinatenachsen.

So wie wir gewöhnlich mathematisch diesen Raum betrachten, ist eine absolute Gleichbehandlung der drei Dimensionen vorhanden. Wir machen so sehr keinen Unterschied zwischen den Dimensionen oben-unten, rechts-links, vorne-rückwärts, dass wir uns eventuell sogar diese drei Dimensionen als vertauschbar denken können. Es kommt schließlich beim bloßen mathematischen Raum gar nicht darauf an, ob wir, wenn wir die $x$-Achse und die $z$-Achse aufeinander senkrecht stehend und die $y$-Achse darauf wieder senkrecht stehend haben, nun die Ebene, auf der die $y$-Achse steht, oder ob wir diese Achse selbst «horizontal» oder «vertikal» nennen oder dergleichen. Ebenso kümmern wir uns bei diesem Raum sozusagen nicht um seine Begrenztheit. Nicht etwa, dass wir ihn grenzenlos vorstellten. Bis zu dieser Vorstellung steigt man ja gewöhnlich nicht auf, sondern man stellt ihn so vor, dass man sich um seine Grenzen nicht kümmert, vielmehr stillschweigend die Annahme macht, man könne von jedem Punkte – sagen wir zum Beispiel der $x$-Richtung – ausgehen und ein weiteres Stück an dasjenige, was man bereits nach der $x$-Richtung abgemessen hat, dazufügen, zu diesem wieder ein Stück und so weiter, und man würde niemals veranlasst sein, irgendwo ans Ende zu kommen.

Gegen diese im Sinne der euklidischen Geometrie liegende Vorstellung vom Raume ist schon vonseiten der Metageometrie[109] im Laufe des 19. Jahrhunderts manches aufgestellt worden. Ich will nur daran erinnern, wie zum Beispiel Riemann[110] unterschieden hat zwischen der «Unbegrenztheit» des Raumes und der «Unendlichkeit» des Raumes. Und zunächst ist auch für das rein begriffliche Vorstellen gar keine Nötigung vorhanden, den Begriff der «Unbegrenztheit» und den der «Unendlichkeit» als identisch anzunehmen. Nehmen Sie zum Beispiel eine Kugeloberfläche. Wenn Sie auf eine Kugeloberfläche zeichnen, so werden Sie finden, dass Sie nirgends an eine Raumgrenze kommen, durch die Sie gewissermaßen im Fortführen Ihrer Zeichnung gehindert werden können. Sie werden gewiss weiterzeichnen, in Ihre letzte Zeichnung wieder hineinfahren; aber Sie werden niemals, wenn Sie auf der Kugeloberfläche bleiben, genötigt sein, sich durch eine Grenze im Zeichnen aufhalten zu lassen. Sodass Sie sich also sagen können: Die Kugeloberfläche ist in Bezug auf meine Fähigkeit, darauf zu zeichnen, unbegrenzt. – Aber niemand wird deshalb behaupten, dass die Kugeloberfläche unendlich ist. Also man kann unterscheiden, rein begrifflich, zwischen der Unbegrenztheit und der Unendlichkeit.

Das kann nun unter gewissen mathematischen Voraussetzungen auch auf den Raum ausgedehnt werden, kann so auf den Raum ausgedehnt werden, dass man sich vorstellt: Wenn ich in der $x$- oder $y$-Achse eine Strecke dazusetze, und dann wieder eine und so weiter, und da niemals gehindert werde, immer weitere Strecken anzusetzen, so könnte die Eigenschaft des Raumes zwar für seine Unbegrenztheit sprechen, aber nicht für die Unendlichkeit des Raumes. Es bräuchte trotz dieser Tatsache, dass ich immer neue Stücke anstückeln kann, der Raum durchaus nicht unendlich zu sein, er könnte unbegrenzt sein. Also diese beiden Begriffe müssen auseinandergehalten werden. So dass man also annehmen könnte, dass der Raum dann, wenn er zwar unbegrenzt aber nicht unendlich wäre, in derselben Weise, als Raum aber jetzt, eine innerliche Krümmung hätte, dass er also in irgendeiner Weise ebenso in sich wiederum zurückkehren würde, wie eine Kugeloberfläche in sich zurückkehrt.

Gewisse Vorstellungen der neueren Metageometrie rechnen durchaus mit solchen Annahmen. Niemand kann eigentlich sagen, dass gegen solche Annahmen sich sonderlich viel einwenden lässt; denn, wie gesagt, es gibt gar keine Möglichkeit, aus dem, was wir am Raume erfahren, etwa seine Unendlichkeit in irgendeiner Weise abzuleiten. Er könnte ganz gut in sich gekrümmt sein und dann endlich sein.

Ich kann diesen Gedankengang natürlich nicht ausführen, denn er ist fast der durchgehende Gedankengang der ganzen neueren Metageometrie. Sie finden aber in Abhandlungen von Riemann, Gauß[110] und so weiter, die ja leicht erhältlich sind, genügend Anhaltspunkte, um, wenn Sie auf solche mathematischen Vorstellungen Wert legen, auf sie einzugehen.

Das ist also zunächst von der rein mathematischen Seite her das, was in den, ich möchte sagen starren, nach allen Seiten neutralen Raum der euklidischen Geometrie Einwände hineingebracht hat, die eben nur abgeleitet waren aus der «Unbegrenztheit». Aber dasjenige, auf das in der Frage hingedeutet wird, wurzelt noch in etwas anderem. Nämlich darinnen, dass der Raum, mit dem wir zunächst rechnen und der uns zum Beispiel in der analytischen Geometrie vorliegt, wenn wir uns eben mit den drei aufeinander senkrecht stehenden Koordinatenachsen zu tun machen, dass der Raum zunächst ein Abstraktum ist, eine Abstraktion. Und eine Abstraktion – aus was? Das ist die Frage, die noch zuerst aufgeworfen werden muss.

Es handelt sich darum, ob man bei dieser Abstraktion «Raum» stehen zu bleiben hat, oder ob das nicht der Fall ist. Hat man bei dieser Abstraktion des Raumes stehen zu bleiben? Ist das der einzige Raum, von dem man sprechen kann? Besser gesagt: Ist dieser abstrakte Begriff des Raumes der einzige, von dem man berechtigterweise sprechen kann, dann kann man eigentlich nur das eine einwenden, dasjenige, was eben in der Riemann'schen[111] oder einer anderen Metageometrie genügend eingewendet wird.

Die Sache liegt ja so, dass zum Beispiel die Kant'schen Raumdefinitionen durchaus auf dem ganz abstrakten Raumbegriff, bei dem man sich um Unbegrenztheit der Unendlichkeit zunächst nicht kümmert, aufgestellt sind, und dass dann im Laufe des 19. Jahrhunderts auch innerlich, in Bezug auf seinen Vorstellungsgehalt, dieser Raumbegriff eben von der Mathematik erschüttert worden ist.[112] Es kann keine Rede davon sein, dass etwa die Kant'schen Definitionen auch noch gelten würden für einen Raum, der zwar nicht unendlich, aber unbegrenzt ist. Überhaupt würde da noch manches im weiteren Verlaufe der «Kritik der reinen Vernunft», die Paralogismenlehre zum Beispiel, ins Wanken kommen, wenn man eben genötigt wäre, überzugehen zu dem Begriff des unbegrenzten, in sich gekrümmten Raumes.[113]

Ich weiß ja, dass für das gewöhnliche Vorstellen dieser Begriff des gekrümmten Raumes Schwierigkeiten macht. Allein vom rein mathematisch-geometrischen Standpunkte aus lässt sich gegen das, was da angenommen ist, nichts anderes einwenden, als dass man sich eben in einem zunächst ganz wirklichkeitsfernen Gebiet der reinen Abstraktion bewegt. Und wer genauer zusieht, wird finden, dass in den Ableitungen moderner Metageometrie im Grunde genommen ein merkwürdiger Circulus liegt. Es ist dieser, dass man zunächst ausgeht von dem Vorstellen der euklidischen Geometrie, die sich also nicht kümmert um eine Begrenztheit des Raumes. Daraus bekommt man dann gewisse abgeleitete Vorstellungen, also sagen wir Vorstellungen, die sich eben auf so etwas wie eine Kugelfläche beziehen. Und dann kann man wiederum, indem man mit den Formen, die sich da ergeben, gewisse Relegierungen oder Umdeutungen vornimmt, von da aus Interpretationen des Raumes machen. Man sagt alles eigentlich unter Voraussetzung der euklidischen Koordinatengeometrie. Man bekommt unter dieser Voraussetzung ein gewisses Krümmungsmaß heraus. Man kommt bis zu den Ableitungen. Alles durchaus mit den Vorstellungen der euklidischen Geometrie. Dann aber wendet man sozusagen um. Man benützt nun diese Vorstellungen, die sich erst mit Hilfe der euklidischen Geometrie ergeben können, also zum Beispiel das Krümmungsmaß, um nun wiederum zu einer anderen Vorstellung zu kommen, die zu einer Relegierung führen und für das von den krummen Formen Gewonnene eben wiederum eine Deutung ergeben kann.[114] Im Grunde genommen bewegt man sich da in einem wirklichkeitsfremden Gebiet, indem man Abstraktionen aus Abstraktionen herausholt. Berechtigt wäre die Sache nur dann, wenn empirische Tatbestände notwendig machten, sich mit dem, was man durch so etwas herausbekommt, nach den Vorstellungen dieser Tatbestände zu richten.

Es handelt sich also darum: Wo liegt das Erfahrungsgemäße für dasjenige, was die Abstraktion «Raum» eigentlich ist? Denn der Raum als solcher, wie er bei Euklid[115] vorgestellt wird, ist eine Abstraktion. Worinnen liegt das, was erlebbar, was wahrnehmbar ist?

Da müssen wir zunächst sagen: Wir müssen von der menschlichen Erfahrung des Raumes ausgehen. Der Mensch, hineingestellt in die Welt, nimmt durch seine eigene Tätigkeit der Erfahrung eigentlich nur eine Raumdimension wahr, und das ist die Tiefendimension. Dieses Wahrnehmen, dieses erarbeitete Wahrnehmen der Tiefendimension durch den Menschen beruht auf einem Bewusstseinsvorgang, der sehr häufig nicht beachtet wird. Allein dieses erarbeitete Wahrnehmen ist doch etwas ganz anderes als die Vorstellung des Ebenmäßigen, die Vorstellung der Ausdehnung in zwei Dimensionen. Wenn wir mit unseren beiden Augen, also mit unserem Totalgesicht in die Welt sehen, so wissen wir nie etwas davon, dass diese zwei Dimensionen durch eine eigene Tätigkeit, durch ein Sich-mit-der-Seele-Betätigen zustande kommen. Sie sind sozusagen da als zwei Dimensionen. Während die dritte Dimension – wenn auch durchaus dies Tätige gewöhnlich nicht ins Bewusstsein heraufgehoben wird – durch eine solche gewisse Betätigung zustande kommt. Wir müssen uns eigentlich erst das Wissen, die Erkenntnis darüber erarbeiten, wie tief im Raume darinnen, wie weit entfernt von uns irgendein Gebilde liegt. Die Ausdehnung der Fläche, die erarbeiten wir uns nicht, die ist durch die Anschauung gegeben. Aber durch unsere zwei Augen erarbeiten wir uns tatsächlich die Tiefendimension. So dass die Art und Weise, wie wir die Tiefendimension erleben, zwar hart an der Grenze des Bewussten und des Unbewussten liegt; aber wer gelernt hat, auf solche Sachen seine Aufmerksamkeit zu richten, der weiß, dass die halb unbewusst oder drittels unbewusst, nirgends [ganz] bewusst zustande kommende Tätigkeit der Abschätzung der

Tiefendimension viel mehr einer Verstandestätigkeit, überhaupt einer aktiven Seelentätigkeit ähnlich ist als all dasjenige, was nur in der Ebene angeschaut wird.

Es ist also die eine Dimension des dreidimensionalen Raumes schon für unser gegenständliches Bewusstsein tätig erobert. Und wir können nicht anders sagen als: Indem wir die Stellung des aufrechten Menschen betrachten, ist damit etwas gegeben in Bezug auf die Tiefendimension – vorne-rückwärts –, was nicht vertauschbar ist mit einer anderen Dimension. Denn einfach dadurch, dass der Mensch in der Welt dasteht und in einer gewissen Weise sich betätigend diese Dimension erlebt, ist das, was er da erlebt, nicht mit irgendeiner anderen Richtung vertauschbar. Für den einzelnen Menschen ist diese Tiefendimension etwas, was mit einer anderen Dimension nicht vertauschbar ist. Es ist durchaus auch so, dass das Erfassen der Zweidimensionalität – also das Oben-Unten, Rechts-Links, natürlich auch wenn es vor uns ist – auch an andere Hirnpartien gebunden ist, da es im Sehvorgang, also im sinnlichen Anschauungsvorgang drinnen liegt; während mit Bezug auf die Lokalisation im Hirn das Zustandekommen der dritten Dimension durchaus jenen Zentren naheliegt, die für die Verstandestätigkeit in Betracht zu ziehen sind. Also hier sehen wir schon, dass beim Zustandekommen dieser dritten Dimension sogar in Bezug auf das Erleben ein wesentlicher Unterschied ist gegenüber den zwei anderen Dimensionen.

Steigen wir dann aber auf bis zur Imagination, dann kommen wir überhaupt heraus aus dem, was wir da in der dritten Dimension erleben: Wir gehen in der Imagination eigentlich zur zweidimensionalen Vorstellung über. Und wir haben uns jetzt – allerdings ebenso leise angedeutet wie das Erarbeiten der dritten Dimension im gegenständlichen Vorstellen – auch die andere Vorstellung, die Vorstellung des Rechts-Links, noch zu erarbeiten; sodass da wiederum ein bestimmtes Erlebnis liegt im Rechts-Links. Und endlich, wenn wir zur Inspiration aufsteigen, so gilt dasselbe für das Oben-Unten.[116]

Für das gewöhnliche Vorstellen, das an unser Nerven-Sinnes-System gebunden ist, erarbeiten wir uns die dritte Dimension. Wenn wir uns aber mit Ausschaltung der gewöhnlichen Tätigkeit des Nerven-

Sinnes-Systems direkt ans rhythmische System wenden – was in einer gewissen Beziehung beim Aufsteigen zur Imagination stattfindet, es ist das nicht ganz genau gesprochen, aber das tut für jetzt nichts –, dann haben wir das Erleben der zweiten Dimension. Und das Erleben der ersten Dimension haben wir, wenn wir zur Inspiration aufsteigen, das heißt, wenn wir vorrücken bis zu dem dritten Glied der menschlichen Organisation.

So erweist sich dasjenige, was wir im abstrakten Raume vor uns haben, als genau, weil wir ja alles, was wir uns in der Mathematik erobern, aus uns selbst herausholen. Was sich in der Mathematik ergibt als der dreifache Raum, das ist eigentlich etwas, was wir aus uns selbst heraus haben. Steigen wir aber in uns hinunter durch die übersinnlichen Vorstellungen, so ergibt sich nicht der abstrakte Raum mit seinen drei gleich[ermaßen] gültigen Dimensionen, sondern es ergeben sich drei verschiedene Wertigkeiten für die drei verschiedenen Dimensionen: vorne-hinten, rechts-links, oben-unten; sie sind nicht miteinander vertauschbar.[117]

Daraus folgt noch ein anderes: Wenn diese drei nicht miteinander vertauschbar sind, ist auch nicht nötig, sie sich mit der gleichen Intensität vorzustellen. Das ist das Wesentliche des euklidischen Raumes, dass wir die $x$-, $y$-, $z$-Achse – es ist das ja vorauszusetzen für jede Berechnung eines Geometrischen – mit gleicher Intensität vorstellen.

Wenn wir die $x$-, $y$-, $z$-Achse uns vorhalten, so müssen wir – wenn wir bei dem bleiben wollen, was uns unsere Gleichungen sagen in der analytischen Geometrie, aber eine innere Intensität der drei Achsen annehmen – diese Intensität gleichwertig vorstellen. Wenn wir etwas die $x$-Achse elastisch vergrößern würden mit einer gewissen Intensität, so müssten sich die $y$- und $z$-Achsen mit gleicher Intensität vergrößern. Das heißt, wenn ich dasjenige, was ich ausdehne, nun intensiv fasse, so ist die Kraft des Ausdehnens, wenn ich so sagen darf, für die $x$-, $y$-, $z$-Achse, also für die drei Dimensionen des euklidischen Raumes, gleich. Deshalb möchte ich – den Begriff Raum in dieser Weise natürlich anwendend diesen Raum den starren Raum nennen.

Nun, das ist nicht mehr der Fall, wenn wir den realen Raum nehmen, von dem dieser starre Raum eine Abstraktion ist, wenn wir den Raum nehmen, der auf die Weise gewonnen ist, dass er eben aus dem Menschen herausgeholt ist. Dann können wir nicht mehr davon sprechen, dass diese drei Ausdehnungsintensitäten gleich sind. Sondern im Wesentlichen ist die Intensität abhängig von dem, was sich am Menschen vorfindet: Des Menschen Größenverhältnisse sind durchaus das Ergebnis der Raumausdehnungsintensitäten. Und wir müssen zum Beispiel, wenn wir das Oben-Unten der $y$-Achse nennen, uns diese mit einer größeren Ausdehnungsintensität vorstellen als zum Beispiel die $x$-Achse, die entsprechen würde dem Rechts-Links. Wenn wir nach einem formelhaften Ausdruck für diesen realen Raum suchen, wenn wir also wiederum, was da real gemeint ist, formelhaft ausdrücken würden – also wiederum Abstraktion: wir müssen uns nur bewusst bleiben, dass diese Abstraktion eben eine Abstraktion ist –, bekämen wir dann ein dreiachsiges Ellipsoid.

Nun liegt aber auch die Veranlassung vor, diesen dreiachsigen Raum, in dem das übersinnliche Vorstellen leben muss, in seinen drei ganz verschiedenen Ausdehnungsmöglichkeiten so vorzustellen, dass wir mit dem realen $x$-, $y$-, $z$-Achsenerleben, das uns mit unserem physischen Körper gegeben ist, diesen Raum auch als dasjenige erkennen, was dann gleichzeitig das Wirkungsverhältnis der in diesem Raum befindlichen Weltenkörper zum Ausdruck bringt.

Wenn wir uns das vorstellen, so müssen wir in einer gewissen Weise bedenken, dass auch alles, was wir uns da draußen in diesem dreidimensionalen Weltenraume denken, nach verschiedenen Richtungen hin nicht einfach mit gleicher Ausdehnungsintensität der $x$-, $y$-, $z$-Achse zu denken ist, wie das bei dem euklidischen Raum der Falle ist, sondern wir müssen uns denken, dass der Weltenraum an sich eine Konfiguration hat, die auch durch ein dreiachsiges Ellipsoid vorzustellen wäre. Und dafür spricht durchaus die Anordnung gewisser Sterne. Man nennt gewöhnlich unser Milchstraßensystem eine Linse und so weiter. Es ist durchaus nicht möglich, es sich als eine Kugelfläche vorzustellen; wir müssen es uns in einer anderen Weise vorstellen, wenn wir schon bei einer rein physischen Tatsache bleiben.

Sie sehen gerade bei der Behandlung des Raumes, wie wenig naturgemäß das neuere Denken ist. In den älteren Zeiten, den älteren Kulturen, hat sich niemand einer solchen Vorstellung hingegeben, wie es die des starren Raumes geworden ist. Man kann noch nicht einmal sagen, dass in der euklidischen Geometrie schon eine klare Vorstellung von diesem starren Raume mit den drei gleichen Ausdehnungsintensitäten, auch den drei aufeinander senkrecht stehenden Linien, vorlag. Sondern erst, als man anfing den Raum Euklids rechnend zu behandeln – indem eben das Abstrahieren in der neueren Zeit ein wesentlicher Grundzug des Denkens geworden ist –, ist eigentlich diese abstrakte Vorstellung des Raumes entstanden.[118] In älteren Zeiten hatte man durchaus ähnliche Erkenntnisse, wie ich sie jetzt eben wiederum aus der Natur des übersinnlichen Erkennens heraus entwickelt habe. Sie können daraus ersehen, dass Dinge, auf die man heute so unendlich stark baut, die man als Selbstverständlichkeit betrachtet, im Grunde genommen eine solche Bedeutung nur aus dem Grunde haben, weil sie in einer wirklichkeitsfremden Sphäre spielen. Der Raum, mit dem man heute rechnet, ist eine Abstraktion; er spielt durchaus in einer wirklichkeitsfremden Sphäre. Er ist abstrahiert von Erfahrungen, von denen wir allerdings durch reales Erleben wissen können. Aber man begnügt sich heute vielfach mit dem, was Abstraktionen sind. In unserer Zeit, wo man so viel auf Empirie pocht, beruft man sich am alleröftesten auf Abstraktionen. Und man merkt es nicht. Man glaubt, sich in der Wirklichkeit mit den Dingen zu bewegen. Aber Sie sehen, wie sehr unsere Vorstellungen in dieser Beziehung der Rektifizierung bedürfen.

Der Geistesforscher fragt bei jeder Vorstellung nicht bloß, ob sie logisch ist. Logisch ist durchaus der Riemann'sche Raum auch, obwohl er in gewisser Beziehung nur eine Dependance des euklidischen Raumes ist; aber aus dem Grunde ist er im Vorstellen eigentlich doch nicht zu vollziehen, weil man zu ihm kommt mit einem ganz abstrakten Denken, indem man aufgrund einer Schlussfolgerung, zu der man gekommen ist, gewissermaßen mit seinem ganzen Denken umkippt.[119] Der Geistesforscher frägt beim Vorstellen nicht bloß, ob es logisch ist, sondern ob es auch wirklichkeitsgemäß ist. Das ist für ihn das Entscheidende, eine Vorstellung anzunehmen oder nicht. Erst dann nimmt er eine Vorstellung an, wenn diese Vorstellung wirklichkeitsgemäß ist. Und dieses Wirklichkeitsgemäßsein wird als Kriterium gegeben sein, wenn man überhaupt einmal sachgemäß auf solche Vorstellung eingehen wird, welches die Berechtigung zum Beispiel von so etwas wie die Relativitätstheorie ist. Sie ist für sich, möchte ich sagen, weil sie sich nur innerhalb des Gebietes der logischen Abstraktion erfasst, so logisch, wie nur irgendetwas logisch sein kann. Es kann schon nichts logischer sein als die Relativitätstheorie! Aber die andere Frage ist diese, ob ihre Vorstellungen vollziehbar sind. Und da brauchen Sie nur die Vorstellungen, die dort als analoge aufgeführt werden, anzusehen, so werden Sie finden: Das sind eigentlich ganz wirklichkeitsfremde Vorstellungen, mit denen nur so herumgeworfen wird. Das sei nur zum Versinnlichen da – sagt man zuvor. Aber es ist eben doch nicht nur zur Versinnbildlichung da. Sonst würde wiederum die ganze Prozedur in der Luft hängen.[120]

Das also möchte ich sagen über das, worauf sich die Frage bezieht. Sie sehen, es ist nicht möglich, Fragen, die auf solche Gebiete hingehen, so ganz leicht zu beantworten.

# FRAGENBEANTWORTUNG

*Dornach, 26. August 1921*

*Frage:* Ob man es so verstehen soll, dass die Sonne in einer Spirale durch den Raum fortschreitet, und dass die Erde nachher kommt in einer Spirale, also nicht rundherum um die Sonne sich bewegt?

Es ist verhältnismäßig leicht möglich innerhalb einer längeren Vortragsreihe dasjenige, auf das hier angespielt ist, genauer auseinanderzusetzen; es ist aber fast unmöglich, dasjenige zum Verständnis zu bringen, was da zugrunde liegt, wenn es sich darum handeln soll, einiges auf eine Fragestellung hin in wenigen Worten zu sagen. Die Antwort auf diese Frage kann ja zunächst natürlich so gegeben werden, dass man einfach die Ergebnisse der geisteswissenschaftlichen Forschung in wenigen Worten zusammenfasst, und dann hat man etwa das Folgende zu sagen.[121]

Dasjenige, was sich herausstellt, das ist zunächst dieses, dass, wenn der Mensch von irgendeinem Gesichtspunkte aus aus den beobachteten Ergebnissen Schlüsse zieht auf die Verhältnisse im Kosmos, so sind die Ergebnisse solcher Schlüsse ja immer nur einseitig. Einseitig waren die Konklusionen des ptolemäischen Weltsystems und [diejenigen aus] anderen [Weltsystemen], einseitig sind auch die Konklusionen des kopernikanischen Weltsystems. Denn es werden immer Bewegungsverhältnisse, die man beurteilt von einem [bestimmten] Standpunkte aus, in Wirklichkeit durch solche Bewegungen, die man von diesem einen Standpunkt aus überhaupt nicht beurteilen kann, ergänzt oder verändert.

Nachdem ich dieses vorsichtigerweise vorausgesetzt habe, möchte ich Sie bitten, ein zunächst für weitere Anschauungen brauchbares Ergebnis der Geisteswissenschaft über das Verhältnis der Erdenbewegung zur Sonnenbewegung hinzunehmen. Das ist so, dass man sich vorzustellen hat, die Sonne bewegt sich in einer Kurve durch den Weltraum. Diese Kurve, genügend weit verfolgt, stellt sich als eine komplizierte Spiralform heraus. Wenn ich die Verhältnisse einfach zeichne, einfacher als sie sich zunächst darstellen, so würde ich folgende Form der Sonnenbahn bekommen [Figur 65a].

Figur 65a

Die Erde bewegt sich nun in derselben Bahn, und zwar läuft sie hinter der Sonne nach. Wenn Sie nun die verschiedenen möglichen Stellungen der Erde zur Sonne betrachten, so werden Sie sehen, bei dem hier Gezeichneten würde ein Beschauer nach rechts blicken müssen, um die Sonne zu sehen.

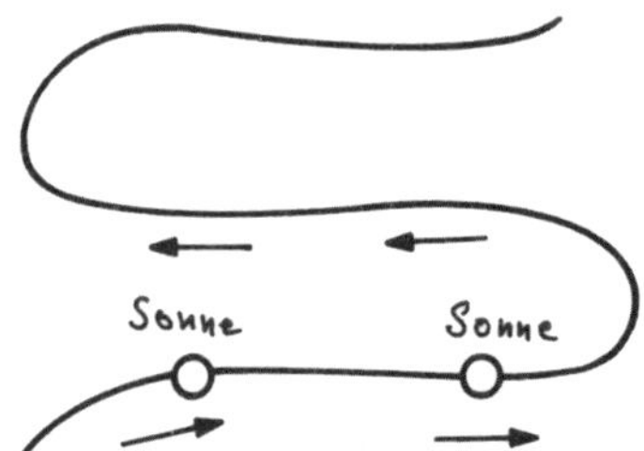


Figur 65b

Ich werde eine andere mögliche Stellung zeichnen [Figur 65b]. Die Pfeile geben die Blickrichtung. Man sieht das eine Mal die Sonne so hin, das andere Mal die Sonne so hin. Wenn Sie sich das in der entsprechenden Weise innerlich modellieren, so werden Sie leicht begreifen, dass dieses Nachlaufen der Erde [hinter] der Sonne dadurch gewissermaßen das eine Mal von der einen, das andere Mal von der anderen Seite sich ausnimmt wie eine Bahn der Erde um die Sonne in einem Kreise oder in einer Ellipse.

Während man es also zu tun hat mit einem Nachlaufen der Erde um die Sonne, wird dieses [noch weiter] differenziert durch gewisse Verhältnisse, deren Auseinandersetzung stundenlang in Anspruch nehmen würde. In Wahrheit dreht sich eigentlich bloß die Blickrichtung.

Wie gesagt, was ich Ihnen hier zusammenfasse, ist Ergebnis langwieriger geisteswissenschaftlicher Untersuchungen und kompliziert sich ja noch, wenn man andere Verhältnisse hinzunimmt, denn man muss sich klar sein darüber, wenn man überhaupt immer mehr und mehr überblickt von den Sonnenverhältnissen, so verschwimmt allmählich dasjenige, was sich sonst leicht und bequem mit einigen Linien aufzeichnen lässt, so wie man es für die Schulbuben mit dem kopernikanischen System macht, da verschwimmt [alles] allmählich in ein immer Komplizierteres und Komplizierteres. Die Linien gehen über in etwas, was man überhaupt nicht mehr zeichnen kann, sondern was aus dem Räumlichen dann überhaupt herausfällt.[122] Das vom Standpunkte der Geisteswissenschaft.

Vom Standpunkte der [natur]wissenschaftlichen Entwicklung möchte ich bemerken, dass dasjenige, was heute den Menschen [an dem oben entwickelten Forschungsresultat] so frappiert, eigentlich durchaus schon im Kopernikanismus drinnenliegt. Nur verhält sich die Sache so: Kopernikus selbst hat drei Sätze aufgestellt, den einen, der dazu führt, anzuerkennen die Bewegung der Erde um ihre Achse; den zweiten, der dazu führt, anzuerkennen die Bewegung der Erde um die Sonne, und den dritten, der dazu führt, sich diese Bewegung der Erde um die Sonne nur als eine ideelle, als eine vorläufig angenommene zu denken und in Wirklichkeit diese Bewegung aber nicht anzuerkennen, sondern eben das Verhältnis der Erde zur Sonne als ein Feststehendes anzunehmen.[123]

Dieser dritte Satz des Kopernikus zeigt also, dass Kopernikus in Wirklichkeit davon überzeugt war, dass die zweite Bewegung, die Umdrehung der Erde um die Sonne, nur eine aus Bequemlichkeit für gewisse Rechnungen angenommene ist, dass er also gar nicht denkt, sie als eine Wirklichkeit anzuerkennen. Diesen dritten Satz lässt man also heute überall weg, kümmert sich nicht um ihn, und dadurch denkt man sich nach Kopernikus das ganze Weltgebäude so aufgebaut, wie es nur nach den zwei ersten Sätzen ist. In dem Augenblicke, wo man den Kopernikanismus wirklich studieren würde, würde man zu dieser Annahme auch aus der Rechnungsastronomie heraus kommen, die zur Annahme dieses [dritten Gesetzes] führen würde.[124] Sie sehen, wie eigentlich wissenschaftliche Entwickelung oftmals ist.

# FRAGENBEANTWORTUNG

*Den Haag, 12. April 1922*

*Frage* über den mehrdimensionalen Raum.

Nicht wahr, wenn ich das gewöhnliche Koordinatenachsensystem habe, so habe ich den dreidimensionalen Raum charakterisiert. Nun geht man ja – wir wollen es nur schematisch besprechen – aus gewissen algebraischen Voraussetzungen heraus weiter, indem man denselben Prozess, der von der Ebene in den dreidimensionalen Raum hineinführt, abstrakt fortsetzt, und man kommt da in die vierte Dimension, in die fünfte und so weiter hinein, in einen $n$-dimensionalen Raum. Und es ist dann sogar möglich, sagen wir, Körper zu konstruieren – Hinton hat das getan –, den Tesserakt zu konstruieren, aber das ist ja kein wirklicher Körper, sondern die Projizierung des wirklichen Tesserakts in den dreidimensionalen Raum hinein.[125]

Nun ist die Sache so: Rein theoretisch-abstrakt ist ja natürlich gegen solche Ableitungen nichts einzuwenden. Man kann theoretisch auch übergehen, sagen wir, von dem dreidimensionalen Raum zur vierten Dimension in der Zeit, wenn man dabei innerhalb der Rechnungsformeln so verfährt, dass man den Sprung berücksichtigt, der ja doch vollzogen wird – denn es ist ja doch ein anderes, wenn man übergeht von der ersten in die zweite Dimension und in die dritte Raumesdimension, als wenn man in Zeit übergeht. Aber wenn man das verfeinert, (...) dann kann man in die Zeit übergehen. So bekommt man einen abstrakten vierdimensionalen Raum. Wenn man abstrakt bleibt, kann man das so lange machen, als man im rein Intellektualistischen stecken bleibt, solange man nicht genötigt ist, die Sachen anschaulich zu verfolgen. Dann aber hat man es zu tun mit einem Problem, das, während der rein abstrakte Gedankengang in einen regressus in infinitum führt, anschaulich zu einem Elastizitätsproblem wird.

Wir könnten auch beim Pendel zunächst denken, es schlage immerfort weiter aus. Aber im Dynamischen werden wir einen Schwingungszustand bekommen. So ist es in Wirklichkeit. Wenn man in die imaginative Anschauung hinaufkommt, so kann man einfach den Prozess nicht mehr vollziehen in infinitum, dass man eine vierte und so weiter Dimension annimmt. Dann ist man genötigt, wenn ich die erste Dimension + *a*, die zweite + *b*, die dritte + *c* bezeichne, wenn ich den realen Raum nehme, nicht die vierte + *d* zu schreiben, sondern durch die Natur der Sache bin ich genötigt, – *c* zu schreiben. Sodass die vierte Dimension einfach Stück für Stück die dritte aufhebt und es bleiben nur zwei übrig. Statt vier bekomme ich also am Ende des Prozesses zwei Dimensionen. Und so bin ich auch genötigt, wenn ich die fünfte annehme, – *b* zu setzen, und bei der sechsten – *a*. Das heißt, ich komme zum Punkt zurück.[126] Die Elastizität hat zurückgeschlagen in den Ausgangspunkt. Und das ist nicht wiederum etwas, was zum Beispiel nur in der Imagination vorliegt, also ein subjektives Experiment ist, sondern das realisiert sich dann in der Art, wie ich es vorgestern dargestellt habe.[127]

Man hat es wirklich zu tun, solange man, sagen wir, hier die Erde hat und die Wurzel der Pflanze ins Auge fasst, man hat es zu tun mit einer besonderen Ausbildung der Schwerkraft. Da steht man drinnen in der gewöhnlichen Raumes-Dimensionalität. Will man aber die Form der Blüte erklären, dann kommt man damit nicht aus. Dann muss man, statt den Koordinatenanfangspunkt zu nehmen, den unendlichen Raum nehmen, der ja nur die andere Form ist für den Punkt. Und dann kommt man dazu, statt hinauszugehen zentrifugal, zentripetal hineinzugehen [Figur 66a]. Man kommt zu dieser Wellenfläche. Statt dass die Sache versprüht, drückt es von außen herein, und man bekommt dann jene Bewegungen, die gleitende oder

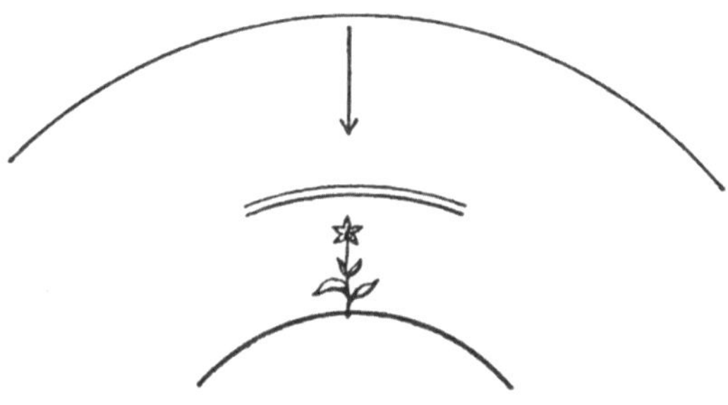

Figur 66a

schabende Bewegungen sind oder Druckbewegungen, bei denen man falsch gehen würde, wenn man Koordinatenachsen vom Koordinatenmittelpunkt aus nehmen würde, sondern man muss die unendliche Sphäre als Koordinatenmittelpunkt nehmen und dann lauter nach dem Zentrum hingehende Koordinaten.[128] Also, man bekommt das auch qualitativ gegensätzliche Koordinatenachsensystem, sobald man ins Ätherische kommt. Dass man das nicht berücksichtigt, das ist der Fehler bei der gewöhnlichen Äthertheorie. Hierin liegt die Schwierigkeit der Definition des Äthers. Bald sieht man ihn als flüssig, bald als Gas an. Da liegt der Fehler vor, dass man ausgeht von dem Koordinatensystem, das vom Mittelpunkt aus gesehen ist. Sobald man aber in den Äther kommt, muss man die Sphäre nehmen, und das gesamte System statt von innen nach außen umgekehrt konstruieren.

Die Dinge werden, wenn sie mathematisch verfolgt werden und ins Physikalische hinüberkommen, interessant, und manches würde gerade zur Lösung von Grenzproblemen auch noch beigetragen werden können, wenn man einmal diese Theorien, die hier anfangen sehr real zu werden, ausbilden würde. Allein, dafür ist noch furchtbar wenig Verständnis vorhanden. Ich habe zum Beispiel einmal in einer mathematischen Universitätsgesellschaft einen Vortrag gehalten, wo ich versuchte, an diese Dinge heranzuführen.[129]

Ich habe ausgeführt, dass, wenn man hier die Asymptoten einer Hyperbel hat und hier die Hyperbeläste, man sich dasjenige, was man sich hier rechts vorzustellen hat, und zwar auseinandersprühend, hier links vorzustellen hat zusammensprühend, sodass eine völlige Umkehr stattfindet [Figur 66b]. Diese Dinge führen allmäh-

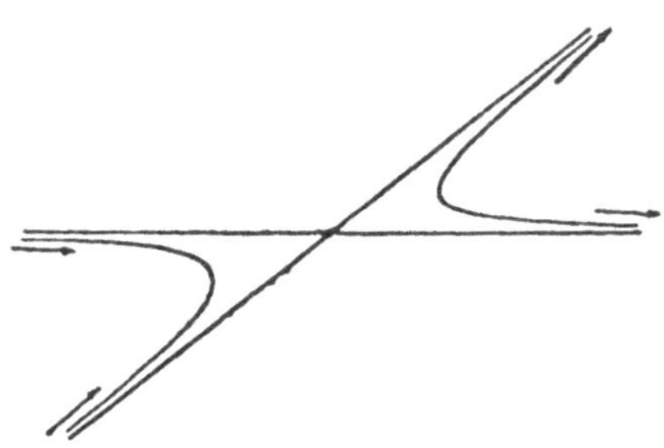

Figur 66b

lich hinein in eine konkretere Behandlung des Raumes. Aber man findet dafür heute wenig Verständnis. Man findet vielfach sogar bei reinen Analytikern eine gewisse Abneigung gegen die synthetische Geometrie. Und diese neuere synthetische Geometrie ist einmal der Weg, aus dem rein formalen Mathematischen herauszukommen zu dem Problem, wo man das Empirische fassen muss. Solange man mit der bloßen analytischen Geometrie rechnet, kommt man nicht an die Gebiete der Wirklichkeit heran. Da hat man nur die Endpunkte der Koordinaten ausgebildet, den geometrischen Ort der Koordinaten und so weiter. Bleibt man beim Konstruieren beim Linearen und bei Kreisen, dann steht man in Linien darinnen, ist aber genötigt, eine gewisse Anschaulichkeit zu Hilfe zu nehmen. Das ist das, was synthetische Geometrie so wohltätig macht, um herauszukommen aus dem Formalen und zu zeigen, wie man das Mathematische in der Natur darinnen zu denken hat.[130]

*Frage* über die Relativitätstheorie

Die Diskussion über die Relativitätstheorie[131] kann nicht zu Ende gehen; solange man sich streng auf den Standpunkt des dreidimensionalen Raumes als Zuschauer des Weltgeschehens stellt, so lange kann keine Rede davon sein, dass man die Relativitätstheorie widerlegen kann. Also in Bezug auf den Anschauungsraum gibt es keine Widerlegung der Relativitätstheorie. Denn für die Anschauung ist es selbstverständlich ganz gleichgültig, ob die Kugel sich abplattet oder der gesamte Raum sich ausdehnt in der Richtung nach einwärts, nach der die Kugel sich abplattet. Also so lange man es zu tun hat mit der Anschauung des dreidimensionalen Raumes, ist die Einstein'sche Relativitätstheorie absolut richtig. Und historisch ist die Einstein'sche Relativitätstheorie aufgetreten in dem Moment der Menschheitsentwicklung, der Wissenschaftsentwicklung, in dem man eben dazu gekommen ist, rein räumlich zu denken, das heißt auszugehen vom euklidischen Raum und von diesem aus weiterzudenken, auch im Sinne der nichteuklidischen Räume oder im Sinne der Relativitätstheorie. Also eine Widerlegung, die sich innerhalb des dreidimensionalen Raumes ergeben würde, gibt es für die Einstein'sche Theorie nicht.

Erst dann beginnt die Möglichkeit, darüber zu diskutieren, wenn man den Übergang findet in das ätherische Gebiet, wenn Sie übergehen von dem physischen Leibe, dem dreidimensionalen Raumesleibe, zu dem Ätherleibe. Dann haben Sie den Ätherleib nicht gebildet in zentrifugaler Richtung, sondern in zentripetaler Richtung. Und dann leben Sie mit dem Ätherleib innerhalb des gesamten Raumes, des Totalraumes. Dann nehmen Sie, wenn Sie zum Beispiel einmal in sich wahrnehmen eine Entfernung zwischen dem Punkt *A* und dem Punkt *B*, wenn Sie das als Ihr Erlebnis haben, dann nehmen Sie die Entfernung von *A* bis *B* das eine Mal als diese und das andere Mal als diese wahr [Figur 67a]. Wenn Sie das in sich haben, dann

Figur 67a

können Sie sagen: in dem Augenblicke, wo ich es in mir habe, das eine Mal und das andere Mal, dann muss sich entweder der eine oder der andere Punkt bewegt haben absolut, aber ich muss in der Totalität des Raumes darinnenstehen. Dann beginnt erst die Möglichkeit der Diskussion. Deshalb bin ich überzeugt davon, dass alle Diskussionen, die heute nach geltenden Begriffen über die Relativitätstheorie verlaufen, zuletzt immer so endigen werden, dass man sagen kann: Nun ja, woher wissen Sie das? Dagegen in dem Momente, wo man auch zu solchen Dingen übergeht, wo sich schon Absolutheiten ergeben, nämlich zum inneren Anschauen, da beginnt die Sache so zu werden, dass man sagen muss: Gerade an solchen Dingen wie der Relativitätstheorie zeigt sich, dass wir angekommen sind an demjenigen, was Nietzsche genannt hat den Zuschauerstandpunkt[131a]. Der ist in der Relativitätstheorie bis zum äußersten Extrem gebildet. Und wer diesen Standpunkt einnimmt, für den gilt einfach die Relativitätstheorie. Da ist nichts einzuwenden dagegen. Dagegen kann sie durchkreuzt werden. In Stuttgart hat ein fanatischer Relativitätstheoretiker den Leuten klargemacht, wie es einerlei ist, ob ich eine Bewegung hin oder eine Bewegung her mache, wenn ich eine Zündholzschachtel habe und ein Streichhölzchen. Das eine Mal fahre ich mit dem Hölzchen über die Schachtel, das andere Mal bewege ich die Schachtel über das Hölzchen. Ganz selbstverständlich, da ist die Relativitätstheorie absolut richtig. Ich hätte nur gern dem Herrn zugerufen: Bitte, nageln Sie die Schachtel einmal an die Wand an und machen Sie nun die Sache![131b]

Das ändert nichts an der Gültigkeit der Relativitätstheorie. Es zeigt nur: wie man vom zweidimensionalen Raum in die Tiefendimension gehen kann, so kann man überall in der Welt hineingehen ins Geistige, und dann hört die Gültigkeit der Relativitätstheorie auf, erst dann. Also deshalb sagte ich: Die Diskussionen über die Relativitätstheorie haben immer die Tendenz in sich, in infinitum auszulaufen, weil vom reinen Beobachtungsstandpunkt aus nichts einzuwenden ist. Man kann immer Gegenargumente gegenüber anderen Gegenargumenten aufbringen.

Wenn Sie in der reinen Zuschauerwelt stehen bleiben, da stehen Sie eigentlich immer als Beobachter außerhalb des Beobachteten und Sie haben einen Radikalschnitt zu machen zwischen Subjekt und Objekt. In dem Augenblick, wo Sie hinaufkommen zu höherer Erkenntnis, hört ja diese Subjektivität und Objektivität auf.

Man kann schon noch etwas anderes sagen. Es ist nur nicht möglich, in einer solchen Fragebeantwortung alles zu sagen. Aber wenigstens das Folgende möchte ich noch zur Anregung vorbringen: Solange man in der Zuschauerwelt, der Raumeswelt bleibt, ist die Relativitätstheorie als solche nicht zu widerlegen. Gelangt man hinaus aus der Zuschauerwelt, so gelangt man erst in Welten hinein, wo wir nicht bloß Zuschauer sind, sondern wo es Miterleben gibt, zum Beispiel Schmerz. Und in dem Augenblick, wo Sie den Übergang finden von der bloßen Relation – dass es innerhalb von Relationen nur eine Relativitätstheorie geben kann, ist begreiflich –, wo Sie zu Wesenhaftigkeiten kommen, also zum innerlichen Erleben fortschreiten, in dem Augenblick des Schmerzes zum Beispiel hört die Möglichkeit auf, darüber zu spekulieren, ob relativ oder nicht. Also deshalb können Sie nicht Widersprüche konstruieren und dann sagen: Wenn ein Widerspruch da ist, ist keine Wirklichkeit da. Im Leben sind eben Widersprüche real, weil die Entitäten des Lebens verschiedenen Sphären angehören, die ineinanderfließen. In dem Augenblick, wo Sie zur Wirklichkeit übergehen, dürfen Sie nicht mehr sagen: Wenn ich einen Widerspruch statuiere, muss ich ihn auflösen. Wenn er real ist, kann ich ihn nicht auflösen. Es handelt sich also tatsächlich darum, dass in der Welt der Relationen die Relativitätstheorie selbstverständlich herauskommen musste. Und wenn es sich nur darum handelte, den reinen Zuschauerstandpunkt festzuhalten, dann würde gegen die Relativitätstheorie nichts einzuwenden sein. In dem Augenblick aber, wo man in Wesenhaftigkeiten hineinkommt, in Schmerz und Freude, lässt sie sich nicht mehr halten.

*Frage:* Was meint Herr Dr. Steiner, wenn er sagt, dass der physische Leib ein Raumleib ist, der Bildekräfteleib ein Zeitleib? Der physische Leib lebt doch auch in der Zeit, indem er aufwächst und zerfällt.

Ja, das ist nur ungenau gedacht, wenn ich so sagen darf. Um dieses auf ein genaues Denken zurückzuführen, müssten Sie erst eine Analyse des Zeitbegriffes einmal vornehmen. Bedenken Sie nur: Wie die gewöhnlich gemeinte Wirklichkeit vor uns steht, ist ja Raum und Zeit ineinander verwoben. Man kann solche Dinge erst dann denken, wenn man auseinanderhält Raum und Zeit. Im gewöhnlichen gegenständlichen Erkennen haben Sie ja die Zeit überhaupt nicht gegeben. Sie messen ja die Zeit durch lauter Raumgrößen, und Veränderungen in den Raumgrößen sind die Erkennungsmittel für dasjenige, was dann als Zeit gilt. Denken Sie sich doch nur eine andere Zeitmessung. Sie messen sonst immer die Zeit nach dem Raum. Das ist nicht der Fall in dem Augenblick, wo Sie zum wirklichen Erleben der Zeit übergehen. Das tun die Menschen zumeist unbewusst. Eigentlich wird das Denken durch die imaginative Erkenntnis ins Bewusstsein heraufgehoben. Ein wirklich zeitliches Erleben aber haben Sie, wenn Sie zum Beispiel, sagen wir, am 12. April 1922 um 4 Uhr 4 Minuten und soundso viel Sekunden ihr Seelenleben nehmen.

Wenn Sie dieses Ihr Seelenleben in diesem Augenblick nehmen, so hat es einen zeitlichen Querschnitt. Sie können nicht davon sprechen, dass da irgendein Raumesquerschnitt innerhalb dieses zeitlichen Querschnittes ist. Innerhalb dieses zeitlichen Querschnittes liegt nun aber Ihre ganze zunächst irdische Vergangenheit drinnen, und Sie müssen, wenn Sie schematisch zeichnen wollen, wenn das der Strom Ihres Erlebens ist von *a* nach *b*, den Querschnitt *A* bis *B* zeichnen [Figur 67b].

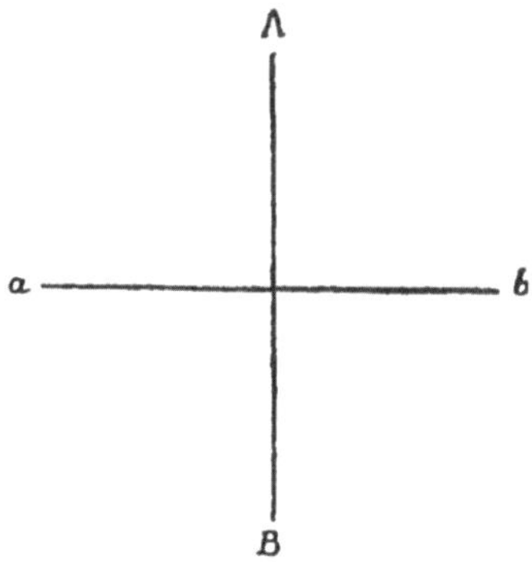


Figur 67b

Sie können nicht anders, als Ihr gesamtes Erleben in diesen Querschnitt hinein verlegen, und dennoch gibt es darin eine Perspektive. Sie können sagen, zeitlich weiter zurückliegende Erlebnisse bilden sich in geringerer Intensität ab als zeitlich nähere. Das wirkt aber alles in dem einen Querschnitt drinnen. Sodass Sie andere Beziehungen herausbekommen, wenn Sie die Zeit wirklich analysieren. Die Zeit können wir überhaupt nur zu einer Vorstellung erheben, wenn wir nicht die Analyse nehmen, die wir in der Physik gewohnt sind, nach Raum-Erkenntnismitteln, sondern nur, indem wir auf unser Seelenleben selbst reflektieren. In Ihrem Seelenleben stecken Sie aber, wenn Sie auch nur abstrakte Gedanken haben, in dem Zeitleib drinnen. Das ist das Wichtige, dass man nun wirklich diesen Zeitleib als einen Organismus aufzufassen in der Lage ist. Sehen Sie, wenn Sie irgendwelche Indispositionen, sagen wir durch diese oder jene Verdauungsstörung, im Magen verspüren, so können Sie unter Umständen sehen, da auch ganz andere Gebiete Ihres Raumesorganismus dadurch in Mitleidenschaft gezogen werden. Der Raumesorganismus ist so, dass die einzelnen Gebiete räumlich voneinander abhängig sind.

Beim Zeitorganismus ist das so, dass, trotzdem wir ein Später und ein Früher haben, Später und Früher in organischer Weise zusammenhängen. Ich drücke das manchmal so aus, dass ich sage: Nehmen wir an, wir haben einen sehr alten Menschen. Wir finden, wenn solch ein alter Mensch zu jüngeren Leuten, zum Beispiel zu Kindern spricht, dass sein Zusprechen an den Kindern abprallt, dass seine Worte gar nichts für die Kinder sind. Und wir finden einen anderen Menschen. Wenn der zu Kindern spricht, ist es etwas ganz anderes. Seine Worte fließen von selbst in die kindlichen Seelen ein. Wenn Sie nun studieren – man studiert nur diese Dinge nicht, weil man sehr selten den ganzen Menschen ins Auge fasst, man hält sozusagen nicht so lange mit der Aufmerksamkeit still, dass man zum Beispiel das beobachtet –, worauf das Segnende der Kraft eines älteren Mannes oder einer alten Frau beruht, so muss man manchmal zurückgehen in die erste Kindheit. So weit dehnt man die Beobachtung heute nicht aus. Das muss die Anthroposophie machen. Da gehen Sie zurück und werden finden: Wer im Alter segnen kann, wer im Alter diese eigentümliche geistige Kraft in sich hat, dass seine Worte wie Segen in jugendliche Menschen einfließen, der hat in der Jugend beten gelernt. Ich drücke das bildlich so aus: Gefaltete Hände in der Jugend werden zu segnenden Händen im Alter.[132]

Da haben Sie einen Zusammenhang zwischen demjenigen, was als Einfluss auf andere Menschen im späteren Alter wirkt und was in der ersten Kindheit, sagen wir, an frommen Gefühlen und dergleichen in dem Leben vorhanden war. Da ist ein organischer Zusammenhang zwischen dem Früheren und dem Späteren. Und nur wenn man den ganzen Menschen kennt, sieht man, wie er unendlich viele solcher Zusammenhänge hat. Heute stecken wir eben mit unserem ganzen Leben außerhalb dieser Wirklichkeit. Wir bilden uns ein, dass wir ganz strotzen von Wirklichkeit, aber wir sind Abstraktlinge in unserer Lebenskultur. Wir achten nicht auf die wahre Wirklichkeit. So achten wir zum Beispiel auf solche Dinge nicht. Wir achten auch nicht darauf, dass wir, wenn wir einem Kinde etwas beibringen, möglichst vermeiden müssen, namentlich im Volksschulalter, ihm scharf konturierte Begriffe zu geben. Die sind wirklich so für das spätere Alter, als wenn man die Glieder einschnüren würde und sie nicht größer wachsen ließe. Was wir dem Kinde überliefern, muss ein Organismus sein, muss beweglich sein. Da kommen Sie nun allmählich an das heran, was ich mit einem Organismus meine. Natürlich, vollständig ist es nur möglich innerhalb der Imagination. Aber man kommt trotzdem zu einer Vorstellung von einem Organismus, wenn man sich nur klar darüber ist, dass eben dasjenige, was im Menschen zeitlich verläuft, sich nicht bezieht auf den Raumesorganismus, sondern auf den Zeitorganismus.

Nun sehen Sie, dass in der Zeit eine Realität liegt. Sie können es wiederum aus der Mathematik heraus entnehmen. Da hat es einmal eine ganz nette Diskussion gegeben. Ich glaube, Ostwald[133] war es, der darauf aufmerksam gemacht hat – also kein Anhänger der Geisteswissenschaft, sondern ein Mensch, der nur nicht gerade Materialist ist –, dass die organischen Prozesse, die in der Zeit verlaufen, nicht mit dem mechanischen Prozess umkehrbar sind. Nun ist es aber so, dass man mit der gewöhnlichen Rechnung überhaupt an die Zeitprozesse gar nicht herankommt. Sie bleiben mit der gewöhnlichen Rechnung eigentlich immer außerhalb der Zeitprozesse. Sie verfolgen nicht die Prozesse als solche. Wenn Sie zum Beispiel in einer Formel für die Mondfinsternis negative Größen einsetzen, so kriegen Sie die weiter zurückliegenden Dinge, aber Sie bewegen sich nicht mit den Dingen weg. Sie bewegen sich nur in der Raumessphäre. Und so bekommt man auch nur einen richtigen Begriff von dem, was eigentlich physischer Leib des Menschen ist, wenn man trennen kann vom Zeitlichen das Räumliche. Beim Menschen ist es von fundamentaler Bedeutung, weil man überhaupt zu keinem Verständnis kommt, wenn man nicht weiß, dass bei ihm alles Zeitliche als Entität für sich verläuft, und das Räumliche von dem Zeitlichen als von etwas Dynamischem beherrscht wird, während bei einer Maschine das Zeitliche nur eine Funktion ist desjenigen, was räumlich wirkt. Das ist der Unterschied. Beim Menschen ist das Zeitliche ein Reales, während beim Mechanismus das Zeitliche nur eine Funktion des Raumes ist. Darauf kommt es zuletzt hinaus.

*Frage:* Einstein sagt, dass das raum-zeitliche Kontinuum ein vierdimensionales ist. Wenn ich Herrn Dr. Steiner gut verstanden habe, sagt er, dass das Vierdimensionale zum Zweidimensionalen wird, indem die vierte Dimension eine negative dritte ist. Ist dies nun so aufzufassen, dass die imaginative Welt mit dem Einstein'schen Kontinuum in Beziehung steht? Wenn ich in der Art der äußeren Wissenschaft denke, muss ich sagen, dass ein solcher Raum eine Ebene ist, und so würde dann die imaginative Welt eine ganz bestimmte Ebene im dreidimensionalen Raum sein, die zwar nicht gerade und im Raum ruhend zu sein braucht, aber doch in jedem bestimmten Augenblick nachzuweisen sein soll. Dies ist wahrscheinlich nicht anthroposophisch gedacht, aber ich möchte gern wissen, wie die Anthroposophie sich hierüber ausspricht.

Es ist eigentlich mit Ausnahme einiger Bemerkungen ganz anthroposophisch gedacht, was der Fragesteller aufgeschrieben hat. Ich möchte Folgendes darüber sagen: Es ist durchaus richtig, dass, wenn man realiter, also nicht abstrakt von den drei Dimensionen übergehen will in die vierte, man diese vierte mit negativen Vorzeichen setzen muss, das heißt, der Übergang in die vierte vernichtet einfach die dritte, hebt sie auf, wie die Schuld das Vermögen aufhebt. Anders ist es nicht zu denken. Nur wenn man eben in abstracto forteilt, kann man zu dem regressus in infinitum kommen, der eigentlich immer weitere und weitere Dimensionen annimmt. Aber das ist ein abstraktes Fortarbeiten, nicht ein Hinschauen auf die Dinge. Kommt man in die imaginative Welt hinein, so hat man es durchaus zu tun mit einer Ebene-Welt, wenn man überhaupt sich der Ausdrücke bedienen will, die man aus der Geometrie hernimmt. Man hat es zu tun mit der Zeitebene-Welt. Die hat die Eigentümlichkeit, dass eigentlich aufhört die Möglichkeit, sie nun wiederum auf die dritte Raumesdimension zurückzubeziehen. Das ist schwer vorzustellen, aber Sie haben schon ein Analogon dafür in der synthetischen Geometrie. Diese ist ja genötigt, die Grenze des Dreidimensionalen, wenn ich also das Dreidimensionale begrenze, als Fläche zu denken, aber nicht als Kugelfläche, sondern als Ebene. Also die synthetische Geometrie nimmt ja an, dass der dreidimensionale Raum von einer Ebene begrenzt ist. Da kommen Sie also zunächst, wenigstens für die Grenze des Dreidimensionalen, selbst auf eine Ebene, die Sie wiederum, wenn Sie sie in ihren Grenzen denken, nicht als einen Kreis, sondern als eine Gerade denken müssen, und zwar kommen Sie an eine Gerade, die nicht zwei, sondern nur einen Endpunkt hat.[134] Sie kommen zu der Notwendigkeit, mit dem Denken die Anschauung nicht voll decken zu können, trotzdem es konsequent ist, von einer Ebene als der Grenze des dreidimensionalen Raumes zu sprechen, von einer Geraden als der Grenze einer Ebene zu sprechen, nicht von einem Kreis, und von einem unendlich fernen Punkt zu sprechen, der die Gerade begrenzt.

Das sind reale Vorstellungen für die synthetische Geometrie. Sie spielt in das hinüber, was in der imaginativen Welt Anschauung wird. Nur wenn man sagt, die imaginative Welt liegt auf einer Ebene, hat man es nicht damit zu tun, dass man diese Ebene zurückbeziehen kann auf den dreidimensionalen Raum durch Koordinaten, sondern sie ist aus den drei Dimensionen herausgehoben und sie ist ebenso irgendwo wie überall. Das ist schwer vorzustellen, und zwar aus dem Grunde, weil man gewöhnt ist, im Dreidimensionalen sich vorzustellen. Aber die imaginative Welt liegt nicht im Dreidimensionalen. Daher sind auch die Definitionen des Dreidimensionalen nicht mehr anwendbar auf sie.

Wir haben nur ein Analogon für die imaginative Welt wiederum in der Kunst, und zwar dann, wenn wir die Malerei aus der Farbe heraus üben. Wenn wir das tun, arbeiten wir ja auf der Fläche, der Ebene, und wenn wir auch auf einer gekrümmten Fläche arbeiten, so hat die Krümmung der Fläche ihren Ursprung nicht eigentlich in der Malerei, sondern in anderen Verhältnissen. Wir arbeiten eigentlich in der Ebene, und da haben wir jetzt nicht nur die Möglichkeit der zeichnerischen Perspektive – die Perspektive kommt ja, wie Sie vielleicht wissen, erst sehr spät auf in der Malerei, erst vor ein paar Jahrhunderten,[135] das ist ja eine neue Sache, dass wir in Perspektive malen, ist ein Korrelat für den Raum –, aber wir haben die innere Perspektive für die Farbe.[136] [Im Goetheanum in] Dornach ist nach solchen Grundsätzen gemalt worden. Aus der Empfindung heraus, nicht aus dem Gedanken, aus der Farbe ergibt sich, wenn Gelb[-Rot] auftritt, dass einem das entgegenkommt und voll einem entgegenkommt in seiner Wirkung, dass es beginnt, aggressiv gegen einen zu werden. Dagegen, wenn man Blau malt, entfernt es sich. Es ist auf derselben Fläche. Sie haben also, indem Sie nur die zweidimensionale Ausdehnung zur Verfügung haben, doch die Möglichkeit, dasselbe auszudrücken, was sonst in der Dreidimensionalität sich realisieren lässt. Das ist das, was ich nur zur Veranschaulichung geben möchte, denn die imaginative Welt ist doch etwas anderes als die malerische Welt.

Trotzdem die Sache sehr anthroposophisch gedacht ist, kann man doch nicht so ohne Weiteres sagen, dass die imaginative Welt mit dem Einstein'schen Kontinuum in Beziehung steht. Das Einstein'sche Kontinuum beruht eben auf Abstraktion, nicht auf Anschauung. Und es ist eben nach Analogie der anderen drei Dimensionen in dem Sinne vierte Dimension, wie man es eben dann nicht annehmen kann, wenn man vorzieht, von der gegenständlichen Erkenntnis, die im dreidimensionalen Raum abläuft, zur realen übersinnlichen Erkenntnis überzugehen, die sich in der Imagination zunächst ergibt, und die, wenn sie durch den Raum ausgedrückt werden soll, nur so ausgedrückt werden kann, dass man die dritte Dimension eben durch ihre eigene Negation verschwinden lässt. In der Realität nimmt sich das dann so aus, dass – ich werde jetzt etwas sagen, was manchen sehr gewagt erscheinen wird, aber es ist eine Erfahrung – wenn Sie in der gegenständlichen Welt mit gesundem Menschenverstand sich bewegen, Sie nur dann orientiert sind, wenn Sie in den drei Dimensionen orientiert sind. Sie haben die erste Dimension, die in Ihrer eigenen aufrechten Stellung liegt, die zweite in der Links-rechts-Dimension, die dritte, die Sie beim Visieren haben. In diesen drei Dimensionen leben Sie gar nicht darin, wenn Sie in der imaginativen Welt sind, in der Imagination sind. Da leben Sie selbst in den zwei Dimensionen. Sollte ich dies lokalisieren, so müsste ich einen Schnitt machen durch den Menschen senkrecht durch. Es ist da, bei der Imagination, nur möglich zu reden von Oben- und Unten-, Rechts- und Links-Dimension. Nur tragen Sie sie mit, wenn Sie gehen. So kann ich nicht sagen, dass ich sie im Raume auf ein Koordinatenachsen-System beziehen kann. Ich kann sie nicht definieren nach der euklidischen

Geometrie. Aber sie wird real im Anschauen. Es hat keinen Sinn, von imaginativer Welt redend, von drei Dimensionen zu sprechen, sondern man muss sich klar darüber sein, dass man es zu tun hat mit einem Erleben der Zweidimensionalität, und die können Sie nicht erleben in der gegenständlichen Welt. Zwei Dimensionen werden real in der imaginativen Welt, eine in der inspirierten. Alle Inspirationen bewegen sich in vertikaler Richtung, wenn man sie überhaupt lokalisieren will. Die Intuition ist punktual, aber wiederum nicht auf ein Koordinatenachsen-System zu beziehen. Ich darf da nicht zurückgehen in den euklidischen Raum.

# FRAGENBEANTWORTUNG

*Dornach, 29. Dezember 1922*

Sie konnten aus dem Vortrag entnehmen, dass ein Unterschied gemacht werden kann zwischen dem Tastraum und dem Sehraum. Nun bietet gerade dieser Unterschied, der gemacht werden kann zwischen dem Tastraum und dem Sehraum, die Anregung, dass wir nicht stehen bleiben brauchen bei der Betrachtung des Mathematischen auf der einen Seite und des Körperlichen auf der anderen Seite. Denn es bleibt ja schon so, wie Sie meinen Vorträgen entnehmen können,[137] dass Mathematik das Erzeugnis des menschlichen Geistes oder des Menschen überhaupt ist, und dass, je mehr Sie sich in diejenigen Gebiete hineinbegeben, welche rein mathematisch sind, welche abgegrenzt mathematisch sind, dass Sie umso weniger dazu kommen, die Wirklichkeit abzufangen; daher sehen Sie auch diese Schwierigkeit, die ja immer wieder auftaucht, wenn in der neueren Zeit man mit dem Mathematischen die Wirklichkeit abfangen will.

Sie sehen zum Beispiel den Übergang der unendlichen Kugel in der projektiven Geometrie in die Ebene und werden kaum mit den gewöhnlichen Wirklichkeitsvorstellungen, die der Mensch aus dem empirischen Verhalten zur Welt hat, zusammenkommen mit diesem Eckpunkt der projektiven Geometrie.[138] Das, was sich als Aufgabe ergibt, und woran intensiv von denen gearbeitet werden müsste, die die Vorbildung haben – und das sind nicht wenige –, das ist das Folgende. Es ist das, dass wir versuchen müssen, aus den mathematischen Vorstellungen heraus die Wirklichkeit abzufangen,[139] und zwar auf ganz konkreten Gebieten, und darüber will ich Ihnen Andeutungen machen, die Aufstellung eines Problems. Die Lösung kann nur gelingen, wenn die Mathematiker sich auf die Hosen setzen – verzeihen Sie den Ausdruck. Die Problemstellung ist die folgende.

Versuchen Sie einmal, das, was Ihnen hier theoretisch entwickelt worden ist als Tastraum, so zu behandeln, dass Sie ja das ganze Tasterlebnis einreihen müssen für das Erderleben des Menschen – und mit dem hat man es ja zu tun –, dass Sie das ganze Tasterlebnis, also auch die Dimensionalität, die in ihm steckt, einreihen müssen in die Schwerkraft-Verhältnisse. Der Mensch steht innerhalb der Gravitation drinnen, und Sie bekommen aus den verschiedenen peripherischen Richtungen, die Sie im Tastraum annehmen können, dann mit zentripetaler Orientierung die Möglichkeit, Differentialgleichungen zu bilden, welche für den Tastraum nach dem Prinzip behandelt werden müssen, wie man in der analytischen Geometrie [und analytischen Mechanik] Gleichungen für die zwangsläufigen Bewegungen behandelt.[140] Dann bekommen Sie die Möglichkeit, diese Gleichungen zu integrieren und Sie bekommen bestimmte Integrale also für das, was im Tastraum erlebt wird, bestimmte Integrale, während Sie mit den Differentialen immer aus der Wirklichkeit herauskommen, denn aus ihr entfernen Sie sich mit den Differentialen immer.

Wenn Sie diese Differentiale integrieren, bekommen Sie die Schemata, von denen ich drüben im Bau sprach.[141] Wenn Sie für diese Integrale wieder [die] Wirklichkeit abfangen wollen, müssen Sie es eben machen, wie ich [in dem genannten Vortrag] andeutete. Sie müssen sich mit den Integralgleichungen bewegen innerhalb des Gebietes des wirklichen Tastens, wobei sich Ihnen ergeben wird, dass die Vertikaldimension sich für das Tasten mit einer bestimmten Differenzierung ergibt, sodass Sie, wenn Sie bei dieser Gleichung die Veränderliche mit $x$ bezeichnen, Sie dem $x$ ein Vorzeichen geben müssten, zum Beispiel +. Sie bekommen dann die Möglichkeit, Integrale aufzustellen für die Erlebnisse des Tastraumes. Ich will sie schematisch nennen:

$$\int f(x)\,dy\,.$$

Wir würden Integrale bekommen für die Erlebnisse des Tastraumes.

Nun gehen wir zum Sehraum und wenden das gleiche Prinzip an. Wir bilden uns wieder Differentialgleichungen und werden diese Gleichungen wieder behandeln müssen so, wie man in der analytischen Geometrie [und analytischen Mechanik] nach dem Prinzip zwangsläufiger Bewegungen Differentialgleichungen behandelt, und man wird sehen, dass, wenn man integriert, man sehr ähnliche Integrale bekommt, aber solche, die, wenn ich in Rücksicht gezogen habe, dass früher die $x$-Variable positiv war, muss ich sie jetzt negativ denken, und wenn ich dann die Integrierung in dieser Weise behandle, bekomme ich in der Tat ein Resultat heraus – das wäre mit allen Schikanen durchzuführen –, ich bekomme ein Resultat, wodurch ich andere Integrale bekomme:

$$\int f(x)\,dy\,.$$

Aber wenn ich die beiden voneinander subtrahiere, bekomme ich annähernd null. Sie heben sich [annähernd] auf. Also, wenn ich integriere für den Sehraum, bekomme ich solche Integrale, welche diejenigen für den Tastraum aufheben. Und die Integrale für den Tastraum werden mich sehr erinnern, nur werden sie ausführlicher sein, an alle Formeln, die ich brauche für Verhältnisse, die sich beziehen auf die analytische Geometrie oder überhaupt auf das Mechanische, nur dass in das Mechanische die Gravitation einbezogen sein muss.

Ich bekomme Integrale für den Sehraum, die mir sehr brauchbar erscheinen werden, wenn ich nur wirklich das, was am Sehen räumlich ist, einmal ordentlich mathematisch betrachte. Denn das geschieht ja immer so, dass man, ausgehend vom Trivialen, Konstruktionen aufstellt über das Sehen und nicht das betrachtet, dass, wenn man den Sehraum ins Auge fasst, man rechnen muss mit der zwangsläufig vertikalen Bewegung, dass das Sehen immer in die Zwangsläufigkeit entgegengesetzt der Gravitation gezwungen wird.[142]

Wenn man das betrachtet, habe ich auf der einen Seite die Möglichkeit, die Integrale auf die Mechanik zu beziehen und auf der anderen Seite die Möglichkeit, die Integrale auf die Optik zu beziehen. Wir bekommen also die Mechanik und die Optik und so weiter in brauchbaren, die Wirklichkeit umfassenden Integralen.

Nun ist es nicht ganz richtig, dass die Differenz der Integrale null ergibt, sondern sie ergibt eigentlich etwas, was ein Differential ist. Ich müsste also nicht null hinschreiben, sondern

$$dx = \int_{+} - \int_{-}\,.$$

Und wenn ich mir die Möglichkeit schaffe, durch wiederholtes Aufsuchen von solchen Integralen und [solchem] Differenzbilden nun Differentialgleichungen entsprechend diesem *dx* zu bekommen, werde ich dann sehen, dass, wenn ich hier *dx* als positiv und hier als negativ nehme, ich hier *dx* im mathematischen Sinne als imaginär bezeichnen muss.[143]

Wenn ich aber jetzt die Differentialgleichung, die ich bekomme, integriere, werde ich ein überraschendes Resultat erleben. Sie werden das erleben, wenn Sie das Problem richtig ausführen. Sie bekommen nämlich die akustischen Gleichungen und dadurch die Akustik. Sie haben mit der Mathematik ein innerlich Wirkliches abgefangen. Sie haben gelernt, wie man vertikal nach unten eigentlich die Mechanik schreiben muss, vertikal nach oben das Sehen – Licht ist gleich negative Gravitation –, so wie man horizontal hören muss in Wirklichkeit, und Sie werden dadurch, wenn Sie diese Betrachtungen anstellen, nicht bloß Diskrepanzen betrachten: die Mathematik auf der einen Seite, die Physik auf der anderen Seite – durch die Lagrange'schen Gleichungen[144] – so werden Sie sehen, dass man da eine ebenso fruchtbare Arbeit leisten kann auf dem mathematisch-physikalischen Gebiete, wie ich es vorher für das phylogenetische Gebiet[145] angedeutet habe.

In dieser Richtung, aber nicht durch bloßes deskriptives Betrachten, sondern Erarbeiten, liegt eigentlich das, was auszumachen ist zwischen der Naturwissenschaft der Gegenwart und der Anthroposophie. Man wird zeigen müssen, dass man mit dem Rechnen in ganz konkreten Wirklichkeiten drinnen steckt.

# *Zu dieser Ausgabe*

## *Zum historischen Kontext*

Mehr oder weniger explizite Versuche zur gedanklichen Ergründung von Räumen oder Mannigfaltigkeiten mit mehr als drei Dimensionen finden sich bereits um die Mitte des 19. Jahrhunderts. Wegbereitend dafür waren vor allem die Mathematiker *Carl Friedrich Gauß* (1777–1855), *Augustin-Louis Cauchy* (1789–1857), *Arthur Cayley* (1821–1895), *Julius Plücker* (1801–1868), *Hermann Grassmann* (1809–1877) und *Ludwig Schläfli* (1814–1895). Entscheidend, sowohl im historischen wie im systematischen Sinne, waren die Arbeiten von *Bernhard Riemann* (1826–1866) zum allgemeinen Mannigfaltigkeitsbegriff, insbesondere sein erst posthum veröffentlichter Habilitationsvortrag von 1854 *Über die Hypothesen, welche der Geometrie zugrunde liegen*? [1867]. Widerhall in einer breiteren Öffentlichkeit fanden diese eher schwer zugänglichen mathematischen Betrachtungen im deutschen Sprachraum insbesondere durch die heftig umstrittenen spiritistischen Spekulationen des Astrophysikers *Friedrich Zöllner* (1834–1882). Er versuchte Ende der Siebzigerjahre des neunzehnten Jahrhunderts die Existenz einer vierten Dimension durch Experimente mit Medien zu «beweisen». Dies erweckte das Interesse spiritistischen Ideen zugeneigter Menschen, vor allem im Umkreis der 1875 gegründeten «Theosophischen Gesellschaft». Zur allgemeinen Verbreitung der Idee des vierdimensionalen Raumes trug bei, dass bald darauf populärwissenschaftliche und belletristische Werke zur Erklärung der Eigenschaften und Besonderheiten der vierten Dimension zu erscheinen begannen. Den Auftakt dazu bildete die weit verbreitete Schrift von Edwin A. Abbott (1838–1926): *Flatland. A Romance of many Dimensions* [1884]. Besonders erfolgreich auf dem Gebiet der gediegenen Popularisierung der Idee des vierdimensionalen Raums, auch in erzählerischer Form, wurde *Charles Howard Hinton* (1853–1907). Seine Schriften wurden von vielen Theosophen, aber auch von vielen avantgardistischen Künstlern gelesen (siehe dazu den Hinweis 18 zum Vortrag vom 31. März 1905).

Es gab aber auch in der wissenschaftlichen Erforschung vierdimensionaler geometrischer Gebilde Mathematiker, die sich auf eine Populärdarstellung ihres Fachgebietes einließen. So schrieb etwa der Mathematiker *Victor Schlegel* (1843–1905), der Entdecker von speziellen Projektionen vierdimensionaler Körper in die Ebene und in den Raum, eine Serie von Aufsätzen in der *Naturwissenschaftlichen Wochenschrift* mit dem Titel: «Über den sogenannten vierdimensionalen Raum» [1888]. Er plädiert allerdings dafür, das Feld der Diskussion des vierdimensionalen Raumes den Mathematikern zu überlassen, «die schon seit einer ganzen Reihe von Jahren sich in demselben häuslich eingerichtet und eine wahrhaft fruchtbringende und für die Fortentwickelung der Wissenschaft nützliche Thätigkeit darin entfaltet haben». (S. 68) Siehe dazu auch Schlegel: «Über die Entwickelung und Stand der *n*-dimensionalen Geometrie» [1886].

Die Literatur bis 1911 ist vollständig erfasst und systematisch erschlossen in Sommerville: *Bibliography of Non-Euclidean Geometry* [1911].

Zusammenfassend kann man also sagen, dass mathematische Überlegungen zu mehrdimensionalen Räumen sich schon um die Mitte des 19. Jahrhunderts finden lassen. In das Bewusstsein einer breiteren Öffentlichkeit gelangten diese erst durch die Verknüpfung spiritistischer Experimente mit der Frage nach der Existenz eines vierdimensionalen Raumes. Leicht lesbare, teilweise in romanhafter Form verfasste Einführungen in die Geometrie vierdimensionaler Gebilde verhalfen den damit zusammenhängenden Problemen zu einer weiten Verbreitung.

### *Zum theosophischen Kontext*

Vor diesem Hintergrund einer immer weitere Kreise ergreifenden Beschäftigung mit dem Problem der vierten Dimension ist es nicht mehr überraschend, dass auch Steiner über dieses Thema Vorträge hielt. Die genauen Entstehungsumstände dieser Vorträge sind nicht bekannt. Es ist aber naheliegend, dass sie auf Anfrage einiger interessierter Mitglieder der Theosophischen Gesellschaft gehalten wurden. Dies sei anhand zweier Briefe dokumentiert.

Im Januar 1903 schrieb Günther Wagner (1842–1930, Unternehmer, Begründer der Firma Pelikan) an Wilhelm Hübbe-Schleiden (1846–1916, Forschungsreisender, Kolonialpolitiker, Schriftsteller): «Lieber Willi, [...] War in den 4 dimensionalen romances, die ich Dir zu Weihnachten schenkte, wohl eine Rechnung von der TPS, dann bitte sende sie mir ein. Ich finde keine Berechnung über dieses Werk. Herzl. Gr. D. Günther.» Mit den «4 dimensionalen romances» sind die *Scientific Romances* [1886, 1902] von Hinton gemeint. Diese enthalten unter anderem in Erzählungen verkleidete Einführungen in einige geometrische Eigenschaften des vierdimensionalen euklidischen Raumes.

Am 2. Juli 1904 schrieb *Ludwig Deinhard* (1847–1917, Ingenieur und Industrieller, zusammen mit Wilhelm Hübbe-Schleiden ältestes Mitglied der deutschen Sektion der Theosophischen Gesellschaft) an Rudolf Steiner: «Sg. H. Dr. [...] Wie steht es mit der Besprechung von Hintons 4th Dimension? Wollen Sie die selbst machen? Das Buch enthält bekanntlich eine Menge Illustrationen. Wenn man auf diese von vorneherein verzichten muss, wird man, fürchte ich, nur recht oberflächlich darüber reden können. Mit bestem Gruß, Ihr Deinhard». Gemeint ist hier das Buch *The Fourth Dimension* [1904], das viele Figuren, unter anderem auch farbige, enthält.

Eine Antwort von Rudolf Steiner auf diesen Brief hat sich nicht erhalten. Zunächst wurden sowohl beim ersten wie beim zweiten «Kongress der Föderation der europäischen Sektionen der Thesophischen Gesellschaft» Vorträge über das Problem der vierten Dimension gehalten. In Amsterdam (1904) sprachen Sarah Corbett, Arturio Reghini, Emilio Scalfaro und in London (1905) Louis Desaint, W. J. L. über dieses Thema (siehe dazu die Anmerkung Steiners in seinem Bericht «Der theosophische Kongress in Amsterdam» in *Luzifer* –

*Gnosis* (Juni 1904), in: *Lucifer – Gnosis*, GA 34, 2. Aufl. 1987, S. 546 sowie die entsprechenden Titel dieser Autoren in dem Verzeichnis von Büchern «Aus der Bibliothek Rudolf Steiners» in: *Beiträge zur Rudolf Steiner Gesamtausgabe*, Nr. 114/115, 1995, S. 88–121).

Während des ersten der genannten Kongresse sprach Rudolf Steiner am 21. Juni 1904 über das Thema «Mathematik und Okkultismus», wovon ein Autoreferat in den Kongressakten erschienen ist (*Transactions of the First Annual Congress of the Federation of European Sections of the Theosophical Society*, edited by Johan Van Manen, Amsterdam, June 19–21, 1904, Amsterdam: Council of the Federation 1906, S. 157–164; wieder abgedruckt in: *Philosophie und Anthroposophie*, GA 35, 3. Aufl. 2014, S. 7–18). Dort heißt es (S. 13 f.): «Es ist daher nur erklärlich, dass dieses geistige Leben [durch die Infinitesimalrechnung] in übersinnlichen mathematischen Größenverhältnissen für die Mathematiker der neueren Zeit ein kräftiges Erziehungsmittel geworden ist. Und dem verdanken wir, was Geister wie *Gauß*, *Riemann* und in der Gegenwart die deutschen Denker *Oskar Simony*, *Kurt Geissler* nebst vielen anderen auf dem Gebiet geleistet haben, das über die gewöhnliche Sinnenanschauung hinausgeht. Mag man im Einzelnen gegen diese Versuche was immer einwenden: dass solche Denker den Raumbegriff über die Dreidimensionalität hinaus erweitert haben, dass sie in Verhältnissen rechnen, die allgemeiner, umfassender sind als der Sinnenraum, das ist ein Ergebnis des durch die Infinitesimalrechnung von der Versinnlichung emanzipierten mathematischen Denkens. – Damit sind wichtige Fingerzeige für den Okkultisten geschaffen. Dem mathematischen Denken verbleibt nämlich auch da, wo es sich über das Sinnlich-Anschaubare hinauswagt, noch die Strenge, noch die Sicherheit echter Gedankenkontrolle. [...] Selbst wenn wir mathematisch über einen vierdimensionalen Raum etwas aussagen, so muss die Aussage eine solche sein, daß, wenn wir die vierte Dimension fortlassen und das Ergebnis für drei Dimensionen spezialisieren, unsere Wahrheit der Spezialfall eines allgemeinen Satzes bleibt.»

In vielen Büchern aus dem Bereich des Okkultismus wurde damals in dieser oder jener Weise auf die vierte Dimension Bezug genommen, so zum Beispiel in Mead: *Fragmente eines verschollenen Glaubens* [1902], S. 261 f. Die in der Bibliothek Rudolf Steiners vorhandenen Bücher der Autoren Robert Blum, Richard Eriksen, Lazar Hellenbach, Peter Ouspenskij, Gustav Richter, Robert Zimmermann sind in gewichtigen Teilen dem Thema der vierten Dimension gewidmet und belegen das Interesse, das Steiner an den damit zusammenhängenden Fragen hatte.

## *Zum Inhalt*

Den ersten Teil der vorliegenden Ausgabe bildet eine Reihe von Vorträgen Rudolf Steiners über das damals in der Kulturwelt viel diskutierte Problem der Realexistenz einer vierten Dimension. Dieses Thema beschäftigte insbesondere Mitglieder der Theosophischen Gesellschaft schon seit den achtziger und neunziger Jahren des 19. Jahrhunderts im Zusammenhang mit Berichten über spiritistische Experimente, die von zum Teil renommierten Wissenschaftlern (Zöllner u. a.) mit mehr oder weniger seriösen Medien durchgeführt wurden. Steiner geht auf diese spiritistische Komponente jedoch nicht ein, sondern entwickelt das Thema der vierten Dimension und höheren Dimensionen von ganz grundsätzlichen Gesichtspunkten aus. Einen großen Raum nehmen Ausführungen zur Geometrie vierdimensionaler Körper ein. Dies dient in erster Linie als vorbereitende Schulung zur Erarbeitung geistiger Erkenntnisse. Ob solche mathematischen Begriffsbildungen wirklichkeitsgemäß sind, kann nur durch die Methoden der Geisteswissenschaft entschieden werden. Steiner stellt dar, wie man sich eine vierte, fünfte und sechste Dimension und deren Projektion in die physische Welt von diesem Gesichtspunkt aus zu denken hat.

Die genauen Entstehungsumstände der in diesem Band zusammengefassten Vorträge sind nicht bekannt. Man kann jedoch davon ausgehen, dass aus theosophischen Kreisen an Rudolf Steiner die Anfrage herangetragen wurde, zum Problem der vierten Dimension Stellung zu nehmen. Die daraufhin für Mitglieder der Theosophischen Gesellschaft gehaltenen Vorträge richteten sich also nicht an ein speziell wissenschaftlich oder mathematisch geschultes Fachpublikum, gleichwohl aber an eine interessierte Zuhörerschaft.

Im zweiten Teil sind Fragenbeantwortungen zusammengestellt, die sich alle um das Verhältnis von mathematischen Begriffs- und Vorstellungsbildern zur geistigen Wirklichkeit drehen. Wichtige Themen sind hier außer dem Problem der Dimensionen des Raumes die projektive Geometrie (insbesondere der Übergang eines Kreises in eine projektive Gerade), die Lichtgeschwindigkeit, fließende Geometrie zwischen Urbild und Abbild, positive und negative Zahlen, imaginäre und überimaginäre Zahlen, das dritte kopernikanische Gesetz sowie insbesondere die Relativitätstheorie Einsteins.

Bei den Fragenbeantwortungen aus den zwanziger Jahren ist die Situation bezüglich des Problems der Existenz vierdimensionaler Räume insofern anders geworden, als in der Zwischenzeit bestimmte vierdimensionale geometrische Begriffsbildungen eine physikalische Interpretation durch die geometrische Auffassung der Einstein'schen Relativitätstheorie und Gravitationstheorie erhalten hatten (vierdimensionales Raum-Zeit-Kontinuum). Außerdem konnte jetzt Rudolf Steiner dieses Problem vor einem zumindest teilweise wissenschaftlichen Publikum entwickeln. Aus seinen Darstellungen geht jedoch hervor, dass die geisteswissenschaftlichen Gesichtspunkte zur Betrachtung des Dimensionsproblems im Wesentlichen die gleichen geblieben sind.

Die Vorträge und Fragenbeantwortungen sind sowohl von allgemeinanthroposophischem wie von fachspezifischem Interesse, da Steiner in elementarer Weise auf tieferliegende Zusammenhänge aufmerksam macht. Insbesondere jedoch enthalten sie für wissenschaftlich gesinnte Menschen mannigfaltige Forschungsanregungen.

Zum Problem des mehrdimensionalen Raumes und verwandten Themen siehe auch die Aufsätze und die weiteren vom Herausgeber dieses Bandes zusammengetragenen und kommentierten Materialien aus dem Archiv der Rudolf Steiner

Nachlassverwaltung, publiziert in der Schriftenreihe *Beiträge zur Rudolf Steiner Gesamtausgabe*, Nr. 114/115, «Rudolf Steiner und der mehrdimensionale Raum», Dornach 1995.

## *Zur Textgestalt*

*Textgrundlagen:* Bei den hier gesammelten Notizen aus Vorträgen und Fragenbeantwortungen Rudolf Steiners handelt es sich nicht um wörtliche Mitschriften. Die überlieferten Mitschriften von verschiedenen Teilnehmern sind entweder bloße Zusammenfassungen der Vortragsinhalte oder mehr oder weniger fragmentarische Protokolle. Die Originalstenogramme liegen nur von den wenigen Notizen Franz Seilers vor sowie von den Vorträgen, die Helene Finckh mitgeschrieben hat.

*Textgestalt:* Es wurde versucht, aus den in ihrer Qualität sehr unterschiedlichen Notizen verschiedener Mitschreibenden einen flüssig lesbaren Text zu erarbeiten. Dabei waren Eingriffe in Grammatik und Wortstellung nicht zu vermeiden. Da man ohnehin nicht davon ausgehen kann, dass in diesen Mitschriften ein authentischer Wortlaut Rudolf Steiners vorliegt, wurde diese Bearbeitung nicht im Einzelnen vermerkt, zumal der Sinnzusammenhang nicht verändert wurde.

*Abkürzungen:* Die Bearbeitung des Herausgebers im laufenden Text und in den Hinweisen ist durch folgende Zeichen kenntlich gemacht:

| | |
|---|---|
| [ ] | Ergänzungen des Herausgebers in der überlieferten Mitschrift |
| (...) | Lücken in der überlieferten Mitschrift |
| (... Zeichnung) | Hinweis auf nicht erhaltene Zeichnung |
| [Figur 1] | Hinweis auf Zeichnung im Text mit neuer Nummerierung durch den Herausgeber |
| 1 | Sachbezogene und editorische Hinweis des Herausgebers zu den Vorträgen und Fragenbeantwortungen |
| [...] | Bei Zitaten in den Hinweisen: Auslassungen des Herausgebers |
| Abbott [1884] | Jahreszahlen in eckigen Klammern nach Autorennamen in den Hinweisen verweisen auf detaillierte Angaben in der *Bibliografie zu den Hinweisen.* |
| GA | *Rudolf Steiner Gesamtausgabe*: Band-Nr. der Rudolf Steiner Gesamtausgabe, jeweils neuste Auflage, Dornach (bis 2010) / Basel (ab 2011): Rudolf Steiner Verlag; Editionsjahr und Auflagen-Nr. wird nur bei Zitaten angegeben. |

*Eine Wandtafelzeichnung* zur Fragenbeantwortung vom 31. März 1920 in Dornach, datiert 31. März 1920 (S. 194).

*Zeichnungen im Text:* Die Skizzen der Figuren, die Rudolf Steiner während der Vorträge an die Wandtafel zeichnete, sind nur in der Form erhalten, wie sie von den Nachschreibern wiedergegeben worden sind. Die konstruktive Ausführung der Zeichnungen für den vorliegenden Band wurden von Renatus Ziegler angefertigt (mit Ausnahme der Figuren 66ab, 67ab, die aus dem Band *Damit der Mensch ganz Mensch werde*, GA 82, entnommen wurden).

Die *Titel der Vorträge* sind aus den Mitschriften übernommen.

Der *Titel des Bandes* stammt vom Herausgeber.

*Auflagen in der Gesamtausgabe:* Die *1. Auflage* wurde von Renatus Ziegler unter Mitarbeit von Ulla Trapp besorgt. – Die *2. Auflage* wurde von Renatus Ziegler erstellt. Sie wurde erweitert durch die Ausarbeitungen von Mathilde Scholl in Landin vom 21., 23., 25. und 27. August 1906 sowie eine Wandtafelzeichnung zur Fragenbeantwortung vom 31. März 1920. Orthografische und kleinere den Inhalt nicht betreffende grammatikalische Textänderungen wurden stillschweigend eingefügt. Die Hinweise wurden auf den neusten Stand der Gesamtausgabe gebracht und einige Literaturangaben ergänzt.

## *Nachweis früherer Veröffentlichungen*

### *Quellen*

B *Beiträge zur Rudolf Steiner Gesamtausgabe*, Veröffentlichungen aus dem Archiv der Rudolf Steiner Nachlassverwaltung, Dornach: Rudolf Steiner Verlag.

MS *Mathematische Sendungen* der Mathematisch-Astronomischen Sektion am Goetheanum (herausgegeben von Elisabeth Vreede), Nr. 1 (1930) bis Nr. 14 (1932).

RT *Rudolf Steiner, Texte zur Relativitätstheorie* (herausgegeben von Wim Viersen), Dornach: Mathematisch-Astronomische Sektion am Goetheanum 1982 (Mathematisch-Astronomische Blätter – Neue Folge, Band 10).

LK Peter Gschwind, *Der lineare Komplex – eine überimaginäre Zahl*. Dornach: Mathematisch-Astronomische Sektion am Goetheanum 1977 (Mathematisch-Astronomische Blätter – Neue Folge, Band 4). 2. Auflage: Dornach, Philosophisch-Anthroposophischer Verlag am Goetheanum 1991.

### *Vorträge*

Berlin, 17. Mai 1905: MS, Nr. 3, S. 1–9

Berlin, 24. Mai 1905: MS, Nr. 3, S. 9–17

Berlin, 31. Mai 1905: MS, Nr. 4, S. 1–8

Berlin, 7. Juni 1905: MS, Nr. 4, S. 8–20

Landin, 21. August 1906: B, Nr. 114/115, S. 77–81; GA 91 (2018, S. 196–201; 2023, S. 227–232)

Landin, 23. August 1906: B, Nr. 114/115, S. 81–83; GA 91 (2018, S. 202–205; 2023, S. 233–236)

Landin, 21. August 1906: B, Nr. 114/115, S. 83–86; GA 91 (2018, S. 206–211; 2023, S. 237–242)

Landin, 21. August 1906: B, Nr. 114/115, S. 87; GA 91 (2018, S. 212–213; 2023, S. 243–244)

*Fragenbeantwortungen*

Berlin, 1. November 1904: GA 90a (2018, S. 396)

Stuttgart, 2. September 1906: GA 95 (1990, S. 150)

Düsseldorf, 21. April 1909: GA 110 (1991/2023, S. 176)

Düsseldorf, 22. April 1909: GA 110 (1991/2023, S. 186 f.)

Basel, 1. Oktober 1911: GA 130 (2023, S. 109)

München, 25. November 1912: GA 69a (2007, S. 131–134)

Berlin, 27. November 1913: RT, S. 69

Stuttgart 1919: GA 320 (1987, S. 192 f.)

Stuttgart, 7. März 1920 [Baravalle]: MS, Nr. 5, S. 1–10; RT, S. 30–39

Stuttgart, 7. März 1920 [Herberg]: RT, S. 66–68

Stuttgart, 11. März 1920 [Blümel]: MS, Nr. 5, S. 10–18; LK, 1977: S. 14–17, 111–117; LK, 1991: S. 3–5, 84–87

Stuttgart, 11. März 1920 [Strakosch]: MS, Nr. 5, S. 18–25

Dornach, 30. März 1920: GA 73a (2005, S. 124–126)

Dornach, 31. März 1920: GA 73a (2005, S. 127–138)

Stuttgart, 15. Januar 1921: MS, Nr. 6, S. 20–21; RT, S. 64–66; *Gegenwart*, 14. Jahrgang, 1952/53, Heft 8, S. 314–315; GA 73a (2005, S. 353–355, S. 357 f.)

Dornach, 7. April 1921: GA 76 (1977/2018, S. 141–152)

Den Haag, 12. April 1922: GA 82 (1957, S. 152–163), teilweise in GA 82 (1994, S. 228–236)

Dornach, 29. Dezember 1922: MS, Nr. 6, S. 1–5

Alle übrigen Vorträge und Fragenbeantwortungen wurden hier 1995 zum ersten Mal veröffentlicht.

# *Hinweise*

## *Hinweise zu den Vorträgen*

In den *Beiträgen zur Rudolf Steiner Gesamtausgabe*, Nr. 114/115, 1995, finden sich einige Dokumente aus dem Rudolf Steiner Archiv (Briefauszüge, Eintragungen in Notizbüchern), S. 11–19, eine Liste von Steiners Erwähnungen mehrdimensionaler Räume, S. 10 f., und nichteuklidischer Geometrien, S. 62 f., sowie ein Auszug aus dem überlieferten Bibliotheksbestand zu mathematischen Themen im Rudolf Steiner Archiv, S. 88–121, mit Themenindex, S. 122 f.

Zum theosophisch-anthroposophischen Hintergrund siehe auch «Über die astrale Welt», sechs Vorträge in Berlin, 28. Oktober bis 2. Dezember 1903, in: *Über die astrale Welt und das Devachan*, GA 88.

Neben den Vortragsausführungen und Fragenbeantwortungen im vorliegenden Band gibt es weitere Betrachtungen von Steiner im Umfeld des Problems der Struktur und der Seinsweise mehrdimensionaler Räume. Dabei verknüpft er das Raumproblem mit verschiedenartigen miteinander verbundenen Aspekten, insbesondere mit dem Konzept des «Gegenraumes». Eine ausführliche Übersicht findet sich in den oben genannten *Beiträgen*, Nr. 114/115, S. 10 f.; im Folgenden sind die wichtigsten Ausführungen daraus angeführt.

Rudolf Steiner über den mehrdimensionalen Raum (ohne GA 324a)

| **Vortragsdatum** | **Jahr** | **GA** | **Edition** | **Seite** | **Bemerkungen zum Inhalt** |
|---|---|---|---|---|---|
| 10. Dezember | 1920 | 202 | 1993 | 97–99 | Cassini'sche Kurven gehen aus Raum hinaus; scherende, deformierende, periphere Kräfte |
| 15. Januar | 1921 | 323 | 1997 | 274–283 | Gegenraum, Gegendimensionen |
| 18. Januar | 1921 | 323 | 1997 | 318–320 | Gegendimensionen |
| 8. April (FB) | 1922 | 82 | 1994 | 51–66 | Gegendimensionen, Imagination, Aufhebung von Dimensionen |
| 9. April (FB) | 1922 | 82 | 1994 | 82–89 | Punkt-Sphäre, Imagination, plastische Geometrie |
| 19. August | 1923 | 227 | 2023 | 45–47 | Gegendimensionen, Aufhebung von Dimensionen |
| 26. August | 1923 | 227 | 2023 | 190–196 | Imagination/Inspiration/Intuition : zwei-/ein-/nulldimensional |

# *Hinweise zum Text der Vorträge*

## *Berlin, 24. März 1905*

*Textgrundlagen:* Kein Stenogramm vorhanden. Maschinenschriftliche Übertragung der Mitschriften von Marie von Sivers (-Steiner) und von Bertha Lehmann (-Reebstein).

*zu Seite*

1 *János (Johann) Bólyai* (1802–1860), ungarischer Mathematiker. Beschäftigte sich mit dem Parallelenproblem und gehört zusammen mit *Carl Friedrich Gauß* und *Nikolai Iwanowitsch Lobatschewski* (1792–1856) zu den Entdeckern der hyperbolischen nichteuklidischen Geometrie. Seine diesbezügliche Arbeit, seine einzige Publikation, erschien 1832 als Anhang («Appendix») eines Lehrbuches der Mathematik aus der Feder seines Vaters, *Farkas (Wolfgang) Bólyai* (1775–1856). Zu den beiden *Bólyai*s siehe Stäckel: *Wolfgang und Johann Bólyai* [1913].

*Carl Friedrich Gauß* (1777–1855), Mathematiker und Physiker in Göttingen. Beschäftigte sich schon früh mit dem Parallelenproblem und kam für sich zum Schluss, dass es eine nichteuklidische Geometrie geben müsse. Darüber hat er aber zeitlebens nichts publiziert; siehe dazu Reichardt: *Gauß und die nichteuklidische Geometrie* [1976].

*Bernhard Riemann* (1826–1866), Mathematiker in Göttingen. Entdeckte als Erster die elliptische nichteuklidische Geometrie. Sein Habilitationsvortrag *Über die Hypothesen, welche der Geometrie zu Grunde liegen* [1867], der unter anderem die Grundlagen für eine Erweiterung der Differentialgeometrie für verallgemeinerte Maßbestimmungen sowie für die Theorie *n*-dimensionaler Räume (Mannigfaltigkeiten) enthält, impulsierte die damals beginnende Erforschung höherdimensionaler Räume in entscheidender Weise. Riemann unterschied als Erster zwischen der Unbegrenztheit und der Unendlichkeit des Raumes. Jene ist Ausdruck der Ausdehnungsverhältnisse, das heißt der allgemeinen geometrischen Struktur (Topologie) des Raumes, diese eine Folge der Maßverhältnisse (Metrik). Diese Unterscheidung führte zur klaren Differenzierung zwischen Differentialgeometrie und Topologie; siehe dazu Scholz: *Geschichte des Mannigfaltigkeitsbegriffs* [1980].

2 Auf die Eigenschaften von Spiegelbildern machte schon *Immanuel Kant*, *Prolegomena* [1783], § 13, aufmerksam: «Was kann wohl meiner Hand oder meinem Ohre ähnlicher, und in allen Stücken gleicher sein als ihr Bild im Spiegel? Und dennoch kann ich eine solche Hand, als im Spiegel gesehen wird, nicht an die Stelle ihres Urbildes setzen; denn wenn dieses eine rechte Hand war, so ist jene im Spiegel eine linke, und das Bild des rechten Ohres ist ein linkes, das nimmermehr die Stelle des ersteren

vertreten kann. Nun sind hier keine innre Unterschiede, die irgendein Verstand nur denken könnte; und dennoch sind die Unterschiede innerlich, soweit die Sinne lehren, denn die linke Hand kann mit der rechten, ohnerachtet aller beiderseitigen Gleichheit und Ähnlichkeit, doch nicht zwischen denselben Grenzen eingeschlossen sein (sie können nicht kongruieren), der Handschuh der einen Hand kann nicht auf der anderen gebraucht werden.» (Siehe auch Kant: *Lebendige Kräfte* [1746], §§ 9–11, und *Gegenden im Raum* [1768]). Kant nahm diese Tatsache als Beweis dafür, dass der Mensch nur sinnliche Anschauungen, das heißt Erscheinungen der Dinge, auffassen könne und nicht die Dinge, wie sie an sich selbst sind. – Für eine Analyse der Kant'schen Raumanschauung hinsichtlich des Dimensionsproblems siehe Zöllner: «Wirkungen in die Ferne» [1878a], S. 220–227.

3 Achsengespiegelte Figuren in einer Ebene können durch räumliche Drehungen um die Spiegelachse kontinuierlich ineinander übergeführt werden. Ist *F* eine Figur in der Ebene und *F'* die an der Achse *a* gespiegelte Figur, so geht *F* durch eine räumliche Drehung um *a* in *F'* über. In Figur 68 finden sich einige Stadien dieser Drehung in Normalprojektion auf die Ebene. Als *ebene Figur* interpretiert, handelt es sich bei dieser Transformation um eine orthogonale Affinität mit Achse *a*. (Im Sinne der projektiven Geometrie ist dies eine Perspektivität mit Achse *a* und Zentrum *A* auf der Ferngeraden der Ebene.)

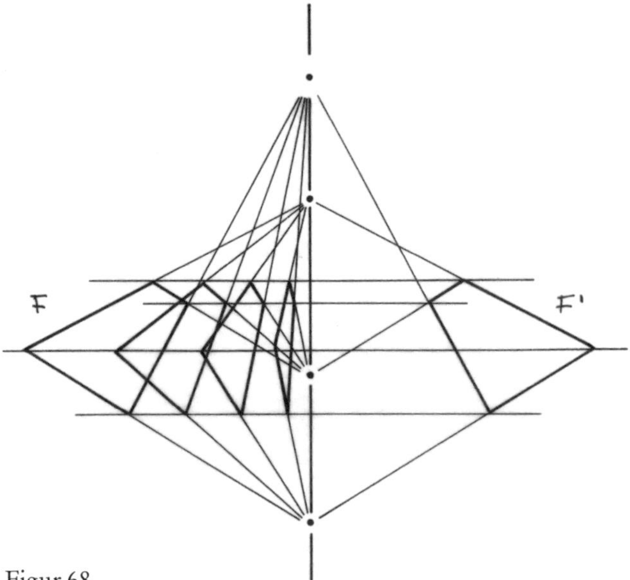


Figur 68

In der Projektion auf die Ebene geht die durch den Raum gedrehte Figur durch die Achse *a* hindurch; sie verliert dabei in diesem Übergangsstadium scheinbar eine Dimension, da in diesem Moment die Figur parallel zur Projektionsrichtung wird. Man beachte, dass die Ränder von *F* und *F'* nur dann durch Drehoperationen *innerhalb* der Ebene (das heißt Drehungen um Punkte in der Ebene) ineinander übergeführt werden können, wenn sie in Strecken zerlegt werden, die um die entsprechenden Punkte auf der Achse *a* gedreht werden.

Ganz analog können zwei dreidimensionale geometrische Körper, *F* und *F'*, die bezüglich einer Ebene $\alpha$ spiegelsymmetrisch sind, durch eine (dreidimensionale) räumliche orthogonale Affinität mit Affinitätsebene $\alpha$ kontinuierlich ineinander übergeführt werden (Figur 69). Diese Transformation kann als orthogonale Projektion einer vierdimensionalen euklidischen Drehung um die Ebene $\alpha$ in den dreidimensionalen Raum interpretiert werden. In dieser Projektion geht das dreidimensionale Objekt *F* durch die zweidimensionale Ebene $\alpha$ hindurch und verliert in diesem Übergangsstadium scheinbar eine Dimension.

Zerlegt man die Oberfläche von *F* in die jeweiligen Flächenstücke, so können diese Teile durch entsprechende Achsen in $\alpha$ so gedreht werden, dass daraus die Oberfläche der Figur *F'* entsteht.

*August Ferdinand Möbius* (1790–1868) scheint der erste Mathematiker gewesen zu sein, der aufgrund dieser Analogie zwischen ebenen und räumlichen Spiegelungen an die Möglichkeit eines vierdimensionalen Raumes dachte, in welchem sich dreidimensionale spiegelsymmetrische Körper durch eine kontinuierliche Transformation zur Deckung bringen lassen (siehe Möbius: *Barycentrischer Calcul* [1827], § 140, Anmerkung). Er verwarf aber diese Idee als «undenkbar» und verfolgte sie nicht weiter.

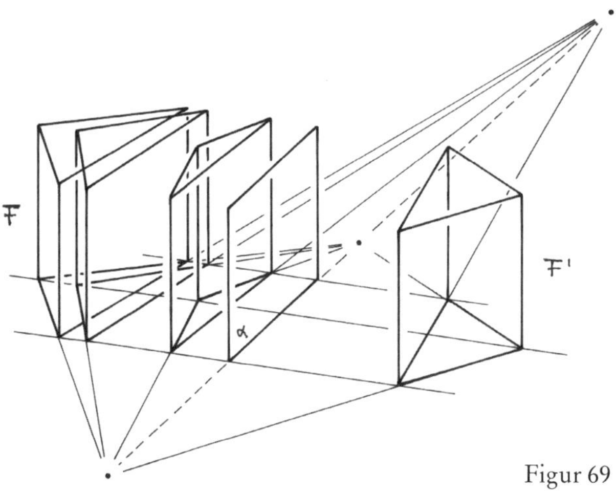


Figur 69

4 Das Vorhandensein zweier Augen ermöglicht die Tiefenwahrnehmung; siehe dazu die hier gedruckte Fragenbeantwortung Rudolf Steiners vom 11. März 1920 [Strakosch]. Zur Bedeutung der Eigenaktivität für die Wahrnehmung der Tiefendimension siehe die Fragenbeantwortung vom 7. April 1921 (*Die befruchtende Wirkung der Anthroposophie auf die Fachwissenschaften*, GA 76); siehe auch den Hinweis 17 weiter unten.

5 *Johann Karl Friedrich Zöllner* (1834–1882), Astrophysiker in Leipzig. Gilt als einer der Gründungsväter der Astrophysik; grundlegende experimentelle und theoretische Beiträge zur Photometrie und Spektroskopie. Seine Theorie der Struktur von Kometen wurde richtungsweisend für alle späteren Untersuchungen. Sein Buch *Über die Natur der Cometen; Beiträge zur Geschichte und Theorie der Erkenntnis* [1886] enthält, wie übrigens fast alle seine Abhandlungen, weitreichende Ausführungen philosophischer und historischer Natur sowie kritische und polemische Auseinandersetzungen mit dem zeitgenössischen Wissenschaftsbetrieb.

Im Zusammenhang mit seinen Untersuchungen über die *Principien einer electrodynamischen Theorie der Materie* [1876], «Über Wirkungen in die Ferne» [1878a] und «Über die Natur der Cometen» [1886] beschäftigt sich Zöllner mit den neueren Untersuchungen zur nichteuklidischen und mehrdimensionalen Geometrie. Er vermutet schon Anfang der 70er Jahre, dass für das Verständnis gewisser physikalischer Erscheinungen ein gekrümmter Raum oder eine vierte Dimension zu Hilfe genommen werden müsse. Um 1875 beginnt sich Zöllner außerdem mit dem Spiritismus auseinanderzusetzen, angeregt durch die Forschungen des Chemikers und Physikers *William Crookes* (1832–1919). Zöllner entwickelt die Ansicht, dass die Existenz spiritistischer Phänomene durch die Annahme eines vierdimensionalen Raumes erklärt werden könne, ja dass erstere die Tatsächlichkeit (und nicht bloße Denkbarkeit) des letzteren beweisen (Zöllner [1878a], S. 273 ff.). Wenig später beginnt Zöllner mit eigenen Untersuchungen spiritistischer Phänomene (siehe dazu «Thomson's Dämonen und die Schatten Plato's» [1878b], S. 725 ff., «Über die metaphysische Deduction der Naturgesetze» [1878c], S. 330 ff., und insbesondere «Zur Metaphysik des Raumes» [1878d]).

Zu Zöllner im Allgemeinen siehe Hermann: *Zöllner* [1982] und Meinel: *Zöllner und die Wissenschaftskultur* [1991]. Für eine Übersicht zu Zöllners spiritistischen Experimenten siehe Luttenberger «Friedrich Zöllner» [1977] und Treitel: *A Science for the Soul* [2004], Chapter 1.

Für eine zeitgenössische Analyse von Zöllner siehe etwa Simony: *Spiritistische Manifestationen* [1884], und zum Spiritismus im allgemeinen Hartmann, *Geisterhypothese* [1891] und *Spiritismus* [1898]; zur Geschichte und zum Wesen des Spiritismus aus Steiners Gesichtspunkten siehe unter anderem die Vorträge vom 1. Februar und 30. Mai 1904 in *Spirituelle Seelenlehre und Weltbetrachtung*, GA 52, sowie die Vorträge vom 10. bis 11. Oktober 1915 in *Die okkulte Bewegung im neunzehnten Jahrhundert*, GA 254. Zöllner dachte sich die Kant'schen «Dinge an sich» als reale vierdimensionale Objekte, die sich in unseren Anschauungsraum hinein als dreidimensionale Körper projizieren. Einen Beleg für diese Ansicht fand er in der Existenz dreidimensionaler spiegelsymmetrischer Körper, die zwar mathematisch kongruent sind, aber nicht kontinuierlich ineinander übergeführt werden können (siehe dazu Hinweis 3 weiter oben): «In der That, es *muß* der Raum, in welchem die uns sichtbare Welt *widerspruchsfrei* erklärbar sein soll, mindestens *vier* Dimensionen besitzen, indem *ohne* diese Eigenschaft die thatsächliche Existenz symmetrischer Körper niemals auf ein *Gesetz* zurückführbar ist [...].» (Zöllner: «Über Wirkungen in die Ferne» [1878a], S. 248.) Als ein Vorläufer seiner Anschauungen konnte Zöllner Kant in Anspruch nehmen (siehe dazu Hinweis 2 weiter oben).

Zöllner schildert in dem letztgenannten Aufsatz einige Besonderheiten des Übergangs von der dritten in die vierte Dimension, die er sowohl seinen theoretischen Überlegungen wie seinen spiritistischen Experimenten zugrunde legt. Er beginnt mit einer Diskussion von Knoten im dreidimensionalen Raum und macht darauf aufmerksam, dass diese nur aufgelöst werden können, wenn «*vorübergehend* die Theile des Fadens aus dem dreidimensionalen Raume für Wesen von gleicher Dimensionalität verschwinden müssen [siehe dazu Hinweis 15 weiter unten]. Das Gleiche würde der Fall sein, wenn ein Körper aus einem allseitig umschlossenen Raume von drei Dimensionen vermittelst einer in der vierten Dimension ausgeführten Bewegung daraus entfernt und nach außerhalb dieses materiell umschlossenen Raumes transportirt würde. Das Gesetz der sogenannten Undurchdringlichkeit der Materie im dreidimensionalen Raum würde demgemäß scheinbar aufgehoben werden können, und zwar in vollkommen analoger Weise, wie wir einen in der *Ebene* verschiebbaren und von einer *geschlossenen* ebenen Curve eingeschlossenen Körper durch Emporheben über die Grenze jener Curve transportiren können, ohne dieselbe zu berühren.» (Zöllner: «Über Wirkungen in die Ferne» [1878a], S. 276.) Siehe dazu den folgenden Hinweis 6.

6 Zum Verhältnis von Innerem und Äußerem bei einer Kugel sei zunächst der entsprechende zweidimensionale Fall betrachtet: Auf jeden Punkt einer zweidimensionalen Ebene kann ein Lot gefällt werden. Bewegt sich ein Punkt *P* ausgehend von der Ebene auf diesem Lot, so entfernt er sich von allen Punkten der Ebene, ohne dass sich an seiner senkrechten Projektion *M* auf die Ebene etwas ändert. Ist dieser Punkt der Mittelpunkt *M* eines Kreises, so hat der aus der Ebene hinauswandernde Punkt *P* zu allen Punkten der Kreisperipherie immer denselben, stetig größer werdenden Abstand. Lässt man den Punkt *P* auf dem Lot so weit wandern, bis sein Abstand vom Mittelpunkt *M* des Kreises größer wird als der Radius des Kreises, und dreht dann das Lot in die Kreisebene hinein, so ist auf diese Weise der Punkt *P* kontinuierlich aus dem

Kreis hinausgewandert, ohne dass er die Kreisperipherie durchschnitten hätte.

Ganz entsprechend kann ein Punkt *P*, der sich innerhalb einer Kugel befindet, kontinuierlich aus dem Kugelinnern hinauswandern, ohne die Oberfläche der Kugel zu durchstoßen, sobald man den vierdimensionalen Raum zu Hilfe nimmt. Denn man kann von jedem Punkt des dreidimensionalen Raumes auf einer Geraden lotrecht in den vierdimensionalen Raum hinauswandern, ohne dabei irgendeinen Punkt des ersteren Raumes zu treffen. Bewegt man nun auf diese Weise den Mittelpunkt *M* einer Kugel im dreidimensionalen Raum aus diesem Raum hinaus, so entfernt sich dieser Punkt gleichmäßig von allen Punkten der Kugeloberfläche, das heißt, er hat zu allen Punkten derselben fortwährend denselben Abstand. Sobald die Entfernung vom Ausgangspunkt *M* größer wird als der Radius der Kugel, so befindet sich der Punkt außerhalb der Kugel; dies kann sichtbar gemacht werden, indem die entsprechende Gerade in den dreidimensionalen Raum hineingedreht wird.

7 *Arthur Schopenhauer* (1788–1869): «‹Die Welt ist meine Vorstellung›: – dies ist eine Wahrheit, welche in Beziehung auf jedes lebende und erkennende Wesen gilt [...]», *Die Welt als Wille und Vorstellung,* Frankfurt: 3. Auflage 1859, Erstes Buch, § 1, in: *Sämtliche Werke,* herausgegeben von Rudolf Steiner. Zweiter Band, Stuttgart o.J. [1894], S. 29.

8 Dieses Beispiel der Illusion einer sich bewegenden Pferdefigur, ermöglicht durch aufgemalte Pferde auf der Innenseite einer Zylinderfläche, wird auch in dem Buch R. Steiners: *Die Philosophie der Freiheit*, GA 4, 17. Auflage 2021, angeführt: Kapitel VI, «Die menschliche Individualität», S. 106. Siehe auch den Vortrag vom 14. Januar 1921, in *Das Verhältnis der verschiedenen naturwissenschaftlichen Gebiete zur Astronomie*, GA 323, S. 252.

9 Auf die Schwierigkeiten der Behauptung der generellen Subjektivität der Sinneseindrücke geht R. Steiner in dem Buch *Die Philosophie der Freiheit*, GA 4, Kapitel IV, «Die Welt als Wahrnehmung», sowie in den *Einleitungen und ausgewählte Kommentare zu Goethes Naturwissenschaftlichen Schriften*, GA 1, Kapitel IX, «Goethes Erkenntnistheorie», und Kapitel XVI.2, «Das Urphänomen», genauer ein.

10 Diesen Vergleich mit der Geschichte des Baron von Münchhausen zieht R. Steiner auch im Vortrag vom 8. November 1908, *Die Beantwortung von Welt- und Lebensfragen*, GA 108, heran. Dort wird zugleich das Verhältnis von Empfindung, Wahrnehmung, Vorstellung und Begriff näher untersucht.

11 Das Zusammenfallen eines sich vergrößernden Kreises mit *einer* Geraden gilt strenggenommen nur für den Übergang eines Kreises in eine Gerade im Rahmen der euklidischen Geometrie. In der projektiven Geometrie fällt der Kreis im Grenzfall mit der festbleibenden Tangente *und gleich-*

*zeitig* mit der unendlich fernen Geraden zusammen (siehe dazu Locher: *Urphänomene der Geometrie* [1937], Kapitel 4, insbesondere S. 69f.). Erst in der durch die Hinzunahme der unendlich fernen Geraden zur projektiven Ebene ergänzten euklidischen Ebene ist ein Durchgang durch das Unendliche möglich (siehe dazu auch Ziegler: *Mathematik und Geisteswissenschaft* [1992/2000], Kapitel III).

12 Das Verhältnis der Vorgänge auf einer Geraden, die nach rechts und nach links verlaufen, knüpft unmittelbar an den geometrischen Sachverhalt an: Das Durchschreiten der Unendlichkeit ist nur möglich, wenn der Bereich der euklidischen Geometrie verlassen wird (siehe dazu den vorangehenden Hinweis 11). Mit anderen Worten, der *sinnlich vorgestellte* Punkt der einen Seite geht *nicht* in den sinnlich vorgestellten Punkt der anderen Seite über. Was diese beiden sinnlich vorstellbaren Bereiche der Geraden über das Unendliche hindurch verbindet, ist ihre nur im Denken zu erfassende Gesetzmäßigkeit, was sie trennt, ihre vorgestellte Punkterfüllung.

13 Das Bild von Petschaft, Siegellack und Siegelabdruck verwendet R. Steiner wiederholt im Zusammenhang mit erkenntniswissenschaftlichen Erwägungen, die das Verhältnis der objektiven Außenwelt zum individuellen Bewusstsein des Erkennenden betreffen. Entscheidend ist bei diesem Bild, dass auch im physisch-sinnlichen Bereiche die Übertragung einer Form nicht an die Übertragung eines Stoffes gebunden ist. Siehe dazu etwa die Aufsätze «Philosophie und Anthroposophie» und «Die psychologischen Grundlagen und die erkenntnistheoretische Stellung der Anthroposophie», beide in: *Philosophie und Anthroposophie*, GA 35, 3. Auflage 2014, S. 96f. bzw. S. 138.

14 *Oskar Simony* (1852–1915), Mathematiker und Naturwissenschaftler in Wien. Sohn des Alpenforschers und Geografen *Friedrich Simony* (1812–1896). Von 1880 bis 1913 Professor an der Wiener Hochschule für Bodenkultur. Seine mathematischen Arbeiten bewegen sich vor allem auf dem Gebiet der Zahlentheorie und der empirisch-experimentellen Topologie von Knoten und zweidimensionalen Flächenstücken im dreidimensionalen Raum. Die Modelle, von denen Steiner spricht, sind zum Teil in Simonys Abhandlungen abgebildet. – Siehe dazu und zu Simony im Allgemeinen und zu seinem Verhältnis zu Steiner, Müller: «Oskar Simony und seine topologischen Untersuchungen» [1931], «Erinnerungen an Oskar Simony» [1951], Bracker: «Ernst Müller» [1994], Sam: «‹Wenn man sich mit Geisteswissenschaft befasst, ist Humor nötig›» [2020].

Simonys frühe Beschäftigung mit der Topologie entzündete sich an seiner Auseinandersetzung mit den spiritistischen Experimenten F. Zöllners (siehe Hinweis 5 weiter oben). Er sah sich dadurch veranlasst, sich mit dem Raumproblem zu beschäftigen, wie es durch die Entdeckung der nichteuklidischen sowie der mehrdimensionalen Geometrie aufgeworfen worden war. Seine Untersuchungen reichten bis in physiologische und erkenntnistheoretische Erwägungen hinein (siehe Simony: «Über eine Reihe neuer mathematischer Erfahrungssätze» [1883], *Über spiritistische Manifestationen* [1884] und *Über die empirische Natur unserer Raumvorstellungen* [1886]). Er war sich klar, dass der empirische und der ideal-mathematische Raum nicht miteinander verwechselt werden dürfen. Als Mathematiker war ihm die Denkbarkeit eines vierdimensionalen Raumes kein Problem. Der These Zöllners, dass sämtliche Gegenstände des dreidimensionalen Raumes Projektionsphänomene von (sinnlich nicht wahrnehmbaren) vierdimensionalen Objekten seien, konnte er aber nicht zustimmen. Es war ihm aber nicht darum zu tun, die Tatsächlichkeit spiritistischer Phänomene pauschal abzuleugnen. Vielmehr plädierte er, wie auch Zöllner, für eine wissenschaftlich exakte Untersuchung derselben. Er stellte Überlegungen an, wie die von Zöllner berichteten spiritistischen Phänomene mit den traditionellen Mitteln der Physik und Physiologie begründet werden, oder zumindest, wie sie mit diesen ohne Widerspruch in Übereinstimmung gebracht werden können (Simony: *Über spiritistische Manifestationen* [1884]). Es war ihm wichtig zu zeigen, dass zur Erklärung dieser Phänomene der dreidimensionale empirische Raum nicht verlassen werden muss. Er wies darauf hin, dass Zöllners Hypothese von der Existenz eines vierdimensionalen Raumes im Widerspruch mit der gewöhnlichen Raumerfahrung steht. Denn falls diese Hypothese richtig ist, wären die Körper des gewöhnlichen dreidimensionalen physikalischen Raumes Schattengebilde, an denen wir beliebige Veränderungen vollführen könnten, ohne einen unmittelbaren Zugriff zum Urbild zu haben (Simony: *Gemeinfassliche, leicht controlirbare Lösung* [1881b], § 6, und *Über spiritistische Manifestationen* [1884], S. 20 f.). Wie am Beispiel der Schattenprojektion eines dreidimensionalen Körpers auf eine Fläche eingesehen werden kann, ist aber eine Veränderung des Schattens ohne unmittelbaren Zugriff zum schattenwerfenden Gegenstand nicht möglich.

Simony wollte mit seinen topologischen Experimenten die Natur des dreidimensionalen *empirischen* Raumes, im Gegensatz zu einem gekrümmten oder sonst wie mathematisch-idealen Raum, studieren: «[...] die hier untersuchten Erscheinungen, da sie *unserem Sinnenraume* angehören, [können] nur in eine *empirische Geometrie* eingeordnet werden [...], ohne mit der Lehre von den sogenannten höheren Mannigfaltigkeiten an und für sich in irgendeine Beziehung zu treten. Überdies hat der von mir gewählte Entwicklungsgang auch die Gründe ersichtlich gemacht, aus welchen ich bei der Untersuchung der verschiedenen Schnitte erster und zweiter Art, *um von jeder denkbaren Hypothese über die Natur unseres Sinnenraumes unabhängig zu bleiben*, weder die Hilfsmittel der analytischen Geometrie noch jene der Infinitesimalrechnung benützt habe.» («Über eine Reihe neuer mathematischer Erfahrungssätze» [1883], S. 963 f.)

Was Simony mathematisch besonders interessierte, war das Zustandekommen von Verknotungen von verdrehten, ringförmig oder auch kreuzförmig geschlossenen, aber unverknoteten Flächenstücken; er zeigte, dass solche Flächen so zerschnitten werden können, dass sie einerseits ihre Geschlossenheit nicht verlieren und andererseits bei geeigneten Voraussetzungen eine Verknotung auftritt (Simony: «Über jene Flächen» [1880], «Über jene Gebilde» [1881a], *Gemeinfassliche, leicht controlirbare Lösung* [1881b]). Das bekannteste und einfachste Beispiel dieser Art wird von Rudolf Steiner im Vortrag erwähnt: das um 720° verdrehte, ringförmig geschlossene Band.

Zum Thema siehe auch die Lehrerkonferenz vom 18. Dezember 1923 in: *Konferenzen mit den Lehrern der Freien Waldorfschule in Stuttgart 1919 bis 1924. Das fünfte und sechste Jahr 1921–1923*, GA 300c.

15 Im vierdimensionalen Raum gibt es keine Verknotungen, das heißt, jeder Knoten in einer geschlossenen Schnur oder in einem geschlossenen Band (Flächenstreifen) kann ohne Zerschneidung der Schnur oder des Bandes durch bloße Verzerrung aufgelöst werden.

*Felix Klein* (1848–1925) scheint der erste Mathematiker gewesen zu sein, der auf diesen Tatbestand Anfang der 70er Jahre des 19. Jahrhunderts aufmerksam wurde. Nach einem Bericht Zöllners: «Über Wirkungen in die Ferne» [1878a], S. 276, unterhielt sich Klein mit ihm während einer wissenschaftlichen Tagung über dieses Problem, kurz bevor Klein seine Abhandlung «Über den Zusammenhang der Flächen» [1876], in der er auf dieses Thema nebenbei zu sprechen kommt, veröffentlichte. Klein berichtet ebenfalls von dieser Begegnung und ist der Ansicht, dass er dadurch Zöllner zu seiner These von der Existenz des vierdimensionalen Raumes und dessen Bedeutung für die Erklärung spiritistischer Erscheinungen veranlasst habe (Klein: *Vorlesungen über die Entwicklung der Mathematik* [1926], S. 169f.). Während Klein: «Über den Zusammenhang der Flächen» [1876], S. 478, bloß auf den allgemeinen Tatbestand aufmerksam macht, führt Hoppe: «Gleichung der Kurve» [1879] die Auflösung eines einfachen dreidimensionalen Knotens im vierdimensionalen Raum an einem analytisch gefassten Beispiel konkret durch (siehe dazu auch Durège: «Über die Hoppe'sche Knotenkurve» [1880] und Hoppe: «Bemerkung betreffend die Auflösung eines Knotens» [1880]).

Zöllner: «Über Wirkungen in die Ferne» [1878a], S. 272–274, argumentiert mit Hilfe einer Analogie, um die Auflösbarkeit von Knoten im vierdimensionalen Raum zu demonstrieren. Er betrachtet zunächst die Auflösung eines zweidimensionalen Knotens in einer geschlossenen Kurve (Figur 70): Ohne Aufschneiden kann die Überkreuzung innerhalb der Ebene nicht aufgelöst werden. Durch die Drehung eines Kurvenstücks um eine Gerade der Ebene durch den dreidimensionalen Raum hindurch kann aber die Auflösung jeder Überkreuzung ohne Zerschneiden der Kurve bewerkstelligt werden.

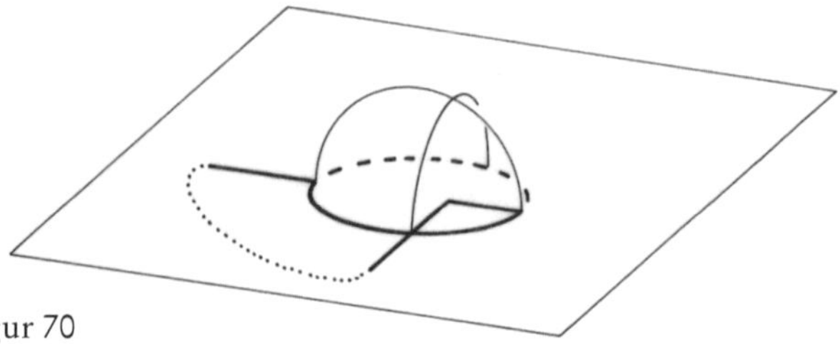

Figur 70

«Überträgt man diese Betrachtungen durch Analogie auf einen Knoten im Raume von drei Dimensionen, so sieht man leicht, dass sowohl die Schürzung als Lösung eines solchen Knotens nur durch Operationen ausgeführt werden könne, bei welchen die Elemente des Fadens eine Curve *doppelter* Krümmung beschreiben müssen.» Ohne Aufschneiden lässt sich dieser Knoten im dreidimensionalen Raum nicht auflösen. «Gäbe es aber unter uns Wesen, welche durch ihren Willen vierdimensionale Bewegungen materieller Körper auszuführen vermöchten, so würden dieselben im Stande sein, derartige Knoten viel schneller zu schürzen und zu lösen, und zwar durch eine Operation, welche der oben bei einem zweidimensionalen Knoten beschriebenen vollkommen analog ist. [...] Ich selbst wurde zu den obigen Betrachtungen über die Verschlingung eines biegsamen Fadens in verschiedenen Räumen durch mündliche Unterhaltungen mit Herrn Dr. Felix Klein, Professor der Mathematik in München, angeregt. – Es ist klar, dass bei den oben angedeuteten Operationen vorübergehend die Theile des Fadens aus dem dreidimensionalen Raume für Wesen von gleicher Dimensionalität verschwinden müssen.» (Zöllner: «Über Wirkungen in die Ferne» [1878a], S. 273–276)

Die Auflösung eines Knotens im dreidimensionalen Raum kann tatsächlich immer dann vollzogen werden, wenn Selbstüberschneidungen zugelassen oder der vierdimensionale Raum hinzugezogen wird. Denn mit Hilfe des letzteren lässt sich das *Ergebnis* einer Selbstüberschneidung auch ohne Selbstüberschneidung erzielen (siehe Seifert/Threlfall: *Lehrbuch der Topologie* [1934], S. 3, 315). Man braucht dazu bloß ein geeignet geformtes Kurvenstück in einer Ebene $\alpha$ um eine Ebene $\beta$ durch den vierdimensionalen Raum hindurchzudrehen (Figur 71).

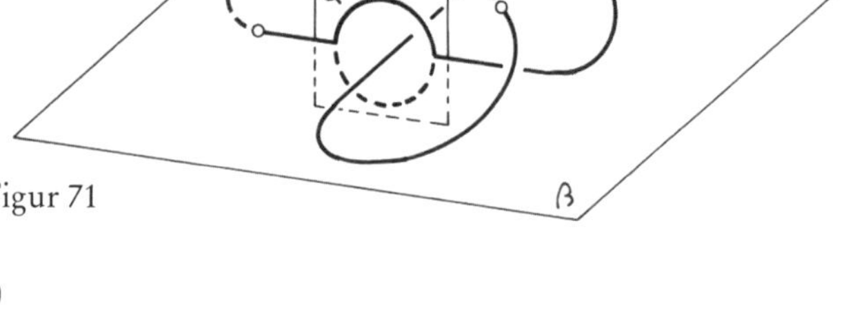


Figur 71

16 Die Verdrehung eines zylindrischen Bandes (Figur 72) um 360° ergibt eine Fläche (Figur 73), die zur ersteren im vierdimensionalen Raum äquivalent ist. Mit anderen Worten, Verdrehungen um ganzzahlige Vielfache von 360° lassen sich im vierdimensionalen Raum auflösen (siehe weiter unten). Simony war sich vermutlich dieses Tatbestandes bewusst, obwohl er es in seinen topologischen Schriften nicht explizit erwähnt, da es ihm ja gerade um die Besonderheiten des empirischen dreidimensionalen Raumes ging.

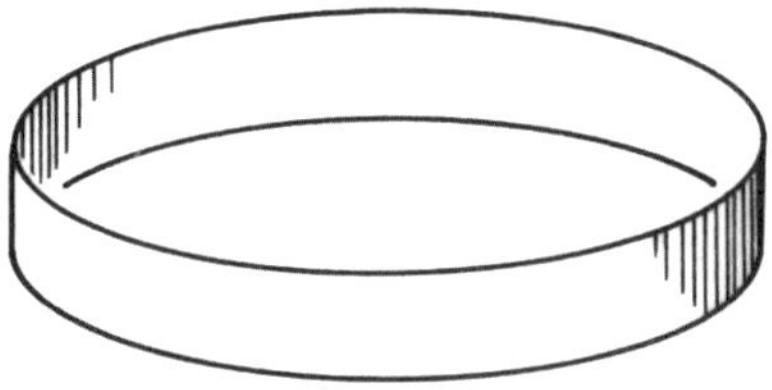

Figur 72

Die Äquivalenz des unverdrehten zylindrischen Bandes mit einem um 360° verdrehten Band im vierdimensionalen Raum ergibt sich aus der Tatsache, dass diese beiden Bänder durch je zwei sich nicht schneidende Randkurven charakterisiert sind. Im letzteren Fall sind diese ineinander verknotet, im ersteren nicht. Diese Verknotung lässt sich nun im vierdimensionalen Raum ohne Selbstüberschneidung auflösen. Dadurch entsteht aus dem verdrehten ein unverdrehtes Band (siehe Übergang von Figur 73 zu 74).

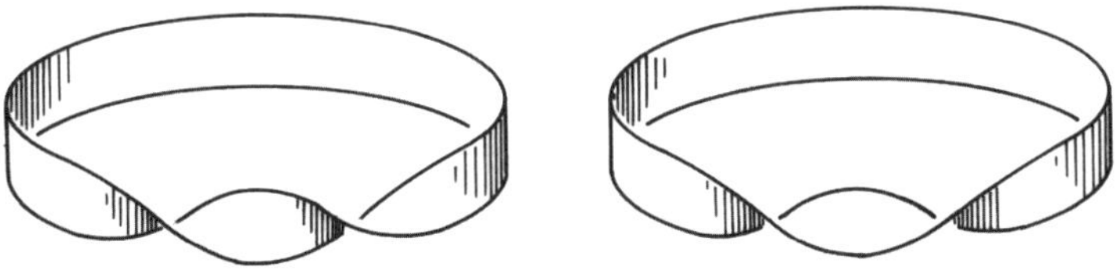

Figur 73 und 74

Man beachte, dass dieselbe Überlegung für ein um 180° verdrehtes zylindrisches Band, das sogenannte *Möbiusband* (Figur 75), nicht durchgeführt werden kann. Diese Fläche hat nur *eine* Randkurve und kann in keiner Weise (auch nicht über den vierdimensionalen Raum) kontinuierlich und ohne Aufschneiden in ein unverdrehtes Band transformiert werden. (Dies hängt mit der Nichtorientierbarkeit dieser Fläche zusammen; siehe dazu Seifert/Threlfall: *Lehrbuch der Topologie* [1934], § 2. Das

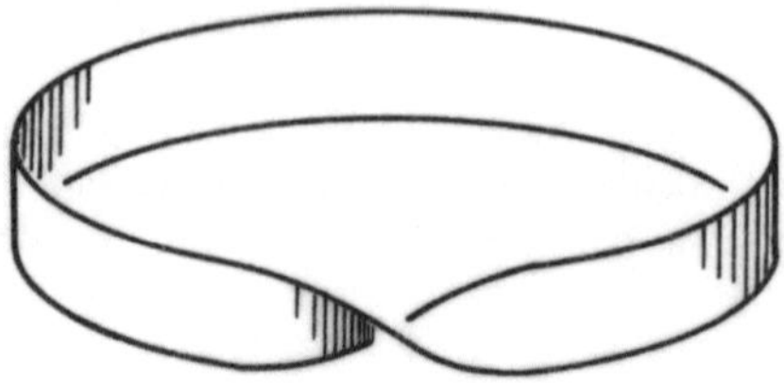

Figur 75

Möbiusband wurde zum ersten Mal von Möbius: «Über die Bestimmung des Inhaltes eines Polyeders» [1865], § 11, beschrieben.)

17 Geometrisch kann das (statische) Sehen in der Ebene oder im Raum als Zentralprojektion der Gegenstände der Ebene beziehungsweise des Raumes auf eine Linie beziehungsweise auf eine Fläche aufgefasst werden. Einem Wesen in einem dreidimensionalen Raum mit einem solchen Sehvermögen erschienen dann alle Gegenstände letztlich in ihren Projektionen auf einer Fläche. Von der dritten Dimension hätte dieses Wesen nur dann einen unmittelbaren Eindruck, wenn es dynamisch sehen könnte, das heißt, wenn sein Sehapparat zwei Projektionseinrichtungen zusammen mit der entsprechenden Akkomodationsmöglichkeit enthält. Andernfalls könnte es zwar die dritte Dimension *erschließen* (wie dies Einäugige aufgrund ihrer mannigfaltigen Erfahrungen und Vergleichsmöglichkeiten tun), aber nicht erleben. Die Tatsächlichkeit des dreidimensionalen dynamischen Sehens beim Menschen ist ein Hinweis auf seine «vierdimensionale Natur», die er allerdings nicht unmittelbar (sinnlich) wahrnehmen, sondern zunächst ebenso nur erschließen kann.

Hinton (siehe folgenden Hinweis 18) kommt aufgrund geometrischer und physikalischer Überlegungen ebenfalls zur Ansicht, dass der Mensch ein vier- oder höherdimensionales Wesen sein muss. «Man kann dafürhalten, dass [die Tatsache der] Symmetrie in irgendeiner Dimension Ausdruck einer Tätigkeit in einer höheren Dimension ist. Sehen wir uns lebendige Wesen an, so gibt es Hinweise sowohl in ihrer Struktur [bilaterale Symmetrie] wie in ihren verschiedenen Arten von Tätigkeiten auf ein Etwas, das von außerhalb in die anorganische Welt hineinkommt.» (Hinton: *The Fourth Dimension* [1904], S. 78; Übersetzung: R. Ziegler.)

*Berlin, 31. März 1905*

*Textgrundlagen:* Kein Stenogramm vorhanden. Maschinenschriftliche Übertragung der Mitschriften von Marie von Sivers (-Steiner) und von Bertha Lehmann (-Reebstein).

18 *Charles Howard Hinton* (1853–1907), Mathematiker und Schriftsteller. Ein starker Einfluss auf Hinton ging von dessen Vater *James Hinton* (1822–1875) aus. Dieser war Chirurg und schrieb unter anderem einige

Aufsätze über die Kunst des Denkens (art of thinking, thought-artistry), in denen er jede Art von künstlicher Beschränkung des Denkens (und Erfahrens) durch religiöse, soziale oder rechtliche Verhaltensmaßregeln ablehnte. Durch den Kontakt von *Mary Everest Boole* (1832–1916), der Witwe des Logikers und Mathematikers *George Boole* (1815–1864), mit den Eltern von Hinton lernte Howard Hinton seine spätere Frau kennen, Mary Ellen Boole, eine Tochter von George und Mary Everest Boole. Hinton studierte in Oxford Mathematik, unterrichtete an verschiedenen Institutionen, verließ 1886 England und übersiedelte nach Japan, wo er bis 1891 blieb, um dann den Rest seines Lebens in den USA zu verbringen.

Hintons Suche nach Gewissheit brachte ihn um 1875 in eine schwere Krise. Er verfiel auf die Idee, dass nur die Anordnung von Körpern im Raum zu einem absolut sicheren Wissen führen könne. Er begann sich mit Vorstellungs- und Denkübungen zur Anordnung eines in Teilwürfel unterteilten Würfels zu beschäftigen. Dabei war er bestrebt, sich von allen durch das Subjekt bedingten Beschränkungen (wie die Auffassung von oben und unten) zu befreien (siehe «Casting Out the Self», in: Hinton: *Scientific Romances* [1886], S. 205–229). Dabei stieß er auf das Problem spiegelsymmetrisch angeordneter Unterteilungen zweier Würfel und fragte sich, ob sich nicht auch diese Tatsache als vom Subjekt bedingt erweisen könne. Während der Untersuchung dieser Frage stieß er auf eine Abhandlung von Friedrich Zöllner über den vierdimensionalen Raum, «On the space of four dimensions» [1878e], die in dem von *William Crookes* (1832–1919) herausgegebenen *Quarterly Journal of Science* erschien. Dort entwickelte Zöllner in aller Kürze seine Experimente und Ansichten zur Wirklichkeit der vierten Dimension. Der Chemiker und Physiker Crookes gehört zusammen mit Zöllner zu denjenigen an Universitäten etablierten Forschern, die sich dem Spiritismus mit naturwissenschaftlichen Methoden nähern wollten – allerdings mit wenig Erfolg.

Hinton beschäftigte sich von nun an während seines gesamten Lebens mit dem Problem der vierten Dimension. Seine Werke konzentrieren sich um die Popularisierung des vierdimensionalen Raumes, insbesondere der Erübung von Fähigkeiten zur Vorstellung dieses Raumes. Dazu untersuchte er auf mannigfache Weise den Übergang von der zweiten in die dritte Dimension, um eine solide Grundlage für die Darstellung der vierten Dimension im dreidimensionalen Anschauungsraum vorzubereiten. Insbesondere entwickelte er einen methodischen Weg zur konsequenten Erübung der dreidimensionalen Raumanschauung und war zeitweilig der Ansicht, dass man sich in derselben Weise eine (nichtsinnliche) Anschauung des vierdimensionalen Raumes verschaffen könne (siehe dazu Hinton: *A New Era of Thought* [1888] und *The Fourth Dimension* [1904]).

Hinton vertrat die Ansicht, dass die Welt materiell eine vierdimensionale Ausdehnung habe. Er versuchte dies durch verschiedene psychologische und physikalische Überlegungen zu beweisen. Damit stieß er sowohl bei den Materialisten, die nur den dreidimensionalen Anschauungsraum akzeptierten, sowie bei den Spiritualisten, welche die vierte Dimension rein geistiger Natur aufgefasst haben wollten, auf Widerstand (siehe dazu Ballard: *The Life and Thought* [1980]). Hinton war ein kontroverser, aber vom Laienpublikum geschätzter und viel gelesener Autor, insbesondere in den Kreisen der Theosophen und der künstlerischen Avantgarde (siehe exemplarisch dazu Blacklock: *The Emergence of the Fourth Dimension* [2018] und Henderson: *The Fourth Dimension* [1983/2013], «Theo van Doesburg» [1985], «Mystik, Romantik und die vierte Dimension» [1988] und «Die moderne Kunst und das Unsichtbare» [1995], und seither viele weitere Aufsätze dieser Autorin zu diesem Umfeld). Von akademischen Kreisen wurde er ignoriert oder abgelehnt.

19 Zum Verhältnis von Vorstellungsbild und äußerem Gegenstand siehe die entsprechenden Ausführungen im vorangehenden Vortrag vom 24. März 1905.

20 Zum Menschen im Astralzustand, der nur Traumbilder erlebte, siehe Rudolf Steiner, *Die Geheimwissenschaft im Umriss*, GA 13, Kapitel «Die Weltentwickelung und der Mensch».

21 Es lässt sich nicht so ohne Weiteres rekonstruieren, was mit dieser Analogie-Überlegung gemeint ist. Bei Hinton jedenfalls konnte nichts gefunden werden, was diesem Gedankengang entspricht. Hinton verwendet zwar ebenfalls Farben, um den Übergang von der zweiten in die dritte Dimension und insbesondere von der dritten in die vierte Dimension zu illustrieren, aber in ganz anderer Weise. Seine diesbezüglichen Überlegungen werden vor allem im hier gedruckten Vortrag vom 24. Mai 1905 von Steiner referiert.

Die geometrische Grundlage der an dieser Stelle vorgebrachten Überlegungen ist folgende: Eine in der Mitte geteilte Strecke kann zum Quadrat ergänzt werden, indem man in den beiden Teilstrecken je zwei Quadrate zusammenstoßen lässt. Daraus ergibt sich ein in vier kleinere Quadrate aufgeteiltes größeres Quadrat (Figur 16). Daraus kann ein in acht kleinere Würfel gegliederter Würfel hergestellt werden, indem man an den vier Teilquadraten je zwei Würfel aneinanderstoßen lässt (Figur 17). Das entsprechende vierdimensionale Gebilde, der vierdimensionale Würfel, ergibt sich, wenn die acht Teilwürfel des dreidimensionalen Würfels als gemeinsame «Grenzräume» je zweier vierdimensionaler Würfel aufgefasst werden. Dadurch erscheint der vierdimensionale Würfel gegliedert in 16 Teilwürfel.

*Berlin, 17. Mai 1905*

*Textgrundlagen:* Maschinenschriftliche Übertragung des Stenogramms von Franz Seiler und der Mitschriften von Walter Vegelahn und von Bertha Lehmann (-Reebstein).

22 Bei den Modelle von Herrn Schouten handelt es sich mit großer Wahrscheinlichkeit um Modelle von *Jan Arnoldus Schouten* (1883–1971), einem holländischer Mathematiker aus Delft.

Im Archiv der Rudolf Steiner Nachlassverwaltung befindet sich ein Brief von Schouten an Steiner. Der auf die vorliegenden Vorträge bezügliche Teil lautet: «Delft 1. Dezember 1905 / Sehr geehrter Herr Doktor, / als ich im Juli dieses Jahres zur Heimat zurückkehrte und mich bei Ihnen verabschieden wollte waren Sie leider schon verreist, und so kam es dass sich die Modelle welche Sie bei Ihrem Vortrag gebrauchten noch in Ihrem Besitz befinden. Da es nun meine Absicht ist hier einige Vorträge über vierte Dimension zu halten möchte ich Sie freundlichst bitten mir die Modelle zusenden zu wollen. Die Vorträge sind u. a. auch für einige Logen bestimmt worunter die Delfter Loge welche kürzlich gegründet wurde. [...] / Hochachtungsvoll / J. A. Schouten / M[ember] T[heosophical] S[ociety]»

Nach einem Studium der Elektrotechnik an der Technische Hogeschool in Delft übte Schouten für einige Jahre seinen Beruf in Rotterdam und Berlin aus. Um die spezielle Relativitätstheorie verstehen zu können, befasster er sich im Selbststudium mit Mathematik und schrieb die Arbeit *Grundlagen der Vektor- und Affinoranalysis* [1914], die er als Dissertation in Delft einreichte. Gleich darauf wurde er in Delft zum Professor ernannt und blieb dort bis 1943. Das genannte Buch von Schouten [1914] befindet sich mit einer persönlichen Widmung des Verfassers in der Bibliothek Rudolf Steiners. Die Mutter von Schouten, Hulda Ludowica Schouten (1847–1933), war Mitglied der Theosophischen und später der Anthroposophischen Gesellschaft. Der einzige bisher gefundene weitere Hinweis auf Schoutens Verhältnis zu Rudolf Steiner findet sich in einem Brief seiner Mutter an Steiner vom 4. März 1913, der sich ebenfalls im Rudolf Steiner Archiv befindet. In diesem Brief heißt es unter anderem: «Ich hatte die ganz bestimmte Zuversicht, dass mein Sohn, nachdem er in diesen Tagen seine Mitgliedschaft in der T[heosophischen] G[esellschaft] aufgeben will, Mitglied der Anthr[oposophischen] G[esellschaft] werden würde. Vorläufig meint er es noch nicht mit gutem Gewissen tun zu können, weil er dem Studium nicht mehr hat folgen können. Er sagte mir, dass er von allem, was er im Leben unternähme, ein ernstes Studium mache, und da er augenblicklich noch zu tief in seinem eigenen Studium stände, welches ihn ja so in Anspruch nimmt, dass er kaum an die Luft geht, so könne er sich vorläufig noch nicht wieder mit dem Studium der Theos[ophie] befassen. Die ersten Verhandlungen seines Werkes gehen jetzt an die König[liche] Akademie, außer seiner Privatarbeit hält er wöchentlich einen Vortrag über Mathematik in Delft, einen in Rotterdam über Elektrizität, und gerade in der Woche, wo Sie im Haag sind, ist er im philosophischen Verein Amsterdam gefragt worden, einen Vortrag über seine ideellen Begriffe der Mathematik zu halten. Gottlob sind sowohl bei ihm sowie bei seiner Frau die Wahrheiten von Reinkarnation und Karma eingefleischt. Den öffentlichen Vorträgen werden sie gerne beiwohnen, und meinte mein Sohn auch, dass manche seiner Collegen hingehen würden, wenn das Thema sie anziehen würde. Hoffentlich findet sich die Gelegenheit, dass mein Sohn Sie begrüßen kann.»

Die erste Arbeit Schoutens in den *Verslagen en Mededeelingen der Koninglijke Akademie van Wetenschappen* erschien 1917 im Band 26; eine Arbeit in den *Verhandelingen der Koninglijke Akademie van Wetenschappen te Amsterdam* lässt sich erst 1918 im Band 12 nachweisen.

23 *Kronos* (nicht zu verwechseln mit Chronos, die Zeit) ist ein Sohn des Uranos und der Gaia. Er heiratete seine Schwester Rhea, welche die Töchter Hestia, Demeter, Hera und die Söhne Poseidon und Zeus gebar. Kronos verschlang alle bis auf Zeus, den Rhea ihrer Mutter Gaia anvertraute. (Siehe Kérenyi: *Die Mythologie der Griechen* [1966], Band I, Kapitel I, Abschnitt 1 und 2.)

24 *Johann Wolfgang Goethe* (1749–1832): *Unterhaltungen deutscher Ausgewanderten, Das Märchen*: «Indessen sagte der goldene König zum Manne [mit der Lampe]: ‹Wieviel Geheimnisse weißt du?› – ‹Drei›, versetzte der Alte. ‹Welches ist das Wichtigste?› fragte der silberne König. ‹Das offenbare›, versetzte der Alte.» (*Hamburger Ausgabe*, München 1981, Band 6, S. 216)

25 *Plato* (427–347 v. Chr.). *Timaios* 36b–37a. Siehe dazu R. Steiner, *Das Christentum als mystische Tatsache*, Dornach: Rudolf Steiner Verlag, GA 8, 9. Aufl. 1989, S. 65f.

*Berlin, 24. Mai 1905*

*Textgrundlagen:* Maschinenschriftliche Übertragung des Stenogramms von Franz Seiler und der Mitschriften von Walter Vegelahn und von Bertha Lehmann (-Reebstein).

26 Hinton hat im Verlaufe seines Lebens nicht nur eine, sondern viele verschiedene Methoden zur Darstellung des vierdimensionalen Raumes im dreidimensionalen Anschauungsraum entwickelt und allgemeinverständlich dargestellt. Sein Verdienst liegt dabei mehr in der populären Darstellung als in der originären mathematischen Leistung. Siehe die in der *Bibliografie zu den Hinweisen* am Ende des vorliegenden Bandes genannten Schriften von Hinton.

27 Hinton hat mit verschiedenen Färbungssystemen und Farbverteilungen gearbeitet. Dabei ging es ihm um die zweidimensionale Repräsentation

dreidimensionaler Körper als Vorbereitung zur dreidimensionalen Repräsentation vierdimensionaler Körper (siehe dazu Hinton: *A New Era of Thought* [1888], Teil II, Kapitel I bis IV und VII, sowie *The Fourth Dimension* [1904], Kapitel XI bis XIII). Steiner scheint hier an eine stark vereinfachte Version eines dieser Systeme anzuknüpfen.

Ob Steiner mit der Farbgebung auf spezifische Besonderheiten der jeweiligen Dimensionen hinweisen wollte, geht aus dem Vortragszusammenhang nicht hervor, ist aber eher unwahrscheinlich. Hier gibt es auch erhebliche Differenzen zwischen den verschiedenen Mitschriften und Übertragungen, die vermutlich auf die unterschiedliche Verwendbarkeit von Farben (etwa Weiß) auf einer schwarzen Tafel und auf weißem Papier zurückzuführen sind.

28 Diese Modelle von Herrn Schouten befinden sich *nicht* in Steiners Nachlass. Sie sind vermutlich nach einem entsprechenden Schreiben J. A. Schoutens an denselben zurückgesandt worden (siehe dazu Hinweis 22 weiter oben).

29 Aus der Bewegung eines Quadrates mit vier Seiten im dreidimensionalen Raum kann ein Würfel mit sechs Grenzflächen erzeugt werden; diese sechs Flächen setzen sich zusammen aus dem Anfangs- und Endquadrat sowie den vier durch die Bewegung der Seiten erzeugten Quadraten. Dies kann sofort abgelesen werden anhand einer Parallelprojektion dieser Bewegung in eine Ebene, das heißt in einen zweidimensionalen Raum (siehe Figur 88). – Ebenso entsteht durch die Bewegung eines Würfels mit sechs Flächen im vierdimensionalen Raum ein Gebilde mit acht Grenzwürfeln, nämlich dem Anfangs- und Endwürfel sowie den sechs durch die Bewegung der Seiten erzeugten Würfeln. Dies lässt sich leicht ablesen anhand einer Parallelprojektion dieser Bewegung in den dreidimensionalen Raum (siehe Figur 90).

30 Der *Tesserakt* (von altgriechisch τέσσερες ἀκτίνες tésseres aktínes, deutsch «vier Strahlen») ist eine Übertragung des klassischen Würfelbegriffs auf vier Dimensionen. Man spricht dabei auch von einem «vierdimensionalen Hyperwürfel». Der Tesserakt verhält sich zum Würfel wie der Würfel zum Quadrat. – Der Ausdruck *Tesserakt* scheint für die analoge Figur zum Würfel im vierdimensionalen Raum von Hinton geprägt worden zu sei; es findet sich in seinen Schriften auch die Schreibweise *Tessarakt*. Siehe zum ersten Gebrauch von «tessaract» Hinton: *A New Era of Thought* [1888, 1900, 1910], Part II, Chapter III: «Four-space; Genesis of a Tessaract; its Representations in Three-Space», S. 118; der Ausdruck «tesseract» findet sich zum Beispiel in *The Fourth Dimension* [1904], Kapitel XII: «The Simplest Four-Dimensional Solid», S. 159. – Im Kontrast zur 1. Auflage des vorliegenden Bandes wurde in der 2. Auflage durchgehend der heute übliche Ausdruck «Tesserakt» statt «Tessarakt» verwendet.

31 Fast dieselben Überlegungen anhand von Abklappungen und Farbenübergängen (mit identischen Figuren) finden sich in Hinton: *The Fourth Dimension* [1904], Kapitel XII.

32 «Feuerluft» in Goethes *Faust*, Erster Teil, 4. Szene, Studierzimmer, Vers 2065 ff.:

*Mephistopheles:*
Wir breiten nur den Mantel aus,
Der soll uns durch die Lüfte tragen.
Du nimmst bei diesem kühnen Schritt
Nur keinen großen Bündel mit.
Ein bisschen Feuerluft, die ich bereiten werde,
Hebt uns behend von dieser Erde.
Und sind wir leicht, so geht es schnell hinauf;
Ich gratuliere dir zum neuen Lebenslauf!

33 «Der Geist Gottes schwebte über den Wassern»: 1 Moses 1,2. Siehe dazu R. Steiner, *Die Geheimnisse der biblischen Schöpfungsgeschichte*, GA 122, insbesondere Vortrag vom 20. August 1910.

*Berlin, 31. Mai 1905*

*Textgrundlagen:* Maschinenschriftliche Übertragung des Stenogramms von Franz Seiler und der Mitschriften von Walter Vegelahn und von Bertha Lehmann (-Reebstein).

34 Die hier beschriebene Situation der Abwicklung eines vierdimensionalen Würfels, mit einem von sechs Würfeln eingeschlossenen siebten Würfel, entspricht der Figur 76 im Falle der Abklappung, das heißt der Abwicklung eines Würfels in eine Ebene:

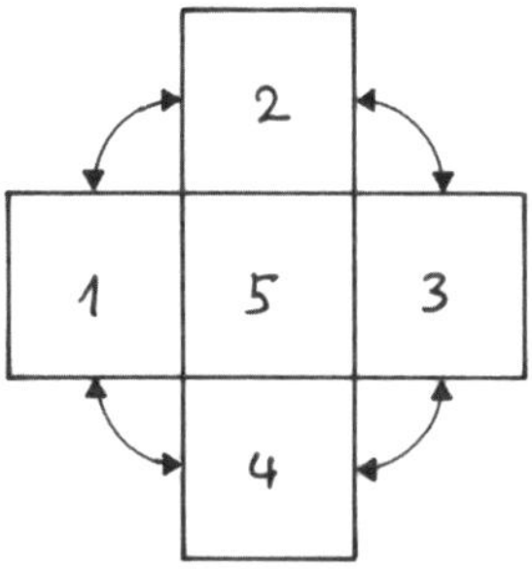


Figur 76

Die Quadrate 5 und 6 liegen dabei «übereinander», was in der Ebene nicht unmittelbar zum Ausdruck gebracht werden kann. Die obere Seite vom Quadrat 2, die untere Seite vom Quadrat 4, sowie die rechte beziehungsweise linke Seite vom Quadrat 3 beziehungsweise 1 müssen mit den Seiten des Quadrats 6 identifiziert werden.

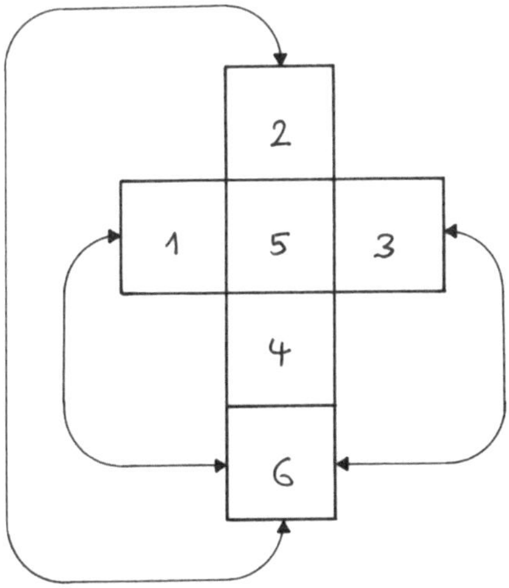


Figur 77

Für den Würfel lässt sich die Identifikation der Seiten des 6. Quadrates mit seinen benachbarten Quadraten an der gewöhnlichen Abklappung oder Abwicklung verfolgen (Figur 77).

Die entsprechende Situation für den Tesserakt, bei dem die Seitenflächen des 8. Würfels mit den entsprechenden Seitenflächen benachbarter Würfel identifiziert werden muss, ist in Figur 78 dargestellt.

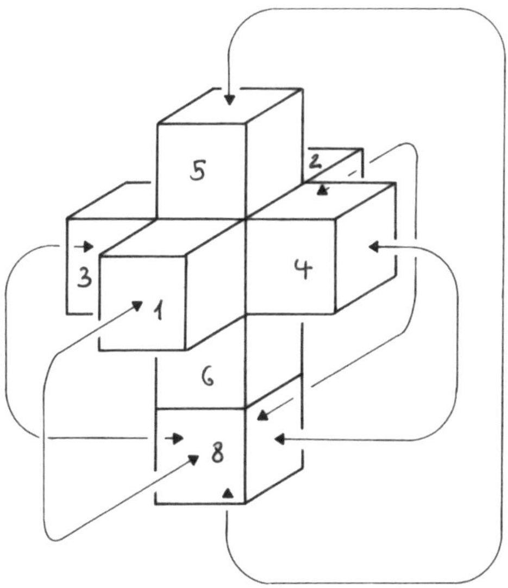


Figur 78

Ganz dem Falle des Quadrates entsprechend (Figur 76) liegen die Würfel 7 und 8 «ineinander» und können im dreidimensionalen Raum nicht unmittelbar unterschieden werden. Die obere beziehungsweise untere Seite der Würfel 5 beziehungsweise 6, die linke beziehungsweise rechte Seite der Würfel 3 beziehungsweise 4 sowie die vordere beziehungsweise hintere Seite der Würfel 1 beziehungsweise 2 müssen alle mit den Seitenquadraten des Würfels 8 identifiziert werden.

35 Bei den fünf regelmäßigen konvexen Polyedern Würfel, Tetraeder, Oktaeder, Dodekaeder und Ikosaeder sind jeweils die Schnittwinkel der Flächen in den Kanten untereinander gleich. Der jeweilige Schnittwinkel ist charakteristisch für das entsprechende Polyeder.

Regelmäßige Polyeder werden begrenzt durch gleichartige regelmäßige Vielecke derart, dass an allen Ecken und Kanten dieselben geometrischen Verhältnisse vorliegen. Es genügt deshalb, an einer Polyederecke zu untersuchen, wie viele Vielecke dort zusammenstoßen können. Daraus ergibt sich eine vollständige Übersicht aller möglichen Typen solcher Polyeder. Beginnen wir mit regelmäßigen Dreiecken (Figur 79): Zwei regelmäßige Dreiecke lassen sich noch nicht zu einer Polyederecke zusammenschließen. Bei drei Dreiecken erhält man eine Tetraederecke, bei vier Dreiecken eine Oktaederecke und bei fünf Dreiecken eine Ikosaederecke. Sechs Dreiecke liegen flach in der Ebene und können keine Polyederecke bilden.

Aus drei regelmäßigen Vierecken, das heißt Quadraten, ergibt sich eine Würfelecke; vier Quadrate liegen bereits wieder flach in der Ebene.

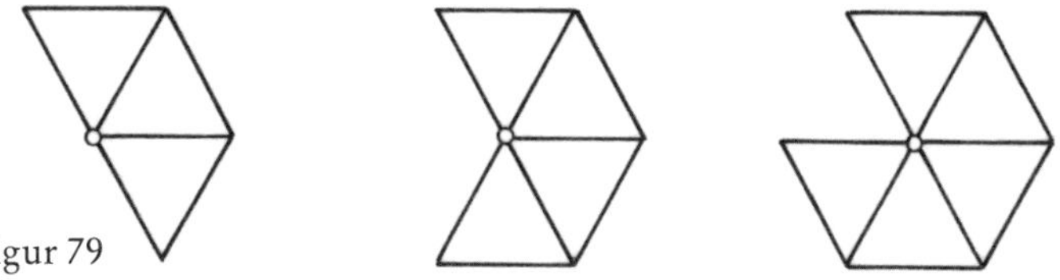

Figur 79

Aus drei Fünfecken ergibt sich eine Dodekaederecke. Vier Fünfecke überschneiden sich bereits (Figur 80).

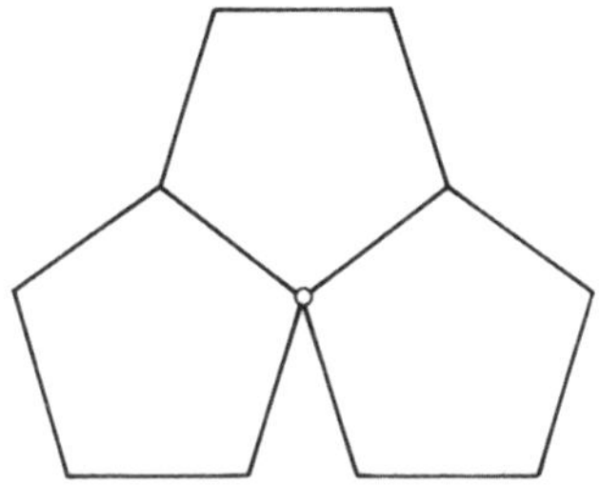

Figur 80

Drei Sechsecke liegen wieder flach in einer Ebene und drei Siebenecke überschneiden sich. Es kann also tatsächlich nicht mehr als die bereits genannten fünf regelmäßigen Polyeder geben.

36 Rudolf Steiner bezieht sich hier bei dem Prozess der Halbierung der Anzahl Flächen eines Körpers auf ein in der geometrischen Kristallografie übliches Verfahren. Die sieben Kristallklassen beruhen auf den Symmetrien der sieben möglichen kristallografischen Achsensysteme. Die entsprechenden Symmetriegruppen, die alle Symmetrieelemente einer Klasse repräsentieren, nennt man die Holoedrien. Die zu diesen Symmetriegruppen gehörigen Polyeder nennt man die holoedrischen Formen oder Vollflächner. Dabei handelt es sich um solche einfachen Vielflächner, die durch sämtliche einem Kristallsystem zugehörigen Symmetrieoperatoren in sich übergeführt werden können. Die hemiedrischen Formen oder Halbflächner sind Polyeder mit halb so vielen Flächen wie die jeweiligen holoedrischen Formen; sie entstehen aus diesen durch Flächenreduktion, das heißt durch das Hervortreten und Verschwinden gewisser Flächen. Die Symmetriegruppe der Hemieder ist entsprechend reduziert (Untergruppe der Holoedrie vom Index 2). In diesem Sinne ist der Tetraeder die hemiedrische (halbflächige) Variation des Oktaeders.

Die Kristallografen führten auch noch Viertelflächner ein (tetardoedrische Formen), das heißt Flächenformen mit einem Viertel der Flächen der dazugehörigen holoedrischen Formen und entsprechend reduzierter Symmetriegruppe (Untergruppe der Holoedrie vom Index 4). Siehe dazu Hochstetter/Bisching: *Leitfaden der beschreibenden Krystallographie* [1868], S. 20 ff., Schoute: *Mehrdimensionale Geometrie* [1905], S. 190 ff., Niggli: *Lehrbuch der Mineralogie* [1924], S. 70 ff., 129 ff.

37 Im Würfel schneiden sich alle Flächen paarweise in rechten Winkeln. Welche Auswahl von Flächen man auch trifft, es entsteht wieder ein Gebilde mit Flächenwinkeln von 90°. Allerdings lässt sich durch eine Flächenreduktion aus dem Würfel kein *geschlossener* Polyeder mehr gewinnen.

38 Mit *Achsen des Würfels* sind hier die drei senkrecht aufeinander stehenden Richtungen durch den Würfelmittelpunkt gemeint, auf denen die Würfelflächen paarweise senkrecht stehen. Diese Achsen sind zugleich die Achsen der drei Zonen des Würfels (Figur 81). Unter einer *Zone* oder einem *Zonenverband* versteht man eine Menge von mindestens drei Flächen, die zu einer Geraden, der Zonenachse, parallel sind.

Ein *Rhombendodekaeder* kann leicht mit Hilfe eines Würfels konstruiert werden: Man lege in einen Würfel alle sechs Diagonalebenen, welche Paare von gegenüberliegenden Kanten verbinden (Figur 82). Dann spiegle man die so im Innern des Würfels entstehenden sechs Pyramiden heraus (Figur 83). Die im Vortrag genannten vier «Achsen» sind diejenigen Diagonalen des Rhombendodekaeders, welche mit den Würfeldiagonalen dieses Würfels zusammenfallen.

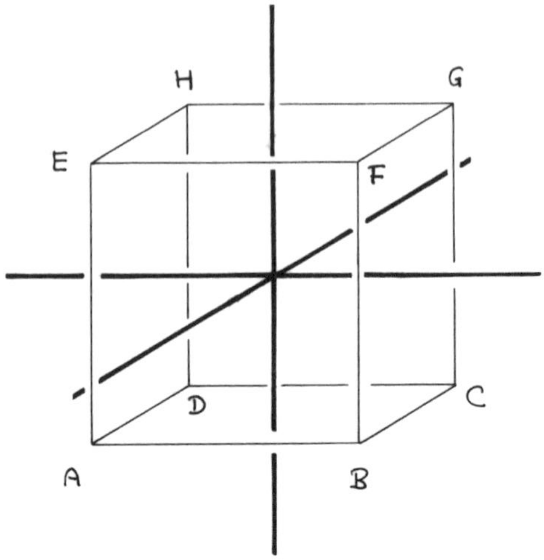


Figur 81

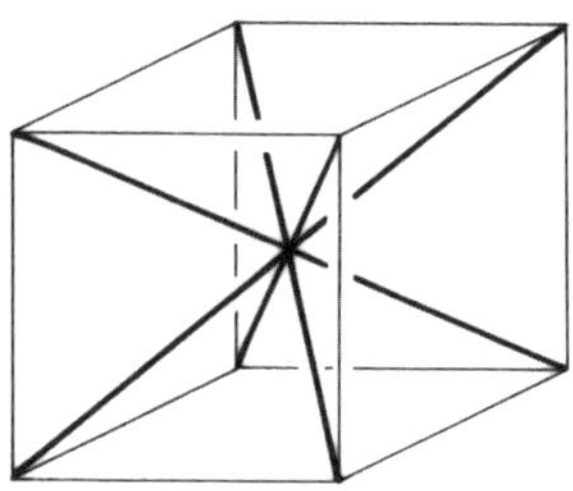

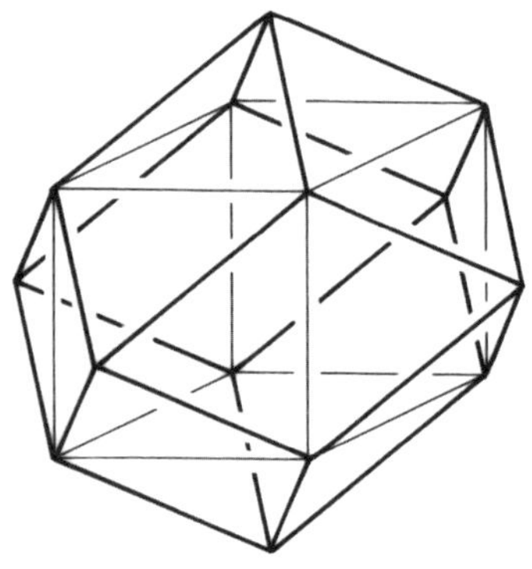

Figur 82 und 83

Es handelt sich bei diesen vier Achsen genau um die vier Zonenachsen des Rhombendodekaeders, das heißt diejenigen vier Achsen, zu denen je sechs Flächen dieses Körpers parallel sind. Diese vier Gruppen mit je sechs Ebenen nennt man die *Zonenverbände* des Rhombendodekaeders (Figur 84).

Ein Rhombendodekaeder ist kein regelmäßiger Polyeder, da die Ecken untereinander nicht gleichartig sind. An den aus den Würfelecken hervorgehenden Rhombendodekaederecken stoßen drei Flächen und an den übrigen Ecken vier Flächen aneinander. Die Zonenachsen gehen durch diejenigen Eckpunkte, an denen drei Flächen zusammenstoßen.

Man beachte, dass die hier eingeführten «Achsen» des Rhombendodekaeders eine bestimmte Auswahl aus den sieben möglichen Diagonalen (Verbindungsgeraden gegenüberliegender Eckpunkte) darstellen.

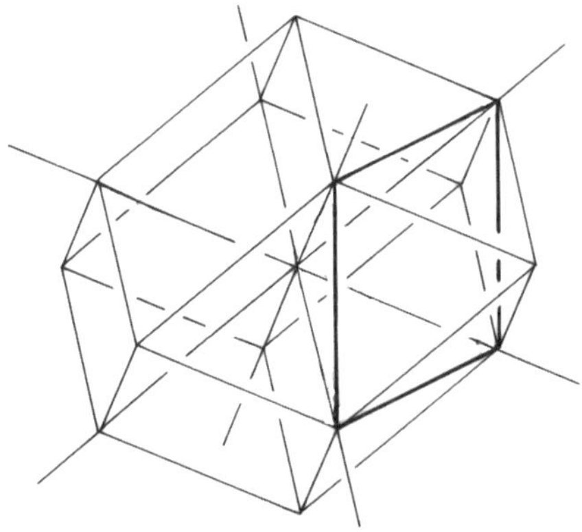

Figur 84

*Zur zeichnerischen Darstellung:* Das Rhombendodekaeder wird hier, wie schon die anderen geometrischen Gebilde, in einer schiefen Parallelprojektion dargestellt, da dies den Bedingungen des Freihandzeichnens an der Tafel am ehesten entspricht. Die leichten Verzerrungen der folgenden Figuren müssen dementsprechend in Kauf genommen werden.

39 Auch das Rhombendodekaeder hat Achsen, zu denen Flächen senkrecht stehen. Dreht man nämlich die vier Zonenachsen des Rhombendodekaeders um 45° um die senkrechte Achse des zugrunde liegenden Würfels und hält dabei das Rhombendodekaeder fest, so treffen diese Achsen die Mitten von acht Flächen des Rhombendodekaeders. Der aus diesen Flächen gebildete Körper, ein Oktaeder, besteht dann genau aus denjenigen vier Paaren von Flächen, die senkrecht auf den (um 45° gedrehten) vier Zonenachsen des Rhombendodekaeders stehen (Figur 85). Ergänzt man diese vier Achsen durch die gleichfalls um 45° gedrehten zwei horizontalen Würfelachsen (siehe vorigen Hinweis 38), so erhält man ein System von *sechs* «Achsen», die alle zwölf Flächen des Rhombendodekaeders senkrecht treffen.

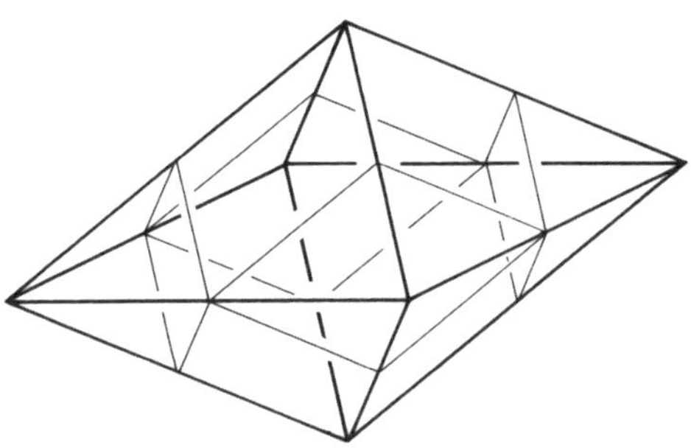

Figur 85

40 Die Halbierung der Flächen führt beim Würfel zu keinen neuen Flächenwinkeln. Das Rhombendodekaeder lässt sich auf verschiedene Weisen «halbieren» (Figur 86 und 87). Falls dabei ein geschlossener Polyeder entsteht, so handelt es sich um ein schiefes Parallelepiped.

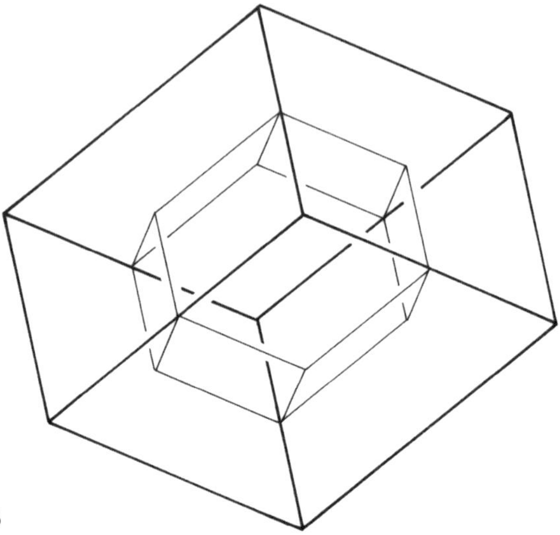

Figur 86

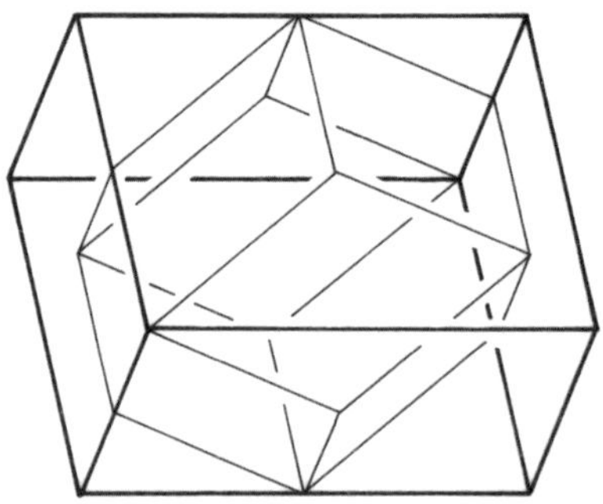

Figur 87

41 Was mit dem Tetraeder gemacht wurde, nämlich das Abschneiden von Ecken *parallel* zu vorhandenen Flächen, um daraus einen neuartigen Körper zu erzeugen, geht beim Würfel nicht auf diese Weise. Schneidet man jedoch bei einem Würfel die Ecken so ab, dass die Schnittflächen senkrecht zu den Raumdiagonalen liegen, so entsteht erst ein Kuboktaeder und schließlich ein Oktaeder.

42 Zum Würfel als Gegenstück des dreidimensionalen Raumes siehe auch den Vortrag vom 31. März 1905. – Welche Auswahl aus den sechs Flächen, die einen Würfel begrenzen, auch getroffen wird, es ergibt sich bei Ausdehnung der Grenzflächen über den ganzen Raum immer ein «Körper», der sich ins Unendliche erstreckt. Wählt man insbesondere aus den sechs Flächen drei paarweise aufeinander senkrecht stehende aus, so ergibt sich ein geometrisches Gebilde mit drei aufeinander senkrecht stehenden Achsen zusammen mit den entsprechenden Verbindungsebenen. Ein solches System kann als Repräsentant des dreidimensionalen euklidischen Raumes aufgefasst werden; es ist zugleich die geometrische Grundlage jedes euklidischen oder cartesischen Koordinatensystems (Achsenkreuz, Dreibein).

43 Die Darstellung scheint hier und im Folgenden sehr verkürzt zu sein, so dass verschiedene Gesichtspunkte ineinandergeschoben erscheinen. Die Reihe Quadrat, Würfel, Tesserakt kann ergänzt werden durch eine Reihe von Gebilden, die nicht gerade oder flache, sondern gekrümmte *Begrenzungen* haben. Dadurch erhält man Gebilde, die als gekrümmte Quadrate, gekrümmte Würfel und als gekrümmte Tesserakte bezeichnet werden können. Bei diesen Gebilden haben die Begrenzungen dieselbe Dimension wie das Gebilde selbst.

Der Kreis in der Ebene, die zweidimensionale Sphäre im dreidimensionalen Raum und die dreidimensionale Sphäre im vierdimensionalen Raum sind topologisch äquivalent zu den Begrenzungsgebilden des Quadrates, des Würfels beziehungsweise des Tesseraktes. Die Kreisfläche, die zweidimensionale Vollkugel und die dreidimensionale Vollkugel sind topologisch äquivalent zur Quadratfläche, zum Würfel beziehungsweise zum Tesserakt.

Andererseits erhält man durch geeignetes Krümmen einer eindimensionalen Strecke ein zweidimensionales Kurvenstück, insbesondere ein Kreissegment, durch Krümmen einer Kreisfläche ein dreidimensionales Gebilde, eine Kugelschale, und durch Krümmen einer Vollkugel ein vierdimensionales Gebilde, insbesondere einen Teil einer vierdimensionalen Kugel.

Auf diese Weise lässt sich ein Kreis zusammensetzen aus zwei gekrümmten Strecken, die an ihren Endpunkten zusammengeklebt werden, und eine zweidimensionale Sphäre im dreidimensionalen Raum lässt sich zusammensetzen aus zwei gekrümmten Kreisflächen, die an ihren Rändern zusammengeklebt werden. Entsprechend erhält man eine dreidimensionale Sphäre im vierdimensionalen Raum, indem man zwei gekrümmte Vollkugeln an ihren Oberflächen (= zweidimensionale Sphären) zusammenklebt. Diese dreidimensionale Sphäre verhält sich zum Raum wie die zweidimensionale Sphäre (= gewöhnliche Kugeloberfläche) zur Ebene.

*Berlin, 7. Juni 1905*

*Textgrundlagen:* Kein Stenogramm vorhanden. Maschinenschriftliche Übertragung der Mitschriften von Walter Vegelahn, Jakob Mühlethaler und Bertha Lehmann (-Reebstein).

44 Mit den ausführlichen und geistvollen Büchern von Hinton sind vermutlich die folgenden Bücher gemeint: *Scientific Romances* [1886], *A New Era of Thought* [1888] und *The Fourth Dimension* [1904].

45 In der im fünften Vortrag vom 31. Mai 1905 entwickelten Darstellung des Tesseraktes handelt es sich nicht im engeren Sinne um eine Projektion, sondern um eine Abwicklung. Im Folgenden wird Steiner eine orthogonale Parallelprojektion des Tesseraktes in den dreidimensionalen Raum konstruieren. Die Projektionsrichtung ist dabei die einer Körperdiagonalen.

46 Ist der Würfel als Kantengerüst gegeben, so ergeben sich als Resultat einer schiefen Parallelprojektion auf eine Ebene im Allgemeinen zwei zueinander parallel verschobene Quadrate zusammen mit den Verbindungsgeraden entsprechender Ecken (Figur 88: Schiefe Parallelprojektion des Würfels).

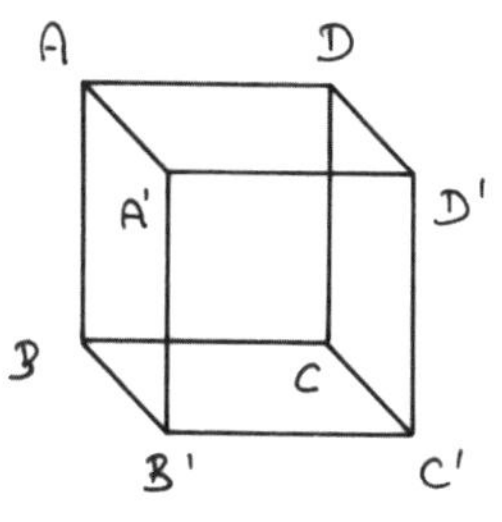


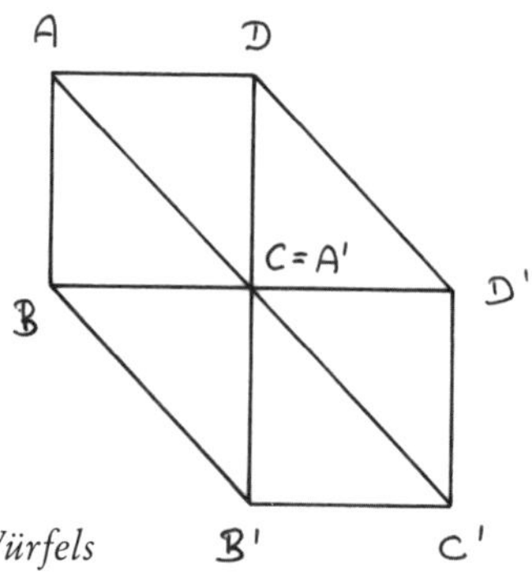


Figur 88
*Schiefe Parallelprojektionen des Würfels*

Wird die Projektionsrichtung so gewählt, dass sie durch die Raumdiagonale $A'C$ geht, so fallen die Ecken $A'$ und $C$ zusammen und es entsteht ein schiefes Sechseck mit Diagonalen. Die Abbilder der sechs einzelnen Seitenflächen des Würfels lassen sich aus diesem Sechseck so rekonstruieren, dass man alle möglichen Parallelogramme aus der gegebenen Linienstruktur bildet. Je eines dieser Parallelogramme überschneidet sich dabei mit je zwei anderen. Insgesamt wird die Fläche des Sechsecks von allen Flächen des Würfels doppelt überdeckt. Ist die Projektionsrichtung senkrecht zur Projektionsebene, so entsteht als Abbild des Würfels ein regelmäßiges Sechseck (Figur 89: Orthogonale Parallelprojektionen des Würfels).

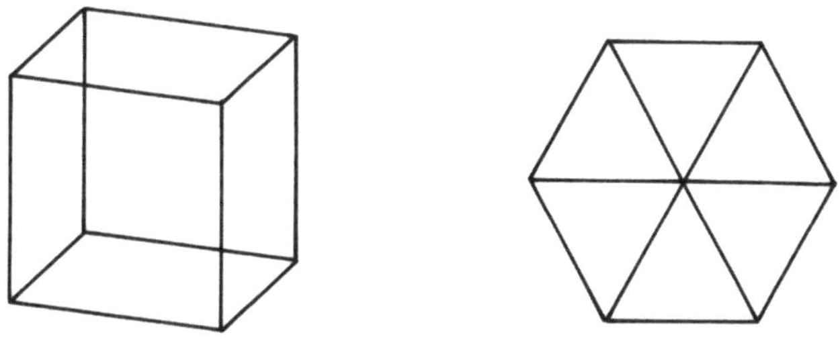

Figur 89
*Orthogonale Parallelprojektionen des Würfels*

Man beachte, dass sich in den drei Diagonalen des Sechsecks auch die drei (Zonen-)Achsen des Würfels abbilden. Die zu diesen Achsen gehörigen Zonenverbände, das heißt die zu je einer dieser drei Achsen parallelen vier Flächen des Würfels, erscheinen als je vier Parallelogramme (oder Rhomben), die mit einer dieser Achsen eine Seite gemeinsam haben.

47 Weiter oben bezeichnete Steiner verschobene oder schiefe Quadrate als Rhomben; dies sind Parallelogramme mit gleich langen Seiten. Entsprechend sind Rhombenwürfel schiefe Würfel, das heißt Parallelepipede mit gleich langen Seiten.

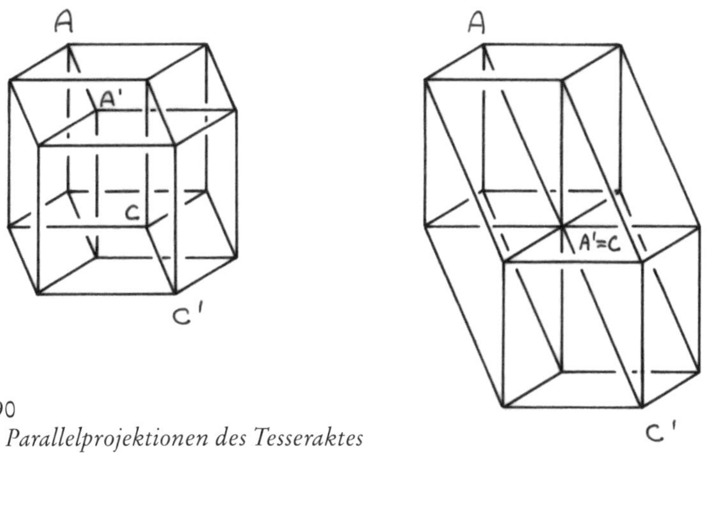


Figur 90
*Schiefe Parallelprojektionen des Tesseraktes*

48 Ist der Tesserakt als Kantengerüst gegeben, so ergeben sich als Resultat einer Parallelprojektion in den dreidimensionalen Raum im Allgemeinen zwei zueinander parallel verschobene Würfel zusammen mit den Verbindungsgeraden entsprechender Ecken (Figur 90: Schiefe Parallelprojektionen des Tesseraktes).

Wird die Projektionsrichtung so gewählt, dass sie durch die Diagonale *A'C* geht, so fallen die Eckpunkte *A'* und *C* zusammen und es ergibt sich ein Rhombendodekaeder mit vier Raumdiagonalen. Die Abbilder der acht Kantenwürfel des Tesseraktes lassen sich bei der ersten Figur leicht auffinden: Es sind alle möglichen Parallelepipede, die durch Kombination der Kanten aus dem gegebenen Gerüst gebildet werden können. Es handelt sich dabei um den ursprünglichen und den verschobenen Würfel sowie die sechs Parallelepipede mit je einer Fläche aus dem ursprünglichen und einer aus dem verschobenen Würfel. Diese Situation ändert sich nicht grundlegend beim Übergang zum Rhombendodekaeder, nur dass jetzt alle «Rhombenwürfel» (Parallelepipede) so ineinander verschoben sind, dass sie den Innenraum des Rhombendodekaeders genau zweimal ausfüllen. Dabei überlagert sich ein Parallelepiped mit jeweils drei anderen.

Die durch die Projektion des Tesseraktes entstehenden vier Raumdiagonalen des Rhombendodekaeders sind die *Zonenachsen* der vier Flächenverbände (aus je sechs Seitenflächen) des Rhombendodekaeders. Ein solcher Flächenverband besteht aus allen sechs zu einer Zonenachse parallelen Flächen. (Man beachte, dass beim Rhombendodekaeder die Zonenachsen nicht durch die Flächenmitten gehen wie beim Würfel, sondern durch Ecken.)

Diese vier Achsen sind aber zugleich die Projektion der vier im vierdimensionalen Raum aufeinander senkrecht stehenden Achsen des Tesseraktes. Die drei Achsen des Würfels gehen durch die Seitenflächenmitten dieses Körpers; entsprechend (analog) gehen die Achsen des Tesseraktes durch die Mitten der Seitenwürfel des Tesseraktes. Bei der Parallelprojektion geht die Mitte eines Würfels in die Mitte des entsprechenden Parallelepipedes über. Wie man durch eine Untersuchung aller acht Parallelepipede im Rhombendodekaeder feststellen kann, gehen die vier Achsen genau durch die Mitten dieser Parallelepipede.

Wie beim Würfel die drei aufeinander senkrecht stehenden Achsen zugleich Zonenachsen von drei Flächenverbänden mit je vier Flächen sind, so sind die vier Achsen des Tesseraktes Zonenachsen von vier Zellenverbänden mit je sechs Zellen (= Seitenwürfel des Tesseraktes). Im Rhombendodekaeder lassen sich diese zu einer Achse gehörigen Zellen leicht auffinden: es sind alle diejenigen sechs Parallelepipede, die mit einer Achse genau eine Seite gemeinsam haben.

49 *Plato: Der Staat*, 7. Buch, 514a–518c. – *Schopenhauer*: *Die Welt als Wille und Vorstellung*, Frankfurt: 3. Auflage 1859. Hier behandelt Schopen-

hauer das Höhlengleichnis von Plato im dritten Buch, § 31 und § 36. Siehe Schopenhauer: *Die Welt als Wille und Vorstellung*, in: *Sämtliche Werke,* herausgegeben von Rudolf Steiner. Dritter Band. Stuttgart o.J. [1895], S. 9–11 und S. 31.

50 Auf diese Interpretation von Platos Höhlengleichnis als Projektion einer vierdimensionalen Wirklichkeit in die vom Menschen gesehenen Bilder im dreidimensionalen Raum macht auch schon Zöllner aufmerksam in seinem Aufsatz «Über Wirkungen in die Ferne» [1878a], S. 260 ff.

51 Zum Beispiel des immer größer werdenden Kreises, der schließlich in eine Gerade übergeht, siehe den Vortrag vom 24. März 1905.

52 Mit dem [sphärischen] Tesserakt scheint an dieser Stelle nicht der vierdimensionale Würfel im engeren Sinne, sondern die dazu topologisch äquivalente dreidimensionale Sphäre im vierdimensionalen Raum gemeint zu sein. Diese entsteht aus einer geeigneten Verkrümmung und Verklebung zweier Vollkugeln des dreidimensionalen Raumes. Siehe dazu Hinweis 43 zum Vortrag vom 31. Mai 1905.

53 Zur Krümmung dreidimensionaler Gebilde sowie des ganzen dreidimensionalen Raumes siehe den Hinweise 43 weiter oben und den vorangehenden Hinweis 52.

54 Für den folgenden Text dieses Vortrages wurden auch die im Aufsatz von Haase: «Die vierte Dimension» [1916] zitierten Bruchstücke von Mitschriften aus Steiners Vortrag vom 7. Juni 1905 herbeigezogen. Dies führte zu einigen sinngemäßen Ergänzungen.

54a Zur Verwendung von Farben zur Illustration des Überganges in die vierte Dimension siehe den Vortrag vom 24. Mai 1905.

54b Zu Dimensionen als Stauungen polarer Kräftelinien siehe den Vortrag vom 17. Mai 1905.

55 Zum Empfang der Zehn Gebote durch Moses auf dem Sinai durch feuerflammende Wesen siehe 2 Moses 19 sowie Kapitel 33 und 34.

56 In der theosophischen Literatur hat man die drei oberen Regionen des Geisterlandes die Arupa-Regionen genannt, im Gegensatz zu den vier unteren, welche Rupa-Regionen heißen. – Siehe dazu die Hinweise der Herausgeber in R. Steiner: *Die Grundelemente der Esoterik*, Basel: Rudolf Steiner Verlag, GA 93a, 4. Aufl. 2014, S. 281 ff. Über die sieben Regionen des Geisterlandes siehe R. Steiner, *Theosophie*, GA 9, «Das Geisterland». Zum Dimensionsproblem im Zusammenhang mit den Planen oder Regionen der geistigen Welt siehe auch den Vortrag vom 17. Mai 1905, die Fragenbeantwortung vom 11. März 1920 [Strakosch], die Fragenbeantwortungen vom 7. April 1921 (*Die befruchtende Wirkung der Anthroposophie auf die Fachwissenschaften*, GA 76) und 12. April 1922 (*Damit der Mensch ganz Mensch werde*, GA 82) und die Vorträge vom 19., 20., 22. und 26. August 1923 (*Initiations-Erkenntnis*, GA 227).

*Berlin, 7. November 1905*

*Textgrundlagen:* Kein Stenogramm vorhanden. Maschinenschriftliche Übertragung der Mitschrift von Marie von Sivers (-Steiner).

57 Zu Zöllner und dem vierdimensionalen Raum siehe die Vorträge vom 24. und 31. März 1905 und die dazugehörigen Hinweise.

58 Zum «Transport» eines Gegenstandes in eine Kugel hinein unter Verwendung der vierten Dimension siehe Hinweis 6 zum Vortrag vom 24. März 1905.

59 Zu Rudolf Steiners Begegnung mit der synthetischen projektiven Geometrie an der Technischen Hochschule in Wien siehe Steiner: *Mein Lebensgang*, Dornach: Rudolf Steiner Verlag, GA 28, 9. Aufl. 2000, Kapitel III, S. 63f., sowie *Damit der Mensch ganz Mensch werde. Die Bedeutung der Anthroposophie im Geistesleben der Gegenwart* (GA 82), Vortrag vom 8. April 1922: «Die Stellung der Anthroposophie in den Wissenschaften».

60 Rudolf Steiner bezieht sich hier bezüglich des Abschlusses des unendlich ausgedehnten Raumes auf die Ergänzung des euklidischen Raumes durch dessen Fernebene (oder absolute Ebene), wodurch ein projektiver Raum entsteht. Ein projektiver Raum hat keinerlei Fern- oder Grenzelemente, er ist in sich geschlossen, das heißt, man kann in jeder Richtung ins «Unendliche» hinausgehen und kommt ohne Weiteres von der anderen Seite wieder zurück.

61 Zu den Verschlingungen geschlossener Bänder im dreidimensionalen Raum siehe die Ausführungen im Vortrag vom 24. März 1905 und die dazugehörigen Hinweise.

62 Zur Rhombendodekaeder-Darstellung des Tesseraktes siehe die Ausführungen am Anfang des Vortrages vom 7. Juni 1905 und die dazugehörigen Hinweise.

*Ausarbeitungen von Mathilde Scholl in Landin 1906*

Mathilde Scholl gilt als eine ‹Urschülerin› Rudolf Steiners. «Er weckt in ihr mystisch-mathematische Seelenfähigkeiten wieder auf, indem er mit ihr regelrechte Mathematikstunden abhält. Sie ist der einzige Mensch, von dem solches bekannt ist», so schreibt Ekkehard Meffert [2003] in seiner Kurzbiografie über Mathilde Scholl (S. 726). Zum biografischen Umfeld der Entstehung der folgenden Aufzeichnungen siehe Ekkehard Meffert: *Mathilde Scholl* [1991], Kapitel: «Das Wiedererwachen eines mystischen Mathematisierens (1904/1905)», S. 130–142, «Erinnerungen an Dr. R. Steiner», S. 404 sowie «Mathematisch-geometrische Studien, Zur Einführung», S. 511–516. – Ein Essay von Mathilde Scholl über die vierte Dimension findet sich im genannten Buche S. 534–554.

Im Sommer 1906 verbrachten Rudolf Steiner, Marie von Sivers, Mathilde Scholl und wenige andere Freunde einige Tage auf dem Bredow'schen Gut in

Landin in der Mark Brandenburg. Eugenie von Bredow, geb. Gräfin von Schwerin (1860–1922), war Mitglied der Theosophischen Gesellschaft seit November 1904 und seit 1911 im Vorstand der deutschen Sektion. Sie lebte in Landin, hatte aber auch eine Zweitwohnung in Berlin in der Motzstraße 17 (siehe hierzu z. B.: Kiersch/Wichmann-Erlen: *Eugenie von Bredow und Rudolf Steiner im Havelland* [2018]).

Zu den in Mathilde Scholls Landin-Aufzeichnungen angegebenen Terminen aus dem Jahr 1906 hielt sich Rudolf Steiner allerdings nicht in Landin auf. Die Datierungen Mathilde Scholls beziehen sich also offenbar auf den Zeitpunkt ihrer Ausarbeitungen. Von 1903 bis 1906 erhielt sie private Lehrstunden von Rudolf Steiner, an denen auch Marie von Sivers und ihre Schwester Olga teilnahmen. Einiges davon hat Mathilde Scholl später bei ihrer Freundin Eugenie von Bredow ausgearbeitet. Die hier wiedergegebenen Aufzeichnungen dürften mit hoher Wahrscheinlichkeit zu diesen Ausarbeitungen gehören.

Die folgenden Aufzeichnungen von Mathilde Scholl über die vierte Dimension stehen inhaltlich in engem Zusammenhang mit den diesen Aufzeichnungen vorangehenden Berliner Vorträgen Rudolf Steiners zum Problem der vierten Dimension vom 24. bis 7. Juni und vom 7. November 1905. Vermutlich sind in sie auch einige Bemerkungen Steiners aus privaten Zusammenkünften und Besprechungen eingearbeitet worden. Ob auch die Erweiterung der Dimensionsbetrachtungen auf eine siebte, achte, neunte und zehnte Dimension auf Steiner zurückgeht, ist nicht feststellbar. Meines Wissens gibt es in Steiners überliefertem Vortragswerk keine entsprechenden Parallelstellen.

*Mathilde Scholl: Landin am 21. August 1906*

*Textgrundlagen:* Maschinenschriftliche Übertragung einer handschriftlichen Ausarbeitung von Mathilde Scholl. – Auch gedruckt in: *Kosmologie und menschliche Evolution. Farbenlehre*, GA 91, 2. Auflage 2023, S. 227–232.

62a *Alles fließt:* Der Satz «Panta rhei» geht auf den griechischen Philosophen Heraklit (um 520–um 460 v. Chr.) zurück.

62b *Als der Geist Gottes über den Wassern schwebte:* 1 Moses 1,2.

*Mathilde Scholl: Landin am 23. August 1906*

*Textgrundlagen:* Maschinenschriftliche Übertragung einer handschriftlichen Ausarbeitung von Mathilde Scholl. – Auch gedruckt in: *Kosmologie und menschliche Evolution. Farbenlehre*, GA 91, 2. Auflage 2023, S. 233–236.

Siehe zu den Ausführungen dieser Ausarbeitung den Vortrag vom 7. November 1905.

Ob die Erweiterung der Dimensionsbetrachtungen in dieser und den folgenden Ausarbeitungen auf eine siebte, achte, neunte und zehnte Dimension auf Steiner zurückgeht, ist nicht feststellbar. Meines Wissens gibt es in Steiners überliefertem Vortragswerk keine entsprechenden Parallelstellen.

*Mathilde Scholl: Landin am 25. August 1906*

*Textgrundlagen:* Maschinenschriftliche Übertragung einer handschriftlichen Ausarbeitung von Mathilde Scholl. – Auch gedruckt in: *Kosmologie und menschliche Evolution. Farbenlehre*, GA 91, 2. Auflage 2023, S. 237–242.

Siehe zu den Ausführungen dieser Ausarbeitung die Vorträge vom 31. Mai und 7. Juni 1905.

62c Zum gekrümmten und in sich verschlungenen Papierstreifen siehe insbesondere die Vorträge vom 24. und 31. März 1905.

*Mathilde Scholl: Landin am 27. August 1906*

*Textgrundlagen:* Maschinenschriftliche Übertragung einer handschriftlichen Ausarbeitung von Mathilde Scholl. – Auch gedruckt in: *Kosmologie und menschliche Evolution. Farbenlehre*, GA 91, 2. Auflage 2023, S. 243–244.

*Berlin, 22. Oktober 1908*

*Textgrundlagen:* Kein Stenogramm vorhanden. Maschinenschriftliche Übertragung der Mitschrift von Clara Michels.

63 Die ersten mathematischen Untersuchungen zum Problem eines vierdimensionalen Raumes stammen schon aus der Mitte des 19. Jahrhunderts. Siehe dazu den ersten Abschnitt «Zum historischen Kontext» im Anhang «Zu dieser Ausgabe»; siehe auch Manning, *Geometry of Four Dimensions* [1914], «Introduction».

64 R. Steiner bezieht sich hier auf die Untersuchungen Riemanns zur Geometrie $n$-dimensionaler Mannigfaltigkeiten. Siehe dazu Hinweis 1 zum Vortrag vom 24. März 1905.

65 Zu Wesen, die nur im zweidimensionalen Raum wahrnehmen und erleben, siehe die in ihrer Zeit bekannten und populären Schriften: Abbott, *Flatland* [1884], Hinton, *Scientific Romances* [1886], Kapitel «A plane world» (S. 129–159) und Hinton, *An Episode of Flatland* [1907].

66 Zu Kometen siehe den Vortrag Rudolf Steiners vom 10. April 1912 (*Die geistigen Wesenheiten in den Himmelskörpern und Naturreichen*, GA 136). – Die Vermutung, dass diese Aussage auch ein Hinweis auf eine Ansicht Zöllners ist, ließ sich nicht bestätigen. Zöllners Kometentheorie (siehe vor allem Zöllner [1886]) ist vielmehr die Grundlage und der Ausgangspunkt moderner konventioneller Kometentheorien geworden. Es ließ sich kein Hinweis finden, dass Zöllner seine Kometentheorien in einen Zusammenhang mit seinen spiritistischen Ideen zum vierdimensionalen Raum gebracht hat.

## *Hinweise zu den Fragenbeantwortungen*

Zu den Fragenbeantwortungen siehe generell für die chronologische Einordnung, die Textgrundlagen und den inhaltlichen Kontext der jeweiligen Fragethemen im mündlichen Werk Steiners *Fragenbeantwortungen und Interviews: Schriftliche Fragenbeantwortungen 1892–1924, Mündliche Fragenbeantwortungen 1901–1924, Interviews 1913–1923*, GA 244. – Weitere Fragenbeantwortungen im Umkreis mathematischer Themen finden sich in *Geisteswissenschaft und die geistigen Ziele unserer Zeit*, GA 69e (18. Februar 1913, Frage über rechnende Pferde), in *Erster Naturwissenschaftlicher Kurs*, GA 320 (6. Oktober 1920, Frage zum Atomismus) und in *Das Verhältnis der Anthroposophie zur Naturwissenschaft – Grundlagen und Methoden*, GA 75 (Fragen von H. Schmidt zur mathematischen Methode).

### *Berlin, 1. November 1904*

*Kontext:* Auszug aus der Fragenbeantwortung nach einem Vortrag im Berliner Zweig über «Die Apokalypse», in *Selbsterkenntnis und Gotteserkenntnis I: Theosophie, Christologie und Mythologie*, GA 90a, 1. Aufl. 2018, S. 384–396; Fragenbeantwortung dort gedruckt S. 396.

*Textgrundlagen:* Maschinenschriftliche Übertragung des Stenogramms von Franz Seiler.

1 *Jan Arnoldus Schouten* (1883–1971). Siehe Hinweis 22 zum Vortrag vom 17. Mai 1905. – Diese Frage gibt einen Anhaltspunkt darauf, dass das Problem der vierten Dimension auch im unmittelbaren Umkreis von Rudolf Steiner aktuell war und er mit seinen Vorträgen zum Thema der vierten Dimension vor allem die damit zusammenhängenden geisteswissenschaftlichen Fragen behandeln wollte.

### *Stuttgart, 2. September 1906*

*Kontext:* Auszug aus der Fragenbeantwortung nach dem Mitglieder-Vortrag: «Vor dem Tore der Theosophie: Okkulte Entwicklung», während des Vortragszyklus *Vor dem Tore der Theosophie*, GA 95, 4. Auflage 1990; Fragenbeantwortung dort gedruckt S. 150.

*Textgrundlagen:* Kein Stenogramm vorhanden. Maschinenschriftliche Übertragung der Notizen von Alice Kinkel.

2 Mit Raum meint Rudolf Steiner an dieser Stelle offenbar den gewöhnlichen, durch die Gesetze der euklidischen Geometrie charakterisierten Anschauungsraum. Für diesen ist die Unendlichkeit (bei Einbettung in den projektiven Raum die Fernebene) eine unüberwindliche Grenze. Für den astralen Raum ist das nach Steiner nicht der Fall. Er hat eine dem projektiven Raum verwandte Struktur. Es gibt dort keine Grenze, keine

unerreichbare Unendlichkeit. Der projektive Raum ist in sich geschlossen: man kann in allen Richtungen von einem festen Ausgangspunkt hinauswandern und gelangt schließlich wieder zum Ausgangspunkt zurück.

3 *Es gibt keine Möglichkeit, dort ins Unendliche zu gehen:* Es lässt sich nicht genau rekonstruieren, was mit diesem Satz gemeint ist. Aufgrund der überlieferten Zeichnung (Figur 62) könnte es sich um ein Bruchstück einer Ausführung etwa folgenden Inhalts handeln: In der zweiten Dimension lässt sich ein zweidimensionaler Gegenstand innerhalb eines Kreises nicht aus diesem herausholen, ohne dessen Grenze zu überschreiten. Nimmt man die dritte Dimension zu Hilfe, so lasst sich dies ohne weiteres bewerkstelligen. Hingegen kann im dreidimensionalen Raum ein Gegenstand innerhalb einer Sphäre nicht aus dieser herausgeholt werden, ohne diese Sphäre zu durchstoßen. Mit Hilfe der vierten Dimension ist dies dagegen möglich. (Siehe dazu die Ausführungen im und die Hinweise zum Vortrag vom 24. März 1905.)

*Nürnberg, 28. Juni 1908*

*Kontext:* Auszug aus der Fragenbeantwortung nach den Vorträgen über «Die Theosophie an der Hand der Apokalypse», in: *Die Apokalypse des Johannes*, GA 104

*Textgrundlagen:* Kein Stenogramm vorhanden. Maschinenschriftliche Übertragung von Notizen von Camilla Wandrey.

4 Kant zur Endlichkeit und Unendlichkeit des Raumes: Siehe *Prolegomena zu einer jeden künftigen Metaphysik* [1783], «Kosmologische Ideen», § 50–53; *Kritik der reinen Vernunft* [1787], «Die Antinomien der reinen Vernunft, Erster Widerstreit der transzendentalen Ideen», B 454 ff. Kant zeigt, dass sowohl Argumente für wie gegen die Unendlichkeit des Raumes angeführt werden können. Für ihn liegt die Ursache dieses Widerspruchs in der impliziten Annahme, dass der Raum und die Gegenstände des Raumes als absolute Gegebenheiten, als objektive Gesetze von Dingen an sich genommen werden. Würden sie aufgefasst als das, was sie, nach Kant, sind, nämlich bloß Vorstellungen (Anschauungsformen beziehungsweise Erscheinungen) der Dinge an sich, so löst sich der «Widerstreit der Ideen» auf.

5 Geschlossenheit der Geraden über das Unendliche: Rudolf Steiner bezieht sich hier auf die Entdeckung der projektiven Erweiterung der euklidischen Geometrie Anfang des 19. Jahrhunderts. Die euklidische Gerade verliert sich nach beiden Seiten hin ins Unendliche; für sie ist die Richtung nach links und die Richtung nach rechts durch die Unendlichkeit (Fernpunkt) getrennt. Die projektive Gerade hat keine solche Grenze, sie ist bezüglich der Anordnung ihrer Punkte in sich geschlossen wie ein Kreis.

6 Es lässt sich aus dem erhaltenen Text nicht mehr genau rekonstruieren, ob Steiner den Raumverhältnissen im Astralen eine tatsächliche geometrische Krümmung zuordnen will. Der in sich geschlossenen projektiven Geraden kommt jedenfalls keine Krümmung zu. Vielleicht möchte Steiner hier nur auf die strukturelle Verwandtschaft aufmerksam machen, die zwischen dem Verhalten der Punkte auf einer projektiven Geraden und auf einer Kreislinie besteht.

7 Auch hier braucht Rudolf Steiner vermutlich den Ausdruck «geschlossene Sphäre» nur, um auf die Geschlossenheit des astralen Raumes im Sinne eines projektiven Raumes aufmerksam zu machen. Im topologischen Sinne ist weder die projektive Ebene einer zweidimensionalen Sphäre noch der projektive Raum einer dreidimensionalen Sphäre äquivalent.

*Düsseldorf, 21. April 1909*

*Kontext:* Auszug aus den Fragenbeantwortungen im Anschluss an Vorträge aus dem Vortragszyklus *Geistige Hierarchien und ihre Widerspiegelung in der physischen Welt*, GA 110, 8. Auflage 2023; Fragenbeantwortungen teilweise dort gedruckt S. 176.

*Textgrundlagen:* Kein Stenogramm vorhanden. Maschinenschriftliche Übertragung von Notizen von Camilla Wandrey.

*Düsseldorf, 22. April 1909*

*Kontext:* Auszug aus der Fragenbeantwortung im Anschluss an Vorträge aus dem Vortragszyklus *Geistige Hierarchien und ihre Widerspiegelung in der physischen Welt*, GA 110, 8. Auflage 2023; Fragenbeantwortung dort gedruckt S. 186f.

*Textgrundlagen:* Maschinenschriftliche Übertragung von Notizen einer unbekannten Person.

8 Lehrsatz der platonischen Schule: Gott geometrisiert. Diese Aussage ist bei Plato nicht nachweisbar. Sie stammt aus den von Plutarch überlieferten Tischgesprächen, die einen Teil der *Moralia* bilden. Einer der Teilnehmer des Gesprächs sagt dort: «Gott geometrisiert fortwährend – falls diese Aussage tatsächlich Plato zugeschrieben werden kann.» Plutarch fügt hinzu: «Diese Aussage steht in keiner von Plato's Schriften, ist aber genugsam bezeugt und in Harmonie mit seinem Charakter.» (Plutarch: *Moralia*, Quaestiones convivales, Buch VIII, Frage 2; Stephanus 718c)

9 Dass geometrische Grundbegriffe hellseherische Fähigkeiten wecken, hat Steiner im Autoreferat «Mathematik und Okkultismus» (1904) in: *Philosophie und Anthroposophie*, GA 35, behandelt.

10 Die Welt ist eine Kugel, man kommt an deren Ausgangspunkt zurück: Siehe dazu die Hinweise zu der Fragenbeantwortung vom 2. September 1906 und 28. Juni 1908. – Der Ausdruck «Geometrie der Lage» ist eine heute veraltete Bezeichnung für die synthetische projektive Geometrie.

11 Vom Gesichtspunkt der projektiven Geometrie aus erscheinen alle Sätze der euklidischen Geometrie, die bloß die Lage und Anordnung von Punkten, Geraden und Ebenen betreffen (also nicht irgendwelche Maßverhältnisse) als Spezialfälle oder Grenzfälle allgemeiner projektiver Sätze.

12 Zwei Punkte *A* und *B* einer projektiven Geraden *g* gliedern diese in zwei Segmente (Figur 91); in einem davon liegt der Fernpunkt der Geraden *g*. Beide Segmente sind im Rahmen der projektiven Geometrie Verbindungen der Punkte *A* und *B*. Für die euklidische Geometrie ist dagegen nur dasjenige Segment eine Verbindung von *A* und *B*, das den Fernpunkt der Geraden *g* nicht enthält.

Figur 91

13 Dass einzelne Teile eines Ganzen auch dann Wirkungen aufeinander ausüben können, wenn sie keine räumliche Einheit bilden, hat Rudolf Steiner in ähnlicher Weise auch in folgenden Vorträgen ausgeführt: Berlin, 22. Oktober 1906 (*Ursprungsimpulse der Geisteswissenschaft*, Dornach: Rudolf Steiner Verlag, GA 96, 2. Aufl. 1989, S. 181 f.) und Dornach, 22. März 1922 (Die *Impulsierung des weltgeschichtlichen Geschehens,* Dornach: Rudolf Steiner Verlag, GA 222, 4. Aufl. 1989, S. 103 ff.). Innerhalb der Fachliteratur lässt sich unter den zahlreichen Unterarten der Familie der Gallwespen keine Wespenart feststellen, die der Beschreibung Rudolf Steiners entsprechen würde. Dagegen findet sich die stielartig verlängerte Verbindung zwischen Kopf und Hinterleib bei mehreren Arten der Familie Grabwespen, insbesondere bei der Unterart Sandwespe. Möglicherweise liegt hier ein Hörfehler des Mitschreibers vor.

*Berlin, 2. November 1910*

*Kontext:* Aus einer Fragenbeantwortung während des Vortragszyklus' über «Psychosophie», in: *Anthroposophie – Psychosophie – Pneumatosophie*», GA 115.

*Textgrundlagen:* Kein Stenogramm vorhanden. Maschinenschriftliche Übertragung von Notizen einer unbekannten Person.

14 Die sinngemäßen Ergänzungen in [] stützen sich auf den Vortrag vom 7. Juni 1905 sowie die Fragenbeantwortung im Anschluss an den Vortrag vom 17. Mai 1905.

*Basel, 1. Oktober 1911*

*Kontext:* Aus einer Fragenbeantwortung nach dem Mitgliedervortrag über «Die Ätherisation des Blutes. Das Eingreifen des ätherischen Christus in die Erdenentwickelung», in: *Das esoterische Christentum und die geistige Führung der Menschheit»*, GA 130, 5. Auflage 2023; Fragenbeantwortung dort gedruckt S. 109.

*Textgrundlagen:* Kein Stenogramm vorhanden. Maschinenschriftliche Übertragung von Notizen einer unbekannten Person.

15 Zum Verhältnis von Licht und Wärme siehe die Vorträge in: *Zweiter naturwissenschaftlicher Kurs: Die Wärme auf der Grenze positiver und negativer Materialität*, GA 321, sowie hier weiter unten die Fragenbeantwortungen vom 11. und 31. März 1920 und vom 15. Januar 1921.

*München, 25. November 1912*

*Kontext:* Aus einer Fragenbeantwortung nach einem öffentlichen Vortrag über «Wahrheiten der Geistesforschung». in: *Wahrheiten und Irrtümer der Geistesforschung*, GA 69a, 1. Auflage 2007; Fragenbeantwortung dort gedruckt S. 131–134.

*Textgrundlagen:* Kein Stenogramm vorhanden. Maschinenschriftliche Übertragung von Notizen einer unbekannten Person.

16 Höhere Mannigfaltigkeiten: Rudolf Steiner bezieht sich hier auf die mehrfach von ihm erwähnten Untersuchungen von *Bernhard Riemann* (1816–1866). Siehe dazu den Hinweis 1 zum Vortrag vom 24. März 1905.

17 *Oskar Simony* (1852–1915). Siehe dazu den Vortrag vom 24. März 1905 und dort den Hinweis 14.

18 Zu Rudolf Steiners Begegnung mit der synthetischen projektiven Geometrie an der Wiener Technischen Hochschule siehe *Mein Lebensgang*, GA 28, 9. Aufl. 2000, Kapitel III, S. 63f.

19 Zur Geschlossenheit der projektiven Geraden übers Unendliche siehe dazu die vorangehenden Fragenbeantwortungen vom 2. September 1906, 28. Juni 1908 und die dazugehörigen Hinweise.

*Berlin, 13. Februar 1913*

*Kontext:* Notizen aus einer Fragenbeantwortung nach einem öffentlichen Vortrag im Architektenhaus über «Lionardos geistige Größe am Wendepunkt zur neueren Zeit», in: *Ergebnisse der Geistesforschung*, GA 62.

*Textgrundlagen:* Maschinenschriftliche Übertragung des Stenogramms von Franz Seiler.

20 Goethe: *Das Märchen* (siehe den Hinweis 24 zum Vortrag vom 17. Mai 1905).

21 Zum okkulten Gesetz des Goldenen Schnittes sowie dem Gesetz der Wiederholung und der variierten Wiederholung im Allgemeinen siehe Rudolf Steiner: *Die Geheimwissenschaft im Umriss* (GA 13), Kapitel «Die Weltentwickelung und der Mensch». Zum Gesetz der Wiederholung als elementares Prinzip des Ätherischen siehe etwa den Vortrag vom 21. Oktober 1908 (*Geisteswissenschaftliche Menschenkunde*, GA 107). Dort illustriert Steiner dieses Prinzip insbesondere am Wachstum einer Pflanze und weist auf die variierte Wiederholung beim Prozess der fortgesetzten Blattbildung hin.

22 Über Wiederholungen in Buddhas Reden und deren Bedeutung spricht Rudolf Steiner auch in den Vorträgen vom 18. September 1912, in: *Das Markus-Evangelium*, GA 139 und vom 27. September 1921, nachmittags, in: *Vorträge und Kurse über christlich-religiöses Wirken II: Spirituelles Erkennen – Religiöses Empfinden – Kultisches Handeln*, GA 343.

23 Unter dem Einfluss von *Piero della Francesca* (1410–1492) und *Leonardo da Vinci* (1452–1519) schrieb *Fra Luca Pacioli* (ca. 1445–1517) die Studie *Divina proportione* (Venedig 1509). Dabei verwendet er Zeichnungen nach Vorlagen seines Freundes Leonardo. Damit wird zum ersten Mal die ausführliche Untersuchung der mathematischen und ästhetischen Eigenschaften des Goldenen Schnittes in den Mittelpunkt eines Werkes gestellt.

Der *Goldene Schnitt* (sectio aurea), auch *stetige Teilung* genannt, ergibt sich aus der Aufgabe, eine Strecke durch einen Punkt so in zwei Teile zu gliedern, dass der kleinere Teil sich zum größeren Teil so verhält, wie der größere Teil zur ganzen Strecke. Man kann zeigen: Wenn man eine Strecke fortgesetzt im Goldenen Schnitt teilt, so ergibt sich eine Folge von Strecken, bei der je zwei benachbarte Glieder auch im Verhältnis des Goldenen Schnittes stehen. Daraus erklärt sich der Ausdruck *stetige Teilung*.

Als weitergehender Hinweis auf das Prinzip der Wiederholung und der variierten Wiederholung im Zusammenhang des Goldenen Schnittes sei noch auf das Auftauchen des Teilungsverhältnisses des Goldenen Schnittes bei regulären Kettenbrüchen verwiesen. Im Weiteren sind die Näherungsbrüche dieses Kettenbruches die Quotienten aufeinanderfolgender Glieder der Folge der Fibonacci-Zahlen 1, 1, 2, 3, 5, 8 …, die bei der Blattanordnung von Pflanzen (Phyllotaxis) eine große Rolle spielen. (Siehe dazu Coxeter: *Unvergängliche Geometrie* [1981], Kapitel 11.)

*Berlin, 27. November 1913*

*Kontext:* Auszug aus der Fragenbeantwortung nach einem öffentlichen Vortrag, gehalten in Berlin im Architektenhaus über das Thema «Vom Tode», in: *Geisteswissenschaft als Lebensgut*, GA 63.

*Textgrundlagen:* Kein Stenogramm vorhanden. Maschinenschriftliche Übertragung von Notizen einer unbekannten Person.

24 Vortrag vom 19. März 1914 «Zwischen Tod und Wiedergeburt des Menschen», in: *Geisteswissenschaft als Lebensgut*, GA 63.

25 Zur Relativitätstheorie und zum folgenden Text siehe die Fragenbeantwortungen vom 7. März 1920 [Baravalle und Herberg] und die entsprechenden Hinweise.

*Stuttgart, 1919*

*Kontext:* Handschriftliche Notiz Rudolf Steiners zu einer von Georg Herberg gestellten Frage. Das Faksimile der Handschrift Rudolf Steiners ist abgedruckt in dem Band *Geisteswissenschaftliche Impulse zur Entwickelung der Physik, Erster naturwissenschaftlicher Kurs*, GA 320, Dornach: Rudolf Steiner Verlag 1987, S. 192 (in der Neuauflage 2020 ist nur der entsprechende Text abgedruckt auf S. 191 f.); ebenso gedruckt in *Nachgelassene Abhandlungen und Fragmente 1879–1924*, GA 46, 1. Aufl. Basel 2020, S. 854–856. – *Georg Herberg* (1876–1963), einer der ersten Dr.-Ing. in Deutschland, seit 1913 selbstständiger beratender Ingenieur für Kraft- und Wärmewirtschaft in Stuttgart.

*Stuttgart, 7. März 1920 [Baravalle]*

*Kontext:* Fragenbeantwortungen während des *Zweiten Naturwissenschaftlichen Kurses*, GA 321. Fragen von Hermann von Baravalle nach seinem Vortrage «Über die Relativitätstheorie» am 7. März 1920 in Stuttgart. – Hermann von Baravalle (1898–1973), Mathematik- und Physiklehrer an der ersten Waldorfschule in Stuttgart. – Eine Mitschrift des Vortrages von Baravalle ist bisher nicht nachweisbar. Es gibt jedoch Notizen Rudolf Steiners im Notizbuch Nr. 47, S. 74–79; siehe die entsprechenden Abbildungen im *Zweiten Naturwissenschaftlichen Kurs*, GA 321, 5. Aufl. 2021, S. 286–291.

*Textgrundlagen:* Kein Stenogramm vorhanden. Maschinenschriftliche Übertragung von Notizen einer unbekannten Person.

26 In der theoretischen Physik des 19. Jahrhunderts wurden verschiedene Theorien zur Erklärung optischer Phänomene aufgestellt, die alle auf der Annahme eines physikalischen, quasimateriellen Äthers beruhen. Als theoretisches Hilfsmittel bediente man sich unter anderem der Elastizitätstheorie. Später verdrängte die elektromagnetische Lichttheorie von *James Clark Maxwell* (1831–1879) zusammen mit dem negativen Ausgang des Ätherdriftexperimentes (1881 ff.) von *Albert Michelson* (1852–1931) und *Edward Morley* (1838–1923) die Vorstellung eines quasimateriellen Äthers, ohne ihn dadurch vollkommen aus der Physik zu verdrängen. (Siehe zur Entwicklung und zum Stellenwert von Äthertheorien Ende des 19. und Anfang des 20. Jahrhunderts Whittaker: *A History of the Theories of Aether and Electricity* [1951–53].)

*Arnold Sommerfeld* (1868–1951) diskutiert in Band II seiner *Vorlesungen über theoretische Physik* [1944], § 15, ein auf einem quasielastischen

Körper beruhendes Äthermodell, das auf Untersuchungen von *James MacCullagh* (1809–1847) zurückgeht (siehe dazu auch Klein: *Vorlesungen* [1926], S. 231 f. und 243). Sommerfeld zeigt, dass die Bewegungsgleichungen dieses Körpers die Form der Maxwell-Gleichungen der Elektrodynamik für den leeren Raum annehmen.

Friedrich-Wilhelm Dustmann: «Die Äthertheorie von MacCullagh» [1991] zeigt, dass dieses Äthermodell in mehrfacher Hinsicht mit dem übereinstimmt, was Steiner hier und an anderen Stellen von einer Lichttheorie fordert. Darüber hinaus liegt diesem quasielastischen Äthermodell ein spezieller antisymmetrischer Spannungstensor zugrunde, der, geometrisch gesehen, einen linearen Komplex repräsentiert. Dadurch ergibt sich eine Brücke zur Theorie hyperkomplexer Zahlen, von denen Steiner in der Fragenbeantwortung vom 11. März 1920 [Strakosch] spricht (siehe dazu vor allem Gschwind: *Der lineare Komplex* [1991], insbesondere Abschnitt 8.5, *Raum, Zeit, Geschwindigkeit* [1986], S. 158–161, *Die Ich-Struktur der Materie* [2008], Kapitel «Ich-Zahlen und die Struktur der Materie», S. 57–92; zum historischen Umfeld siehe Ziegler: *Die Geschichte der geometrischen Mechanik* [1985]).

Ob sich Steiner hier indirekt auf Arbeiten zur mechanisch-elastischen Lichttheorie bezieht und an eine geeignete Erweiterung oder Ergänzung solcher Theorien aus seiner Zeit gedacht hat, lässt sich nicht mehr rekonstruieren.

Man muss jedenfalls im Auge behalten, dass seine Bemerkungen zur Umgestaltung oder Neuformulierung einer mathematisch-physikalischen Äthertheorie nicht bloß im Rahmen einer rein materiell-physikalischen Erscheinungsweise des Lichtes zu denken sind (siehe dazu die Fragenbeantwortung vom 11. März 1920 [Blümel], 31. März 1920 und 15. Januar 1921 mit den entsprechenden Hinweisen). Von diesem Gesichtspunkt aus handelt es sich hier und im Folgenden nicht um eine Kritik der *physikalischen* Grundlagen der speziellen Relativitätstheorie Einsteins, sondern um einen Aufruf, die Gesichtspunkte der Physik in geeigneter Weise durch Methoden und Begriffe der anthroposophischen Geisteswissenschaft zu erweitern (siehe dazu den Vortrag vom 6. Januar 1923 in: *Der Entstehungsmoment der Naturwissenschat*, GA 326).

Ähnlich lautende Äußerungen Steiners zum elastischen Zurückschwingen des Lichtes finden sich im Vortrag vom 6. Dezember 1919 (*Die Sendung Michaels*, GA 194), in der Lehrerkonferenz vom 25. September 1919 (GA 300a) und im Vortrag vom 16. Februar 1924 (*Esoterische Betrachtungen karmischer Zusammenhänge, Erster Band*, GA 235). – Ähnliche Aussagen über das Verhalten der physikalischen Energie finden sich in der Fragenbeantwortung vom 12. November 1917 (*Die Ergänzung heutiger Wissenschaften durch Anthroposophie*, Dornach: Rudolf Steiner Verlag, GA 73, 2. Aufl. 1987, S. 157 ff.).

27 *Albert Einstein* (1879–1955), Physiker in Zürich, Berlin und Princeton; Begründer der speziellen Relativitätstheorie und der allgemeinen Gravitationstheorie.

Die einzige Stelle, an der sich Steiner in seinem schriftlichen Werk zur speziellen Relativitätstheorie geäußert hat, findet sich in den *Rätseln der Philosophie* (Basel: Rudolf Steiner Verlag, GA 18, 10. Aufl. 2023), S. 620–623. Dieser Stelle kommt für die Beurteilung aller in Vorträgen und Fragenbeantwortungen ausgeführten Gedanken Steiners zur Relativitätstheorie eine grundlegende Bedeutung zu. Um den Hauptgesichtspunkt Steiners gegenüber der Relativitätstheorie deutlich zu machen, soll sie deshalb hier vollständig zitiert werden:

«Eine neue Gedankenrichtung ist angeregt worden durch die Umwandlung grundlegender physikalischer Begriffe, die *Einstein* versucht hat. Dieser Versuch ist auch für die Weltanschauungsentwickelung von Bedeutung. Die Physik verfolgte bisher die ihr vorliegenden Erscheinungen so, dass sie sie in dem leeren dreidimensionalen Raum angeordnet und in der eindimensionalen Zeit verlaufend dachte. Der Raum und die Zeit waren dabei als außer den Dingen und Vorgängen angenommen. Sie waren gewissermaßen für sich bestehende, in sich starre Größen. Für die Dinge wurden im Raume die Entfernungen, für die Vorgänge die Zeitdauer gemessen. Entfernung und Dauer gehörten nach dieser Anschauung dem Raum und der Zeit, nicht den Dingen und Vorgängen an. Dem tritt nun die von Einstein eingeleitete Relativitätstheorie entgegen. Für sie ist die Entfernung zweier Dinge etwas, das diesen Dingen selbst zugehört. Wie ein Ding sonstige Eigenschaften hat, so hat es auch diese, von irgendeinem zweiten Dinge eine bestimmte Entfernung zu haben. Außer diesen Beziehungen zueinander, die sich die Dinge durch ihr Wesen geben, ist nirgends etwas wie ein Raum vorhanden. Die Annahme eines Raumes macht eine für diesen Raum gedachte Geometrie möglich. Diese Geometrie kann dann auf die Dingwelt angewendet werden. Sie kommt in der bloßen Gedankenwelt zustande. Die Dinge müssen sich ihr fügen. Man kann sagen, den gedanklich vor der Beobachtung der Dinge festgestellten Gesetzen müssen die Verhältnisse der Welt folgen. Im Sinne der Relativitätstheorie wird diese Geometrie entthront. Vorhanden sind nur Dinge, und diese stehen untereinander in Verhältnissen, die sich als geometrisch darstellen. Die Geometrie wird ein Teil der Physik. Dann aber kann man nicht mehr davon sprechen, dass sich ihre Gesetze vor der Beobachtung der Dinge feststellen lassen. Kein Ding hat irgendeinen Ort im Raume, sondern nur Entfernungen im Verhältnis zu anderen Dingen.

Ein Gleiches wird für die Zeit angenommen. Kein Vorgang ist in einem Zeitpunkte; sondern er geschieht in einer Zeitentfernung von einem andern Vorgang. So aber fließen Zeitentfernungen der Dinge im Verhältnis zueinander und Raumentfernungen als gleichartig ineinander.

Die Zeit wird eine vierte Dimension, die den drei Raumdimensionen gleichartig ist. Ein Vorgang an einem Dinge kann nur bestimmt werden als das, was in einer Zeitentfernung und Raumentfernung von anderen Vorgängen geschieht. Die Bewegung eines Dinges wird etwas, was nur im Verhältnis zu anderen Dingen gedacht werden kann.

Man erwartet, dass nur diese Anschauung einwandfreie Erklärungen gewisser physikalischer Vorgänge liefern werde, während solche Vorgänge bei Annahme eines für sich bestehenden Raumes und einer für sich bestehenden Zeit zu widerspruchsvollen Gedanken führen.

Bedenkt man, dass für viele Denker bisher nur das als Wissenschaft von der Natur galt, was sich mathematisch darstellen lässt, so liegt in dieser Relativitätstheorie nichts Geringeres als die Nichtigkeitserklärung einer jeglichen wirklichen Wissenschaft über die Natur. Denn das Wissenschaftliche der Mathematik wurde gerade darin gesehen, dass sie unabhängig von der Naturbeobachtung die Gesetze des Raumes und der Zeit feststellen konnte. Demgegenüber sollen nun die Naturdinge und Naturvorgänge selbst die Raum- und Zeitverhältnisse feststellen. Sie sollen das Mathematische liefern. Das einzig Sichere wird an ihre Unsicherheit abgegeben.

Nach dieser Anschauung wird aus dem Verhältnis des Menschen zur Natur jeder Gedanke an ein Wesenhaftes, das in sich selber sich seine Bestimmung im Sein gibt, ausgeschlossen. Alles ist nur im Verhältnis zu anderem.

Insoferne der Mensch sich innerhalb der Naturdinge und Naturvorgänge betrachtet, wird er den Folgerungen dieser Relativitätstheorie nicht entgehen können. – Will er aber, wie es das Erleben des eigenen Wesens notwendig macht, sich nicht in bloße Relativitäten wie in einer seelischen Ohnmacht verlieren, so wird er das ‹In-sich-Wesenhafte› fortan nicht im Bereiche der Natur suchen dürfen, sondern in der Erhebung über die Natur, im Reiche des Geistes.

Der Relativitätstheorie für die physische Welt wird man nicht entkommen; man wird aber eben dadurch in Geist-Erkenntnis getrieben werden. In dem Erweisen der Notwendigkeit einer Geist-Erkenntnis, die unabhängig von der Naturbeobachtung auf geistigen Wegen gesucht wird, liegt das Bedeutsame der Relativitätstheorie. Dass sie so zu denken nötigt, macht ihren Wert innerhalb der Weltanschauungsentwickelung aus.»

Siehe zu den in dieser Fragenbeantwortung angesprochenen spezifischen Problemen der Relativitätstheorie Unger: *Grundbegriffe der modernen Physik* [1967], Kapitel VIII, und Gschwind: *Raum, Zeit, Geschwindigkeit* [1986] sowie die dort angegebene Literatur. Im letzteren Buch kommen insbesondere die Kapitel «Das Problem der Gleichzeitigkeit», «Zur speziellen Relativitätstheorie» und «Zur Phänomenologie in Licht- und Elektrizitätslehre» in Betracht. (Siehe auch die Ergänzungen zu diesem Hinweis in *Beiträge zur Rudolf Steiner Gesamtausgabe*, Nr. 114/115, Dornach 1995, S. 4 f.)

Rudolf Steiner hat wiederholt über die Relativitätstheorie gesprochen, wobei es ihm auf eine deutliche Unterscheidung von spezieller Relativitätstheorie und allgemeiner Gravitationstheorie (von Einstein auch allgemeine Relativitätstheorie genannt) offenbar nicht ankam. Im Folgenden sind, ohne Anspruch auf Vollständigkeit, Vorträge und Fragenbeantwortungen (FB) angeführt, in denen die Relativitätstheorie (RT) diskutiert oder erwähnt wird.

*Rudolf Steiner über die Relativitätstheorie*

| Vortrags-datum | Jahr | GA | Edition | Seite | Stichworte |
|---|---|---|---|---|---|
| 27. November | 1913 | 324a | 2025 | FB | RT, Geschwindigkeit |
| – | 1914 | 18 | 2023 | 620–623 | Einstein, RT, Raum, Zeit |
| 20. August | 1915 | 164 | 2006 | 251–267 | Geschwindigkeit, Flammarion (Lumen), Einstein, Minkowski, Planck, Poincaré |
| 15. April | 1916 | 65 | 2000 | 657 f. | Ätherbegriff (Planck), Schwerkraft |
| 21. August | 1916 | 170 | 1992 | 178–181 | RT, Einstein, Lorentz |
| 7. August | 1917 | 176 | 1982 | 239 | RT, Einstein |
| 29. August | 1919 | 294 | 2019 | 134–135 | Schwerkraft, RT, Einstein |
| 25. September | 1919 | 300a | 2019 | 59 f. | RT, Einstein, Lorentz |
| 1. März | 1920 | 321 | 2020 | 25–27. | Einstein, RT, Lichtablenkung |
| 3. März | 1920 | 321 | 2020 | 65 | Einstein, RT, vierte Dimension |
| 7. März | 1920 | 324a | 2025 | FB [Baravalle] | Lichtgeschwindigkeit, RT, Einstein, Lichtablenkung |
| 7. März | 1920 | 324a | 2025 | FB [Herberg] | Masse-Energie-Gleichung, Einstein |
| 24. März | 1920 | 73a | 2005 | 28 f. | Einstein, Lorentz, Masse/Energie |
| 27. März | 1920 | 73a | 2005 | 93–100 | RT, Äther, Dimensionen, Lichtgeschwindigkeit, Einstein, Mie, Nordström |
| 31. März | 1920 | 324a | 2025 | FB | Ätherbegriff (Planck), RT, imponderable Materie |
| 18. April | 1920 | 201 | 2015 | 90 f. | Einstein, RT |
| 24. April | 1920 | 201 | 2015 | 129–131 | RT, Schwerkraft, Einstein |

| Vortrags-datum | Jahr | GA | Edition | Seite | Stichworte |
|---|---|---|---|---|---|
| 1. Mai | 1920 | 201 | 2015 | 163 | RT, Merkurtheorie |
| 15. Mai | 1920 | 201 | 2015 | 232f. | Einstein, RT, Gravitation |
| 22. September | 1920 | 300a | 2019 | 284 | Einstein (erwähnt) |
| 15. Oktober | 1920 | 324a | 2025 | FB | RT, Geschwindigkeit, Einstein |
| 15. Januar | 1921 | 324a | 2025 | FB | Einstein (erwähnt) |
| 7. April | 1921 | 324a | 2025 | FB | RT, Logik (erwähnt) |
| 12. April | 1921 | 313 | 2001 | 30 | Äther, Einstein (erwähnt) |
| 27. Juni | 1921 | 336 | 2019 | 466f. | Schallgeschwindigkeit, Einstein, RT, Lichtgeschwindigkeit |
| 28. Juni | 1921 | 205 | 2017 | 42f., 51 | Einstein, RT |
| 8. Juli | 1921 | 205 | 2017 | 150f. | Einstein, RT, Logik |
| 7. August | 1921 | 206 | 2019 | 110 | Einstein, RT (erwähnt) |
| 14. Oktober | 1921 | 339 | 1984 | 74 | Einstein, RT (erwähnt) |
| 15. Oktober | 1921 | 207 | 1990 | 167f. | RT (erwähnt) |
| 4. November | 1921 | 208 | 1992 | 132, 137 | Einstein, RT (erwähnt) |
| 31. Dezember | 1921 | 209 | 1982 | 186 | Einstein (erwähnt) |
| 15. März | 1922 | 300b | 2019 | 107 | Einstein (erwähnt) |
| 12. April | 1922 | 324a | 2025 | FB | RT, Einstein, Absolutheiten |
| 27. Dezember | 1922 | 326 | 2017 | 68 | RT, Newton (erwähnt) |
| 2. Januar | 1923 | 326 | 2017 | 113 | RT (erwähnt) |
| 28. Juli | 1923 | 228 | 2002 | 30–34, 38 | RT, Einstein, Licht |
| 29. Juli | 1923 | 228 | 2002 | 57f., 64 | RT, Einstein, Schwerkraft |
| 29. Juli | 1923 | 291 | 1991 | 209f., 216 | RT, Einstein, Schwerkraft |
| 15. September | 1923 | 228 | 2002 | 154f. | RT, Einstein |
| 16. November | 1923 | 319 | 1994 | FB, 141 | RT, Qualitäten |
| 2. Januar | 1924 | 316 | 2022 | 25f. | RT (erwähnt) |
| 20. Februar | 1924 | 352 | 1981 | FB, 152 | Einstein, RT |
| 27. Februar | 1924 | 352 | 1981 | 175–191 | Einstein, RT, Kopernikus, Astronomie |
| 1. März | 1924 | 235 | 2020 | 84f. | RT (erwähnt) |
| 8. März | 1924 | 235 | 2020 | 126 | RT (erwähnt) |

| Vortrags-datum | Jahr | GA | Edition | Seite | Stichworte |
|---|---|---|---|---|---|
| 16. April | 1924 | 309 | 2017 | 64 | RT, Einstein (erwähnt), Lichtgeschwindigkeit |
| 30. April | 1924 | 300c | 2019 | 230 | RT |
| 17. Mai | 1924 | 353 | 2018 | 248 f. | RT (erwähnt), Astronomie |
| 20. Juli | 1924 | 310 | 1989 | 75 f. | RT, Einstein, Schall |
| 22. Juli | 1924 | 310 | 1989 | 116 | RT (erwähnt) |
| 19. August | 1924 | 311 | 1989 | 120 f. | RT, Einstein |

28 Hier an der Frage nach der Bewegung eines Organismus und des Lichtes wird deutlich, dass Rudolf Steiners Kritik an Einsteins Überlegungen nicht deren rein physikalischen Kern betrifft, sondern deren Übertragung auf Zusammenhänge und Lebensgebiete, die nicht mehr der Physik im Sinne einer Wissenschaft des Anorganischen allein zuzurechnen sind.

29a *Wilhelm Busch* (1832–1908), deutscher Zeichner, Maler und Schriftsteller. In der von ihm illustrierten Bildergeschichte *Balduin Bählamm, der verhinderte Dichter* (1883), heißt es gegen Ende des 6. Kapitels nach einer Begegnung mit einer resoluten jungen Frau, der er ein Blumensträußchen in den Busen stecken wollte:

Ein Prall – ein Schall – dicht am Gesicht –
Verloren ist das Gleichgewicht.
So töricht ist der Mensch. – Er stutzt,
Schaut dämisch drein und ist verdutzt,
Anstatt sich erst mal solche Sachen
In aller Ruhe klarzumachen. –
Hier strotzt die Backe voller Saft;
Da hängt die Hand, gefüllt mit Kraft.
Die Kraft, infolge der Erregung,
Verwandelt sich in Schwungbewegung.
Bewegung, die in schnellem Blitze
Zur Backe eilt, wird hier zu Hitze.
Die Hitze aber, durch Entzündung
Der Nerven, brennt als Schmerzempfindung
Bis in den tiefsten Seelenkern,
Und dies Gefühl hat keiner gern.
Ohrfeige heißt man diese Handlung,
Der Forscher nennt es Kraftverwandlung.

29 *Verifikation der Einstein'schen Theorie:* Auf die Initiative des britischen Astronomen und Astrophysikers *Arthur Eddington* (1882–1944) wurde eine experimentelle Prüfung der Vorhersage Einsteins vorgenommen,

dass Lichtstrahlen durch Gravitationsfelder beeinflusst werden (Gravitationsaberration). Die Überprüfung sollte anhand der Veränderung von Fixsternorten in der Nähe der Sonne während einer Sonnenfinsternis stattfinden. Zwei britische Expeditionen (eine zur Westküste Afrikas, die andere nach Nordbrasilien) erhielten den Auftrag, während der Sonnenfinsternis vom 29. Mai 1919 die Sonnenumgebung zu fotografieren und mit den bekannten Sternorten zu vergleichen. Das Ergebnis wurde am 6. November 1919 veröffentlicht und als Triumph der Theorie Einsteins verkündet. Die Ablenkung betrug am Sonnenrand, wie von Einsteins Theorie vorhergesagt, etwa 1,75 Bogensekunden. Damals erhoben sich sofort Zweifel, ob die Genauigkeit der gefundenen Abweichungen für eine völlige Sicherung von Einsteins Theorie hinreichend wäre.

Steiners Einwand bezieht sich möglicherweise nicht auf diese den damaligen messtechnischen Methoden anhaftenden Unsicherheiten (die durch spätere Wiederholungen dieses Experimentes und anderer Experimente überholt wurden), sondern auf das mehr prinzipielle Problem, ob durch noch so präzise quantitative experimentelle Bestätigungen eines theoretischen mathematischen Modells dessen Wirklichkeitsgemäßheit oder Wahrheit mit hinreichender Gewissheit verbürgt werden könne.

In seinen Anmerkungen zu *Goethes Naturwissenschaftlichen Schriften* («Geschichte der Farbenlehre», Erster Teil, Sechste Abteilung: Newtons Persönlichkeit) schreibt Steiner zu diesem Problem: «Die mathematischen Urteile sind, wie alle andern, die Ergebnisse gewisser Voraussetzungen, die angenommen werden müssen. Nur wenn diese Voraussetzungen in richtiger Weise auf die Erfahrung angewendet werden, dann muss die letztere auch den Schlussfolgerungen entsprechen. Umgekehrt aber darf nicht geschlossen werden. Eine Tatsache der Erfahrung kann ganz gut mit mathematischen Schlussfolgerungen, zu denen man gekommen ist, übereinstimmen, und doch können in der Wirklichkeit andere Voraussetzungen bestehen, als sie die mathematische Naturforschung macht. Wenn zum Beispiel die Lichterscheinungen der Interferenz und Beugung mit den Folgerungen der Undulationstheorie [Wellentheorie des Lichtes] stimmen, so braucht die letztere deshalb durchaus noch nicht richtig zu sein. Es ist überhaupt eine ganz falsche Voraussetzung, dass eine Hypothese richtig sein muss, wenn sich die Tatsachen der Erfahrung aus ihr erklären lassen. Dieselben Wirkungen können auch verschiedenen Ursachen entstammen, und es ist notwendig, die Berechtigung der angenommenen Voraussetzungen unmittelbar zu erweisen, nicht auf dem Umwege durch die Bestätigung vermittelst der Folgen.» (*Goethes Naturwissenschaftliche Schriften*, herausgegeben von Rudolf Steiner, 4. Band, GA 1d, S. 335; siehe auch *Einleitungen und ausgewählte Kommentare zu Goethes Naturwissenschaftlichen Schriften*, GA 1, 5. Auflage 2022, S. 447.)

30 Eine mit Lichtgeschwindigkeit fortfliegende Uhr: Siehe Einstein: «Das Relativitätsprinzip» [1911], S. 12 f.: «Am drolligsten wird die Sache, wenn

man sich Folgendes ausgeführt denkt: man gibt dieser Uhr eine sehr große Geschwindigkeit (nahezu gleich *c*) und lässt sie in gleichförmiger Bewegung weiterfliegen und gibt ihr dann, nachdem sie eine große Strecke durchflogen hat, einen Impuls in entgegengesetzter Richtung, sodass sie wieder an die Ursprungsstelle, von der sie abgeschleudert worden ist, zurückkommt. Es stellt sich dann heraus, dass sich die Zeigerstellung dieser Uhr, während ihrer ganzen Reise, fast nicht geändert hat, während eine unterdessen am Orte des Abschleuderns in ruhendem Zustande verbliebene Uhr von genau gleicher Beschaffenheit ihre Zeigerstellung sehr wesentlich geändert hat. Man muss hinzufügen, dass das, was für diese Uhr gilt, welche wir als einen einfachen Repräsentanten alles physikalischen Geschehens eingeführt haben, auch gilt für ein in sich abgeschlossenes physikalisches System irgendwelcher anderer Beschaffenheit. Wenn wir z.B. einen lebenden Organismus in eine Schachtel hineinbrächten und ihn dieselbe Hin-und-Her-Bewegung ausführen ließen wie vorher die Uhr, so könnte man es erreichen, dass dieser Organismus nach einem beliebig langen Fluge beliebig wenig geändert wieder an seinen ursprünglichen Ort zurückkehrt, während ganz entsprechend beschaffene Organismen, welche an den ursprünglichen Orten ruhend geblieben sind, bereits längst neuen Generationen Platz gemacht haben. Für den bewegten Organismus war die lange Zeit der Reise nur ein Augenblick, falls die Bewegung annähernd mit Lichtgeschwindigkeit erfolgte! Dies ist eine unabweisbare Konsequenz der von uns zugrunde gelegten Prinzipien, die die Erfahrung uns aufdrängt. [...]

Von den physikalisch wichtigen Folgerungen der Relativitätstheorie muss die folgende erwähnt werden. Wir haben vorhin gesehen, dass eine bewegte Uhr nach der Relativitätstheorie langsamer läuft als dieselbe Uhr im ruhenden Zustande. Wohl dürfte es für immer ausgeschlossen bleiben, dass wir dieses durch Experimente mit einer Taschenuhr verifizieren werden, weil die Geschwindigkeiten, die wir einer solchen mitteilen können, gegen die Lichtgeschwindigkeit verschwindend klein sind. Aber die Natur bietet uns Objekte dar, welche durchaus den Charakter von Uhren haben und außerordentlich rasch bewegt werden können. Es sind dies die Spektrallinien aussendenden Atome, denen wir mittelst des elektrischen Feldes Geschwindigkeiten von mehreren Tausend Kilometern mitteilen können (Kanalstrahlen). Es ist nach der Theorie zu erwarten, dass die Schwingungsfrequenzen dieser Atome durch deren Bewegung in genau derjenigen Weise beeinflusst erscheinen, wie dies für die bewegten Uhren abzuleiten ist.»

Hier zeigt sich deutlich, dass Einstein seine zunächst auf rein physikalischen Überlegungen beruhenden Theorien ohne weitere Bedenken auch auf nicht mehr allein der Physik zugehörige Objekte ausdehnt. Damit behauptet er implizit, dass die Relativitätstheorie keine bloß physikalischen Systeme im engeren Sinne umfassende Theorie ist, sondern dass ihr der Kosmos in seiner Ganzheit zugrunde liegt. In dieser wenig differenzierten Betrachtungsweise liegt in erster Linie der Grund von Steiners harten Vorwürfen gegen die Abstraktheit und Wirklichkeitsfremdheit von Einsteins Denken.

Dass Einstein tatsächlich keinen wesentlichen Unterschied zwischen den verschiedenen Wirklichkeitsgebieten zugeben wollte, zeigt folgender zeitgenössischer Erlebnisbericht des Physikers und eifrigen Popularisators der Einstein'schen Relativitätstheorie, *Rudolf Lämmel* (1879–1971), in seinem Buch *Die Grundlagen der Relativitätstheorie* [1921]: «Als die merkwürdigste Folge der neuen Vorstellungen [der Relativitätstheorie] wird allgemein Folgendes betrachtet: bewegte Längen sind für den ruhenden Beobachter kürzer als für den mitbewegten. Ebenso erscheint der Ablauf der Zeit für einen ‹ruhenden› Beobachter langsamer als für einen mit der Uhr mitbewegten [...]. Wenn wir heute eine Expedition von der Erde wegschicken, die mit halber Lichtgeschwindigkeit in den Weltraum hinaussaust, so sollte danach Folgendes eintreten: kehrt die Expedition nach 11½-jähriger Abwesenheit (mit gleicher Geschwindigkeit) zurück, so stellen die Teilnehmer fest, dass sie genau zehn Jahre unterwegs gewesen seien! [...] Die Fragen: ‹wie lang ist diese Strecke› und ‹wie lange dauert diese Zeit› sind also nicht mehr überhaupt zu beantworten, sondern nur noch in Bezug auf gewisse Beobachter, also relativ. Und diese Erkenntnis ist nicht eine bloße philosophische Bemerkung, sondern ein rechnungsmäßig feststehender Zusammenhang.

In seinen Züricher Vorträgen [in der *Physikalischen Gesellschaft* und in der *Naturforschenden Gesellschaft*] hat Einstein an das obige Beispiel der Reisedauer angeknüpft; er hat gefolgert, dass demnach die Reisegesellschaft unter Umständen ihre frühen Zeitgenossen als Greise wiedertreffen würde, während sie selber nur wenige Jahre unterwegs gewesen sein könnte. Dem opponierte der Verfasser. Der Schluss sei für Maßstäbe und Uhren, nicht aber für lebendige Wesen gezogen. *Einstein* aber erwiderte: Alle Vorgänge im Blut, in den Nerven usw. sind letzten Endes periodische Schwingungen, also Bewegungen. Für jegliche Bewegung aber gilt das Relativitätsprinzip; also ist die Folgerung wegen des ungleich schnellen Alterns zulässig! ...» (S. 84 f.)

Zur Debatte um die Relativitätstheorie in den ersten Jahrzehnten des 20. Jahrhunderts siehe die Studie von Hentschel: *Interpretationen und Fehlinterpretationen* [1990].

31 *Ich kann den Gedanken absolut nicht vollziehen:* Es handelt sich hier um das später unter der Bezeichnung «Uhren-Paradoxon» oder «Zwillings-Paradoxon» bekannt gewordene Problem. Siehe dazu die Parallelstelle in der Fragenbeantwortung vom 15. Oktober 1920.

32 Siehe zur Wellenausbreitung den obigen Hinweis 26 zur Äthertheorie.

33 Zeit als bloße Zahl: Siehe dazu die ausführliche Darstellung im Vortrag vom 20. August 1915 (*Der Wert des Denkens*, GA 164). – Wird die Glei-

chung $s = c \cdot t$ als Größengleichung interpretiert, so ist es unumgänglich, dass $t$ eine andere Dimension hat als $s$ und $c$; jedenfalls ist $t$ sicher nicht dimensionslos. Das wird Steiner auch nicht gemeint haben, denn dies ergäbe im Rahmen des Dimensionskalküls der Physik keinen Sinn. Steiner geht es nicht um eine Korrektur des Dimensionskalküls, sondern um das Problem der Realität der in der Physik auftauchenden Rechengrößen und -operationen. In diesem Sinne kommt der Größe $t$ keine Realität zu, auch wenn sie in den Formeln mit Notwendigkeit mit einer bestimmten Dimension auftaucht. Die «Zeit» $t$ ist nicht ein dimensionsloser Faktor, sondern ein realitätsloser Faktor, eine reine, realitätslose Zahl.

34 Zur Geschwindigkeit als wirklicher Realität siehe die folgenden Parallelstellen: Fragenbeantwortung vom 27. November 1913, Vorträge vom 20. August 1915 (*Der Wert des Denkens*, GA 164), 6. Dezember 1919 (*Die Sendung Michaels*, GA 194), 27. Dezember 1919 und 2. Januar 1920 (*Erster Naturwissenschaftlicher Kurs*, GA 320), Fragenbeantwortung vom 15. Oktober 1920, Vortrag vom 6. Januar 1923 (*Der Entstehungsmoment der Naturwissenschaft*, GA 326).

35 Zeit als Mitwirkendes in den Erscheinungen: Siehe dazu Rudolf Steiner, *Einleitungen und ausgewählte Kommentare zu Goethes Naturwissenschaftlichen Schriften*, GA 1, Kapitel XVI. 2, «Das Urphänomen».

35a Das Silur ist in der Erdgeschichte die dritte und kürzeste Periode in der Geochronologie des Paläozoikums. Dieser Zeitabschnitt dauerte von vor etwa 443,4 Millionen Jahren bis etwa vor 419,2 Millionen Jahren. Das Silur folgt auf das Ordovizium und wird vom System des Devon abgelöst. Der Name stammt von den Silurern, einem keltischen Volksstamm in Südwales, und wurde von Roderick Murchison 1833 geprägt. Früher wurde das Silur auch Gotlandium genannt, da Gesteinsschichten aus diesem System auf der Ostseeinsel Gotland beispielhaft vertreten sind.

36 Bewegung mit Schallgeschwindigkeit: Gemeint ist hier die ungeschützte Bewegung in der Luft (und nicht im Flugzeug oder in ähnlichen Gefährten). Siehe dazu die Parallelstellen in den Vorträgen vom 7. August 1917 (*Menschliche und menschheitliche Entwicklungswahrheiten*, GA 176), 25. September 1919 (*Konferenzen*, GA 300a), 27. Juni 1921 (*Die großen Fragen der Zeit und die anthroposophische Erkenntnis*, GA 336), 28. Juni 1921 (*Menschenwerden, Weltenseele und Weltengeist*, GA 205), 30. April 1924 (*Konferenzen*, GA 300c), 20. Juli 1924 (*Der pädagogische Wert der Menschenerkenntnis*, GA 310).

### *Stuttgart, 7. März 1920 [Herberg]*

*Kontext:* Fragenbeantwortung während des Vortragszyklus *Zweiter naturwissenschaftlicher Kurs*, GA 321. Fragen von Georg Herberg.

*Textgrundlagen:* Kein Stenogramm vorhanden. Maschinenschriftliche Übertragung von Notizen einer unbekannten Person.

37 Das Datum dieser Fragenbeantwortung ist anhand der vorhandenen Dokumente im Archiv der Rudolf Steiner Nachlassverwaltung nicht mit Sicherheit festzustellen. Die Datierung von Hans Schmidt (*Das Vortragswerk Rudolf Steiners*, Dornach 1978, 2. erweiterte Auflage, S. 319) auf den 13. März 1920 ist unwahrscheinlich, da weder im Vortrag Rudolf Steiners vom 13. März 1920 (GA 321) noch in der Fragenbeantwortung nach einem Vortrag von Eugen Kolisko über «Hypothesenfreie Chemie» am selben Tage von der Relativitätstheorie die Rede war. Die Art der Anknüpfung Steiners legt nahe, die vorliegende Fragenbeantwortung auf den 7. März zu datieren, im Anschluss an die Fragenbeantwortung nach dem Vortrag von Hermann von Baravalle «Über die Relativitätstheorie» vom 7. März 1920.

38 In der Mitschrift der Fragestellung steht anstatt «Strahlung» der Ausdruck «Drehung», was in diesem Zusammenhang keinen rekonstruierbaren Sinn ergibt.

39 Strömende Elektrizität: Es handelt sich hier um das Phänomen der Elektrizitätsleitung in verdünnten Gasen, meist kurz als *Gasentladung* bezeichnet. Insbesondere ist hier von *Kathodenstrahlen* die Rede, das heißt von einem Strom gerichtet fliegender Elektronen, der durch eine zwischen der Anode und der Kathode einer evakuierten Röhre angelegten Spannung induziert wird. Die Ausführungen Steiners stimmen mit den Standardüberlegungen der Physiker zusammen.

Die den einzelnen Elektronen (mit der Ladung $e$) des Elektronenstroms durch das elektrische Feld mit der Spannung $U$ erteilte kinetische Energie

$$\frac{1}{2}mv^2 = eU$$

spielt bei allen Berechnungen im Zusammenhang mit Gasentladungen eine bestimmende Rolle. Außerdem hängt die Kraft $\boldsymbol{K}$ der Ablenkung einer Ladung $e$ in einem Magnetfeld $\boldsymbol{B}$ von der Geschwindigkeit $v$ ab (Lorentz-Kraft):

$$\boldsymbol{K} = ev\boldsymbol{B}\,.$$

Zur Gasentladung siehe auch den Vortrag vom 2. Januar 1920 (*Erster Naturwissenschaftlicher Kurs*, GA 320).

40 Berechtigung von Einsteins Formel: Diese Formel $E = mc^2$ stellt die Proportionalität von Energie und träger Masse fest. Sie ist oft als das wichtigste Ergebnis der speziellen Relativitätstheorie bezeichnet worden. Wie für andere physikalische Grundgleichungen gibt es auch für die Formel $E = mc^2$ keinen eigentlichen Beweis, höchstens gewisse Rechtfertigungen

(siehe unten). Dementsprechend wird diese Formel der relativistischen Physik im Sinne eines *Postulates* zugrunde gelegt.

Nach Einstein: *Über die spezielle und die allgemeine Relativitätstheorie* [1917], § 15, hat ein mit der Geschwindigkeit $v$ bewegter Körper der Ruhemasse $m$ die kinetische Energie ($c$ = Lichtgeschwindigkeit)

$$E_{kin} = \frac{mc^2}{\sqrt{1-\frac{v^2}{c^2}}} .$$

Entwickelt man den relativistischen Ausdruck $E_{kin}$ für die kinetische Energie in eine Reihe, so ergibt sich

$$E_{kin} = mc^2 + \frac{1}{2}mv^2 - \frac{3}{8}\frac{mv^4}{c^2} + \cdots .$$

Ist $v << c$, so bleibt im nichtrelativistischen Grenzfall $v/c \rightarrow 0$ der Ausdruck

$$mc^2 + \frac{1}{2}mv^2$$

übrig. Die Ruheenergie $mc^2$ muss also zur gewöhnlichen kinetischen Energie $\frac{1}{2}mv^2$ hinzugerechnet werden, falls die nichtrelativistische Mechanik sich als Grenzfall $v/c \rightarrow 0$ aus der relativistischen Mechanik ergeben soll. An der nichtrelativistischen Mechanik ändert sich dadurch nichts, weil $mc^2$ eine unveränderliche Konstante ist, die lediglich Einfluss auf den nur konventionell festgelegten Nullpunkt der Energieskala hat.

41 An dieser Stelle steht in der Mitschrift «... Masse und Energie wären nur eine Maskierung der alten Formel

*p.g.Energie.*»

Der Sinn dieser Formel, falls sie richtig überliefert worden ist, ist nicht mehr rekonstruierbar. Wahrscheinlich ist hier die Formel für die potentielle Energie $U$ eines Körpers mit der Masse $m$ im Gravitationsfeld gemeint:

$$U = mgz ,$$

wo g die Gravitationskonstante und z die z-Koordinate bezeichnet. Tatsächlich ergibt sich aus den im obigen Hinweis 40 angeführten Überlegungen, dass $E = mc^2$ die Rolle einer Art potentiellen Energie (Ruheenergie) spielt, die jedoch für die Rechnungen der nichtrelativistischen Mechanik ohne direkte Bedeutung ist.

42 Wird $p$ im Sinne von *potentia* als Kraft gedeutet, so repräsentiert die Formel

$$A = p \cdot s$$

die Arbeit $A$ einer unveränderlichen Kraft $p$ längs des Weges $s$.

*Stuttgart, 11. März 1920 [Blümel]*

*Kontext:* Fragenbeantwortung während des Vortragszyklus *Zweiter naturwissenschaftlicher Kurs*, GA 321. Fragen von Ernst Blümel nach seinem Vortrage «Über das Imaginäre und den Begriff des Unendlichen und Unmöglichen» am 11. März 1920. – *Ernst Blümel* (1884–1952), Mathematik-Lehrer an der Fortbildungsschule am Goetheanum in Dornach und an der ersten Waldorfschule in Stuttgart. – Eine Mitschrift des Vortrages von Blümel ist nicht nachweisbar. Es gibt jedoch Notizen von Rudolf Steiner im Notizbuch Nr. 47, S. 16–22; siehe die entsprechenden Abbildungen im *Zweiten Naturwissenschaftlichen Kurs*, GA 321, 5. Aufl. 2021, S. 312–317.

*Textgrundlagen:* Kein Stenogramm vorhanden. Maschinenschriftliche Übertragung von Notizen einer unbekannten Person.

43 *Frage des Herrn Dr. Müller: Ernst Müller* (1880–1954), Mathematiker, Schriftsteller, Gelehrter des Hebräischen und der Kabbala, hatte einen Vortrag gehalten über «Methoden der Mathematik» am 8. März 1920 in Stuttgart. – Es ist bisher weder eine Mitschrift des Vortrages von Müller noch eine Mitschrift der Fragenbeantwortung Steiners nachweisbar. Es gibt jedoch Notizen von Rudolf Steiner im Notizbuch Nr. 47, S. 54–57; siehe die entsprechenden Abbildungen im *Zweiten Naturwissenschaftlichen Kurs*, GA 321, 5. Aufl. 2021, S. 294–297.

44 Zur Metamorphose des Röhrenknochens zum Kopfknochen siehe auch die Vorträge vom 1. September 1919 (*Allgemeine Menschenkunde*, GA 293) und 10. April 1920 (*Entsprechungen zwischen Mikrokosmos und Makrokosmos*, GA 201) sowie vom 1., 10., 11., 15. und 17. Januar 1921 (*Das Verhältnis der verschiedenen naturwissenschaftlichen Gebiete zur Astronomie*, GA 323).

45 Zur Realität der imaginären Zahlen siehe auch die Vorträge vom 12. März 1920 (*Zweiter Naturwissenschaftlicher Kurs*, GA 321) und 18. Januar 1921 (*Das Verhältnis der verschiedenen naturwissenschaftlichen Gebiete zur Astronomie*, GA 323).

46 *Physikalische Betrachtungen:* Siehe Rudolf Steiner: *Zweiter Naturwissenschaftlicher Kurs*, GA 321. Siehe insbesondere die Vorträge vom 10. und 11. März 1920.

47 Siehe zum Folgenden, zur Biegung des Spektrums, die Vorträge vom 12. und 14. März 1920 (*Zweiter Naturwissenschaftlicher Kurs*, GA 321). – Eine Materialsammlung zu einem Versuch zur Biegung des Spektrums mit Hilfe eines starken Magneten findet sich in: *Beiträge zur Rudolf Steiner Gesamtausgabe*, Heft 95/96, 1987.

48 *Textvariante:* «... das Rot nach der Lage hinausgeht.»

49 Siehe zur Bedeutung negativer Vorzeichen für das ätherische die Ausführungen über Äther und Gegenraum in den Vorträgen vom 8., 15. und 18. Januar 1921 (*Das Verhältnis der verschiedenen naturwissenschaftli-*

*chen Gebiete zur Astronomie*, GA 323) sowie die Fragenbeantwortung vom 7. April 1921 (*Die befruchtende Wirkung der Anthroposophie auf die Fachwissenschaften*, GA 76), die Vorträge vom 8. und 9. April 1922 (*Damit der Mensch ganz Mensch werde*, GA 82) und die Fragenbeantwortung vom 12. April 1922 (GA 82).

50 Keine Sympathie für eine Antipathie gegenüber dem Überimaginären: Über ein entsprechendes persönliches Erlebnis während einer Vorlesung an der Universität Wien berichtet Rudolf Steiner im Vortrag vom 11. Mai 1917 (*Die geistigen Hintergründe des ersten Weltkrieges*, GA 174b, 2. Aufl. 1994, S. 192 f.): «Wer einen Sinn für das Lebendige im Denken, Fühlen und Wollen hat, der konnte seit langen Jahren wahre Qualen ausstehen bei der ganzen Art und Formung, wie manches Denken in der Gegenwart ist. Ich weiß mich jetzt noch zu erinnern, wie ich meine erste Vorlesung in Wien über elliptische Funktionenlehre hörte – verzeihen Sie das Wort, es kommt aber auf den Geist desjenigen an, was ich ausdrücken will, und nicht darauf, dass der eine oder andere das, was ich jetzt heranziehe, versteht. Ich hörte also bei dem damals schon berühmten Professor Leo Königsberger Vorlesungen. Er war so berühmt, dass er, als er zum Professor ernannt war, gleich an die Regierung schreiben konnte, dass er zum Hofrat ernannt werden wolle, nicht bloß zum Professor. Als ich also die erste Vorlesung bei ihm hörte, kam er auf die Frage: Wie verhält es sich mit den Zahlen? Die Menschen nehmen an positive und negative Zahlen. Positive Zahlen entsprechen dem Geld, das ich habe, negative Zahlen dem Geld, das ich nicht habe, das ich schuldig bin. Es gibt aber noch andere Zahlen. Nun bezeichnen die Mathematiker durch eine Linie, in deren Mitte sie eine 0 schreiben, die positiven und negativen Zahlen: plus 1, plus 2; minus 1, minus 2. Und dazu hat dann der berühmte Gauß noch eine neue Zahlenlinie [der imaginären oder komplexen Zahlen] hinzugefügt, sodass man die Ebene anfüllen kann mit verschiedenen Arten von Zahlen. Ich will über die Berechtigung dieser Zahlenebene nicht sprechen, aber Leo Königsberger begann dazumal seine Vorlesung über die elliptischen Funktionen damit, dass er sagte: Es könnte nun sein, dass jemand heute sagen würde, man könne auch ebenso gut senkrecht zu dieser Ebene Zahlen annehmen. [...] Er sagte: Nehmen wir an, es gäbe diese drei Arten von Zahlen, nicht nur die Zahlen, die in der Ebene der beiden Linien liegen, sondern die Zahlen, die in der dritten Dimension liegen. Wir nehmen hypothetisch an, solche Zahlen gäbe es, und ich würde eine solche Zahl multiplizieren mit einer anderen Zahl. Nun werde ich Ihnen zeigen, dass, wenn man sie multipliziert, das Produkt unter Umständen null sein kann. Da das aber niemals sein kann, so kann es keine solche Zahl geben. – Nun, sehen Sie, so etwas anzuhören ist eine Qual. Ich will jetzt nicht davon sprechen, ob die ganze Geschichte richtig ist oder nicht, aber wenn man das eine annimmt, das andere nicht anzunehmen, sondern die Behauptung aufzustellen: weil das Produkt

null sei, könne es keine solche Zahl geben –, so etwas anzuhören, das ist eine Qual, weil selbstverständlich das Richtige dies ist, dass wenn man zwei Zahlen hat, die null geben, man annehmen muss, dass dann null entstehen könne durch Multiplizieren, nicht das Umgekehrte; das ist das Nächstliegende.»

*Leo Koenigsberger* (1837–1921), ein damals bekannter Mathematiker, lehnte nach diesem Bericht Steiners hyperkomplexe Zahlen ab, da sie zu Nullteilern führen (siehe den folgenden Hinweis 51). – Ebenso wie die komplexen Zahlen sich nur langsam durchsetzen konnten, wurden auch die überimaginären oder hyperkomplexen Zahlen von den Mathematikern nur zögernd anerkannt. Die Auseinandersetzung, auf welche Steiner anspielt, hat ihren Hintergrund unter anderem auch in dem Gegensatz zwischen den Vertretern des auf *William Rowan Hamilton* (1805–1865) zurückgehenden Quaternionenkalküls und der Vektoranalysis, wie sie von *Oliver Heaviside* (1850–1925) und *Josiah Gibbs* (1839–1903) entwickelt wurde. Wegen der mit dem Ausbau der Vektoranalysis einhergehenden Fortschritte in der theoretischen Physik gewann diese im Anwendungsbereich zunächst die Oberhand. Im Zuge des Ausbaus der abstrakten Algebra wurden aber etwa in derselben Zeit auch verschiedene Systeme hyperkomplexer Zahlen entwickelt und klassifiziert.

Zur genannten Auseinandersetzung siehe Schouten: *Grundlagen der Vektor- und Affinoranalysis* [1914], Einleitung, sowie Crowe: *A History of Vector Analysis* [1967]; zur Geschichte der Entdeckung und Ausarbeitung hyperkomplexer Zahlensysteme siehe Van der Waerden: *A History of Algebra* [1985] und zur Mathematik hyperkomplexer Zahlen Ebbinghaus et al.: *Zahlen* [1992], Teil B. In der modernen theoretischen Physik finden diese und andere verallgemeinerte Zahlensysteme mannigfache Anwendung (siehe dazu Gschwind: *Der lineare Komplex* [1991], *Projektive Mikrophysik* [2004] und die dort angegebene Literatur; zum historischen Umfeld siehe Ziegler: *Die Geschichte der geometrischen Mechanik* [1985]).

51 Zur Bedeutung von Nullteilern: Rudolf Steiner wurde nach seinem oben angeführten Bericht im Vortrag vom 11. Mai 1917 (*Die geistigen Hintergründe des ersten Weltkrieges*, GA 174b) in einer Vorlesung von *Leo Koenigsberger* (1837–1921) auf das mathematische Problem von Nullteilern aufmerksam. *Nullteiler* sind verallgemeinerte Zahlen, für die das Produkt null ergibt, ohne dass die Faktoren gleich null sind. Koenigsberger erwähnt dieses Problem in der ersten Vorlesung seiner *Vorlesungen über die Theorie der elliptischen Funktionen* [1874], S. 10–12, und schreibt dort bezüglich der Existenz hyperkomplexer Zahlen: «Sollen nun Größen dieser Art eine Einführung in die reine Arithmetik gestatten, so muss die Rechnung mit ihnen nach den für die bereits behandelten Zahlen aufgestellten Rechnungsregeln – indem wir die Gültigkeit gemeinsamer

Rechnungsregeln für alle arithmetischen Größen als eine nothwendig zu erfüllende Bedingung festhalten – zu Resultaten führen, welche nicht den für reelle und complexe imaginäre Zahlen gefundenen Hauptsätzen der Arithmetik widersprechen, und es müssen somit auch zwei Zahlen derselben Gattung, nach den Regeln für mehrgliedrige Ausdrücke mit einander multiplicirt, eine Zahl derselben Gattung liefern, welche nicht verschwinden kann, wenn nicht einer der Factoren null wird.»

Anschließend zeigt Koenigsberger konkret, dass das Produkt zweier solcher hyperkomplexer Zahlen tatsächlich verschwinden kann, ohne dass einer der Faktoren null sein muss, «was jedoch der für reelle Zahlen bestehenden Grundregel widerstreitet, dass ein Produkt nur dann den Werth null annimmt, wenn einer der Factoren verschwindet.»

Später erhielt Steiner von Oskar Simony die mit einer persönlichen Widmung versehene Schrift *Über zwei universelle Verallgemeinerungen der algebraischen Grundoperationen* [1885]. Simony diskutiert das Problem der Existenz von Nullteilern gleich zu Beginn dieser Schrift, die der konkreten Konstruktion von zwei Systemen hyperkomplexer Zahlen gewidmet ist, wovon das eine Nullteiler enthält ([1885], § 8.

Das Steiner vom Verfasser mit einer persönlichen Widmung überreichte Buch *Grundlagen der Vektor- und Affinoranalysis* (Schouten [1914]) enthält ebenfalls eine Einführung in hyperkomplexe Zahlensysteme (hier assoziative Systeme genannt); Nullteiler werden erwähnt auf S. 15.

Rudolf Steiner regte auch andere Menschen zur Beschäftigung mit der Verallgemeinerung algebraischer Operationen (Nullteiler usw.) an und verwies dabei insbesondere auf die entsprechende Arbeit von Oskar Simony (1852–1915): «Über zwei universelle Verallgemeinerungen der algebraischen Grundoperationen» [1885]. So berichtet Ernst Müller (1880–1954) in seinen «Erinnerungen an Oskar Simony» [1951]: «Ich hörte Simonys Namen als Mathematiker erst wieder aus dem Munde Rudolf Steiners 1913 in München, im Zusammenhang mit dem Problem neuer Rechenoperationen, wobei z. B. durch Multiplikation Grössen zum Verschwinden gebracht werden können, wobei Steiner daran erinnerte, dass Simony ja in Wien lebte.» Etwas ausführlicher heißt es dazu in den unveröffentlichten «Erinnerungen» von Ernst Müller im Rudolf Steiner Archiv: «In dem Gespräch, das ich damals mit Dr. Steiner haben durfte, machte mich dieser auf den in Wien lebenden Oskar Simony aufmerksam, nicht zwar auf dessen Knotenexperimente, aber auf dessen Verallgemeinerung der algebraischen Operationen. Dr. Steiner erblickte ja in derart gewandelten Operationsformen das Mittel, um übersinnlichen Vorgängen mathematisch nahezukommen. So deutete er z. B. auf die Möglichkeit einer Multiplikation hin, bei der das Produkt 0 sein könne, ohne dass es die Faktoren wären, als Ausdruck eines wirklichen Verschwindens.» (S. 20)

52 Modifikation der Rechengesetze beim Übergang zum Überimaginären: Siehe dazu die Untersuchungen von Gschwind: *Der lineare Komplex* [1991] und die dort angegebene weiterführende Literatur.

53 In der maschinenschriftlichen Ausschrift der Mitschrift steht an dieser Stelle «Rotations-Parallelepopoden», statt «Rotations-Paraboloiden» wie hier vorgeschlagen, ein in der Mathematik nicht bekannter Ausdruck. Es muss sich entweder um einen Hörfehler oder einen Übertragungsfehler handeln. Dass es sich um den Ausdruck «Parallelepipedon» (Parallelflächner, Parallelepided) handeln könnte, ist aus dem Textzusammenhang eher unwahrscheinlich. In allen im Rudolf Steiner Archiv vorhandenen Mitschriften ist der Ausdruck «Parallelepopoden» durchgestrichen und handschriftlich ersetzt durch «Paraboloide».

Rotations-Paraboloide sind Flächen, die durch Rotation einer Parabel um ihre Symmetrieachse entstehen. Bei dieser Interpretation ergibt sich das Problem, wie eine solche Fläche mit rotierenden Kegeln in einen Zusammenhang gebracht werden könnte. Ohne auf dieses Problem näher einzugehen, hat sich Gschwind: *Der lineare Komplex* [1991] aus guten Gründen für diese Textversion entschieden und davon ausgehend wichtige und fruchtbare Folgerungen gezogen. Insbesondere konnte ein Zusammenhang solcher Flächenformen mit hyperkomplexen Zahlen hergestellt werden. (Siehe dazu die ausführliche Ergänzung zu diesem Hinweis in *Beiträge zur Rudolf Steiner Gesamtausgabe*, Nr. 114/115, Dornach 1995, S. 5–7.)

54 Arithmetischer Beweis oder arithmetische Verifikation des pythagoreischen Lehrsatzes: Vermutlich bezieht Rudolf Steiner sich hier auf das zahlentheoretische Problem der Erfüllbarkeit der Gleichung $a^2 + b^2 = c^2$ durch ganze Zahlen $a$, $b$, $c$. Man nennt solche Zahlen *pythagoreische Tripel*. Algorithmische Verfahren zum Auffinden sämtlicher Lösungen dieser Gleichung, das heißt aller möglichen pythagoreischen Tripel, waren schon seit der Antike bekannt.

55 Rudolf Steiners Forderung nach einer von der Geometrie unabhängigen Begründung der Arithmetik und Algebra wurde schon Ende des 19. Jahrhunderts in Angriff genommen. Die Tendenz zur Arithmetisierung der Mathematik ging zeitweise so weit, dass sie die Geometrie zu verdrängen drohte. Eine strenge Begründung der Analysis und Algebra (einschließlich Zahlenlehre) unabhängig von der Geometrie gehört zu den wichtigsten mathematischen Errungenschaften vom Anfang des 20. Jahrhunderts. Dies war zunächst eine rein innermathematische Angelegenheit, und es dauerte noch einen gewissen Zeitraum, bis diese Entwicklung auch Einzug in Lehrbücher und die Mathematikdidaktik hielt.

56 *Carl Friedrich Gauß* (1777–1855), Mathematiker in Göttingen. Für Gauß waren die negativen Zahlen relativ zu den positiven Zahlen erklärt im

Sinne eines Gegensatzes. Seine allgemeinen Ansichten darüber führt er aus in *Theoria residuorum biquadraticorum* [1831]. Dort heißt es auf S. 175f.: «Positive und negative Zahlen können nur da eine Anwendung finden, wo das gezählte ein Entgegengesetztes hat, was mit ihm vereinigt gedacht der Vernichtung gleich zu stellen ist. Genau besehen findet diese Voraussetzung nur da statt, wo nicht Substanzen (für sich denkbare Gegenstände) sondern Relationen zwischen je zweien Gegenständen das gezählte sind. Postulirt wird dabei, dass diese Gegenstände auf eine bestimmte Art in eine Reihe geordnet sind, z.B. *A*, *B*, *C*, *D*, ..., und dass die Relation des *A* zu *B* als der Relation des *B* zu *C* usw. gleich betrachtet werden kann. Hier gehört nun zum Begriff der Entgegensetzung nichts weiter als der Umtausch der Glieder der Relation, sodass wenn die Relation (oder der Übergang) von *A* zu *B* als +1 gilt, die Relation von *B* zu *A* durch –1 dargestellt werden muss. Insofern also eine solche Reihe auf beiden Seiten unbegrenzt ist, repräsentiert jede reelle ganze Zahl die Relation eines beliebig als Anfang gewählten Gliedes zu einem bestimmten Gliede der Reihe.» – Siehe dazu die Diskussion in Kowol: *Gleichungen* [1990], S. 88ff.

57 *Eugen Dühring* (1833–1921), Philosoph und nationalökonomischer Schriftsteller. Siehe insbesondere das zusammen mit seinem Sohn Ulrich verfasste Buch (E. und U. Dühring: *Neue Grundmittel und Erfindungen* [1884]). Dort findet sich auch eine scharfe Kritik der Gauß'schen Bestimmung des Negativen. Es wird insbesondere der Aspekt des Negativen als unausgeführte Subtraktion als der allein wesentliche hingestellt, woraus sich erst derjenige des Gegensatzes ergebe. So heißt es [1884], S. 16: «Das isolirt Negative hat aber seine entscheidende Eigenthümlichkeit darin, daß es aus einem Rechnungszusammenhange hervorgeht, in welchem eine Subtraction nicht vollzogen werden kann, und außerdem auf einen solchen hinweist, in welchem die Subtraction ausführbar ist. Diese beiden Rechnungszusammenhänge oder, wenn man will, diese beiden Theile eines allgemeinen Rechnungszusammenhanges sind sorgfältig zu unterscheiden.» – Siehe zum Vergleich der Gauß'schen mit der Dühring'schen Auffassung des Negativen Kowol: *Gleichungen* [1990], S. 88ff.

58 Zur Dühring'schen Auffassung des Imaginären siehe E. und U. Dühring: *Neue Grundmittel und Erfindungen* [1884], Kapitel 2, 3, 4 und 13. Eine Diskussion dieser Darstellungen im Verhältnis zu anderen Ansätzen findet man in Kowol: *Gleichungen* [1990], S. 118f. und 122f.

58a Dieser Satz wurde nach der Druckvorlage korrigiert. Bisher hieß es in der 1. Auflage: «So wie, wenn ich 3 habe und nichts habe, wovon ich abziehen kann, bleibt mir 3.»

59 Zur angedeuteten Rechnungsoperation gemäß der Dühring'schen Auffassung siehe E. und U. Dühring: *Neue Grundmittel und Erfindungen* [1884], Kapitel 4, 12, 14, 15.

*Stuttgart, 11. März 1920 [Strakosch]*

*Kontext:* Fragenbeantwortung während des Vortragszyklus *Zweiter naturwissenschaftlicher Kurs*, GA 321. Fragen von Alexander Strakosch nach seinem Vortrag über «Die mathematischen Gebilde als Zwischenglied zwischen Urbild und Abbild» am 11. März 1920 in Stuttgart. – *Alexander Strakosch* (1879–1958), Eisenbahningenieur, Lehrer an der ersten Waldorfschule in Stuttgart. – Eine Mitschrift seines Vortrages ist bisher nicht nachweisbar. Es gibt jedoch Notizen von Rudolf Steiner im Notizbuch Nr. 42, S. 140–143; siehe die entsprechenden Abbildungen im *Zweiten Naturwissenschaftlichen Kurs*, GA 321, 5. Aufl. 2021, S. 320–323.

*Textgrundlagen:* Kein Stenogramm vorhanden. Maschinenschriftliche Übertragung von Notizen einer unbekannten Person.

60 Zum Verhältnis von Urbild und Abbild im Zusammenhang der Mathematik siehe auch den Aufsatz von Rudolf Steiner, «Mathematik und Okkultismus», in: *Philosophie und Anthroposophie*, GA 35.

61 Wie kommen wir zu den gewöhnlichen geometrischen Gebilden? Siehe dazu den Vortrag vom 5. März 1920 (*Zweiter Naturwissenschaftlicher Kurs*, GA 321). Über die Schöpfung der geometrisch-mathematischen Anschauungen aus der Willensnatur des Menschen siehe auch die Vorträge vom 3. Januar 1920 (*Erster Naturwissenschaftlicher Kurs*, GA 320), 29. September 1920 (*Grenzen der Naturerkenntnis*, GA 322), 16. März 1921 (*Naturbeobachtung, Experiment, Mathematik und die Erkenntnisstufen der Geistesforschung*, GA 324), 26. Dezember 1922 (*Der Entstehungsmoment der Naturwissenschaft*, GA 326).

62 Über fließend-bewegliche Geometrie siehe auch den Vortrag vom 20. Januar 1914 (*Der menschliche und der kosmische Gedanke*, GA 151).

63 Über den Zusammenhang der Plane oder Regionen der geistigen Welt mit den höheren Dimensionen siehe auch die Vorträge vom 17. Mai und 7. Juni 1905 sowie die Fragenbeantwortungen vom 7. April 1921 (*Die befruchtende Wirkung der Anthroposophie auf die Fachwissenschaften*, GA 76) und 12. April 1922 (*Damit der Mensch ganz Mensch werde*, GA 82) und die Vorträge vom 19., 20., 22. und 26. August 1923 (*Initiations-Erkenntnis*, GA 227). – *Ernst Blümel* (1884–1952), Mathematiker und Lehrer; siehe Renatus Ziegler: *Ernst Blümel* [1995b].

*Dornach, 30. März 1920*

*Kontext:* Auszug aus der Fragenbeantwortung nach dem Vortrag von Eugen Kolisko über «Anthroposophie und Chemie» während der Hochschultagung «Anthroposophie und Fachwissenschaften» vom 21. März bis 7. April 1920 am Goetheanum in Dornach, in: *Fachwissenschaften und Anthroposophie*, GA 73a, 1. Auflage 2005; Fragenbeantwortung dort gedruckt S. 124–126. – Eugen Kolisko (1893–1939), Arzt, Lehrer an der ersten Waldorfschule in Stuttgart.

– Eine Mitschrift von Koliskos Vortrag ist nicht nachweisbar. Siehe dazu den kurzen Tagungsbericht in der Zeitschrift *Dreigliederung des sozialen Organismus*, 1. Jahrgang 1919/1920, Nr. 45.

Rudolf Steiner führt am nächsten Tag, dem 31. März 1920, im Rahmen von *Geisteswissenschaft und Medizin*, GA 312 (8. Auflage 2020, S. 202 f.), zum Vortrag von E. Kolisko Folgendes aus: «Es war sehr interessant, wie gestern in dem Abendvortrage Dr. Kolisko darauf hingewiesen hat, dass eigentlich die Chemie der Zukunft etwas ganz anderes werden müsse, und wie dabei immer wieder das Wort ‹Physiologie› gefallen ist, was bezeugt, dass eine Brücke geschlagen werden sollte zwischen dem Chemischen und dem Physiologischen. Und ich musste dabei immer an allerlei Dinge denken, die selbstverständlich da, wo es sich um öffentliche Vorträge handelt, heute noch nicht voll ausgesprochen werden können, weil die Vorbedingungen des Verstehens eigentlich durchaus mangeln. Wir finden ja den Kohlenstoff auch in der außermenschlichen Natur, in der, ich möchte hier sagen, scheinbar außermenschlichen Natur, denn was ist denn eigentlich in der großen Natur außermenschlich? Nichts eigentlich, denn alles dasjenige, was in dem uns zunächst vorliegenden Außermenschlichen eben außermenschlich ist, das ist ja im Laufe der menschlichen Entwicklung aus dem Menschen herausgesetzt, aus dem Menschen entfernt. Der Mensch musste in Entwicklungsetappen eintreten, in die er nur hat eintreten können dadurch, dass gewisse Prozesse in der ihm gegenüberliegenden Außenwelt verlaufen und ihm dadurch die Möglichkeit gegeben wurde, gewisse andere Prozesse für sich in sein Inneres hereinzunehmen. Sodass eigentlich immer ein Gegensatz vorhanden ist und auch eine Verwandtschaft zwischen gewissen äußeren Prozessen und gewissen inneren Prozessen. – Nun muss ich sagen, dass mir dann merkwürdig zusammengeklungen hat mit dem, was gestern gesagt worden ist von dem, sagen wir – vielleicht ist es nicht ganz genau ausgedrückt, aber man wird verstehen, was ich damit meine, insbesondere wenn man gestern Dr. Koliskos Vortrag gehört hat –, von dem Physiologischwerden der Chemie [...].»

*Textgrundlagen:* Maschinenschriftliche Übertragung des Stenogramms von Helene Finckh.

64 Phänomenologie in der Farbenlehre: Siehe Goethe: *Zur Farbenlehre* [1810] sowie «Der Versuch als Vermittler von Objekt und Subjekt» [1823]. Siehe dazu Rudolf Steiner: *Einleitungen und ausgewählte Kommentare zu Goethes Naturwissenschaftlichen Schriften*, GA 1, Kapitel X und XVI, *Grundlinien einer Erkenntnistheorie der Goethe'schen Weltanschauung*, GA 2, Kapitel 15, *Goethes Weltanschauung*, GA 6, Kapitel «Die Erscheinungen der Farbenwelt».

65 Die Entdeckung nichteuklidischer Geometrien hat gezeigt, dass die euklidische Geometrie nicht die einzige denkmögliche Geometrie ist. Dadurch wurde die Frage, welche Art von Geometrie auf den Erfahrungsraum zutrifft, zu einem Erkenntnisproblem der Naturwissenschaft. – Siehe zur Tragweite der Entdeckung nichteuklidischer Geometrien auch die Vorträge vom 26. August 1910 (*Wege und Ziele des geistigen*

*Menschen*, GA 125), 20. Oktober 1910 (*Antworten der Geisteswissenschaft auf die großen Fragen des Daseins*, GA 60), 3. Januar 1920 (*Erster Naturwissenschaftlicher Kurs*, GA 320), 27. März 1920 (*Fachwissenschaften und Anthroposophie*, GA 73a), 1. und 7. Januar 1921 (*Das Verhältnis der verschiedenen naturwissenschaftlichen Gebiete zur Astronomie*, GA 323), 5. April 1921 (*Die befruchtende Wirkung der Anthroposophie auf die Fachwissenschaften*, GA 76).

Zur bewusstseinsgeschichtlichen Bedeutung der Entdeckung der nichteuklidischen Geometrie siehe Ziegler: «Die Entdeckung der nichteuklidischen Geometrie und ihre Folgen» [1987], und zur Geschichte ihrer Entdeckung etwa Bonola/Liebmann: *Die nichteuklidische Geometrie* [1919], Klein: *Vorlesungen* [1926], Kapitel 4, und Reichardt: *Gauß und die nichteuklidische Geometrie* [1976]. Zum Verhältnis von Axiom, Urphänomen und Erfahrung siehe Ziegler: *Mathematik und Geisteswissenschaft* [1992/2000], Kapitel VII und VIII.

66 In der *elliptischen Geometrie* ist im Sinne der Riemann'schen Geometrie (Riemann: «Über die Hypothesen» [1867]) das Krümmungsmaß der Metrik größer als 0 und die Winkelsumme eines Dreiecks immer größer als 180°. In der *hyperbolischen Geometrie* ist das Krümmungsmaß der Metrik kleiner als 0 und die Winkelsumme eines Dreiecks immer kleiner als 180°.

Der Zusammenhang von Räumen oder Mannigfaltigkeiten konstanter Krümmung mit nichteuklidischen Geometrien wurde von *Eugenio Beltrami* (1835–1900) und *Bernhard Riemann* (1826–1866) entdeckt. Im Gegensatz zur euklidischen Geometrie (Satz von Pythagoras) ist die Metrik eines solchen Raumes durch eine Funktion der Koordinaten bestimmt, die im Allgemeinen nicht mehr eine Summe von Quadraten ist. Siehe dazu Klein: *Vorlesungen* [1927], Kapitel 3C, und Scholz [1980], Kapitel III.

67 Siehe Simony: *Gemeinfassliche, leicht controlirbare Lösung* [1881b], § 5, «Über eine Reihe neuer mathematischer Erfahrungssätze» [1883] und *Über die empirische Natur unserer Raumvorstellungen* [1886].

*Dornach, 31. März 1920*

*Kontext:* Fragenbeantwortung nach dem Vortrag von Karl Stockmeyer über «Anthroposophie und Physik» während der Hochschultagung «Anthroposophie und Fachwissenschaften» vom 21. März bis 7. April 1920 am Goetheanum in Dornach, in: *Fachwissenschaften und Anthroposophie*, GA 73a, 1. Auflage 2005; Fragenbeantwortung dort gedruckt S. 127–138. – *Ernst August Karl Stockmeyer* (1886–1963), Lehrer an der ersten Waldorfschule in Stuttgart. – Eine Mitschrift von Stockmeyers Vortrag ist bisher nicht nachweisbar. Siehe dazu den kurzen Tagungsbericht in der Zeitschrift *Dreigliederung des sozialen Organismus*, 1. Jahrgang 1919/1920, Nr. 45.

*Textgrundlagen:* Maschinenschriftliche Übertragung des Stenogramms von Helene Finckh.

68 Siehe die Fragenbeantwortung vom 30. März 1920 und die Vorträge vom 27. März 1920 (*Fachwissenschaften und Anthroposophie*, GA 73a) und 3. Januar 1920 (*Erster Naturwissenschaftlicher Kurs*, GA 320).

69 Stellvertretend für die Untersuchung höherer Mannigfaltigkeiten sei hier auf den von Steiner mehrfach erwähnten *Bernhard Riemann* (1826–1866) hingewiesen. Siehe dazu den Hinweis 1 über Bólyai, Gauß und Riemann zum Vortrag vom 24. März 1905.

70 Siehe zum Problematischen der Fortsetzung der mathematischen Denkweise in die Wärme- und Lebensgebiete den Anfang der Fragenbeantwortung vom 11. März 1920 [Blümel] und die entsprechenden Hinweise.

71 Richtige Phänomenologie: Siehe dazu die Fragenbeantwortung vom 30. März 1920.

72 Für eine wirkliche Phänomenologie siehe Goethe: *Zur Farbenlehre* [1810], «Vorwort». Dort heißt es gleich zu Beginn: «Ob man nicht, indem von den Farben gesprochen werden soll, vor allen Dingen des Lichtes zu erwähnen habe, ist eine ganz natürliche Frage, auf die wir jedoch nur kurz und aufrichtig erwidern: es scheine bedenklich, da bisher schon so viel und mancherlei von dem Lichte gesagt worden, das Gesagte zu wiederholen oder das oft Wiederholte zu vermehren. – Denn eigentlich unternehmen wir umsonst, das Wesen eines Dinges auszudrücken. Wirkungen werden wir gewahr, und eine vollständige Geschichte dieser Wirkungen umfasste wohl allenfalls das Wesen jenes Dinges. Vergebens bemühen wir uns, den Charakter eines Menschen zu schildern; man stelle dagegen seine Handlungen, seine Thaten zusammen, und ein Bild des Charakters wird uns entgegentreten. – Die Farben sind Thaten des Lichts, Thaten und Leiden. In diesem Sinne können wir von denselben Aufschlüsse über das Licht erwarten. Farben und Licht stehen zwar untereinander in dem genauesten Verhältnis, aber wir müssen uns beide als der ganzen Natur angehörig denken; denn sie ist es ganz, die sich dadurch dem Sinne des Auges besonders offenbaren will.»

73 Hier und im Folgenden steht in der maschinenschriftlichen Stenogrammübertragung «Beharrungstrieb». Es muss aber sinngemäß «Beherrschungstrieb» oder «Erkenntnistrieb» heißen.

74 Mit der richtigen Phänomenologie kann man eine Brücke schlagen von der mechanistischen Weltanschauung zum Menschen. Siehe dazu die Fragenbeantwortung vom 30. März 1920 sowie den Vortrag vom 30. März 1920 (*Geisteswissenschaft und Medizin*, GA 312).

75 Zur sinnlich-sittlichen Wirkung von Farben, siehe Goethe: *Zur Farbenlehre* [1810], Sechste Abteilung: «Sinnlich-sittliche Wirkung der Farbe», § 758–920.

76 Dem Äther in der Physik darf man keine materiellen Eigenschaften beilegen: *Max Planck* (1858–1947), theoretischer Physiker in München, Kiel und Berlin. – Die Hypothese eines quasimateriellen Äthers als Medium für Lichtprozesse und elektrische Phänomene geht in seinen Wurzeln bis auf *Isaac Newton* (1642–1727) und *René Descartes* (1596–1650) zurück. Diese qualitative Art von Äther hatte die Funktion, Prozesse zu deuten, deren genaueren Mechanismus man noch nicht durchschaute. Die charakteristische Eigenschaft der Äther-Hypothesen des 19. Jahrhunderts ist ihre Quantifizierbarkeit und damit die Möglichkeit einer konkreten Einbindung in die mathematischen Theorien physikalischer Phänomene. – Siehe dazu auch den Anfang der Fragenbeantwortung vom 7. März 1920 und die entsprechenden Hinweise.

Wörtlich ließ sich die von Steiner angegebene Formulierung Plancks nicht finden. Planck betont aber in «Die Stellung der neueren Physik» [1910]: «Wenigstens glaube ich in Physikerkreisen keinem ernsthaften Widerspruch zu begegnen, wenn ich zusammenfassend sage, daß die Voraussetzung der genauen Gültigkeit der einfachen *Maxwell-Hertz*'schen Differentialgleichungen für die elektrodynamischen Vorgänge im reinen Äther die Möglichkeit ihrer mechanischen Erklärung ausschließt» (S. 37/59). Und weiter unten heißt es: «Ebenso kann man gewiss mit Recht behaupten, daß der erste Schritt zur Entdeckung des [Einstein'schen] *Prinzips der Relativität* zusammenfällt mit der Frage: Welche Beziehungen müssen zwischen den Naturkräften bestehen, wenn es unmöglich sein soll, an dem Lichtäther irgendwelche stoffliche Eigenschaften nachzuweisen? Wenn also die Lichtwellen sich, ohne überhaupt an einem materiellen Träger zu haften, durch den Raum fortpflanzen? Dann würde natürlich die Geschwindigkeit eines bewegten Körpers in Bezug auf den Lichtäther gar nicht definierbar, geschweige denn messbar sein. – Ich brauche nicht hervorzuheben, daß mit dieser Anschauung die mechanische Naturanschauung schlechterdings unvereinbar ist. Wer daher die mechanische Naturanschauung als ein Postulat der physikalischen Denkweise ansieht, wird sich mit der Relativitätstheorie nie befreunden können. Wer aber freier urteilt, wird zunächst fragen, wohin jenes Prinzip uns führt» (S. 39/61).

Ganz ähnlich äußerte sich Steiner mit Bezug auf Max Planck im Vortrag über «Der Mensch in seinem Verhältnis zu den übersinnlichen Welten» (in: *Menschheitsgeschichte im Lichte der Geistesforschung*, GA 61, 2. Aufl. 1983, S. 16) am 19. Oktober 1911, im Vortrag über «Der Christus-Impuls als reales Leben» am 18. November 1911 (in: *Das Esoterische Christentum und die geistige Führung der Menschheit*, GA 130, 4. Aufl. 1995, S. 141 f.), im Vortrag über «Episodische Betrachtung über Raum, Zeit, Bewegung» am 20. August 1915 (in: *Der Wert des Denkens für eine den Menschen befriedigende Erkenntnis*, GA 164, 2. Aufl. 2006, S. 265 f.; Zitat von M. Planck auf S. 279) und in der Fragenbeantwortung vom 9. November 1911 (in: *Erster Naturwissenschaftlicher Kurs*, GA 320, 5. Aufl. 2020, S. 184f.).

77 Zur Relativitätstheorie siehe die Fragenbeantwortungen vom 7. März 1920 [Baravalle und Herberg] und die entsprechenden Hinweise.

78 Für den Äther muss man in die Formeln negative Größen einsetzen: Siehe dazu und zum Folgenden die Fragenbeantwortungen vom 11. März 1920 [Blümel] und 15. Januar 1921 mit den entsprechenden Hinweisen.

79 Einige Andeutungen über den Streit um den Begriff der negativen Zahlen finden sich am Ende der Fragenbeantwortung vom 11. März 1920 [Blümel]. Siehe dazu Kowol: *Gleichungen* [1990], Kapitel IV.B.

*Dornach, 15. Oktober 1920*

*Kontext:* Auszug aus der Fragenbeantwortung anlässlich einer «Konversation über Geisteswissenschaft» während der «Anthroposophischen Hochschulkurse» vom 26. September bis 16. Oktober 1920 am Goetheanum in Dornach (erster anthroposophischer Hochschulkurs). Besprechung anknüpfend an Vorträge von Elisabeth Vreede über «Die Berechtigung der Mathematik in der Astronomie und ihre Grenzen». Die einleitenden Vorträge Rudolf Steiners zum «Anthroposophischen Hochschulkurs» vom 27. September bis 3. Oktober 1920 über Grenzen der Naturerkenntnis sind erschienen in *Grenzen der Naturerkenntnis*, GA 322. Ergänzend siehe auch die Fragenbeantwortung vom 15. Oktober 1920 in: *Fachwissenschaften und Anthroposophie*, GA 73a, 1. Aufl. Basel 2005, S. 506–517. – Viele Vorträge anderer Teilnehmer, unter anderen auch die Vorträge von Elisabeth Vreede, erschienen in gedruckter Form in *Aenigmatisches aus Kunst und Wissenschaft* (Anthroposophische Hochschulkurse der Freien Hochschule für Geisteswissenschaft, Goetheanum in Dornach vom 26. September bis 16. Oktober 1920, Band I und II), Stuttgart, Der Kommende Tag-Verlag 1922 (Goetheanum Bücherei), sowie in *Kultur und Erziehung* (Anthroposophische Hochschulkurse der Freien Hochschule für Geisteswissenschaft, Goetheanum in Dornach vom 26. September bis 16. Oktober 1920, Band III), Stuttgart, Der Kommende Tag-Verlag 1921 (Goetheanum Bücherei). – Siehe dazu die Ankündigung des «Anthroposophischen Hochschulkurses» mit dem detaillierten Programm in der Zeitschrift *Dreigliederung des sozialen Organismus*, 2. Jahrgang 1920/1921, Nr. 9. Berichte über diese Tagung von Alexander Strakosch und Günther Wachsmuth finden sich in derselben Zeitschrift in den Nummern 15, 16 und 18.

*Textgrundlagen:* Maschinenschriftliche Übertragung des Stenogramms von Helene Finckh.

80 Zum ptolemäischen und kopernikanischen Planetensystem: Das Planetensystem nach *Claudius Ptolemäus* (ca. 100–170) ist in seiner Grundstruktur das klassisch-geozentrische mit der ruhenden Erde im Mittelpunkt. Im Einzelnen nimmt Ptolemäus in seinem Hauptwerk *Almagest*

zur exakten Erklärung der Planetenbewegungen eine komplizierte Konstruktion von ineinander geschachtelten Kreisen an (siehe dazu Ptolemäus: *Handbuch der Astronomie* [1962]; Ziegler: «Die Planetenbewegungen nach Ptolemäus» [1976]; Teichmann: *Wandel des Weltbildes* [1983], Kapitel 3.2; Van der Waerden: *Die Astronomie der Griechen* [1988], Kapitel XIX). Vom Gesichtspunkt der Erzeugung von Planetenbahnen mittels kombinierter Kreisbewegungen ändert sich beim Übergang vom geozentrisch-ptolemäischen zum heliozentrisch-kopernikanischen System nichts Entscheidendes, außer dass eben Sonne und Erde miteinander «vertauscht» werden, was einer einfachen geometrischen Transformation entspricht. Im Weiteren argumentieren sowohl Ptolemäus wie Kopernikus im Wesentlichen kinematisch (Steiner würde «phoronomisch» gesagt haben), das heißt ohne Rücksicht auf Kräfteverhältnisse. (Siehe dazu «Über das kopernikanische System», in Vreede: *Astronomie und Anthroposophie* [1980], S. 349–359; Teichmann: *Wandel des Weltbildes* [1983], Kapitel 3; Neugebauer: *Astronomy and History* [1983], Abschnitt 40.)

*Nikolaus Kopernikus* (1473–1543) gliedert in seinem Hauptwerk *De revolutionibus orbium coelestium* von 1543 im Ersten Buch, Kapitel 11, die Bewegung der Erde in drei Komponenten (siehe Kopernikus: *Über die Kreisbewegungen der Weltkörper* [1879], S. 28ff. oder *Das neue Weltbild* [1990], S. 139ff.). Die *erste* Bewegung ist die tägliche Umdrehung der Erde um ihre Achse, die *zweite* Bewegung ist die Bewegung der Erde in einem exzentrischen Bahnkreis um die Sonne, und die *dritte* Bewegung ist die «Bewegung in Deklination». In der Formulierung von Kopernikus sieht das so aus: «Da also so viele und so gewichtige den Planeten entnommene Zeugnisse für die Beweglichkeit der Erde sprechen: so wollen wir nun eben diese Bewegung im Allgemeinen darlegen, insofern durch dieselbe, gleich wie an einer Hypothese, die Erscheinungen nachgewiesen werden. Man muss dieselbe überhaupt als eine dreifache annehmen: die erste, von der wir gesagt haben, daß sie von den Griechen Nychthemerinon [tag-nächtlich] genannt wird, ist der eigentliche Kreislauf von Tag und Nacht, der um die Erdachse von Westen nach Osten ebenso vor sich geht, wie man bisher geglaubt hat, daß die Welt sich im entgegengesetzten Sinne bewege, und welcher Kreislauf den Nachtgleichenkreis (Äquator) beschreibt, den einige den Taggleichenkreis nennen, indem sie die Bezeichnung der Griechen nachahmen, bei denen der Isemerinos [gleich-täglich] heißt. Die zweite ist die jährliche Bewegung des Mittelpunktes [der Erde] mit dem sich auf denselben Beziehenden, welche, wie gesagt, den Tierkreis um die Sonne ebenfalls von Westen nach Osten, das heißt rechtläufig, zwischen Venus und Mars durchläuft. Hierdurch geschieht es, daß, wie wir sagten, die Sonne selbst in ähnlicher Bewegung den Tierkreis zu durchlaufen scheint, wie wenn zum Beispiel der Mittelpunkt der Erde durch Steinbock, Wassermann und so weiter geht, die Sonne durch Krebs, Löwe und so weiter zu gehen scheint. – Man muss sich vorstellen, daß der Äquator und die Achse der Erde gegen die Ebene des Kreises, welcher durch die Mitte der Zeichen geht, eine veränderliche Neigung haben. Weil, wenn sie in unveränderlicher Neigung verharrten, und nur der Bewegung des Mittelpunktes [der Erde] einfach folgten, keine Ungleichheit der Tage und Nächte erscheinen würde, sondern immer entweder Solstitium [Sommersonnenwende], oder der kürzeste Tag, oder Nachtgleiche, entweder Sommer, oder Winter, oder was sonst für eine und dieselbe sich gleiche Jahreszeit stattfinden müsste. Es folgt also die dritte Bewegung der Deklination, ebenfalls im jährlichen Kreislaufe, aber rückläufig, das heißt entgegengesetzt der Bewegung des Mittelpunktes [der Erde]. Und so kommt es durch beide, einander fast gleiche und entgegengesetzte Bewegungen, daß die Achse der Erde, und also auch der Äquator, als der größte Parallelkreis, fast nach derselben Himmelsgegend gerichtet bleiben, gleich als ob sie unbeweglich wären, während die Sonne, wegen der Bewegung, mit welcher der Mittelpunkt der Erde fortrückt, durch die Schiefe des Tierkreises sich zu bewegen scheint; nicht anders, als ob eben dieser Mittelpunkt der Erde der Mittelpunkt der Welt wäre, wofern man sich nur erinnert, daß die Entfernung der Sonne von der Erde an der Fixsternsphäre unser Wahrnehmungsvermögen bereits überschritten hat.» (Kopernikus: *Über die Kreisbewegungen der Weltkörper* [1879], S. 28 f.)

Bei Rudolf Steiner scheinen gegenüber Kopernikus' *De revolutionibus* die ersten beiden Gesetze miteinander vertauscht zu sein. In dieser Reihenfolge diskutiert aber Kopernikus seine drei Bewegungen der Erde in *De hypothesibus motuum coelestium a se constitutus commentariolus* aus dem Jahre 1514, auch kurz *Commentariolus* genannt (siehe dazu Kopernikus: *Erster Entwurf seines Weltsystems* [1948], S. 12 ff. oder *Das neue Weltbild* [1990], S. 9 ff.).

Wir halten uns im Folgenden an die von Steiner herangezogene Anordnung der drei Gesetze:

*Kopernikanische Bewegungen:*

1. Jährliche Bewegung der Erde auf einem exzentrischen Bahnkreis um die Sonne;
2. Tägliche Drehung der Erde um ihre Achse;
3. Bewegung in Deklination: Kegelbewegung der Erdachse entgegengesetzt der Drehung um die Sonne.

81 Wenn man von der zweiten und dritten kopernikanischen Bewegung absieht, und nur die *erste Bewegung* betrachtet, so handelt es sich dabei im geometrisch-kinematischen Sinne um eine *Rotation* der Erde um die Sonne. Insbesondere bleibt dabei die Achse der Erde nicht zu sich parallel – außer in dem Spezialfall, wenn die Achse parallel zur Rotationsachse ist, was hier nicht der Fall ist –, sondern beschreibt, bezogen auf den Erdmittelpunkt, einen Kegel. Mit anderen Worten: der Schnittpunkt der verlängerten Erdachse mit dem Lot auf die Bahnebene der Erde durch die

exzentrisch liegende Sonne ist ein Fixpunkt dieser Bewegung. Existierte nur diese Bewegung, so gäbe es keinen Jahreszeitenwechsel, da dann die Erde immer dieselbe Stellung zur Sonne hätte.

Folglich musste Kopernikus eine weitere Bewegung einführen, um einerseits dem tatsächlichen Jahreszeitenwechsel sowie andererseits der Präzession (Verschiebung des Frühlingspunktes) gerecht zu werden. Hierzu diente seine «Bewegung in Deklination» oder die dritte kopernikanische Bewegung in der Formulierung Rudolf Steiners. Sie besteht aus einer jährlichen Drehung der Erdachse in entgegengesetztem Sinne zu ihrem Umlauf um die Sonne. Dabei wird die durch die zweite Bewegung erzeugte Rotation der Erdachse rückgängig gemacht und zusätzlich der geringe Überschuss erzeugt, welcher der Präzession gerecht wird.

82 Spätestens seit der im Jahre 1783 erfolgten Entdeckung der Eigenbewegung der Sonne in Richtung des Sternbildes Herkules (Apex-Bewegung genannt), durch *William Herschel* (1738–1822), war eine fortschreitende Bewegung der Sonne bekannt (siehe dazu Wolf: *Handbuch der Astronomie* [1891–93], § 292).

83 Rudolf Steiner hat öfter über eine räumliche schrauben- oder spiralenförmige Bewegung der Erde in Zusammenhang mit der Sonnenbewegung, bei der die Erde der Sonne in gewisser Weise nachläuft, gesprochen, so etwa auch in den Vorträgen vom 24. und 31. März 1905. Beginnend mit dem Vortrag vom 1. September 1906 (*Vor dem Tore der Theosophie*, GA 95) verknüpft Steiner die Darstellung des Problems der Sonnen-Erden-Bewegung öfter mit einem Hinweis auf die dritte kopernikanische Bewegung. Später, ab 1916, kommt dann der Aspekt einer fortschreitenden lemniskatischen Bewegungsqualität hinzu: (Zur allgemeinen Orientierung über dieses Problem sei auf den Aufsatz «Über das kopernikanische System», in Vreede: *Astronomie und Anthroposophie* [1980], S. 349ff., verwiesen.)

Im Folgenden sind die meisten Vorträge und Fragenbeantwortungen (FB), in denen Steiner über das Problem der Sonnen-Erden-Bewegung, insbesondere über die dritte kopernikanische Bewegung (3. Kopernikus), die Bessel'schen Korrekturen (Bessel) und/oder das Problem der spiralförmigen oder lemniskatischen (∞) Sonnen-Erden-Bewegung spricht, angeführt. Besonders wichtige und ausführliche Darstellungen sind diejenigen vom 1. Oktober 1916 (*Innere Entwicklungsimpulse der Menschheit*, GA 171), 10. April 1920 (*Entsprechungen zwischen Mikrokosmos und Makrokosmos*, GA 201), 2. und 17. Januar 1921 (*Das Verhältnis der verschiedenen naturwissenschaftlichen Gebiete zur Astronomie*, GA 323).

*Rudolf Steiner über die lemniskatische Sonne-Erde-Bewegung*

| Vortrags-datum | Jahr | GA | Edition | Seite | Bemerkungen zum Inhalt |
|---|---|---|---|---|---|
| 24. März | 1905 | 324a | 2025 | | Schraubenlinie |
| 31. März | 1905 | 324a | 2025 | | Schraubenlinie |
| 1. September | 1906 | 95 | 1990 | 108 f. | 3. Kopernikus, Schraubenlinie |
| 16. September | 1907 | 101 | 1992 | 190 f. | 3. Kopernikus, Schraubenlinie |
| 16. September | 1907 | 284 | 1993 | 77 f. | 3. Kopernikus, Schraubenlinie |
| 16. September | 1907 | 101 | 1992 | 190 f. | 3. Kopernikus, Schraubenlinie |
| 29. April | 1908 | 98 | 1996 | 230 f. | 3. Kopernikus, Schraubenlinie |
| 21. März | 1913 | 145 | 2015 | 40 f. | Sonne-Erde, Blutkreislauf und Herz |
| 5. Mai | 1915 | 159 | 2024 | 230 f. | Kopernikus, Schraubenlinie |
| 5. Juli | 1914 | 286 | 2020 | 90 f. | Sonne-Erde, Blutkreislauf und Herz |
| 20. August | 1916 | 272 | 1981 | 219 f. | 3. Kopernikus |
| 1. Oktober | 1916 | 171 | 1984 | 183–188 | ∞, Zeit |
| 2. Oktober | 1916 | 171 | 1984 | 217 f. | Zeit als Bewegung in der Lemniskate |
| 28. Mai | 1918 | 251 | 2023 | 493 | 3. Kopernikus, Bessel, Schraubenlinie |
| 4. September | 1919 | 295 | 2019 | 172 | 3. Kopernikus, Bessel |
| 25. September | 1919 | 300a | 2019 | 60–62 | 3. Kopernikus, Bessel, Spiralbewegung, Schraubenlinie |
| 28. September | 1919 | 192 | 1991 | 377 f. | 3. Kopernikus, Bessel |
| 3. Oktober | 1919 | 191 | 1989 | 25 f. | 3. Kopernikus, Bessel |
| 10. April | 1920 | 201 | 2015 | 36 f. | fortschreitende Spirale, Schraubenlinie Sonne-Erde |
| 11. April | 1920 | 201 | 2015 | 39, 43 f., 51 f. | Schraubenlinie, Kopernikus |
| 18. April | 1920 | 201 | 2015 | 95–98 | ∞, 3. Kopernikus |
| 1. Mai | 1920 | 201 | 2015 | 161–163 | Bessel, fortschreitende Lemniskate, Schraubenlinie, Schleifenlinie |
| 2. Mai | 1920 | 201 | 2015 | 171–173 | fortschreitende Lemniskate |
| 15. Oktober | 1920 | 324a | 2025 | FB | 3. Kopernikus, Bessel |

| Vortrags-datum | Jahr | GA | Edition | Seite | Bemerkungen zum Inhalt |
|---|---|---|---|---|---|
| 2. Januar | 1921 | 323 | 1997 | 41–44, 54 | 3. Kopernikus, Schraubenlinie |
| 11. Januar | 1921 | 323 | 1997 | 208–212, 216f. | ∞, Schleifenlinie |
| 12. Januar | 1921 | 323 | 1997 | 224f. | ∞, lemniskatische Planetenbahnen |
| 17. Januar | 1921 | 323 | 1997 | 306–313 | ∞, Rotationslemniskate, Bessel, fortschreitende Lemniskaten |
| 18. Januar | 1921 | 323 | 1997 | 325–328 | ∞ |
| 26. August | 1921 | 324a | 2025 | FB | 3. Kopernikus |
| 8. Oktober | 1921 | 343 | 1993 | 527f. | 3. Kopernikus |
| 5. Januar | 1923 | 220 | 1982 | 23–25 | 3. Kopernikus |
| 5. Mai | 1924 | 353 | 2006 | 185f. | 3. Kopernikus |

Es wurden bisher verschiedentlich Versuche unternommen, diese verstreuten Angaben Rudolf Steiners zu einer in sich konsequenten Interpretation zu vereinigen. Zu einer alle Aspekte umgreifenden Auffassung ist es bisher nicht gekommen. Siehe dazu insbesondere in chronologischer Reihenfolge: Locher: «Nachwort» [1942], Hagemann: «Lemniskatisch-planetarische Bewegungen» [1966], Kaiser: «Ideen über Bewegungen im Sonnensystem» [1966], Schmidt: «Zur Phänomenologie der Planetenbahnen» [1966], Vetter: «Zur lemniskatischen Sonnen-Erden-Bewegung» [1967], Van Bemmelen:; «Bewegungsformen von Herz und Kreislauf» [1967], Unger: «Vorbemerkungen» [1981], Bauer: «Planetenbewegungen als Rotationslemniskaten» [1981], Hemming/Pinkall: *Auf dem Wege zu Urbildern von Organisationsstrukturen* [1983], Hardorp: «Die Bewegungen des Erdkörpers» [1983], Junge: «Ein Versuch» [1983], Rudnicki: «Kann das lemniskatische System?» [1984], Bauer: *Über die lemniskatischen Planetenbewegungen* [1988], Adams: *Lemniskatische Regelflächen* [1989] (Kapitel 4), Vanscheidt: «Über einige Konsequenzen» [1992], Kötter: «Die Bewegung der Erde im Geschwindigkeitsraum» [1995], Bauer: «Die Lemniskate als Beziehungsbahn» [2010], Thomas: «An approach to the lemniscate-path» [2010], Schrapp: «Das Lemniskatenbahnsystem» [2010, 2011].

84 Über die Notwendigkeit der Berücksichtigung der dritten kopernikanischen Bewegung: Durch die seit Newton üblich gewordene mechanische Interpretation des Planetensystems wird die Annahme einer separaten dritten kopernikanischen Bewegung «überflüssig». Wird nämlich die Erde als (fast) symmetrischer Kreisel im Gravitationsfeld der Sonne auf-

gefasst, so bleibt gemäß dem Gesetz der Erhaltung des Drehimpulses *L* die Richtung der Rotationsachse (= Erdachse) im Wesentlichen raumfest. Dies ist der Fall, solange man die Präzessions- und Nutationsbewegung der Erdachse nicht berücksichtigt; zieht man diese Bewegungen mit ein, dann ist der Drehimpuls längs der Achse des Präzessionskegels eine noch besser (langfristige) Invariante.

Für Kopernikus hätte eine solche physikalische Interpretation ferngelegen. Es gibt in seiner Nachfolge aber nur noch sehr wenige Autoren, welche die Vernachlässigung der dritten kopernikanischen Bewegung bedauerten oder gar für gravierend hielten. Siehe dazu den aufschlussreichen Hinweis Nr. 36 von C. L. Menzzer zum Ersten Buch von *De revolutionibus*, Kapitel 11: «Beweis von der dreifachen Bewegung der Erde» (Kopernikus: *Über die Kreisbewegungen der Weltkörper* [1879], Anhang S. 28–31). Rudolf Steiner weist in diesem Zusammenhang am 25. September 1919 (*Konferenzen*, GA 300a) auch auf die Publikationen des Dichters und Schriftstellers *Johannes Schlaf* (1862–1941) hin. Siehe insbesondere Schlaf: *Professor Plassmann und das Sonnenfleckenphänomen* [1914] und *Die Erde – nicht die Sonne* [1919], die sich beide in Steiners Bibliothek befinden, das erstere mit einer persönlichen Widmung des Verfassers an Rudolf Steiner.

85 *Elisabeth Vreede* (1879–1943), Mathematikerin und Astronomin, ab 1924 erste Leiterin der Mathematisch-Astronomischen Sektion der Freien Hochschule für Geisteswissenschaft am Goetheanum in Dornach. – Während des «Anthroposophischen Hochschulkurses» hielt Elisabeth Vreede am 13. und 14. Oktober 1920 zwei Vorträge mit dem Thema «Die Berechtigung der Mathematik in der Astronomie und ihre Grenzen» [1922].

86 Vreede [1922], S. 138ff. und 160f. Siehe dazu auch den unten stehenden Hinweis 91 zu Bessel.

87 *Carl Unger* (1878–1929), Fabrikant, Ingenieur, Philosoph. – Während des «Anthroposophischen Hochschulkurses» hielt Carl Unger vom 11. bis 16. Oktober 1920 sechs Vorträge mit dem Thema «Rudolf Steiners Werk» [1921]. Siehe dazu das Referat dieser Vorträge von Willy Storrer in Unger: «Rudolf Steiners Werk» [1921], insbesondere Abschnitt III und IV.

88 Zur Relativitätstheorie und den folgenden Ausführungen siehe die Fragenbeantwortungen vom 7. März 1920 [Baravalle und Herberg] mit den entsprechenden Hinweisen sowie die Fragenbeantwortungen vom 31. März 1920 und 15. Januar 1921.

88a Zum alleinigen Realitätscharakter der Geschwindigkeit gegenüber den Abstraktionen Raum und Zeit siehe auch die Fragenbeantwortungen vom 27. November 1913 und vom 7. März 1920 [Baravalle] mit den entsprechenden Hinweisen.

89 Zur nicht wirklichkeitsgemäßen abstrakten Denkweise von Einstein siehe den Hinweis 30 zur Fragenbeantwortung vom 7. März 1920 und die dort zitierte Stelle aus Einstein: «Das Relativitätsprinzip» [1911]. Es handelt sich um ein Problem, das später unter der Bezeichnung «Zwillingsparadoxon» oder «Uhrenparadoxon» bekannt wurde. Dessen Interpretation ist bis heute kontrovers. Dies hängt unter anderem mit der Bedeutung des Zeitbegriffes in der Physik zusammen, insbesondere mit der Interpretation der «Eigenzeit» eines physikalischen Systems im Rahmen der Relativitätstheorie. Siehe dazu zum Beispiel Gschwind: *Raum, Zeit, Geschwindigkeit* [1986] und die dort angegebene Literatur.

90 Das spezielle Relativitätsprinzip besagt nach Einstein: *Über die spezielle und die allgemeine Relativitätstheorie* [1917], § 18, dass die allgemeinen physikalischen Naturgesetze für zwei sich gleichförmig bewegende Bezugssysteme (Inertialsysteme) formal identisch sind. Es wird dabei natürlich vorausgesetzt, dass es Inertialsysteme überhaupt gibt. In den populären Beispielen, die der elementaren Mechanik entnommen sind, sind zumeist diese Bedingungen nicht streng erfüllt, sodass diese Beispiele schon vom physikalischen Gesichtspunkt aus nicht wirklichkeitsgemäß sind.

So ist etwa sowohl das Bezugssystem «Erde» ein beschleunigtes System (wie jedes rotierende System) wie auch das Bezugssystem «Auto». Ein gleichförmig bewegtes Auto vollführt wegen der Überwindung des Reibungswiderstandes in jedem Falle eine beschleunigte Bewegung (und bleibt wegen der Abnutzung auch nicht unveränderlich) – umso mehr, wenn es eine Panne hat und sich die Geschwindigkeit verringert. Ähnliche Überlegungen können für das immer wieder herangezogene Beispiel vom Zug und dem Bahndamm angestellt werden.

Die einzigen, auch im physikalischen Sinne realistischen Beispiele für relativistisches Verhalten stammen aus der atomaren oder subatomaren Physik, worauf auch Einstein in seinem Vortrag «Das Relativitätsprinzip» [1911] aufmerksam macht. Dieser Phänomenbereich kann aber nach Steiner ohne eine Erweiterung durch die anthroposophische Geisteswissenschaft nicht in seiner vollen Wirklichkeit erfasst werden (siehe dazu die Vorträge im *Ersten Naturwissenschaftlichen Kurs*, GA 320, und im *Zweiten Naturwissenschaftlichen Kurs*, GA 321).

91 *Bessel'sche Korrekturzahlen: Friedrich Wilhelm Bessel* (1784–1846), Astronom, Geodät und Mathematiker in Königsberg. – Bessel hat fundamentale Beiträge zur astronomischen Beobachtungstechnik geleistet. Diese betreffen sowohl die Verbesserung der Instrumente, die systematische Analyse von Instrumenten- und Beobachtungsfehlern sowie die sorgfältige Reduktion der Beobachtungen.

Die unmittelbar gemessene Position eines Sternes muss sowohl von Instrumentenfehlern wie vom Einfluss der Erdatmosphäre (Refraktion) befreit werden. Im Weiteren müssen diese Positionen, um einen objektiven, mit anderen Messungen vergleichbaren Standardwert zu erhalten, auf einen gemeinsamen Zeitpunkt (Epoche) zurückgerechnet werden und sodann die Effekte der Erdbewegung sowie des Beobachtungsortes in Rechnung gestellt werden. Dafür war die genaue Kenntnis der Präzession, der Nutation (durch den Mond erzwungene kleine Schwingung der Erdachse) sowie der täglichen, jährlichen und säkularen Aberration (durch die endliche Geschwindigkeit des Lichtes und der Bewegung der Erde hervorgerufene scheinbare Ortsveränderung von Sternen) notwendig.

Bessels Auswertung (Reduktion) der von *James Bradley* (1693–1762) am Observatorium in Greenwich erstellten Positionen von 3222 Sternen wurde zum Meilenstein der beobachtenden Astronomie. Damit standen zum ersten Mal exakt verlässliche Sternpositionen zur Verfügung. Bessel veröffentlichte seine Resultate in den Werken *Fundamenta astronomiae pro anno 1755 deducta ex observationibus viri incomparabilis James Bradley in specula astronomica grenovicensi per annos 1750–1762 institutis* (Königsberg, 1818) sowie *Tabulae Regiomontanae reductionum observationum astronomicum ab anno 1750 usque ad annum 1850 computatae* (Königsberg, 1830).

Bei den damit zusammenhängenden Untersuchungen kam Bessel sowohl zu einer verbesserten Bestimmung der Eigenbewegung der Fixsterne sowie zum ersten Mal zur Bestimmung einzelner Fixsternparallaxen. Diese Parallaxen bildeten den ersten astronomischen Nachweis der jährlichen Bewegung der Erde (siehe dazu und zu anderen Nachweisen dieser Bewegung Teichmann: *Wandel des Weltbildes* [1983], Kapitel 3.4).

Die sogenannten *Bessel'schen Reduktionsformeln für Sternkoordinaten* betreffen insbesondere die jährlichen und säkularen Einflüsse der Präzession und Nutation (siehe dazu Schmidt: «Bessel'sche Korrekturen» [1967], Wolf: *Handbuch der Astronomie* [1890–93], § 609 und § 613 und zum Beispiel das astronomische Jahrbuch *The Astronomical Almanac*, 1981 ff., S. B22 ff.).

92 *Albert Steffen* (1884–1963), Dichter, ab 1924 erster Leiter der Sektion für Schöne Wissenschaften der Freien Hochschule für Geisteswissenschaften am Goetheanum in Dornach. – Während des «Anthroposophischen Hochschulkurses» hielt Steffen am 14. und 15. Oktober 1920 zwei Vorträge mit dem Thema «Die Krisis im Leben des Künstlers und die Geisteswissenschaft». Steffen hat das Autoreferat dieser Vorträge veröffentlicht in der Sammlung *Die Krisis im Leben des Künstlers* [1922]. Siehe darin insbesondere den gleichnamigen Aufsatz, Teil II, S. 31 ff.

93 Die Mengenlehre wurde von dem Mathematiker *Georg Cantor* (1845–1918) fast im Alleingang begründet. Rudolf Steiner erhielt von Cantor ein mit persönlicher Widmung und handschriftlichen Korrekturen versehenes Exemplar der *Lehre vom Transfiniten* [1890]. Dort hat Cantor seine grundlegenden philosophischen und mathematischen Ideen zur

aktuellen Unendlichkeit zusammengefasst, die zuerst in zwei Abhandlungen «Über die verschiedenen Standpunkte in bezug auf das aktuelle Unendliche» [1886] und «Mitteilungen zur Lehre vom Transfiniten» [1887] erschienen sind.

Als Definition einer Menge gibt Cantor in seiner Abhandlung «Grundlagen einer allgemeinen Mannigfaltigkeitslehre» [1883] Folgendes an: «Unter einer ‹Mannigfaltigkeit› oder ‹Menge› verstehe ich nämlich allgemein jedes Viele, welches sich als Eines denken lässt, das heißt jeden Inbegriff bestimmter Elemente, welcher durch ein Gesetz zu einem Ganzen verbunden werden kann, und ich glaube hiermit etwas zu definieren, was verwandt ist mit dem *Platonischen* eidos oder idea [...].» (Cantor: *Abhandlungen* [1932], S. 204, Anmerkung zu § 1).

Rudolf Steiners Ausführungen beziehen sich auf Cantors Untersuchungen zu verschiedenen Stufen des Unendlichen. An der Basis dieser Untersuchungen steht die folgende von Steiner dem Sinne nach zitierte Definition: «Unter *Mächtigkeit* oder *Kardinalzahl* einer Menge *M* (die aus wohlunterschiedenen, begrifflich getrennten Elementen *m*, *m*', ... besteht und insofern bestimmt und abgegrenzt ist) verstehe ich den Allgemeinbegriff oder Gattungsbegriff (universale), welchen man erhält, indem man bei der Menge sowohl von der Beschaffenheit ihrer Elemente, wie auch von allen Beziehungen, welche die Elemente, sei es unter einander, sei es zu anderen Dingen haben, also im besondern auch von der Ordnung, welche unter den Elementen herrschen mag, abstrahiert und nur auf das reflektiert, was allen Mengen gemeinsam ist, die mit *M* äquivalent sind. Ich nenne aber zwei Mengen *M* und *N äquivalent*, wenn sie sich gegenseitig eindeutig Element für Element einander zuordnen lassen.» (Cantor: «Mitteilungen zur Lehre vom Transfiniten» [1887], in: *Lehre vom Transfiniten* [1890], S. 23f. oder in den *Abhandlungen* [1932], S. 387.) – Siehe dazu Ziegler: «Georg Cantor und Rudolf Steiner» [1995a].

94 *Oswald Spengler* (1880–1936), erst Mathematiklehrer, dann freier Schriftsteller. – Von Spenglers Hauptwerk *Der Untergang des Abendlandes* erschien der erste Band *Gestalt und Wirklichkeit* in einer ersten Auflage 1918 und erreichte bereits 1920 die 23.–32. Auflage und damit das 37.–50. Tausend. Der zweite Band *Welthistorische Perspektiven* erschien 1922 (1.–15., 16.–30. und 31.–43. Auflage [51.–70. Tausend]), hatte aber nicht mehr eine so weitreichende Wirkung wie der erste Band.

95 Der zweite Hauptsatz der Thermodynamik beruht auf dem von *Rudolf Clausius* (1822–1888) zum ersten Mal formulierten Begriff der *Entropie*. Er lautet: Die Entropie strebt bei jedem realen thermodynamischen Prozess in einem nach außen geschlossenem physikalischem System einem Maximum zu. Ein Beweis dieses Hauptsatzes kann im Rahmen der Physik nur bedeuten, dass man ihn auf andere unbeweisbare Annahmen oder Postulate zurückführt. So nimmt in der auf *James Clark Maxwell* (1831–1879) und *Ludwig Boltzmann* (1844–1906) zurückgehenden sta-

tistischen kinetischen Gastheorie der zweite Hauptsatz die Form eines beweisbaren Theorems an (sogenanntes H-Theorem von Boltzmann), ausgehend von der Hypothese der vollständigen molekularen Unordnung.

96 *Graf Hermann Keyserling* (1880–1946), Philosoph und Schriftsteller, Mitbegründer und wissenschaftlicher Leiter der «Schule der Weisheit» (Gesellschaft für freie Philosophie) in Darmstadt. – Siehe etwa die Werke *Das Reisetagebuch eines Philosophen* [1919a], *Der Weg der Vollendung; Des Grafen Hermann Keyserling philosophisches Schaffen* [1919b] und *Philosophie als Kunst* [1920].

97 Nach Keyserling soll sich der Geist mit der Seele vereinigen. Siehe zum Beispiel Keyserling, *Philosophie als Kunst* [1920], S. 293: «Die Schule der Weisheit muss ein Drittes werden neben Kirche (das Wort im weitesten akonfessionellen Sinn verstanden) und Universität. Zu jener stände sie im Verhältnis, dass sie gleich ihr, den ganzen Menschen zu bilden, seine Seele zu spiritualisieren trachtete, überdies aber eine Synthesis anstrebte zwischen Seelenleben und selbständig-vollbewußtem Geist, so dass nicht Glaube die letzte Instanz bezeichnete, auch nicht abstraktes Wissen, sondern Glaube, Wissen und Leben zu eins würden in lebendiger höherer Bewusstseinseinheit. Zu dieser stände sie im Verhältnis einer Krönung. Einer Krönung, insofern sie zur Aufgabe hätte, das in der Hochschule gewonnene Wissen einer Lebenssynthese einzuverleiben, die sich die äußerste abstrakte Erkenntnis organisch einzugliedern vermöchte und den bloß ‹Könnenden› dergestalt zum ‹Seienden› umschüfe.»

98 Es handelt sich hier vermutlich um einen Hinweis auf die wöchentlich erschienene Zeitschrift *Die Zukunft*, herausgegeben von Maximilian Harden (Band 1 bis 118, 1. Jahrgang 1892 bis 30. Jahrgang 1922). – Der erwähnte Aufsatz von Hermann Keyserling konnte bisher nicht nachgewiesen werden.

99 Siehe dazu die Auseinandersetzungen um Keyserling in den Nummern 20 bis 25 der Zeitschrift *Dreigliederung des sozialen Organismus*, 2. Jahrgang 1920/1921, insbesondere das Referat von *Ernst Uehli* (1875–1959) über den Vortrag von Rudolf Steiner vom 16. November 1920 in Stuttgart in den Nummern 21 und 22. – Weiteres zu Keyserling findet sich unter anderem im Vortrag vom 26. August 1921 (in: *Kunst und Anthroposophie*, GA 77b, 1. Aufl. 1996, S. 85–88).

100 Die Quelle dieser Aussage von Keyserling konnte bisher nicht nachgewiesen werden.

101 «Das Was bedenke, mehr bedenk Wie», siehe Goethe: *Faust*, Zweiter Teil, Zweiter Akt, Zweite Szene: Laboratorium. Homunculus sagt zum zurückbleibenden Wagner (Vers 6989 ff.):

Entfalte du die alten Pergamente,
Nach Vorschrift sammle Lebenselemente
Und füge sie mit Vorsicht eins ans andre,
Das Was bedenke, mehr bedenke Wie!
Indessen ich ein Stückchen Welt durchwandre,
Entdeck ich wohl das Tüpfchen auf das i.

*Stuttgart, 15. Januar 1921*

*Kontext:* Auszug aus der Fragenbeantwortung im Anschluss an 4 Vorträge für Akademiker über die Beziehungen der Geisteswissenschaft zu den einzelnen Fachwissenschaften. Die vier Vorträge des Zyklus «Proben über die Beziehungen der Geisteswissenschaft zu den einzelnen Fachwissenschaften» (Stuttgart, 11. bis 15. Januar 1921) und die vollständige Fragenbeantwortung vom 15. Januar 1921 sind veröffentlicht in: *Fachwissenschaft und Anthroposophie*, GA 73a, 1. Auflage 2005; Fragenbeantwortung dort gedruckt S. 353–355, 357f. – Siehe dazu den Tagungsbericht von *Eugen Kolisko* (1893–1939) in der Zeitschrift *Dreigliederung des sozialen Organismus*, 2. Jahrgang 1920/1921, Nr. 31: S. 4–5, Nr. 32: S. 5 und Nr. 33: S. 4.

*Textgrundlagen:* Maschinenschriftliche Übertragung eines nicht mehr vorhandenen Stenogramms einer unbekannten Person.

102 *Zweiter Naturwissenschaftlicher Kurs* (GA 321), Stuttgart 1. bis 14. März 1920.

103 *Rudolf Clausius* (1822–1888), Physiker in Berlin, Zürich, Würzburg und Bonn. Clausius gehört zusammen mit *Ludwig Boltzmann* (1844–1906) und *James Clark Maxwell* (1831–1879) zu den Begründern der modernen Thermodynamik auf der Basis der kinetischen Gastheorie und statistischen Mechanik. Seine Abhandlungen zur Wärmetheorie sind zusammengefasst in *Die mechanische Wärmetheorie* [1876–91]. – Siehe dazu auch die Vorträge vom 1. und 11. März 1920 (*Zweiter Naturwissenschaftlicher Kurs*, GA 321).

104 Auf von verschiedenen zeitgenössischen Autoren geäußerte Bedenken gegenüber dem mechanistischen Ansatz bezüglich der Thermodynamik siehe *Erster Naturwissenschaftlicher Kurs*, GA 320, Hinweis 132 zum Vortrag vom 3. Januar 1920 und *Zweiter Naturwissenschaftlicher Kurs*, GA 321, Hinweis 23 zum Vortrag vom 1. März 1920. Man kann hinzufügen, dass vor der Entdeckung der Quantenmechanik und Quantenstatistik die verschiedenen Ansätze für das mechanistische Modell der molekularen Struktur der Materie sich nicht in durchgehende Übereinstimmung mit experimentellen Befunden, insbesondere mit den Ergebnissen der Spektroskopie, bringen ließen. Siehe dazu Harman: *Energy, Force and Matter* [1982], Kapitel V und VI.

105 Das Ätherdrift-Experiment von Michelson und Morley (1881ff.) sollte die relative Geschwindigkeit der Erde gegenüber dem als ruhend ange-

nommenen quasimateriellen physikalischen Äther feststellen. Der Ausgang des äußerst präzise durchgeführten Experimentes war negativ. Dadurch waren alle auf der Annahme eines absolut ruhenden Äthers basierenden Theorien des Lichtes und der Elektrizität zumindest infrage gestellt. Eine theoretische Erklärung dieses Befundes wurde unabhängig von *Hendrik Antoon Lorentz* (1853–1928) und *George Francis Fitzgerald* (1851–1901) entwickelt. Die in diesem Zusammenhang aufgestellten Formeln (zum Beispiel die Lorentz-Kontraktion) konnte *Albert Einstein* (1879–1955) wenig später aus den Grundannahmen seiner speziellen Relativitätstheorie (Relativitätsprinzip, absolute Konstanz der Lichtgeschwindigkeit) ableiten, wobei er sich sowohl zur Ableitung wie zur Illustration seiner Theorie auf eine Reihe von Gedankenexperimenten stützte.

106 Siehe zu den Formeln für leitende und strahlende Wärme und zu den folgenden Ausführungen die Vorträge vom 12. März 1920 (*Zweiter Naturwissenschaftlicher Kurs*, GA 321) und 8. Januar 1921 (*Das Verhältnis der verschiedenen naturwissenschaftlichen Gebiete zur Astronomie*, GA 323). – Eine Diskussion der entsprechenden Gleichungen mit Mitteln der modernen Mathematik findet man in Dustmann/Pinkall: «Die Gleichung der vier Ätherarten» [1992].

107 Zur Wissenschaftlichkeit der Gegner der Anthroposophie siehe zum Beispiel Rudolf Steiner: *Von Seelenrätseln*, GA 21, Kapitel II. «Max Dessoir über Anthroposophie» sowie die Auseinandersetzungen um Hermann Keyserling am Ende der vorangehenden Fragenbeantwortung vom 15. Oktober 1920.

*Dornach, 7. April 1921*

*Kontext:* Auszug aus der Fragenbeantwortung (Disputation) während des «Zweiten Anthroposophischen Hochschulkurses» am Goetheanum in Dornach vom 3. bis 10. April 1921. Die Vorträge Rudolf Steiners über «Anthroposophie und Fachwissenschaften» sind zusammen mit den vollständigen Fragenbeantwortungen (Disputationen) gedruckt in *Die befruchtende Wirkung der Anthroposophie auf die Fachwissenschaften*, GA 76, 3. Auflage 2018; Fragenbeantwortung dort gedruckt S. 141–152. – Berichte über den zweiten anthroposophischen Hochschulkurs von Willy Stokar finden sich in der Zeitschrift *Dreigliederung des sozialen Organismus*, 2. Jahrgang, 1920/21, Nr. 42 und 43, sowie von Eugen Kolisko in der Zeitschrift *Die Drei*, 1. Jahrgang 1921/22, S. 471–478. – Siehe dazu die «Einladung zum zweiten anthroposophischen Hochschulkursus vom 3. bis 10. April 1921 an der Freien Hochschule für Geisteswissenschaft, Goetheanum in Dornach» mit dem detaillierten Programm in der Zeitschrift *Dreigliederung des sozialen Organismus*, 2. Jahrgang, 1920/21, Nr. 36.

*Textgrundlagen:* Maschinenschriftliche Übertragung des Stenogramms von Helene Finckh.

108 Rudolf Steiner bezieht sich hier auf seinen Vortrag vom 5. April 1921 (*Die befruchtende Wirkung der Anthroposophie auf die Fachwissenschaften*, GA 76), wo von den drei Dimensionen des Raumes nur am Rande die Rede war. In den in der Zwischenzeit stattfindenden Disputationsabenden wurde das Thema dieses Vortrages sowie das der Vorträge von Hermann von Baravalle über «Raum und Zeit» und von Ernst Blümel über «Geisteswissenschaftliche Richtlinien zur mathematischen Behandlung naturwissenschaftlicher Probleme» am 5. April nicht aufgegriffen.

109 *Metageometrie* ist eine heute kaum mehr gebräuchliche zusammenfassende Bezeichnung für verschiedene Typen nichteuklidischer Geometrien. Darunter fielen in der 2. Hälfte des 19. Jahrhunderts insbesondere die projektive Geometrie, die hyperbolische und elliptische Geometrie, die Geometrie allgemeiner gekrümmter Räume (Riemann'sche Geometrie) sowie die Geometrie höherdimensionaler Räume.

110 Zu Riemann und Gauß siehe den Hinweis 1 zum Vortrag vom 24. März 1905.

111 Mit der Riemann'schen Metageometrie kann hier die sogenannte elliptische Geometrie gemeint sein, die von Riemann zuerst entdeckt und beschrieben wurde (sie ist eng verwandt mit der Geometrie auf der Kugeloberfläche) oder die ebenfalls auf Riemann zurückgehende allgemeine Theorie gekrümmter Räume (Mannigfaltigkeiten mit Riemann'scher Metrik), wovon die elliptische Geometrie ein Spezialfall ist (Raum mit konstanter positiver Krümmung).

112 Erschütterung des Raumbegriffs durch die Mathematik: Kant unterschied nicht zwischen der mathematisch-geometrischen Auffassung des Raumbegriffs und den Gesetzen des Anschauungsraumes. Er verabsolutierte die letzteren als notwendige, im Subjekt begründete Bedingungen der sinnlichen Anschauung. «Der Raum ist eine notwendige Vorstellung a priori, die allen äußeren Anschauungen zum Grunde liegt.» (*Kritik der reinen Vernunft* [1781/1787] = KrV, B 38). «Auf diese Notwendigkeit a priori gründet sich die apodiktische Gewissheit aller geometrischen Grundsätze, und die Möglichkeit ihrer Konstruktion a priori.» (KrV, A 24). Daraus folgt: «Geometrie ist eine Wissenschaft, welche die Eigenschaften des Raumes synthetisch und doch a priori bestimmt.» (KrV, B 40). «[...] z.B. der Raum hat nur drei Abmessungen; dergleichen Sätze aber können nicht empirische oder Erfahrungsurteile sein, noch aus ihnen geschlossen werden» (KrV, B 41).

«Wie kann nun eine äußere Anschauung dem Gemüte beiwohnen, die vor den Objekten selbst vorhergeht, und in welcher der Begriff der letzteren a priori bestimmt werden kann? Offenbar nicht anders, als so fern sie bloß im Subjekte, als die formale Beschaffenheit desselben, von Objekten affiziert zu werden, und dadurch *unmittelbare Vorstellung* derselben d.i. *Anschauung* zu bekommen, ihren Sitz hat, also nur als Form des äußeren *Sinnes* überhaupt.» (KrV, B 41). Also gilt: «Der Raum ist nichts anderes, als nur die Form aller Erscheinungen äußerer Sinne, d. i. die subjektive Bedingung der Sinnlichkeit, unter der allein uns äußere Anschauung möglich ist» (KrV, B 42).

Damit fallen für Kant die Gesetze des Anschauungsraumes mit den überhaupt denkbaren geometrischen Prinzipien zusammen. Zur Zeit Kants waren in der Mathematik Ideen zu nichteuklidisch metrisierten oder mehr als drei Dimensionen umfassenden Räumen noch nicht aufgetaucht, insbesondere auch nicht die erst auf Riemann zurückgehende klare Unterscheidung topologischer und metrischer Eigenschaften. Deshalb sah Kant auch keinen Unterschied zwischen der topologischen Eigenschaft der Unbegrenztheit und der metrischen (die Maßverhältnisse betreffenden) Eigenschaften der Unendlichkeit. So heißt es in seinen Ausführungen zu den «Antinomien der reinen Vernunft», wo Kant die Unauflösbarkeit gewisser Probleme proklamiert, falls sie nicht von seinem Standpunkt – man könne erstens bloß von den Erscheinungen der Dinge an sich wissen, zweitens könne die Vernunft diese Erscheinungen nur nach regulativen Prinzipien sowie gemäß den Anschauungsformen des Raumes und der Zeit ordnen und drittens ist keine unmittelbare Einsicht in die Konstitution der Dinge an sich möglich – aus interpretiert werden: «Ebenso ist es mit der doppelten Beantwortung der Frage, wegen der Weltgröße, dem Raum nach, bewandt. Denn, *ist sie unendlich* und unbegrenzt, so ist sie für alle möglichen empirischen Begriffe *zu groß*. *Ist sie endlich* und begrenzt, so fragt ihr mit Recht noch: was bestimmt diese Grenze?» (KrV, B 515). Der sich an die dreidimensionale euklidische Geometrie anschließende Kant'sche Raumbegriff ist nicht mehr zu vereinbaren mit den verschiedenen Raumbegriffen, wie sie durch die weitere Entwicklung der Mathematik herausgearbeitet wurden. Einer der Ersten, der darauf deutlich, vom Standpunkt der Physik und Physiologie, aufmerksam gemacht hat, ist *Hermann von Helmholtz* (1821–1894). Siehe dazu seine Rede *Die Thatsachen in der Wahrnehmung* [1879].

113 Die Diskussion der Paralogismen (Trug- oder Fehlschlüsse) der reinen Vernunft bilden zusammen mit der Diskussion der Antinomien der reinen Vernunft die Hauptbestandteile des zweiten Buches der «Transzendentalen Dialektik» der *Kritik der reinen Vernunft* [1781/1787]. Mit der Kritik der Paralogismen der reinen Vernunft bezweckt Kant eine Kritik an den Behauptungen der damaligen rationalen Seelenlehre (mit den Problemen der Unveränderlichkeit, der Präexistenz der Seele usw.) und nicht eine Diskussion der klassischen Fehl- oder Trugschlüsse.

«Der logische Paralogismus besteht in der Falschheit eines Vernunftschlusses der Form nach, sein Inhalt mag übrigens sein, welcher er wolle. Ein transzendentaler Paralogismus aber hat einen transzendentalen Grund: der Form nach falsch zu schließen. Auf solche Weise wird ein dergleichen Fehlschluss in der Natur der Menschenvernunft seinen

Grund haben, und eine unvermeidliche, obzwar nicht unauflösliche, Illusion bei sich führen.» (KrV, B 399). Wie dann später in der Diskussion der Antinomien der reinen Vernunft, so versucht auch hier Kant bei der Besprechung von Paralogismen zu zeigen, dass sich diese nur «auflösen», wenn man seine eigene Ansicht zugrunde legt, dass man bloß von den Erscheinungen der Dinge an sich wissen könne und die Vernunft nach regulativen Prinzipien (sowie gemäß den Anschauungsformen des Raumes und der Zeit) diese Erscheinungen ordnen könne, jedoch keine unmittelbare Einsicht in die Konstitution der Dinge an sich möglich sei.

Das Raumproblem spielt bei der Besprechung der Paralogismen der reinen Vernunft nur am Rande eine Rolle: beim vierten Paralogismus über das Verhältnis der Seele «zu möglichen Gegenständen im Raum» (KrV, B 402).

Bei der Diskussion des Systems der kosmologischen Ideen in dem Abschnitt über die «Antinomie der reinen Vernunft» ist die Kant'sche Raumauffassung dagegen von grundlegender Bedeutung.

114 Historischer Ausgangspunkt und zunächst Fundament nichteuklidischer Begriffsbildungen (projektive Geometrie, gekrümmte und mehrdimensionale Räume) war selbstverständlich der dreidimensionale euklidische Raum. Insofern waren die neuen Raumformen abgeleiteter Natur, zwar nicht Spezialfälle des euklidischen Raumes, aber Erweiterungen der Auffassung des Raumbegriffs auf der Basis euklidischer Grundbegriffe. Steiners Hinweis auf einen Zirkel bezieht sich also auf die nur scheinbar erreichte Verallgemeinerung der Auffassung des Raumes, solange die entsprechenden Begriffe wesentlich vom euklidischen Ausgangspunkt abhängen.

Die weitere Entwicklung der Mathematik hat gezeigt, dass die euklidische Basis entbehrlich ist, dass die Gesetzmäßigkeiten des Raumes stufenweise entwickelt werden können, ohne spezifisch euklidische Begriffsbildungen in irgendeiner Weise vorauszusetzen. Man geht dabei von einer koordinatenfrei definierten topologischen Mannigfaltigkeit aus, ergänzt diese durch metrische (und gegebenenfalls differentialgeometrische) Strukturen und kommt dadurch etwa zur euklidischen Geometrie als Sonderfall einer dreidimensionalen metrischen Mannigfaltigkeit. Systematisch gesehen liegt hier kein Zirkel mehr vor. Diese Sachfragen waren zur Zeit dieser Fragenbeantwortung Steiners auch in Mathematikerkreisen noch nicht endgültig geklärt. – Siehe dazu die Notizblätter Rudolf Steiners und die entsprechenden Hinweise in *Beiträge zur Rudolf Steiner Gesamtausgabe*, Nr. 114/115, Dornach 1995, S. 49f.

Was die Struktur des realen Raumes betrifft, so geben die mathematischen Begriffe in jedem Falle nur *mögliche* Raumformen an und sind in diesem Sinne abstrakt, wirklichkeitsfremd, solange ihre Zusammenstimmung mit der Wirklichkeit nicht geklärt ist.

115 Die auf *Euklid* (um 320 bis 260 v. Chr.) zurückgehende Auffassung des Raumbegriffs findet sich in den 13 Bücher umfassenden Elementen im I. und insbesondere im XI. Buch. Sie orientiert sich vor allem an den Grundlagen der Stereometrie, das heißt der Lehre von den räumlichen Körpern.

116 Zum Verhältnis von Imagination, Inspiration und Intuition zu den Dimensionen des Raumes siehe die Vorträge vom 19. und 26. August 1923 (*Initiations-Erkenntnis*, GA 227, S. 39–41, 161–163). Siehe auch die Vorträge vom 17. Mai 1905 (*Die vierte Dimension*, GA 324a), 16. September 1907 (*Mythen und Sagen. Okkulte Zeichen und Symbole*, GA 101, S. 189f.), 15. Januar 1921 (*Das Verhältnis der verschiedenen naturwissenschaftlichen Gebiete zur Astronomie*, GA 323, S. 274–283), 8. April 1922 (*Damit der Mensch ganz Mensch werde*, GA 82), 24. Juni 1922 (*Menschenfragen und Weltenantworten*, GA 213) sowie die Fragenbeantwortung vom 12. April 1922 (*Damit der Mensch ganz Mensch werde*, GA 82 und *Die vierte Dimension*, GA 324a).

117 Verschiedene Wertigkeiten für die drei Dimensionen des Raumes: Siehe dazu auch die Vorträge vom 9. und 10. April 1920 (*Entsprechungen zwischen Mikrokosmos und Makrokosmos*, GA 201), 17. März 1921 (*Naturbeobachtung, Experiment, Mathematik und die Erkenntnisstufen der Geistesforschung*, GA 324), 26., 27. Dezember 1922 und 1. Januar 1923 (*Der Entstehungsmoment der Naturwissenschaft*, GA 326). – Von einem ganz anderen Gesichtspunkt aus entwickelt Steiner die Nicht-Vertauschbarkeit der drei Dimensionen des Anschauungsraumes in dem Abschnitt «Der Goethe'sche Raumbegriff» in den *Einleitungen und ausgewählte Kommentare zu Goethes Naturwissenschaftlichen Schriften*, GA 1, S. 346–353.

118 Euklids Raumgeometrie ist noch im Wesentlichen Stereometrie, das heißt Lehre von den geometrischen Eigenschaften räumlicher Körper. Der rechte Winkel, das Senkrecht-Stehen, spielen dabei eine wichtige Rolle. Der Würfel und das mit ihm zusammenhängende System dreier senkrecht aufeinander stehender Achsen erhält jedoch durch Euklid keine Sonderstellung.

Die implizite Einführung solcher Achsen als Bezugssystem für eine algebraische Behandlung von Kurven geht im Wesentlichen auf *Pierre de Fermat* (1601–1665) und *René Descartes* (1596–1650) zurück. Bei beiden spielen jedoch die Koordinatenachsen als selbstständiges, vom diskutierten geometrischen Objekt ablösbares Gebilde, noch keine Rolle. Zudem waren die Achsen bei Fermat und Descartes in vielen Fällen schiefwinklig. Ähnliches gilt für die an diese Pioniere anknüpfende Entwicklung und Ausarbeitung der analytischen Geometrie bis zum Ende des 18. Jahrhunderts. Die systematische Verwendung von zwei senkrecht oder schief zueinander stehenden Richtungen als Bezugssystem für Koordinaten und die Diskussion algebraischer Kurven findet sich erstmalig bei *Isaac Newton* (1643–1727) in seiner Abhandlung «Enumeratio linearum tertii ordinis» (1676). Newton verwendet auch zum ersten Mal in systematischer Weise negative Koordinaten, zeichnet also Kurven in allen vier Quadranten des Koordinatensystems. Die analytische Geometrie des Raumes und die entsprechende Verwendung eines Systems von drei senkrecht aufeinander stehenden Achsenrichtungen geht auf die systematischen Untersuchungen von Flächen durch *Leonhard Euler* (1707–1783) zurück. Die definitive Formulierung der analytischen Geometrie im modernen Sinne entstand um die Wende vom 18. zum 19. Jahrhundert durch *Gaspard Monge* (1746–1818) und dessen Schüler *François Lacroix* (1765–1843), einem der erfolgreichsten mathematischen Lehrbuchautoren des 19. Jahrhunderts. Wurde bisher ein Koordinatensystem meist anhand eines gegebenen speziellen geometrischen Gebildes eingeführt, so wurde jetzt die analytische Geometrie zu einer Lehre von geometrischen Gebilden und deren inneren und gegenseitigen Verhältnissen im Rahmen eines vorgegebenen Koordinatensystems. Siehe dazu das Standardwerk von Boyer: *History of Analytic Geometry* [1956].

119 Zur Frage der logischen Konsistenz und der Wirklichkeitsgemäßheit siehe auch die im obigen Hinweis 114 diskutierte Problematik.

120 Zur Wirklichkeitsgemäßheit der Relativitätstheorie siehe insbesondere die Fragenbeantwortungen vom 7. März 1920 [Baravalle und Herberg] und die entsprechenden Hinweise, vor allem Hinweis 27.

### *Dornach, 26. August 1921*

*Kontext:* Auszug aus der Fragenbeantwortung (open discussion) während des Sommerkurses (Summer Art Course) am Goetheanum in Dornach vom 21. bis 27. August 1921. Dieser Kurs ist zusammen mit der andere Fragen umfassenden Fragenbeantwortung veröffentlicht in: *Kunst und Anthroposophie. Der Goetheanum-Impuls*, GA 77b. Dort finden sich ebenfalls Autoreferate von Rudolf Steiner zu einigen Vorträgen, S. 161–180. Das detaillierte Tagungsprogramm ebenda S. 198–202.

*Textgrundlagen:* Maschinenschriftliche Übertragung des Stenogramms von Helene Finckh.

121 Zur im Folgenden besprochenen Sonnen-Erde-Bewegung und zum dritten kopernikanischen Gesetz siehe die Fragenbeantwortung vom 15. Oktober 1920 und die entsprechenden Hinweise.

122 Zum Herausfallen aus dem Räumlichen siehe auch die Vorträge vom 2. Mai 1920 (*Entsprechungen zwischen Mikrokosmos und Makrokosmos*, GA 201, 4. Aufl. 2015, S. 172–175) und 16. Januar 1921 (*Das Verhältnis der verschiedenen naturwissenschaftlichen Gebiete zur Astronomie*, GA 323, 3. Aufl. 1997, S. 297 f.).

123 Rudolf Steiner verwendet hier die Reihenfolge der drei kopernikanischen Gesetze, wie sie Kopernikus im ersten Buch seines Hauptwerks *De revolutionibus orbium coelestium*, Kapitel 11, entwickelt. Siehe dazu die Fragenbeantwortung vom 15. Oktober 1920 und die Hinweise 80 und 81.

124 Rechnungsastronomie und das dritte kopernikanische Gesetz: Dies ist vermutlich ein Hinweis auf die von Steiner in der Fragenbeantwortung vom 15. Oktober 1920 erwähnten Bessel'schen Reduktionen.

### *Den Haag, 12. April 1922*

*Kontext:* Fragenbeantwortung am Ende eines Kurses für Akademiker, gehalten in Den Haag vom 7. bis 12. April 1922. Die von Rudolf Steiner in Den Haag vom 7. bis 12. April 1922 gehaltenen Vorträge mit Auszügen aus der Fragenbeantwortung sind publiziert in *Damit der Mensch ganz Mensch werde. Die Bedeutung der Anthroposophie im Geistesleben der Gegenwart*, GA 82, 2. Auflage 1994; Fragenbeantwortung dort gedruckt S. 228–236.

*Textgrundlagen:* Maschinenschriftliche Übertragung des Stenogramms von Helene Finckh.

125 Zu Hinton siehe Hinweis 18 zum Vortrag vom 31. März 1905 und zum Tesserakt siehe den Vortrag vom 31. Mai 1905 und die dazugehörigen Hinweise.

126 Zu den die gewöhnlichen Dimensionen aufhebenden negativen «Gegendimensionen» siehe die Fragenbeantwortung vom 7. April 1922 sowie die Hinweise 116 und 117.

127 Zur Elastizität des Raumes siehe die Vorträge vom 8., 9. und 10. April 1922 (*Damit der Mensch ganz Mensch werde*, GA 82).

128 Zur Geometrie einer Art von Gegenraum mit zentripetalen Qualitäten siehe die ähnlichen Stellen am Ende des Vortrages vom 10. Januar 1921 (*Das Verhältnis der verschiedenen naturwissenschaftlichen Gebiete zur Astronomie*, GA 323, S. 199–200) sowie am Anfang des Vortrages vom 18. Januar 1921 (GA 323, S. 318–320).

129 Vermutlich handelt es sich hier um den Vortrag Rudolf Steiners in der «Mathematischen Gesellschaft» in Basel im Wintersemester 1920/21. Näheres hierzu siehe Ziegler: «Über einen mathematischen Vortrag Rudolf Steiners in Basel» [1995c].

130 Zur besonderen Stellung der synthetischen projektiven Geometrie zur Wirklichkeit siehe die Parallelstellen in den Vorträgen vom 11. Januar 1921 (*Fachwissenschaft und Anthroposophie*, GA 73a, 1. Aufl. 2005, S. 241 f.) und 5. April 1921 (*Die befruchtende Wirkung der Anthroposophie auf die Fachwissenschaften*, GA 76, 3. Auflage 2018, S. 68–81).

131 Zur Relativitätstheorie siehe die Fragenbeantwortungen vom 7. März 1920 [Baravalle und Herberg] und die dazugehörigen Hinweise.

131a *Zuschauerstandpunkt*: *Friedrich Nietzsche* (1844–1900), Philologe, Dichter und Philosoph. – So bei Nietzsche nicht nachweisbar; allerdings kommt dem «Zuschauer» als Teil des griechischen Dramas in Nietzsches *Die Geburt der Tragödie aus dem Geiste der Musik* (1872) ein hoher Stellenwert zu; so habe Euripides den Zuschauer gleichsam «auf die Bühne gebracht […], um zugleich damit den Zuschauer zum Urtheil über das Drama erst wahrhaft zu befähigen» (§ 11). In einem Brief an Paul Deussen vom 11. April 1869 schreibt Nietzsche über «das alte Hausmittel: ‹man setzt sich auf den Zuschauerplatz und sieht die allerschönste Komödie.›» Zum von Nietzsche ausgearbeiteten Zuschauerstandpunkt schreibt Rudolf Steiner in *Friedrich Nietzsche, ein Kämpfer gegen seine Zeit* (GA 5, 5. Aufl. 2019): «Dem dionysischen Weisen steht der bloße Betrachter gegenüber, der sich immer außerhalb seiner Erkenntnisobjekte stehend glaubt, als objektiver, leidender Zuschauer. Dem dionysischen Menschen steht der *apollinische* gegenüber, der ‹vor allem das Auge erregt hält, so dass es die Kraft der Vision bekommt›. Visionen, Bilder von Dingen, die jenseits der Menschen-Wirklichkeit stehen, erstrebt der apollinische Geist, nicht eine durch ihn selbst geschaffene Weisheit.» (S. 87 f.) Die beiden Ideen von der apollinischen und der dionysischen Weltbetrachtung entwickelt Nietzsche in dem genannten Werk *Die Geburt der Tragödie* (1872).

131b Siehe zu den überlieferten Berichten von Begegnungen Steiners mit zeitgenössischen Physikern Ziegler: «Rudolf Steiners direkte und indirekte Begegnungen mit Physikern» [2022].

132 Gefaltete Hände in der Jugend werden zu segnenden Händen im Alter: Siehe dazu ausführlicher: Rudolf Steiner *Metamorphosen des Seelenlebens – Pfade der Seelenerlebnisse,* GA 58 und 59, Vorträge vom 28. Oktober 1909 und 17. Februar 1910.

133 *Friedrich Wilhelm Ostwald* (1853–1932), Chemiker, Farbenwissenschaftler, Naturphilosoph. In seinem Vortrag «Die Überwindung des wissenschaftlichen Materialismus» vom 20. September 1895, der zugleich ein Plädoyer für seine auf der Energetik beruhende Weltanschauung darstellt sowie in bewusstem Kontrast zur mechanistischen Weltanschauung von *Emil du Bois-Reymond* (1818–1896) steht, heißt es: «Erscheint es als ein vergebliches, bei jedem einzelnen ernsthaften Versuche schließlich gescheitertes Unternehmen, die bekannten physikalischen Erscheinungen mechanisch zu deuten, so ist der Schluss unabweisbar, daß dies umso weniger bei den unvergleichlich viel verwickelteren Erscheinungen des organischen Lebens gelingen kann. Die gleichen prinzipiellen Widersprüche machen sich auch hier geltend, und die Behauptung, alle Naturerscheinungen ließen sich in erster Linie auf mechanische

zurückführen, darf nicht einmal als eine brauchbare Arbeitshypothese bezeichnet werden; sie ist ein bloßer Irrthum. Am deutlichsten tritt dieser Irrthum gegenüber der folgenden Thatsache in die Erscheinung. Die mechanistischen Gleichungen haben alle die Eigenschaft, daß sie die Vertauschung des Zeichens der *Zeitgröße* gestatten. Das heißt, die theoretisch vollkommenen mechanischen Vorgänge können ebenso gut vorwärts, wie rückwärts verlaufen. In einer rein mechanischen Welt gäbe es daher kein Früher und Später im Sinne unserer Welt; es könnte der Baum wieder zum Reis und zum Samenkorn werden, der Schmetterling sich in die Raupe, der Greis in ein Kind verwandeln. Für die Thatsache, daß dies nicht stattfindet, hat die mechanistische Weltauffassung keine Erklärung und kann wegen der erwähnten Eigenschaft der mechanischen Gleichungen auch keine haben. Die thatsächliche Nichtumkehrbarkeit der wirklichen Naturerscheinungen beweist also das Vorhandensein von Vorgängen, welche durch mechanische Gleichungen nicht darstellbar sind, und damit ist das Urtheil des wissenschaftlichen Materialismus gesprochen.» (*Die Überwindung des wissenschaftlichen Materialismus* [1895], S. 20f.)

134 Gemeint ist hier, dass die projektive Gerade nur einen (und nicht zwei) anschaulich unendlich ferne Punkte hat.

135 Der eigentliche Begründer der modernen Perspektive ist *Filippo Brunelleschi* (1377–1446), Architekt und Erbauer der Domkuppel in Florenz. Erste Förderung erfuhr die neue Perspektivenlehre durch den Architekten und Gelehrten *Leon Battista Alberti* (1401–1472) sowie durch den Maler und Mathematiker *Piero della Francesca* (1416–1492). Für den Kulturraum nördlich der Alpen war die Schrift *Underweysung der messung mit dem zirckel und richtscheyt in linien, ebnen und gantzen corporen* (1525) von *Albrecht Dürer* (1471–1528) von entscheidendem Einfluss.

136 Zur Farbenperspektive siehe den Vortrag vom 2. Juni 1923 (*Das Wesen der Farben*, GA 291) und 19. April 1922 (*Erziehungs- und Unterrichtsmethoden auf anthroposophischer Grundlage*, GA 304, S. 208) sowie die Fragenbeantwortung vom 11. März 1920.

*Dornach, 29. Dezember 1922*

*Kontext:* Ergänzende Ausführungen während des Vortragszyklus *Der Entstehungsmoment der Naturwissenschaft in der Weltgeschichte und ihre seitherige Entwickelung*, GA 326. Bemerkungen zur Diskussion im Anschluss an den Vortrag von Ernst Blümel über «Die vier Raumdimensionen im Lichte der Anthroposophie». – Vom Vortrag von Ernst Blümel (1884–1952) ist keine Mitschrift nachweisbar.

*Textgrundlagen:* Maschinenschriftliche Übertragung der Mitschrift einer unbekannten Person.

137 Vortrag vom 26., 27. und 28. Dezember 1922 (*Der Entstehungsmoment der Naturwissenschaft in der Weltgeschichte und ihre seitherige Entwickelung*, GA 326). Zum Tast- und Sehraum siehe die Vorträge vom 17. März 1921 (*Naturbeobachtung, Experiment, Mathematik und die Erkenntnisstufen der Geistesforschung*, GA 324, und 1. Januar 1923, GA 326.

138 Auf diesen Übergang einer Kugel in eine Ebene oder eines Kreises in eine Gerade hat Rudolf Steiner an verschiedenen Orten hingewiesen. Siehe die Parallelstellen im vorliegenden Band: Vortrag vom 24. März 1905, Fragenbeantwortungen vom 2. September 1906, 28. Juni 1908 und 25. November 1912.

139 Siehe zum «Abfangen der Wirklichkeit» im Zusammenhang mit der projektiven Geometrie die Vorträge vom 11. Januar 1921 (*Fachwissenschaft und Anthroposophie*, GA 73a), 5. April 1921 (*Die befruchtende Wirkung der Anthroposophie auf die Fachwissenschaften*, GA 76) und die Fragenbeantwortung vom 12. April 1922.

140 Unter zwangsläufigen Bewegungen versteht man heute solche Bewegungen, die nur *einen* Freiheitsgrad haben, das heißt, dass sie so eingeschränkt sind, dass es nur *einen* freien Parameter der Bewegung gibt. – Vermutlich meint Steiner hier aber das ganz allgemeine Problem einer Bewegung mit Nebenbedingungen oder «Zwangskräften». Die Newton'sche Formulierung der Mechanik erwies sich für die Berechnung von Bewegungen unter Nebenbedingungen als unhandlich; zudem war es nicht so leicht möglich, verallgemeinerte (nicht rechtwinklige) Bewegungskoordinaten einzuführen. Beides lässt sich elegant mit Hilfe der auf einem mechanischen Variationsprinzip beruhenden *Lagrange'schen Gleichungen* behandeln.

141 Siehe den Vortrag vom 27. Dezember 1922 (*Der Entstehungsmoment der Naturwissenschaft in der Weltgeschichte und ihre seitherige Entwickelung*, GA 326).

142 Siehe zur negativen Gravitation die Vorträge vom 7. und 8. Januar 1921 (*Das Verhältnis der verschiedenen naturwissenschaftlichen Gebiete zur Astronomie*, GA 323).

143 Die angegebene Gleichung, falls sie überhaupt richtig überliefert worden ist, muss symbolisch-qualitativ aufgefasst werden, das heißt als ein Hinweis auf eine erst noch auszuführende exakte mathematische Formulierung. Streng genommen müssten auch auf der rechten Seite Differentialausdrücke vorkommen, wenn es sich um eine echte Gleichung handeln soll.

144 *Joseph-Louis Lagrange* (1736–1813), Mathematiker, Physiker, Astronom in Turin, Berlin und Paris. – Die Ableitung, Diskussion und Anwendung der nach Lagrange benannten Gleichungen macht den Hauptbe-

standteil seines Werkes *Mécanique Analitique* (Paris, 1788) aus. Zu den Lagrange'schen Gleichungen siehe den Hinweis 140.

145 Siehe den Vortrag vom 28. Dezember 1922 (*Der Entstehungsmoment der Naturwissenschaft in der Weltgeschichte und ihre seitherige Entwickelung*, GA 326).

## *Bibliografie zu den Hinweisen*

Die mit einem * bezeichneten Schriften befinden sich in der nachgelassenen Bibliothek Rudolf Steiners im Archiv der Rudolf Steiner Nachlassverwaltung (Rudolf Steiner Archiv) in Dornach.

### *Benutzte biografische und bibliografische Nachschlagewerke*


*Biografisch-literarisches Handwörterbuch zur Geschichte der exakten Wissenschaften.* Herausgegeben von Johann Christian Poggendorff. 6 Teile in 11 Bänden. Leipzig: Barth 1863–1919. Berlin: Verlag Chemie 1925–40.

*Dictionary of Scientific Biography.* Vol. 1–16. Edited by Charles Coulston Gillispie. New York: Charles Scribner's Sons 1970–80.

*Lexikon bedeutender Mathematiker.* Herausgegeben von Siegfried Gottwald, Hans-Joachim Ilgauds, Karl-Heinz Schlote. Thun/Frankfurt (Main): Harri Deutsch 1990.

*Das Wirken Rudolf Steiners 1917–1925.* Berlin, Stuttgart und Dornach. Herausgegeben von Heinz Herbert Schöffler. Dornach: Philosophisch-Anthroposophischer Verlag am Goetheanum 1987.

*Bibliografische Übersicht. Das literarische und künstlerische Werk von Rudolf Steiner.* Herausgegeben vom Archiv der Rudolf Steiner Nachlassverwaltung. (Übersichtsbände zur Rudolf Steiner Gesamtausgabe, Erster Band). Dornach: Rudolf Steiner Verlag 1984.

Hans Schmidt, *Das Vortragswerk Rudolf Steiners.* Verzeichnis der von Rudolf Steiner gehaltenen Vorträge, Ansprachen, Kurse und Zyklen. Dornach: Philosophisch-Anthroposophischer Verlag am Goetheanum 1950 (2. erweiterte Auflage 1978).


### *In den Hinweisen zitierte Literatur*


Abbott, Edwin Abbott [1884]: *Flatland: A Romance of many Dimensions. By the author A. Square.* London: Seeley & Co.

Adams, George [1989]: *Lemniskatische Regelflächen.* Eine anschauliche Einführung in die Liniengeometrie und Imaginärtheorie. (Mit erläuternden Anmerkungen und einem Anhang über die Geometrie der elliptischen linearen Kongruenzen, herausgegeben von Renatus Ziegler.) Dornach: Philosophisch-Anthroposophischer Verlag am Goetheanum (Mathematisch-Astronomische Blätter – Neue Folge, Band 14).

*Almanac, The Astronomical* 1981 ff., Washington: U.S. Government Printing Service/London: Her Majesty's Stationery Office.

Ballard, Marvin H. [1980]: *The Life and Thought of Charles Howard Hinton.* Blacksburg, Virginia (U.S.A.). (Thesis for the degree of Master of Arts in History.)

Bauer, Hermann [1981]: «Planetenbahnen als Rotationslemniskaten», in: *Mathematisch-Physikalische Korrespondenz* (Dornach), Nr. 121, S. 10–35.

Bauer, Hermann [1988]: *Über die lemniskatischen Planetenbewegungen. Elemente einer Himmelsorganik.* Stuttgart: Freies Geistesleben.

Bauer, Hermann [2010]: «Lemniskate als Beziehungsbahn», in: *Jupiter*, Band 5, Nr. 1, S. 3–10.

Blacklock, Mark [2018]: *The Emergence of the Fourth Dimension. Higher Spatial Thinking in the Fin des Siècle.* Oxford: Oxford University Press.

* Bonola, Roberto / Liebmann, Heinrich [1919]: Die nichteuklidische Geometrie. Historisch-kritische Darstellung ihrer Entwicklung. Leipzig/ Berlin: Teubner (2. Auflage).

Boyer, Carl B. [1956]: History of Analytic Geometry. New York: Yeshiva University (Scripta Mathematica, No. 6/7).

Bracker, Hans-Jürgen [1994]: «Ernst Müller, Portrait eines Europäers», in: *Novalis*, 1994, Heft 2/3, S. 16–20.

Cantor, Georg [1883]: «Über unendliche lineare Punktmannigfaltigkeiten, Nr. 5: Grundlagen einer allgemeinen Mannigfaltigkeitslehre». *Mathematische Annalen*, Band 21, S. 545–586. In: Cantor: *Abhandlungen* [1932], S. 165–208.

Cantor, Georg [1886]: «Über die verschiedenen Standpunkte in bezug auf das aktuelle Unendliche». *Zeitschrift für Philosophie und Philosophische Kritik*, Band 88, S. 224–233. In: Cantor: *Abhandlungen* [1932], S. 370–376.

Cantor, Georg [1887]: «Mitteilungen zur Lehre vom Transfiniten». *Zeitschrift für Philosophie und Philosophische Kritik*, Band 91, S. 81–125. In: Cantor: *Abhandlungen* [1932], S. 378–411.

* Cantor, Georg [1890]: *Lehre vom Transfiniten.* Gesammelte Abhandlungen aus der Zeitschrift für Philosophie und Philosophische Kritik. Halle/Saale: Pfeffer. In: Cantor: *Abhandlungen* [1932], S. 370–376 und S. 378–439.

Cantor, Georg [1932]: *Abhandlungen mathematischen und philosophischen Inhalts.* Hildesheim: Olms (Nachdruck: Hildesheim: Olms 1962, 1966, 1970 und Berlin: Springer 1980, 1990, 2013).

Clausius, Rudolf [1876-91]: *Die mechanische Wärmetheorie.* (Zweite, stark erweiterte Auflage der *Abhandlungen über die mechanische Wärmetheorie*, Zwei Bände, Braunschweig: Vieweg 1864–67.) Band 1: *Entwicklung der Theorie, soweit sie sich aus den beiden Hauptsätzen ableiten lässt* (1876, 2. Auflage 1887); Band 2: *Die mechanische Behandlung der Elektrizität* (1879); Band 3: *Die kinetische Theorie der Gase* (1889–91). Braunschweig: Vieweg.

Coxeter, Harold S. M. [1981]: *Unvergängliche Geometrie.* Basel/Boston/ Stuttgart: Birkhäuser (2. erweiterte Auflage). (Wissenschaft und Kultur, Band 17.)

Crowe, Michael [1967]: *A History of Vector Analysis.* Notre Dame/London: University of Notre Dame Press (Reprint: New York, Dover 1985).

* Dühring, Eugen und Ulrich [1884]: *Neue Grundmittel und Erfindungen zur Analysis, Algebra, Functionsrechnung und zugehörigen Geometrie sowie Principien zur mathematischen Reform* [1. Theil]. Leipzig: Fues.

Dühring, Eugen und Ulrich [1903]: *Neue Grundmittel und Erfindungen zur Analysis, Algebra, Functionsrechnung und zugehörigen Geometrie sowie Principien zur mathematischen Reform. Zweiter Theil: Transradicale Algebra und entsprechende Lösung der allgemeinen auch überviergradigen Gleichungen.* Leipzig: Reisland.

Durège, Heinrich [1880]: «Über die Hoppe'sche Knotencurve». *Sitzungsberichte der Kaiserlichen Akademie der Wissenschaften*, Wien, Mathematisch-Naturwissenschaftliche Klasse, Abteilung II, Band 82, S. 135–146.

Dustmann, Friedrich Wilhelm [1991]: «Die Äthertheorie von MacCullagh». *Mathematisch-Physikalische Korrespondenz*, Nr. 160, S. 6–16.

Dustmann, Friedrich Wilhelm / Pinkall, Ulrich [1992]: «Die Gleichung der vier Ätherarten in Rudolf Steiners zweitem naturwissenschaftlichen Kurs». *Elemente der Naturwissenschaft.* Band 56, Heft 1. S. 1–33.

Ebbinghaus, Heinz Dieter et al. [1992]: *Zahlen.* Berlin/Heidelberg/New York: Springer (3. Auflage; Grundwissen Mathematik, Band 1).

* Einstein, Albert [1911]: *Das Relativitätsprinzip* (Vortrag gehalten in der Sitzung der Naturforschenden Gesellschaft in Zürich am 16. Januar 1911). [Unter dem Titel «Die Relativitäts-Theorie», leicht verändert abgedruckt in: *Vierteljahrsschrift der Naturforschenden Gesellschaft in Zürich*, Band 56, 1911, S. 1–14, Diskussion S. II–IX.]

* Einstein, Albert [1917]: *Über die spezielle und die allgemeine Relativitätstheorie gemeinverständlich.* Braunschweig: Vieweg 1917 (Sammlung Vieweg, Heft 38).

Gauß, Carl Friedrich [1831]: «[Anzeige von] Theoria residuorum biquadraticorum, commentatio secunda». *Göttingische gelehrte Anzeigen*, 23. April 1831 = *Werke*, Band II (Göttingen: Königliche Gesellschaft der Wissenschaften 1876), S. 169–178.

* Goethe, Johann Wolfgang [1810]: *Zur Farbenlehre.* Erster Band. Tübingen: Cotta = *Goethes Naturwissenschaftliche Schriften* (Herausgegeben von Rudolf Steiner), Band 3, S. 71–330. Dornach: Rudolf Steiner Verlag 1975 (GA 1c).

Goethe, Johann Wolfgang [1823]: «Der Versuch als Vermittler von Objekt und Subjekt». *Zur Naturwissenschaft*, Zweiter Band, Erstes Heft = *Goethes*

*Naturwissenschaftliche Schriften* (Herausgegeben von Rudolf Steiner), Band 2, S. 10–21. Dornach: Rudolf Steiner Verlag 1975 (GA 1b).

Gschwind, Peter [1986]: *Raum, Zeit, Geschwindigkeit.* Dornach: Philosophisch-Anthroposophischer Verlag am Goetheanum (Mathematisch-Astronomische Blätter – Neue Folge, Band 15).

Gschwind, Peter [1991]: *Der lineare Komplex – eine überimaginäre Zahl.* Dornach: Philosophisch-Anthroposophischer Verlag am Goetheanum (2. Auflage; Mathematisch-Astronomische Blätter – Neue Folge, Band 4).

Gschwind, Peter [2004]: *Projektive Mikrophysik. Erweiterung der Teilchenphysik durch Umkreisgrößen.* Dornach: Philosophisch-Anthroposophischer Verlag am Goetheanum (Mathematisch-Astronomische Blätter – Neue Folge, Band 25).

Gschwind, Peter [2008]: *Die Ich-Struktur der Materie.* Dornach: Philosophisch-Anthroposophischer Verlag am Goetheanum (Mathematisch-Astronomische Blätter – Neue Folge, Band 26).

Haase, Julius [1916]: «Die vierte Dimension. Eine Studie». *Das Reich*, Erster Jahrgang, Buch 1, S. 29–48.

Hagemann, Ernst [1966]: Lemniskatisch-Planetarische Bewegungen im Kosmos. In: *Die Erforschung Kosmisch-Irdischer Entsprechungen.* (Bericht von der Mathematisch-Astronomischen Hochschulwoche der Mathematisch-Astronomischen Sektion am Goetheanum, Dornach, 12. bis 17. April 1966), S. 1–3.

Hardorp, Johannes [1983]: «Die Bewegungen des Erdkörpers ermittelt nach dem allgemeinen Dopplerprinzip». *Mathematisch-Physikalische Korrespondenz* (Dornach), Nr. 130, S. 3–10.

Harman, Peter Michael [1982]: *Energy, Force and Matter. The Conceptual Development of Nineteenth-Century Physics.* Cambridge: Cambridge University Press (Cambridge History of Science Series).

* Hartmann, Eduard von [1891]: *Die Geisterhypothese des Spiritismus und seine Phantome.* Leipzig: Friedrich.

* Hartmann, Eduard von [1898]: *Der Spiritismus.* Leipzig: Haacke.

* Helmholtz, Hermann [1879]: *Die Thatsachen in der Wahrnehmung* (Rede, gehalten zur Stiftungsfeier der Friedrich-Wilhelms-Universität zu Berlin am 3. August 1878). Berlin: Hirschwald.

Hemming, Albrecht / Pinkall, Ulrich [1983]: *Auf dem Wege zu Urbildern von Organisationsstrukturen.* Freiburg: Manuskriptdruck im Selbstverlag.

Henderson, Linda Dalrymple [1983/2013]: *The Fourth Dimension and Non-Euclidean Geometry in Modern Art.* Princeton: Princeton University Press (enlarged edition, Massachusetts: MIT Press 2013).

Henderson, Linda Dalrymple [1985]: «Theo van Doesburg, ‹Die vierte Dimension› und die Relativitätstheorie in den zwanziger Jahren». In: *Die vierte Dimension in der Kunst*. Weinheim: Acta Humaniora, S. 195–205.

Henderson, Linda Dalrymple [1988]: «Mystik, Romantik und die vierte Dimension». In: *Das Geistige in der Kunst: Abstrakte Malerei 1890–1985* (Hrsg. von M. Tuchmann und J. Freeman). Stuttgart: Urachhaus, S. 219–237.

Henderson, Linda Dalrymple [1995]: «Die moderne Kunst und das Unsichtbare: Die verborgenen Wellen und Dimensionen des Okkultismus und der Wissenschaften». In: *Okkultismus und Avantgarde. Von Munch bis Mondrian* (Ausstellungs-Katalog, Schirn-Kunsthalle Frankfurt 1995). Ostfildern: Edition Tertium, S. 13–32.

Hentschel, Klaus [1990]: *Interpretationen und Fehlinterpretationen der speziellen und der allgemeinen Relativitätstheorie durch Zeitgenossen Albert Einsteins*. Basel: Birkhäuser (Science networks historical studies, Band 6).

Herrmann, Dieter B. [1982]: *[Johann] Karl Friedrich Zöllner*. Leipzig: Teubner (Biografien hervorragender Naturwissenschaftler, Techniker und Mediziner, Band 57).

Hinton, Charles Howard [1883]: «What is the Fourth Dimension?» [London]. Reprint in [1886]: pp. 3–32.

* Hinton, Charles Howard [1886]: *Scientific Romances*. [First Series]. London: Swan Sonnenschein & Co.

* Hinton, Charles Howard [1888]: *A New Era of Thought*. London: Swan Sonnenschein & Co (Nachdruck: 1900, 1910) [in Steiners nachgelassener Bibliothek befindet sich der Nachdruck von 1999].

Hinton, Charles Howard [1901]: «The Recognition of the Fourth Dimension». (Read before the Philosophical Society of Washington, November 9, 1901.) *Bulletin of the Philosophical Society of Washington*, Volume 14, pp. 179–203. Revised reprint: [1904]: pp. 203–230.

* Hinton, Charles Howard [1902]: *Scientific Romances*. Second Series. London: Swan Sonnenschein & Co.

Hinton, Charles Howard [1904]: *The Fourth Dimension*. London: Swan Sonnenschein & Co.

Hinton, Charles Howard [1907]: *An Episode of Flatland or How a Plane Folk discovered the Third Dimension*. London: Swan Sonnenschein & Co.

* Hochstetter, Ferdinand von / Bisching, Anton [1868]: *Leitfaden der beschreibenden Krystallographie*. Wien: Braumüller.

Hoppe, Reinhold [1879]: «Gleichung der Curve eines Bandes mit unauflösbarem Knoten nebst Auflösung in vierter Dimension». *Archiv der Mathematik und Physik*, Band 64, S. 224.

Hoppe, Reinhold [1880]: «Bemerkungen betreffend die Auflösung eines Knotens in vierter Dimension». *Archiv der Mathematik und Physik*, Band 65, S. 423–426.

Junge, Werner [1983]: Ein Versuch, das kopernikanisch-keplersche Planetensystem durch eine multiplikative Grundlage zu erweitern. *Beiträge zur Erweiterung der Heilkunst*, Band 36, Heft 5, S. 165–173.

Kaiser, Wilhelm [1966]: «Ideen über Bewegungen im Sonnensystem bei Dr. Rudolf Steiner – eine vergleichende Betrachtung». In: *Die Erforschung Kosmisch-Irdischer Entsprechungen.* (Bericht von der Mathematisch-Astronomischen Hochschulwoche der Mathematisch-Astronomischen Sektion am Goetheanum, Dornach, 12. bis 17. April 1966), S. 7–9.

* Kant, Immanuel [1746]: *Gedanken von der wahren Schätzung der lebendigen Kräfte. Werke*, Band 1, S. 7–218.

* Kant, Immanuel [1768]: *Von dem ersten Grunde des Unterschieds der Gegenden im Raume. Werke*, Band 1, S. 991–1000.

* Kant, Immanuel [1783]: *Prolegomena zu einer jeden künftigen Metaphysik. Werke*, Band 2, S. 109–264.

* Kant, Immanuel [1781/1787]: *Kritik der reinen Vernunft* (1. Auflage: A, 2. Auflage: B). *Werke*, Band 3 und 4.

* Kant, Immanuel [1956–60]: *Werke.* Hrsg. von W. Weischedel. Darmstadt: Wissenschaftliche Buchgesellschaft, Sonderausgabe 1981 in 10 Bänden.

Kérenyi, Karl [1966]: *Die Mythologie der Griechen*. Band I, II. München: dtv.

Keyserling, Graf Hermann [1919a]: *Das Reisetagebuch eines Philosophen.* Darmstadt: Reichl.

* Keyserling, Graf Hermann [1919b]: *Der Weg zur Vollendung.* Des Grafen Hermann Keyserling philosophisches Schaffen. Darmstadt: Reichl.

* Keyserling, Graf Hermann [1920]: *Philosophie als Kunst.* Darmstadt: Reichl.

Kiersch, Johannes / Wichmann-Erlen, Alma [2018]: *Eugenie von Bredow und Rudolf Steiner im Havelland. Eine unbekannte Begebenheit der frühen Anthroposophie*, Frankfurt: Info3-Verlag.

Klein, Felix [1876]: «Über den Zusammenhang der Flächen». *Mathematische Annalen*, Band 9, S. 476–483 = *Gesammelte Mathematische Abhandlungen*, 2. Band (Berlin: Springer 1922), S. 63–77.

Klein, Felix [1926]: *Vorlesungen über die Entwicklung der Mathematik im 19. Jahrhundert, Teil I.* Berlin: Springer (Grundlehren der Mathematischen Wissenschaften, Bd. 24).

Klein, Felix [1927]: *Vorlesungen über die Entwicklung der Mathematik im 19. Jahrhundert, Teil II: Die Grundbegriffe der Invariantentheorie und ihr Eindringen in die mathematische Physik.* Berlin: Springer (Grundlehren der Mathematischen Wissenschaften, Band 25).

* Koenigsberger, Leo [1874]: *Vorlesungen über die Theorie der elliptischen Functionen*. Erster Theil. Leipzig: Teubner.

Kopernikus, Nikolaus [1879]: *Über die Kreisbewegungen der Weltkörper.* (Übersetzt und mit Anmerkungen von C. L. Menzzer). Thorn: Lambeck (Nachdruck: Leipzig, Akademische Verlagsgesellschaft 1939).

Kopernikus, Nikolaus [1948]: *Erster Entwurf seines Weltsystems.* (Nach den Handschriften herausgegeben, übersetzt und erläutert von Fritz Rossmann.) München: Hermann Rinn (Nachdruck: Darmstadt, Wissenschaftliche Buchgesellschaft 1966, 1974).

Kopernikus, Nikolaus [1990]: *Das neue Weltbild.* Drei Texte: Commentariolus, Brief gegen Werner, De revolutionibus I. (Übersetzt und mit einer Einleitung und Anmerkungen versehen von Hans Günter Zekl.) Hamburg: Meiner.

Kötter, Dieter [1995]: «Die Bewegung der Erde im Geschwindigkeitsraum. Die lemniskatische Gestalt der Erdbewegung – ein Zwischenbericht». In: *Forschungs- und Tätigkeitsbericht der Mathematisch-Astronomischen Sektion am Goetheanum 1992–1995*, Dornach: Freie Hochschule für Geisteswissenschaft 1995.

Kowol, Gerhard [1990]: *Gleichungen. Eine historisch-phänomenologische Darstellung.* Stuttgart: Freies Geistesleben.

Lämmel, Rudolf [1921]: *Die Grundlagen der Relativitätstheorie – populärwissenschaftlich dargestellt.* Berlin: Springer.

Locher, Louis [1937]: *Urphänomene der Geometrie.* Zürich: Orell Füssli (Nachdruck: Dornach, Philosophisch-Anthroposophischer Verlag am Goetheanum 1980).

Locher, Louis [1942]: «Nachwort». *Mathematisch-Astronomische Blätter*, Heft 4, S. 10–107.

Luttenberger, Franz [1977]: «Friedrich Zöllner, der Spiritismus und der vierdimensionale Raum». *Zeitschrift für Parapsychologie und Grenzgebiete der Psychologie*, Band 19, Heft 4, S. 195–214.

Manning, Henry Parker [1914]: *Geometry of Four Dimensions.* New York: Macmillan (Reprint: New York: Dover 1956).

Mead, George Robert Stow [1902]: *Fragmente eines verschollenen Glaubens – Das Geheimwissen der Gnostiker.* Berlin: Schwetschke.

Meffert, Ekkehard [1991]: *Mathilde Scholl*, Dornach: Philosophisch-Anthroposophischer Verlag am Goetheanum.

Meffert, Ekkehard [2003] Mathilde Scholl, in: Bodo von Plato (Hrsg.): *Anthroposophie im 20. Jahrhundert. Ein Kulturimpuls in biografischen Porträts*, Dornach: Verlag am Goetheanum, S. 726.

Meinel, Christoph [1991]: *Karl Friedrich Zöllner und die Wissenschaftskultur der Gründerzeit. Eine Fallstudie zur Genese konservativer Zivilisa-*

*tionskritik*, Berlin: ERS-Verlag (Berliner Beiträge zur Geschichte der Naturwissenschaften und der Technik, Band 13).

Möbius, August Ferdinand [1827]: *Der barycentrische Calcul.* Leipzig = *Gesammelte Werke*, Band I (Leipzig: Hirzel 1885), S. 1–388.

Möbius, August Ferdinand [1865]: «Über die Bestimmung des Inhaltes eines Polyeders». *Berichte über die Verhandlungen der Königlichen Sächsischen Gesellschaft der Wissenschaften*, Mathematisch-Naturwissenschaftliche Klasse, Band 17, S. 31–68 = Gesammelte Werke, Band II (Leipzig: Hirzel 1886), S. 473–512.

Müller, Ernst [1931]: «Oskar Simony und seine topologischen Untersuchungen». In: *Mathesis*, Stuttgart: Orient-Occident-Verlag, S. 175–226.

Müller, Ernst [1951]: «Erinnerungen an Oskar Simony». *Blätter für Anthroposophie*, Band 3, Heft 8, S. 288–292.

Neugebauer, Otto [1983]: *Astronomy and History.* Selected Essays. New York: Springer.

Niggli, Paul [1924]: *Lehrbuch der Mineralogie.* Teil I: *Allgemeine Mineralogie.* Berlin: Bornträger (2. Auflage).

Ostwald, Friedrich Wilhelm [1895]: *Die Überwindung des wissenschaftlichen Materialismus* (Vortrag, gehalten in der dritten allgemeinen Sitzung der Versammlung der Gesellschaft Deutscher Naturforscher und Ärzte zu Lübeck am 20. September 1895). Leipzig: Veit & Co.

Planck, Max [1910]: «Die Stellung der neueren Physik zur mechanischen Naturanschauung» (Vortrag, gehalten am 23. September 1910 auf der 82. Versammlung Deutscher Naturforscher und Ärzte in Königsberg). *Verhandlungen der Gesellschaft Deutscher Naturforscher und Ärzte zu Königsberg*, 1910, Teil 1, S. 58–75 = Max Planck, *Physikalische Abhandlungen und Vorträge*, Band III (Braunschweig: Vieweg 1958), S. 30–46 / Max Planck: *Vorträge und Erinnerungen*, Stuttgart: Hirzel, 5. Aufl. 1949 (unveränderter Nachdruck: Darmstadt: Wissenschaftliche Buchgesellschaft 1983), S. 52–68.

Ptolemäus, Claudius [1962–63]: *Handbuch der Astronomie*, 2 Bände. (Deutsche Übersetzung und erläuternde Anmerkungen von K. Manitius, Vorwort und Berichtigungen von O. Neugebauer.) Leipzig: Teubner.

Reichardt, Hans [1976]: *Gauß und die nichteuklidische Geometrie.* Leipzig: Teubner.

Riemann, Bernhard [1867]: «Über die Hypothesen, welche der Geometrie zugrunde liegen» (Habilitationsvortrag vom 10. Juni 1854). *Abhandlungen der Königlichen Gesellschaft der Wissenschaften*, Göttingen, Band 13, S. 133–152 = B. Riemann, Mathematische Werke (2. Auflage, Leipzig: Teubner 1892), S. 272–287.

Rudnicki, Konrad [1984]: «Kann das lemniskatische System nicht doch die körperliche Sonnen-Planeten-Bewegung beschreiben?» *Mathematisch-Physikalische Korrespondenz* (Dornach), Nr. 133, S. 34–35.

Sam, Martina Maria [2020]: «‹Wenn man sich mit Geisteswissenschaft befasst, ist Humor nötig› Rudolf Steiner und Oskar Simony.» Marginalien zu Rudolf Steiners Leben und Werk, Nr. 13. *Das Goetheanum* Nr. 31–32/2020, S. 16–18.

* Schlaf, Johannes [1914]: *Professor Plassmann und das Sonnenfleckenphänomen*. Weiteres zur geozentrischen Feststellung. Hamburg: Hephaestos-Verlag.

* Schlaf, Johannes [1919]: *Die Erde – nicht die Sonne*. München/Wien/Zürich: Dreiländer Verlag.

Schlegel, Victor [1886]: «Über die Entwickelung und Stand der *n*-dimensionalen Geometrie, mit besonderer Berücksichtigung der vierdimensionalen». *Leopoldina*, Heft 22, S. 92–96, 108–110, 133–135, 149–152, 161–163.

Schlegel, Victor [1888]: «Über den sogenannten vierdimensionalen Raum». Naturwissenschaftliche Wochenschrift, 2. Band, S. 41–44, 49–51, 58–60, 67–68.

Schmidt, Thomas [1966]: «Zur Phänomenologie von Planetenbahnen». In: *Die Erforschung Kosmisch-Irdischer Entsprechungen* (Bericht von der Mathematisch-Astronomischen Hochschulwoche der Mathematisch-Astronomischen Sektion am Goetheanum, Dornach, 12. bis 17. April 1966), S. 5–6.

Schmidt, Thomas [1967]: «Bessel'sche Korrekturen und dritte kopernikanische Bewegung». In: *Die lemniskatischen Bewegungsprinzipien im Sonnensystem und im Blutkreislauf* (Bericht von der Mathematisch-Astronomischen Hochschulwoche der Mathematisch-Astronomischen Sektion am Goetheanum, Dornach, 28. März bis 2. April 1967), S. 7–8.

Scholz, Erhard [1980]: *Geschichte des Mannigfaltigkeitsbegriffs von Riemann bis Poincaré*. Boston/Basel: Birkhäuser.

* Schopenhauer, Arthur [1894]: *Arthur Schopenhauers sämtliche Werke in zwölf Bänden*, mit Einleitung von Dr. Rudolf Steiner. Stuttgart: Cotta'sche Buchhandlung o. J. [1894].

Schoute, Pieter Hendrik [1902]: *Mehrdimensionale Geometrie*, Erster Teil: *Die linearen Räume*. Leipzig: Göschen (Sammlung Schuberth, Band 35).

Schoute, Pieter Hendrik [1905]: *Mehrdimensionale Geometrie*, Zweiter Teil: *Die Polytope*. Leipzig: Göschen (Sammlung Schuberth, Band 36).

* Schouten, Jan Arnoldus [1914]: *Grundlagen der Vektor- und Affinoranalysis*. Leipzig/Berlin: Teubner.

Schrapp, Roland [2010]: «Das Lemniskatenbahnsystem» [Teil 1]. *Jupiter*, Band 5, Nr. 1, S. 21–95.

Schrapp, Roland [2011]: «Das Lemniskatenbahnsystem», Teil 2. *Jupiter*, Band 6, Nr. 1, S. 3–55.

Seifert, Herbert / Threlfall, William [1934]: *Lehrbuch der Topologie*. Leipzig: Teubner 1934.

Simony, Oskar [1880]: «Über jene Flächen, welche aus ringförmig geschlossenen, knotenfreien Bändern durch in sich selbst zurückkehrende Längsschnitte erzeugt werden». *Sitzungsberichte der Kaiserlichen Akademie der Wissenschaften*, Wien, Mathematisch-Naturwissenschaftliche Klasse, Abteilung II, Band 82, S. 691–697.

Simony, Oskar [1881a]: «Über jene Gebilde, welche aus kreuzförmigen Flächen durch paarweise Vereinigung ihrer Enden und gewisse in sich selbst zurückkehrende Schnitte entstehen». *Sitzungsberichte der Kaiserlichen Akademie der Wissenschaften*, Wien, Mathematisch-Naturwissenschaftliche Klasse, Abteilung II, Band 84, S. 237–257.

* Simony, Oskar [1881b]: *Gemeinfassliche, leicht controlirbare Lösung der Aufgabe: «In ein ringförmig geschlossenes Band einen Knoten zu machen» und verwandter merkwürdiger Probleme*. Wien: Gerold 1881 (3. Auflage).

Simony, Oskar [1883]: «Über eine Reihe neuer mathematischer Erfahrungssätze». *Sitzungsberichte der Kaiserlichen Akademie der Wissenschaften*, Wien, Mathematisch-Naturwissenschaftliche Klasse, Abteilung II, Band 88, S. 939–974.

* Simony, Oskar [1884]: *Über spiritistische Manifestationen vom naturwissenschaftlichen Standpunkte*. Wien/Pest/Leipzig: Hartleben.

* Simony, Oskar [1885]: «Über zwei universelle Verallgemeinerungen der algebraischen Grundoperationen». *Sitzungsberichte der Kaiserlichen Akademie der Wissenschaften*, Wien, Mathematisch-Naturwissenschaftliche Klasse, Abteilung II, Band 91, S. 223–328 [Sonderdruck, mit Widmung des Verfassers an Rudolf Steiner].

* Simony, Oskar [1886]: *Über die empirische Natur unserer Raumvorstellungen* (Vortrag vom 17. Februar 1886). Wien: Verein zur Verbreitung naturwissenschaftlicher Kenntnisse.

Sommerfeld, Arnold [1944]: *Vorlesungen über theoretische Physik*, Band II: *Mechanik der deformierbaren Medien*. Leipzig: Akademische Verlagsgesellschaft Geest & Portig. (Nachdruck der 6. Auflage: Thun/Frankfurt am Main: Harri Deutsch 1992.)

Sommerville, Duncan M. L. [1911]: *Bibliography of Non-Euclidean Geometry*. London: Harrisons & Sons 1911 (second, enlarged edition: New York: Chelsea 1970).

* Spengler, Oswald [1920]: *Der Untergang des Abendlandes*. Erster Band: *Gestalt und Wirklichkeit*. München: Beck (7.–10. Auflage).

* Spengler, Oswald [1922]: *Der Untergang des Abendlandes.* Zweiter Band: *Welthistorische Perspektiven.* München: Beck (31.–42. Auflage).

Stäckel, Paul [1913]: Wolfgang und Johann Bólyai: *Geometrische Untersuchungen.* Erster Teil: *Leben und Schriften der beiden Bólyai*; Zweiter Teil: *Stücke aus den Schriften der beiden Bólyai.* Leipzig und Berlin: Teubner (Urkunden zur Geschichte der nichteuklidischen Geometrie, hrsg. von F. Engel / P. Stäckel, Teil II).

Steffen, Albert [1922]: *Die Krisis im Leben des Künstlers.* Bern: Seldwyla (2. Auflage: 1925).

Teichmann, Jürgen [1983]: *Wandel des Weltbildes.* Darmstadt: Wissenschaftliche Buchgesellschaft (2. Auflage).

Thomas, Nick [2010]: «An approach to the lemniscate-path of the sun and earth». *Jupiter*, Band 5, Nr. 1, S. 11–19.

Treitel, Corinna [2004]: *A Science for the Soul – Occultism and the Genesis of the German Modern.* Baltimore und London: Johns Hopkins University Press.

Unger, Carl [1921]: «Rudolf Steiners Werk». (Referat über sechs Vorträge von Carl Unger während der Anthroposophischen Hochschulkurse vom 26. September bis 6. Oktober 1920 am Goetheanum in Dornach durch Willy Storrer.) *Tribüne* (Zürich), 1. Jahrgang 1921, Heft 6/8, S. 32–40. (Gekürzter Abdruck ohne Quellenangabe in: Carl Unger, *Schriften*, Erster Band [Stuttgart: Freies Geistesleben 1964]), S. 230–243.

Unger, Georg [1967]: *Vom Bilden physikalischer Begriffe.* Teil III: *Grundbegriffe der modernen Physik. Quanten, Teilchen, Relativität.* Stuttgart: Freies Geistesleben.

Unger, Georg [1981]: «Vorbemerkungen zur Arbeit von H. Bauer». *Mathematisch-Physikalische Korrespondenz* (Dornach), Nr. 121, S. 2–5.

Van Bemmelen, Martin [1967]: Bewegungsformen von Herz und Kreislauf sind Abbilder von kosmischen Bewegungen. In: *Die lemniskatischen Bewegungsprinzipien im Sonnensystem und im Blutkreislauf* (Bericht von der Mathematisch-Astronomischen Hochschulwoche der Mathematisch-Astronomischen Sektion am Goetheanum, Dornach, 28. März bis 2. April 1967), S. 10–16.

Vanscheidt, Ralf [1992]: «Über einige Konsequenzen der geometrischen Naturbeschreibung». *Evidenz* 1992/1993. Jahrbuch des Novalis-Hochschulvereins, Dortmund. Dornach: Gideon Spicker Verlag.

Van der Waerden, Bartel Leendert [1985]: *A History of Algebra.* Berlin/Heidelberg/New York: Springer.

Van der Waerden, Bartel Leenert [1988]: *Die Astronomie der Griechen. Eine Einführung.* Darmstadt: Wissenschaftliche Buchgesellschaft.

Vetter, Suso [1967]: «Zur lemniskatischen Sonnen-Erden-Bewegung nach Arbeiten von Joachim Schultz». In: *Die lemniskatischen Bewegungsprinzipien im Sonnensystem und im Blutkreislauf* (Bericht von der Mathematisch-Astronomischen Hochschulwoche der Mathematisch-Astronomischen Sektion am Goetheanum, Dornach, 28. März bis 2. April 1967), S. 4–7. Wieder abgedruckt in: *Mathematisch-Physikalische Korrespondenz* (Dornach), Nr. 121, 1981, S. 5–9.

Vreede, Elisabeth [1922]: «Die Berechtigung der Mathematik in der Astronomie und ihre Grenzen». In: *Aenigmatisches aus Kunst und Wissenschaft.* Anthroposophische Hochschulkurse vom 26. September bis 16. Oktober 1920. Band I/II (Stuttgart: Kommende Tag AG), S. 135–164.

Vreede, Elisabeth [1980]: *Astronomie und Anthroposophie.* Dornach: Philosophisch-Anthroposophischer Verlag am Goetheanum (2., neu bearbeitete Auflage).

Whittaker, Edmund Taylor [1951–53]: *A history of the Theories of Aether and Electricity.* Volume I: *The Classical Theories*, Volume II: *The Modern Theories 1900–1926.* London/New York: Nelson.

Wolf, Rudolf [1891–93]: *Handbuch der Astronomie, ihrer Geschichte und Litteratur.* Zwei Bände. Zürich: Schulthess.

Ziegler, Renatus [1976]: «Die Planetenbewegungen nach Ptolemäus». *Mathematisch-Physikalische Korrespondenz* (Dornach), Nr. 99, S. 1–26.

Ziegler, Renatus [1985]: *Die Geschichte der geometrischen Mechanik im 19. Jahrhundert. Eine historisch-systematische Untersuchung von Möbius und Plücker bis zu Klein und Lindemann.* Stuttgart: Franz Steiner.

Ziegler, Renatus [1987]: «Die Entdeckung der nichteuklidischen Geometrien und ihre Folgen; Bemerkungen zur Bewusstseinsgeschichte des 19. Jahrhunderts». *Elemente der Naturwissenschaft*, Nr. 47, Heft 1987/2, S. 31–58.

Ziegler, Renatus [1992/2000]: *Mathematik und Geisteswissenschaft. Mathematische Einführung in die Philosophie als Geisteswissenschaft.* Dornach: Philosophisch-Anthroposophischer Verlag am Goetheanum. 2. Auflage: 2000.

Ziegler, Renatus [1995a]: «Georg Cantor und Rudolf Steiner», *Beiträge zur Rudolf Steiner Gesamtausgabe*, Nr. 114/115, Dornach: Rudolf Steiner Verlag, S. 53–61.

Ziegler, Renatus [1995b]: *Ernst Blümel (1884–1952).* Notizen zur Biografie des Mathematikers und Lehrers Ernst Blümel. Dornach. (Arbeitshefte der Mathematisch-Astronomischen Sektion am Goetheanum, Kleine Reihe, Heft 1).

Ziegler, Renatus [1995c]: «Über einen mathematischen Vortrag Rudolf Steiners in Basel», *Beiträge zur Rudolf Steiner Gesamtausgabe*, Nr. 114/115, Dornach: Rudolf Steiner Verlag 1995, S. 20–52.

Ziegler, Renatus [2022]: «Rudolf Steiners direkte und indirekte Begegnungen mit Physikern», *Elemente der Naturwissenschaft*, Nr. 117, S. 43–70.

Zöllner, Friedrich [1876]: *Principien einer elektrodynamischen Theorie der Materie.* Leipzig: Engelmann.

Zöllner, Friedrich [1878–1881]: *Wissenschaftliche Abhandlungen* (WA), Band I–IV. Leipzig: Staackmann.

Zöllner, Friedrich [1878a]: «Über Wirkungen in die Ferne». WA, Band I, S. 16–288.

Zöllner, Friedrich [1878b]: «Thomson's Dämonen und die Schatten Plato's». WA, Band I, S. 710–732.

Zöllner, Friedrich [1878c]: «Über die metaphysische Deduction der Naturgesetze». WA, Band II.1, S. 181–433.

Zöllner, Friedrich [1878d]: «Zur Metaphysik des Raumes». WA, Band II.2, S. 892–941, S. 1173–1192.

Zöllner, Friedrich [1878e]: «On Space of Four Dimensions». *The Quarterly Journal of Science and Annals of Mining* (London), April 1878, pp. 227–237.

Zöllner, Friedrich [1879]: *Die transcendentale Physik und die sogenannte Philosophie.* WA, Band III.

* Zöllner, Friedrich [1886]: *Über die Natur der Cometen. Beiträge zur Geschichte und Theorie der Erkenntniss.* Gera: Griesbach (3. Auflage).

*Bibliografischer Nachweis früherer Ausgaben*

1. Auflage, Gesamtausgabe, herausgegeben von Renatus Ziegler unter Mitarbeit von Ulla Trapp, Rudolf Steiner Verlag, Dornach 1995.

# *Namenregister*

* = ohne Namensnennung im Text

# *Rudolf Steiner Gesamtausgabe*

Gliederung nach: Rudolf Steiner – Das literarische und künstlerische Werk. Eine bibliografische Übersicht (Band-Nrn. *kursiv* in Klammern)

## A. SCHRIFTEN

*I. Werke*

Goethes Naturwissenschaftliche Schriften, eingeleitet und kommentiert von R. Steiner, 5 Bände, 1884–97, Nachdruck 1975, *(1a–e)*; sep. Ausgabe der Einleitungen sowie ausgewählter Kommentare, 1925 *(1)*
Editorische Nachworte zu Goethes Naturwissenschaftlichen Schriften in der Weimarer Ausgabe (1891–1896) *(1f)*
Grundlinien einer Erkenntnistheorie der Goetheschen Weltanschauung, 1886 *(2)*
Wahrheit und Wissenschaft. Vorspiel einer «Philosophie der Freiheit», 1892 *(3)*
Die Philosophie der Freiheit. Grundzüge einer modernen Weltanschauung, 1894 *(4)*
Friedrich Nietzsche. Ein Kämpfer gegen seine Zeit, 1895 *(5)*
Goethes Weltanschauung, 1897 *(6)*
Die Mystik im Aufgange des neuzeitlichen Geisteslebens und ihr Verhältnis zur modernen Weltanschauung, 1901 *(7)*
Das Christentum als mystische Tatsache und die Mysterien des Altertums, 1902 *(8)*
Theosophie. Einführung in übersinnliche Welterkenntnis und Menschenbestimmung, 1904 *(9)*
Wie erlangt man Erkenntnisse der höheren Welten?, 1904/05 *(10)*
Aus der Akasha-Chronik, 1904–1908 *(11)*
Die Stufen der höheren Erkenntnis, 1905–1908 *(12)*
Die Geheimwissenschaft im Umriss, 1910 *(13)*
Vier Mysteriendramen: Die Pforte der Einweihung – Die Prüfung der Seele – Der Hüter der Schwelle – Der Seelen Erwachen, 1910–1913 *(14)*
Die geistige Führung des Menschen und der Menschheit, 1911 *(15)*
Anthroposophischer Seelenkalender, 1912 *(in 40)*
Ein Weg zur Selbsterkenntnis des Menschen, 1912 *(16)*
Die Schwelle der geistigen Welt, 1913 *(17)*
Die Rätsel der Philosophie in ihrer Geschichte als Umriss dargestellt, 1914 *(18)*
Welt- und Lebensanschauungen im neunzehnten Jahrhundert, 1900 *(18a)*
Gedanken während der Zeit des Krieges, 1915 *(19)*
Vom Menschenrätsel, 1916 *(20)*
Von Seelenrätseln, 1917 *(21)*
Goethes Geistesart in ihrer Offenbarung durch seinen Faust und durch das Märchen von der Schlange und der Lilie, 1918 *(22)*
Die Kernpunkte der sozialen Frage in den Lebensnotwendigkeiten der Gegenwart und Zukunft, 1919 *(23)*
In Ausführung der Dreigliederung des sozialen Organismus, 1920 *(24)*
Drei Schritte der Anthroposophie: Philosophie, Kosmologie, Religion 1922 *(25)*
Anthroposophische Leitsätze, 1924/25 *(26)*
Grundlegendes für eine Erweiterung der Heilkunst nach geisteswissenschaftlichen Erkenntnissen, 1925. Von Dr. R. Steiner und Dr. I. Wegman *(27)*
Mein Lebensgang, 1923–1925 *(28)*

*II. Gesammelte Aufsätze*

Aufsätze zur Dramaturgie, 1889–1900 *(29)* – Methodische Grundlagen der Anthroposophie, 1884–1901 *(30)* – Aufsätze zur Kultur- und Zeitgeschichte, 1887–1901 *(31)* – Aufsätze zur Literatur, 1884–1902 *(32)* – Biografien und biografische Skizzen, 1894–1905 *(33)* – Aufsätze aus «Lucifer – Gnosis», 1903–1908 *(34)* – Philosophie und Anthroposophie, 1904–1923 *(35)* – Aufsätze aus «Das Goetheanum», 1921–1925 *(36)* – Schriften zur Geschichte der anthroposophischen Bewegung und Gesellschaft 1902–1925 *(37)*

*III. Veröffentlichungen aus dem Nachlass*

Briefe *(38)* – Wahrspruchworte *(40, 40a)* – Übersetzungen *(41a, b)* – Bühnenbearbeitungen *(42, 43)* – Entwürfe zu den vier Mysteriendramen, 1910–1913 *(44)* – Anthroposophie. Ein Fragment *(45)* – Nachgelassene Abhandlungen und Fragmente *(46)* – Notizbücher und Notizzettel *(eGA 47/48)*

## B. DAS VORTRAGSWERK

*I. Öffentliche Vorträge*

Die Berliner öffentlichen Vortragsreihen, 1903/04 bis 1917/18 *(51–67)* – Öffentliche Vorträge, Vortragsreihen und Hochschulkurse an anderen Orten Europas, 1889–1924 *(68–86)*

*II. Vorträge zur allgemeinen Anthroposophie*

Vorträge und Vortragszyklen allgemein-anthroposophischen Inhalts – Christologie und Evangelien-Betrachtungen – Geisteswissenschaftliche Menschenkunde – Kosmische und menschliche Geschichte – Die geistigen Hintergründe der sozialen Frage – Der Mensch in seinem Zusammenhang mit dem Kosmos – Karma-Betrachtungen *(87–247)* – Vorträge und Schriften zur Geschichte der anthroposophischen Bewegung und der Anthroposophischen Gesellschaft – Veröffentlichungen zur Geschichte und aus den Inhalten der esoterischen Lehrtätigkeit *(250–270)*

*III. Vorträge und Kurse zu einzelnen Lebensgebieten*

Vorträge über Kunst: Allgemein-Künstlerisches – Eurythmie – Sprachgestaltung und Dramatische Kunst – Musik – Bildende Künste – Kunstgeschichte *(271–292)* – Vorträge über Erziehung *(293–311)* – Vorträge über Medizin *(312–319)* – Vorträge über Naturwissenschaft *(320–327)* – Vorträge über das soziale Leben und die Dreigliederung des sozialen Organismus *(328–341)* – Vorträge und Kurse über christlich-religiöses Wirken *(342–346)* – Vorträge für die Arbeiter am Goetheanumbau *(347–354)*

## C. DAS KÜNSTLERISCHE WERK

Originalgetreue Wiedergaben von malerischen und grafischen Entwürfen und Skizzen Rudolf Steiners in Kunstmappen oder als Einzelblätter. Entwürfe für die Malerei des Ersten Goetheanum – Schulungsskizzen für Maler – Das architektonische Werk – Das grafische Werk – Das plastische Werk – Zeichnungen – Kleinodienkunst – Eurythmieformen – Entwürfe zu den Eurythmiefiguren – Wandtafelzeichnungen zum Vortragswerk u. a.

*Die Bände der Rudolf Steiner Gesamtausgabe*
*sind innerhalb einzelner Gruppen einheitlich ausgestattet.*
*Jeder Band ist einzeln erhältlich.*